嵌入式系统原理与实践

基于 STM32 和 FreeRTOS

屈召贵　周相兵　卢佳廷　**编著**

北京理工大学出版社
BEIJING INSTITUTE OF TECHNOLOGY PRESS

内 容 简 介

本书以通用型 STM32 微控制器、嵌入式实时操作系统 FreeRTOS 和物联网云平台应用为基础，根据成果导向教育（Outcome-Based Education，OBE）理念组织编排。本书内容涵盖 ARM Cortex-M3 内核、STM32 片上外设应用、FreeRTOS 工作原理、物联网云平台应用等知识。本书在 STM32 部分，以外设的工作原理、结构、库函数和应用案例为基础进行编排；在 FreeRTOS 部分，以工作原理、代码分析和应用案例为基础进行编排。本书内容由浅入深，将理论、实践和虚拟仿真紧密结合，能帮助读者快速上手。

本书既可以作为高等院校电子信息工程、通信工程、物联网工程、计算机科学与技术、自动化、电气自动化等专业的教材，也可以作为嵌入式系统开发人员的参考资料。

版权专有　侵权必究

图书在版编目(CIP)数据

嵌入式系统原理与实践：基于 STM32 和 FreeRTOS / 屈召贵，周相兵，卢佳廷编著. -- 北京：北京理工大学出版社，2023.7
ISBN 978-7-5763-2653-6

Ⅰ. ①嵌… Ⅱ. ①屈… ②周… ③卢… Ⅲ. ①微型计算机-系统设计 Ⅳ. ①TP360.21

中国国家版本馆 CIP 数据核字(2023)第 138724 号

责任编辑：陆世立	文案编辑：李　硕
责任校对：刘亚男	责任印制：李志强

出版发行	/ 北京理工大学出版社有限责任公司
社　　址	/ 北京市丰台区四合庄路 6 号
邮　　编	/ 100070
电　　话	/ (010) 68914026（教材售后服务热线）
	(010) 68944437（课件资源服务热线）
网　　址	/ http://www.bitpress.com.cn
版 印 次	/ 2023 年 7 月第 1 版第 1 次印刷
印　　刷	/ 河北盛世彩捷印刷有限公司
开　　本	/ 787 mm×1092 mm　1/16
印　　张	/ 20.5
字　　数	/ 528 千字
定　　价	/ 99.00 元

图书出现印装质量问题，请拨打售后服务热线，负责调换

前言

嵌入式系统是集多种技术于一体的交叉学科，涉及电子、计算机、通信、软件等技术。随着电子技术和计算机技术的发展，嵌入式系统的应用日益增长，目前已广泛应用在国防军事、工业控制、家用电器、仪器仪表等领域。近年来，在物联网、边缘计算、人工智能、5G 移动通信等新一代信息技术的促进下，嵌入式系统得到了进一步发展和应用。

面对当前的行业发展形势，业界掀起了学习嵌入式系统理论及应用开发的热潮。对于初学者来说，选择合适的嵌入式系统至关重要。嵌入式系统涉及嵌入式处理器、实时操作系统。嵌入式系统的内核架构种类繁多，有 MCS – 51、MIPS、ARM、RISC – V 等。目前，ARM 架构的处理器较为成熟，ARM 公司推出的 ARM Cortex – M 内核通用型微控制器提供了众多高性能、低成本的嵌入式应用，成为微控制器应用的热点。各大半导体公司在此基础上开发出了各具特色的微控制器。其中，ST 公司针对 ARM Cortex – M 内核开发的 STM32 系列产品建立了较为完整的生态体系，推出了一系列的固件库，帮助用户实现了快速产品开发。它们推出的 STM32CubeMX 用途广泛，结合 HAL 库、LL 库能够实现快速的跨平台开发，而且易于维护和升级。

在嵌入式应用系统中采用实时操作系统可以更合理、更有效地利用 CPU 资源，简化应用软件的设计流程，缩短系统开发时间，更好地保证系统的实时性和可靠性。目前常用的嵌入式实时操作系统有 μC/OS、FreeRTOS、RT – Thread、VxWorks、AliOS Things 等，其中的 FreeRTOS 具有简洁实用、源代码开放、所需硬件成本低、稳定可靠、免费的特点，可以方便地被移植到各种微控制器上运行。本书将重点讲解 STM32 和 FreeRTOS 的原理及应用实践。

本书遵循成果导向教育理念，在内容编排上按照"循序渐进、由浅入深、强调应用"的思路编著，结合 STM32CubeMX、Proteus 等软件进行介绍，帮助读者快速上手。

本书从结构上分为 4 个部分，共 15 章。

第 1 部分为嵌入式基础知识，包括第 1 章嵌入式系统基础、第 2 章 ARM Cortex – M3 体系结构、第 3 章 STM32 开发环境搭建、第 4 章 STM32 系列微控制器与 HAL 库函数。

第 2 部分为 STM32 外设结构及应用，包括第 5 章通用输入/输出接口、第 6 章外部中断/事件、第 7 章定时器、第 8 章通用同步/异步收发器、第 9 章模拟/数字转换器、第 10 章直接存储器存取、第 11 章同步串行外设接口。

第 3 部分为 FreeRTOS 的工作原理与应用，包括第 12 章 FreeRTOS 基础、第 13 章 FreeRTOS 内核工作原理分析与应用、第 14 章 FreeRTOS 任务通信解析与应用。

第 4 部分为综合应用，包括第 15 章智能家居系统设计与实现。

因编者水平有限，书中难免有不足之处，敬请广大读者提出宝贵意见和建议。

编　者

2023 年 1 月

目 录

第1章 嵌入式系统基础 ·· 1
1.1 嵌入式系统的定义及组成 ·· 1
1.2 嵌入式处理器 ·· 2
1.3 嵌入式操作系统 ·· 4
1.4 嵌入式系统开发流程 ·· 6

第2章 ARM Cortex – M3 体系结构 ·· 8
2.1 ARM Cortex – M3 处理器简介 ·· 8
2.2 内核寄存器组织 ·· 10
2.3 处理器操作模式 ·· 13
2.4 存储器系统 ·· 14
2.5 异常 ··· 17

第3章 STM32 开发环境搭建 ·· 23
3.1 嵌入式系统开发环境 ·· 23
3.2 STM32CubeMX 的应用 ·· 24
3.3 集成开发环境 Keil – MDK 的应用 ··· 31
3.4 Proteus 的应用 ·· 37
3.5 仿真器和下载器 ·· 41

第4章 STM32 系列微控制器与 HAL 库函数 ··· 43
4.1 STM32 系列微控制器简介 ··· 43
4.2 STM32 相关的 HAL 库函数 ··· 46
4.3 HAL 库使用步骤 ··· 50
4.4 STM32F1 系列微控制器最小系统配置及应用 ··· 50

第5章 通用输入/输出接口 ··· 58
5.1 通用输入/输出接口概述 ··· 58
5.2 通用输入/输出接口结构 ··· 58
5.3 复用输入/输出接口结构 ··· 61
5.4 通用输入/输出接口相关的 HAL 库函数 ··· 62
5.5 通用输入/输出接口相关的 HAL 库函数应用案例 ···································· 65

第6章 外部中断/事件 ··· 83
6.1 中断概述 ··· 83

  6.2 外部中断/事件控制器结构 ……………………………………………… 84
  6.3 中断/事件相关的 HAL 库函数 …………………………………………… 86
  6.4 外部中断/事件控制器应用案例 …………………………………………… 89

第 7 章 定时器 ………………………………………………………………… 101
  7.1 定时器工作原理 …………………………………………………………… 101
  7.2 STM32 的定时器概述 ……………………………………………………… 101
  7.3 STM32 的常规定时器结构 ………………………………………………… 102
  7.4 STM32 的常规定时器相关的 HAL 库函数 ……………………………… 107
  7.5 STM32 的常规定时器应用 ………………………………………………… 115
  7.6 STM32 的看门狗定时器 …………………………………………………… 125
  7.7 节拍定时器 SysTick ……………………………………………………… 130
  7.8 STM32 的实时时钟 ………………………………………………………… 132

第 8 章 通用同步/异步收发器 …………………………………………………… 139
  8.1 串行通信工作原理 ………………………………………………………… 139
  8.2 STM32 的通用同步/异步收发器的内部结构 …………………………… 141
  8.3 通用同步/异步收发器相关的 HAL 库函数 ……………………………… 147
  8.4 通用同步/异步收发器应用案例 …………………………………………… 151

第 9 章 模拟/数字转换器 ………………………………………………………… 158
  9.1 模拟/数字转换器工作原理 ………………………………………………… 158
  9.2 模拟/数字转换器的内部结构 ……………………………………………… 159
  9.3 模拟/数字转换器相关的 HAL 库函数 …………………………………… 164
  9.4 模拟/数字转换器应用案例 ………………………………………………… 169

第 10 章 直接存储器存取 ………………………………………………………… 173
  10.1 直接存储器存取工作原理 ………………………………………………… 173
  10.2 STM32 的直接存储器存取控制器的结构 ……………………………… 174
  10.3 直接存储器存取控制器相关的 HAL 库函数 …………………………… 178
  10.4 直接存储器存取控制器应用案例 ………………………………………… 181

第 11 章 同步串行外设接口 ……………………………………………………… 188
  11.1 串行外设接口的工作原理 ………………………………………………… 188
  11.2 STM32 的串行外设接口的结构 ………………………………………… 190
  11.3 串行外设接口相关的 HAL 库函数 ……………………………………… 192
  11.4 串行外设接口应用案例 …………………………………………………… 197

第 12 章 FreeRTOS 基础 ………………………………………………………… 206
  12.1 ERTOS 概述 ……………………………………………………………… 206
  12.2 FreeRTOS 简介 …………………………………………………………… 209
  12.3 FreeRTOS 常用的 API 函数 ……………………………………………… 211
  12.4 FreeRTOS 配置 …………………………………………………………… 215

第 13 章 FreeRTOS 内核工作原理分析与应用 ………………………………… 218
  13.1 FreeRTOS 列表和列表项 ………………………………………………… 218

13.2　FreeRTOS 任务运行状态分析 ……………………………………………………… 222
13.3　FreeRTOS 任务创建 ……………………………………………………………… 225
13.4　FreeRTOS 任务调度 ……………………………………………………………… 235
13.5　FreeRTOS 任务阻塞 ……………………………………………………………… 244
13.6　FreeRTOS 任务从阻塞态到就绪态 ……………………………………………… 247
13.7　其他状态转换分析 ………………………………………………………………… 251
13.8　FreeRTOS 多任务应用案例 ……………………………………………………… 255

第 14 章　FreeRTOS 任务通信解析与应用 …………………………………………… 259
14.1　FreeRTOS 队列解析与应用 ……………………………………………………… 259
14.2　FreeRTOS 信号量解析与应用 …………………………………………………… 269

第 15 章　智能家居系统设计与实现 …………………………………………………… 288
15.1　智能家居系统方案设计 …………………………………………………………… 288
15.2　智能家居系统终端设备电路设计与实现 ………………………………………… 290
15.3　智能家居系统云平台设计与实现 ………………………………………………… 292
15.4　智能家居系统设备侧软件开发 …………………………………………………… 301

参考文献 ………………………………………………………………………………… 318

第1章　嵌入式系统基础

教学目标

【知识】
(1) 了解嵌入式系统在电子信息行业中的作用和地位。
(2) 掌握嵌入式系统的定义及组成。
(3) 掌握常用的嵌入式处理器和嵌入式实时操作系统。
(4) 掌握嵌入式系统开发流程与方法。

【能力】
(1) 具备识别和分析嵌入式系统产品的能力。
(2) 具备选择嵌入式处理器和嵌入式实时操作系统的能力。
(3) 具备设计嵌入式系统开发流程的能力。

1.1　嵌入式系统的定义及组成

1.1.1　嵌入式系统的定义

近年来，随着电子信息科学的飞速发展，"嵌入式系统"这一概念迅速升温，受到电子工程师们的热捧，人们倾注了大量心血对其进行研究。那么，嵌入式系统究竟是什么？我们应该如何来定义它？

嵌入式系统本身是一个相对模糊的概念。目前，嵌入式系统已经渗透到我们生活中的每个角落，家用电器、消费类电子、工业控制、仪器仪表等都离不开嵌入式系统，这使"嵌入式系统"更加难以明确定义。根据电气与电子工程师协会（Institute of Electrical and Electronics Engineers，IEEE）的定义，嵌入式系统是"控制、监视或者辅助装置、机器和设备运行的装置"（Devices used to control，monitor，or assist the operation of equipment，machinery or plants）。在我国，业界比较认同的嵌入式系统概念是以应用为中心，以计算机技术为基础，软硬件可裁剪，适用于应用系统对功能、可靠性、成本、体积、功耗有严格要求的专用计算机系统。国内有不少科研人员也对嵌入式系统的定义做了充分的论证说明，为后来者学习嵌入式系统提供了参考。嵌入式系统自诞生至今已走过了50多个年头。20世纪70年代初，微处理器诞生，接着在MPU的基础上先后诞生了单片机与通用计算机。计算机界力图将通用计算机用于对象的智能化控制，于是便有了通用计算机系统与嵌入式计算机系统的分类。"嵌入式系统"一词来源于嵌入式计算机系统。

嵌入式系统实际是指嵌入特定对象中的集成微电子智能系统。上述定义中明确了嵌入式系统的3个基本特点，即智能性、嵌入性与对象性。智能性表明所有嵌入式系统都有MPU智力内核；嵌入性表明嵌入式系统没有独立存在价值；对象性表明嵌入式系统有一个特定的应用领域。

嵌入式系统有4个支柱学科，即微电子学科、计算机学科、电子技术学科与对象学科。微电子学科、计算机学科、电子技术学科是嵌入式系统知识平台的构建学科，对象学科是嵌入式系统知识平台的应用学科。对象学科囊括众多的嵌入式系统应用领域，如自动控制、仪器仪表、工业控制、家用电器、医疗设备、通信设备等。

1.1.2　嵌入式系统的组成

通常意义上的嵌入式系统是由硬件层（包括嵌入式处理器、外围硬件设备）和软件层（包括嵌入式操作系统、应用软件）组成的，如图 1.1 所示。

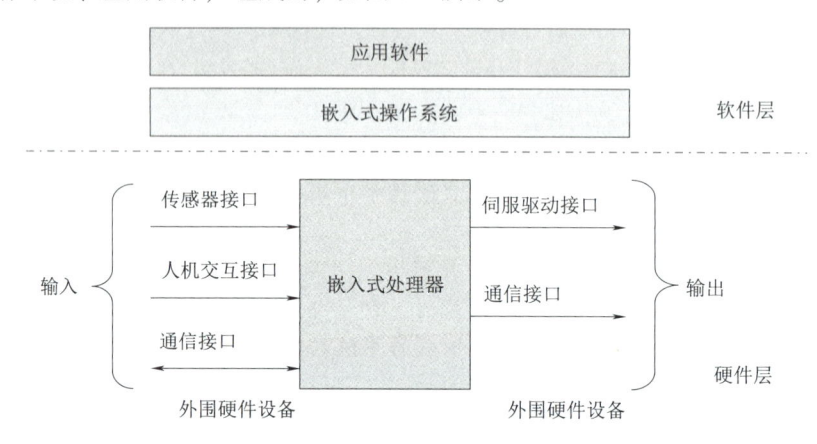

图 1.1　嵌入式系统组成

硬件层由嵌入式处理器和外围硬件设备组成。嵌入式处理器一般由嵌入式微处理器（Embedded Micro Processor Unit，EMP）、微控制器（Microcontroller Unit，MCU）或嵌入式数字信号处理器（Embedded Digital Signal Processor，EDSP）与片上系统（System on Chip，SoC）等具有计算机功能的硬件设备组成。外围硬件设备由传感器接口、伺服驱动接口、人机交互接口和通信接口组成。

软件层由嵌入式操作系统与应用软件组成。嵌入式操作系统能有效地将硬件和软件进行有机结合，管理用户开发的应用软件，实时调度最需要执行的用户程序，合理分配 CPU（Central Processing Unit，中央处理器）资源。应用软件负责具体实现用户下达的任务，包括数据采集、处理、控制、通信、人机交互等。

1.2　嵌入式处理器

嵌入式处理器是嵌入式系统的核心，是控制、辅助系统运行的硬件单元。嵌入式处理器的范围极其广阔，包括最初的 4 位 MPU（1971 年，Intel 公司推出了 4 位 MPU4004），目前仍在大规模应用的 8 位单片机，最新的 32 位、64 位和多核嵌入式 CPU 等。

目前，市面上具有嵌入式功能特点的处理器已经超过千种，一般划分成：EMPU、MCU、EDSP 和 SoC 这 4 类。

1.2.1　EMPU

EMPU 是从最初的单片机演变而来的，它的特征是具有 32 位以上的处理器，具有较高的性能，当然其价格也较高。与计算机处理器不同的是，在实际嵌入式应用中，只保留和嵌入式应用紧密相关的功能硬件，去除其他的冗余功能部分，这样就以最低的功耗和最少的资源实现了嵌入式应用的特殊要求。和工业控制计算机相比，EMPU 具有体积小、重量轻、成本低、可靠性高等优点。目前主要的 EMPU 类型有 RISC – V、ARM、Power PC、68000、MIPS、Atom、Am186/88、386EX、SC – 400 系列等。

1.2.2　MCU

MCU 的典型代表是单片机，从 20 世纪 70 年代末单片机出现至今，虽然已经过了 50 多年，但这种 8 位的电子器件目前在嵌入式设备中仍然有着极其广泛的应用。单片机芯片内部集成了 ROM/EPROM、RAM、总线、总线逻辑、定时/计数器、看门狗、I/O、串口、脉宽调制输出、A/D、D/A、Flash RAM、EEPROM 等各种必要功能和外设，并且支持 I2C、CAN – Bus、以太网、USB、LCD 及众多专用 MCU 和兼容 MCU 系列。和 EMP 相比，MCU 的最大特点是单片化，其体积大大减小，从而降低了功耗和成本，提高了可靠性。MCU 是目前嵌入式系统的主流。MCU 的片上外设资源比较丰富，适用于各种工业控制系统。

MCU 价格低廉，性能优良，品种和数量较多，比较有代表性的 MCU 包括 ARM Cortex – M、RISC – V、8051、PIC 系列、AVR 系列、MCS – 251、MCS – 96/196/296、P51XA、C166/167、68K 系列。目前，MCU 占嵌入式系统约 70% 的市场份额。

1.2.3　EDSP

EDSP 是专门用于信号处理的处理器，其在系统结构和指令算法方面进行了特殊设计，编译效率高，指令的执行速度快。EDSP 目前在数字滤波、快速傅里叶变换、频谱分析等方面获得了大规模的应用。

数字信号处理器（Digital Signal Processor，DSP）的理论算法在 20 世纪 70 年代就已经出现，但是由于专门的 DSP 还未出现，所以这种理论算法只能通过 MPU 等分立元件实现。MPU 较低的处理速度无法满足 DSP 的算法要求，其应用局限于一些尖端的高科技领域。随着大规模集成电路技术的发展，1982 年，世界上诞生了首枚 DSP 芯片，其运算速度比 MPU 快了几十倍，在语音合成和编码解码器中得到了广泛应用。到了 20 世纪 80 年代中期，随着互补金属氧化物半导体（Complementary Metal Oxide Semiconductor，CMOS）技术的进步与发展，基于此技术的第 2 代 DSP 芯片应运而生，其存储容量和运算速度都成倍提高，成为语音处理、图像硬件处理技术的基础。到了 20 世纪 80 年代后期，DSP 的运算速度进一步提高，应用领域也从上述范围扩大到了通信和计算机方面。20 世纪 90 年代后，DSP 发展到了第 5 代，其集成度更高，使用范围也更加广泛。

目前应用较为广泛的 EDSP 包括 TI 公司的 TMS320CXXXX 系列、ADI 公司的 ADI21XX 系列、Motorola 公司的 DSP56000 系列，另外如 Intel 公司的 MCS – 296 和 Siemens 公司的 TriCore 也有各自的应用范围。

1.2.4　SoC

SoC 是追求产品系统最大包容的集成器件，是目前嵌入式应用领域的热门话题之一。SoC 最大的特点是成功实现了软硬件无缝结合，直接在处理器片内嵌入操作系统的代码模块。SoC 具有极高的综合性，在一个硅片内部运用硬件描述语言（Hardware Description Language，HDL）实现一个复杂的系统。用户不需要再像传统的系统设计一样，绘制庞大复杂的电路板，一点点地连接焊制，只需要使用精确的语言，综合时序设计直接在器件库中调用各种通用处理器的标准，然后通过仿真之后就可以直接交付芯片厂商进行生产。由于绝大部分系统构件都在系统内部，整个系统就特别简洁，不仅减小了系统的体积和功耗，而且提高了系统的可靠性，提高了设计生产

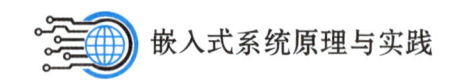

效率。

由于 SoC 往往是专用的，所以大部分都不为用户所知。比较典型的 SoC 包括 Philips 公司的 Smart XA，另外还有一些通用的片上系统，如 Motorola 公司的 M – Core、某些 ARM 系列器件、Echelon 公司和 Motorola 公司联合研制的 Neuron 芯片等。

目前还有一种可编程片上系统（System on a Programmable Chip，SoPC），它是在 FPGA（Field Programmable Gate Array，现场可编程门阵列）上完成产品开发的，因此比普通的 SoC 灵活性更强，它同样也是通过 HDL 完成开发的。最新的 FPGA 单芯片上的门阵列已达到几百万门，在其上可以自行设计 MPU、实现数字信号运算、运行操作系统等，足以完成非常复杂的系统指令。目前使用较多的 SoC 包括 Altera、Xilinx、Actel、Lattice。其中，Altera 和 Xilinx 主要用于生产一般用途 FPGA，其产品主要采用 RAM 工艺。Actel 主要提供非易失性 FPGA，其产品主要基于反熔丝工艺和 Flash 工艺。

1.3　嵌入式操作系统

1.3.1　嵌入式操作系统概述

在嵌入式系统中，为了及时、有效地处理一些事件，通常需要在嵌入式处理器上运行实时多任务操作系统来进行可靠的管理。目前，嵌入式操作系统已有超过 30 年的发展历史，有超过上百种的产品。从收费与否方面，嵌入式操作系统可分为商用系统和免费系统；从实时与否方面，嵌入式操作系统可分为实时系统和非实时系统。这些系统各有应用，各具特色，其中较典型、通用的有 AliOS Things、Huawei LiteOS、RT – Thread、μC/OS、μC/OS – Ⅱ、μC/OS – Ⅲ、VxWorks、eCos、Windows Embedded Compact、μClinux、FreeRTOS 等。

1.3.2　常见的嵌入式实时操作系统

1. AliOS Things

AliOS Things 是阿里巴巴集团开发的面向物联网领域的高可用可伸缩操作系统。AliOS Things 致力于搭建云端一体化物联网基础设施，具备极致性能、极简开发、云端一体、丰富组件、安全防护等特点，并支持终端设备连接到阿里云，广泛应用于智能家居、智慧城市、智能出行等领域。

2. Huawei LiteOS

Huawei LiteOS 是华为公司面向物联网领域构建的轻量级操作系统，它以轻量级、低功耗、快速启动、互联互通、安全等特点，为开发者提供"一站式"完整软件平台，有效降低开发门槛、缩短开发周期，目前已支持 ARM、X86 的 RISC – V 处理器。

3. RT – Thread

RT – Thread 是一个集实时操作系统内核、中间件组件于一体的开源实时操作系统（Real – Time Operating System，RTOS），是一个组件丰富、高度可伸缩、开发简易、超低功耗、高安全性的物联网操作系统，广泛应用于能源、车载、医疗、消费电子等多个行业。

4. μC/OS

μC/OS 是美国嵌入式系统专家吉恩·J. 拉伯罗斯（Jean J. Labrosse）用 C 语言编写的一个结构小巧、抢占式的多任务实时内核。μC/OS – Ⅱ 能管理 64 个任务，μC/OS – Ⅲ 理论上支持无限个任务管理，可提供任务调度与管理、内存管理、任务间同步与通信、时间管理和中断服务等功能，具有执行效率高、占用空间小、实时性能优良和可扩展性强等特点，广泛应用于 MPU、

MCU、DSP、SoPC 等。

目前，Micrium 公司提供嵌入式操作系统、组件和开发工具等软件产品，如 μC/OS – MPU、μC/OS – MMU、μC/TimeSpaceOS、μC/TCP – IP、μC/GUI、μC/FS、μC/USB Device/Host、μC/CAN、μC/FL、μC/ModBus、μC/Probe，这些组件能够无缝地与 μC/OS 对接。该操作系统属于开源的商用系统。

5. VxWorks

VxWorks 是美国 WindRiver 公司的产品，是目前嵌入式系统领域应用广泛、市场占有率较高的嵌入式操作系统。VxWorks 由 400 多个相对独立的目标模块组成，用户可根据需要选择适当的模块来裁剪和配置系统。VxWorks 提供基于优先级的任务调度、任务间同步与通信、中断处理、定时器和内存管理等功能，内建符合可移植操作系统接口规范的内存管理，以及多处理器控制程序，并且具有简明易懂的用户接口，在核心方面甚至可以微缩到 8 KB。

VxWorks 因其良好的可靠性和卓越的实时性被广泛地应用在通信、军事、航空航天等高精尖技术和对实时性要求极高的领域中，如于 1997 年 7 月 4 日登陆火星表面的"旅居者"（Sojourner）号火星车上就使用了 VxWorks。

6. eCos

eCos（Embedded Configurable Operating System，嵌入式可配置操作系统）是一个源代码开放的可配置、可移植、面向深度嵌入式应用的实时操作系统。它的最大特点是配置灵活，采用模块化设计，核心部分由不同的组件构成，包括内核、C 语言库和底层运行包等，每个组件可提供大量的配置选项（实时内核也作为可选配置）。使用 eCos 提供的配置工具可以很方便地进行配置，通过不同的配置，eCos 能够满足不同的嵌入式应用要求。

7. Windows Embedded Compact

Windows Embedded Compact 是一种针对小容量、移动式、智能化、32 位、连接设备的模块化实时嵌入式操作系统。它针对掌上设备、无线设备的动态应用程序和服务提供了一种功能丰富的操作系统平台，属于软实时操作系统。它可以使用大多数 Windows 开发工具（如 VB、VC 等），大多数 Windows 应用程序经过移植后也可以在其上运行。

8. μClinux

μClinux 是免费的嵌入式操作系统，是基于通用操作系统 Linux 内核的操作系统。同标准的 Linux 相比，μClinux 的内核非常小。它仍然继承了 Linux 操作系统的主要特性，包括稳定性和可移植性、网络功能、文件系统、丰富的 API（Application Program Interface，应用程序接口）以及 TCP/IP 网络协议等。由于其没有存储管理部件，所以用其实现多任务需要一定技巧。μClinux 将进程分为实时进程和普通进程，分别采用"先来先服务"和"时间片轮转"调度，仅针对中低档嵌入式 CPU 特点进行改良，不支持内核抢占，实时性一般。

9. FreeRTOS

FreeRTOS 是市场领先的面向 MCU 和小型 MPU 的实时操作系统，由英国的 RTOS 公司与世界领先的芯片公司合作开发。FreeRTOS 使用麻省理工学院的开源许可免费分发，包括一个内核和一组不断丰富的 IoT 库，适用范围广，FreeRTOS 的构建突出了可靠性和易用性。

本书将分析嵌入式实时操作系统（Embedded Real – Time Operating System，ERTOS）——FreeRTOS，该操作系统是开源、免费的，在嵌入式系统、物联网、边缘计算、人工智能等领域应用广泛。

1.4 嵌入式系统开发流程

嵌入式系统开发包括嵌入式处理器及其外围硬件设备的电路设计和软件程序设计，其开发流程一般分为4步：需求分析、概要设计、详细设计和系统调试。

1.4.1 需求分析

根据用户的任务要求，对项目进行全面的需求分析，这是整个开发任务的关键。需求分析包括功能性需求（如测量、控制、人机交互、通信等）分析，性能指标需求（如测量精度、控制精度等）分析，工作环境需求（如环境温湿度、大气压强、尺寸大小等）分析，材料需求分析，成本需求分析等。这个过程通常还需要进行大量的调查了解，深入与用户进行沟通。通过详细的分析，整理出需求报告，以便为项目后续设计提供可靠的依据。

1.4.2 概要设计

概要设计即单片机应用方案设计，方案设计的主要依据是前期的需求分析，其内容包括系统硬件设备的电路设计、软件设计、系统调测和搭建开发环境等。

电路设计一般需要先画出设计图，设计的电路必须能够完成系统的要求、保证可靠性以及节能环保等。在设计时，首先要选择合适的嵌入式处理器芯片和相关的元器件，要做到功能和性能与设计要求相匹配，使性价比最高；其次设计人员对结构原理要熟悉，以缩短开发周期；最后要考虑软、硬件协同设计，使其相互配合。

软件设计一般分为3步：分解任务、确定关键算法、绘制出流程图。第1步，根据任务要求，结合硬件分解各功能软件；第2步，确定软件中的关键算法，以及实现的方法；第3步，绘制出总流程图和各模块软件的流程图。

系统调测一般分为3步。第1步，搭建元器件性能调试环境，挑选性能优良的元器件；第2步，搭建系统功能调试环境，对任务需求中的功能进行全面调试；第3步，进行系统老化调试。

搭建开发环境一般是指完成嵌入式应用系统所需的软、硬件开发工具的选择。选择这些开发工具时，要确保安全、可靠、高效，且具有可持续性，便于维护和升级。

1.4.3 详细设计

在概要设计的基础上，开发者需要进行硬件电路和软件系统的详细设计。

硬件电路设计包括嵌入式处理器电路设计、外围电路设计。嵌入式处理器电路设计包括电源电路、复位电路、时钟电路等的设计。外围电路根据实际需要可分为传感器数据采集电路、控制电路、功率驱动电路、人机交互电路、通信电路等。这些电路的设计需要对元器件参数、电路原理进行详细设计，一般还包括电路仿真及单元电路调试。

在软件系统详细设计中，应描述实现具体模块所涉及的主要算法、数据结构、类的层次结构及调用关系，说明软件系统各个层次中的每一个程序（每个模块或子程序）的设计思路，以便进行代码编写和调试，应当保证软件的需求被完全分配下去。详细设计应当足够详细，使设计者能够根据详细设计报告进行编码。

1.4.4 系统调试

系统调试是指目标系统的软件在硬件上实际运行，将软件和硬件联合起来进行调试，进而检验系统的正确性和可靠性。系统测试包括根据需求列出调试内容、选用调试仪器仪表、设计调试步骤、撰写调试报告等步骤。通过调试,可以检验系统功能是否完整、是否有不可预料的错误、是否满足系统的精度等,以便进一步修改系统,以满足用户的需求。

本章小结

嵌入式系统是以应用为中心,以计算机技术为基础,软硬件可裁剪,适用于应用系统对功能、可靠性、成本、体积、功耗有严格要求的专用计算机系统。嵌入式系统主要由硬件层(包括嵌入式处理器、外围硬件设备)和软件层(包括嵌入式操作系统、应用软件)组成。

嵌入式系统开发流程一般分为4步:需求分析、概要设计、详细设计和系统调试。

本章习题

1. 什么是嵌入式系统?嵌入式系统由哪些部分组成?
2. 典型的嵌入式处理器有哪些?
3. 常见的嵌入式实时操作系统有哪些?
4. 列举身边的嵌入式应用产品。
5. 简述嵌入式系统开发流程。

第2章 ARM Cortex – M3 体系结构

教学目标

【知识】
(1) 掌握 ARM Cortex – M3 内核结构。
(2) 熟悉 ARM Cortex – M3 内核的通用寄存器和特殊功能寄存器。
(3) 掌握 ARM Cortex – M3 内核的存储器系统 6 个区域的组成及各自的功能。
(4) 掌握 ARM Cortex – M3 内核的异常结构及嵌套向量中断控制器的操作。
(5) 理解处理器的工作模式和存储器保护单元的操作。

【能力】
(1) 具有配置 ARM Cortex – M3 内核通用寄存器和特殊功能寄存器的能力。
(2) 具有应用 ARM Cortex – M3 系统异常和外设中断的能力。
(3) 具有应用 ARM Cortex – M3 处理器工作模式的能力。

2.1 ARM Cortex – M3 处理器简介

2.1.1 ARM Cortex – M3 处理器发展历程

ARM 公司成立于 20 世纪 90 年代初。该公司致力于处理器内核研究，ARM 即 Advanced RISC Machines 的缩写。ARM 公司本身不生产芯片，只设计内核，靠转让设计许可，由合作伙伴公司来生产各具特色的芯片。这种运行模式逐渐受到全球半导体公司以及用户的青睐。目前，ARM 体系结构的处理器内核有 ARM7TDMI、ARM9TDMI、ARM10TDMI、ARM11，以及 Cortex 等。2005 年，ARM 公司推出的 ARM Cortex 系列内核，分别为 A 系列、R 系列和 M 系列。其中，A 系列针对可以运行复杂操作系统的处理器；R 系列针对对于处理实时性要求较高的处理器；M 系列又叫 MCU，适用于对开发费用敏感，对性能要求较高的场合。

ARM Cortex – M 系列目前的产品有 M0、M1、M3、M4、M7、M23、M33、M35、M55。ARM Cortex – M 系列对 MCU 和低成本应用提供优化，具有低成本、低功耗和高性能的特点，能够满足 MCU 设计师进行创新设计的需求。其中，ARM Cortex – M3 处理器适用于具有高性能、低成本需求的嵌入式应用，如 MCU、汽车系统、大型家用电器、网络装置等，它提供了 32 位 MCU 市场前所未有的优势。

ARM Cortex – M3 内核内部的数据路径为 32 位，寄存器为 32 位，存储器接口也是 32 位。总线结构采用了哈佛结构，拥有独立的指令总线和数据总线，可以让取指与数据访问分开进行。它还提供一个可选的存储器保护单元，对存储器进行保护，而且在需要的情况下也可以使用外部的高速缓存。存储器支持小端和大端存储格式，内部还附赠了很多调试组件，用于在硬件水平上支持调试操作，如指令断点、数据观察点等。另外，为支持更高级的调试，它还有其他可选组件，包括指令跟踪和多种类型的调试接口。

2.1.2 内核结构及功能描述

ARM Cortex – M3 内核结构包括处理器内核和许多组件，用于系统管理和调试支持，如图 2.1 所示。

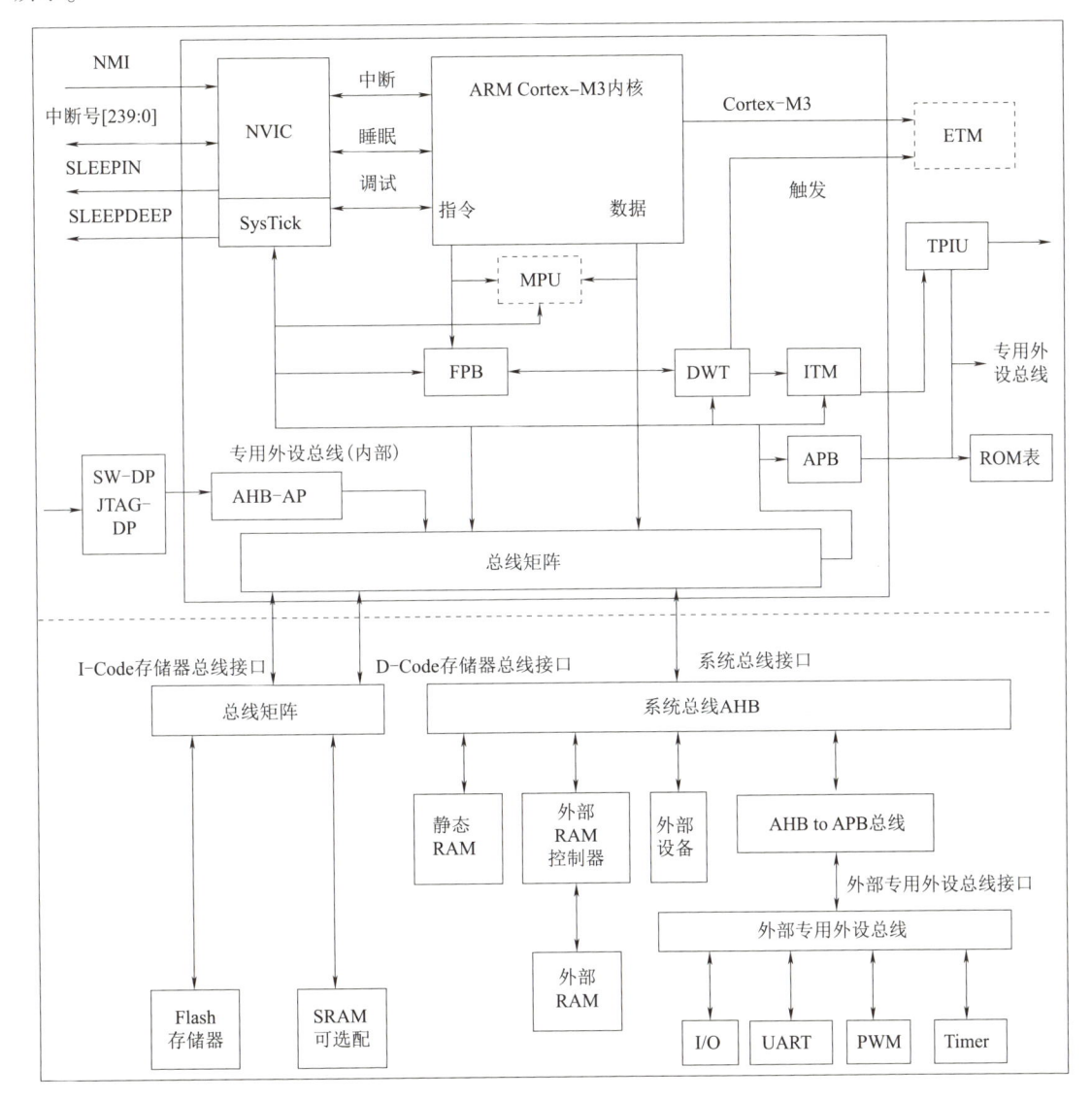

图 2.1　ARM Cortex – M3 内核结构

1. 处理器内核

ARM Cortex – M3 处理器内核采用 ARMv7 – M 架构，其主要特性是支持 Thumb – 2 指令集架构（ISA）的子集，包含所有基本的 16 位和 32 位 Thumb – 2 指令；具有哈佛处理器架构，在加载/存储数据的同时能够执行指令取指；带分支预测的三级流水线；支持 32 位单周期乘法和硬件除法；支持 Thumb 状态和调试状态；具有处理模式和线程模式；中断的低延时进入和退出；具有可中断 – 可继续的 LDM/STM、PUSH/POP 指令。

2. 嵌套向量中断控制器

嵌套向量中断控制器（Nested Vectored Interrupt Controller，NVIC）与处理器内核是紧密耦合的，这样可实现快速、低延时的异常处理。

3. 总线矩阵

总线矩阵用来将处理器和调试接口与外部总线相连。ARM Cortex－M3 处理器包含 4 个总线接口，它们分别是 I－Code 存储器总线接口、D－Code 存储器总线接口、系统总线接口和外部专用外设总线（Private Peripheral Bus，PPB）接口，具体说明如下。

（1）I－Code 存储器总线接口：从 Code 存储器空间（0x0000000－0x1FFFFFFF）的取指都在这条 32 位高级高性能总线（Advanced High Performance Bus，AHB），即 AHB－Lite 总线上执行。

（2）D－Code 存储器总线接口：对 Code 存储器空间（0x0000000－0x1FFFFFFF）进行数据和调试访问都在这条 32 位 AHB－Lite 总线上执行。

（3）系统总线接口：对系统空间（0x20000000－0xDFFFFFFF）进行取指、进行数据和调试访问都在这条 32 位 AHB－Lite 总线上执行。

（4）外部专用外设总线接口：对外部空间（0xE0040000－0xE00FFFFF）进行数据和调试访问都在这条 32 位高级外设总线（Advanced Peripherial Bus，APB）上执行，跟踪接口单元（Trace Port Interface Vnit，TPIU）和厂商特定的外围器件都在这条总线上。

注：处理器包含一条内部专用外设总线，用来访问 NVIC，数据观察点和触发（Data Watchpoint and Trace，DWT），Flash 修补和断点（Flash Patch Breakpoint，FPB），以及存储器保护单元（Memory Protection Unit，MPU）。

4. 调试单元

调试单元包括以下几种。

（1）FPB 单元实现硬件断点以及从代码空间到系统空间的修补访问，其由 8 个比较器构成。

（2）DWT 是数据观察点和跟踪、调试功能部件。

（3）仪表跟踪宏单元（Instrumentation Trace Macrocell，ITM）是一个应用导向的跟踪源，支持对应用事件的跟踪和 printf 类型的调试。

（4）嵌入式跟踪单元（Embedded Trace Macrocell，ETM）是支持指令跟踪的低成本跟踪宏单元。

（5）TPIU 用作来自 ITM 和 ETM（如果存在）的内核跟踪数据与片外跟踪接口分析仪之间的桥接。

5. 存储器保护单元

存储器保护单元是用来保护存储器的一个部件，其功能是向处理器提供存储器保护，使用存储器保护单元可设置不同存储区域的访问特性（特权访问和全访问）和存储器属性（可缓存，可共享），从而提高安全性。

6. 调试接口

ARM Cortex－M3 处理器可配置为具有 SW－DP 或 JTAG－DP 调试接口的接口，这两个调试接口负责对系统中包括处理器寄存器在内的所有寄存器和存储器的调试访问。

2.2 内核寄存器组织

ARM Cortex－M3 内核寄存器组织如图 2.2 所示，寄存器由 16 个通用寄存器和 7 个特殊功能寄存器组成。

第 2 章　ARM Cortex – M3 体系结构

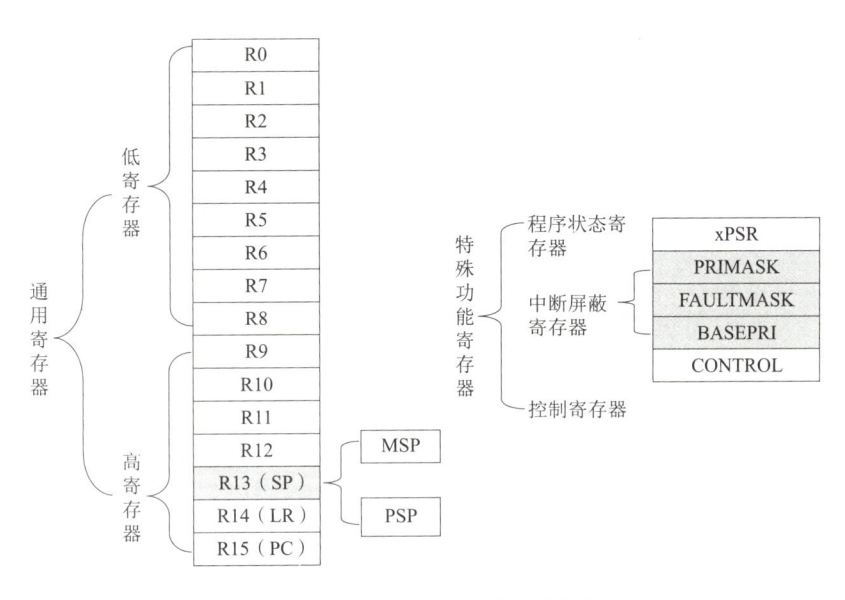

图 2.2　ARM Cortex – M3 内核寄存器组织

2.2.1　通用寄存器

通用寄存器包括寄存器 R0 ~ R15。

1. 寄存器 R0 ~ R12

R0 ~ R12 寄存器是真正意义上的通用。在处理器运行过程中，它们作为数据的寄存器使用。

2. 寄存器 R13

R13 作为堆栈指针寄存器，是用来访问堆栈区的。ARM Cortex_ M3 中采用了两个堆栈指针：主堆栈指针（Main Stack Pointer，MSP）和进程堆栈指针（Process Stack Pointer，PSP）。R13 在任何时刻只能是其中一个，默认情况为 MSP，可以通过控制寄存器来改变。堆栈方向是向低地址方向增长，为满堆栈机制。

3. 寄存器 R14

R14 是程序连接寄存器（Link Register，LR）。在执行分支（Branch，B）、链接（Branch Link，BL）、分支和交换（Branch and Exchange，BX）和带返回链接的无条件跳转（Branch with Link and Exchange，BLX）指令时，程序计数器的返回地址自动保存进 R14，比如在子程序调用时用于保存子程序的返回地址。R14 也用于异常返回，但是在这里保存的是返回后的状态，不是返回的地址。异常返回是通过硬件自动出栈弹出之前压入的程序计数器来完成的。

4. 寄存器 R15

R15 是程序计数器（Program Counter，PC），它是程序运行的基础，具有自加的功能。该寄存器的位 0 始终为 0，因此指令始终与字或半字边界对齐。

2.2.2　特殊功能寄存器

特殊功能寄存器分为程序状态寄存器、中断屏蔽寄存器和控制寄存器 3 类。

1. 程序状态寄存器

程序状态寄存器（xProgram Status Register，xPSR）的处理器状态可分为 3 类：应用状态寄存器（Application Program Status Register，APSR）、中断状态寄存器（Interrupt Program Status Register，IPSR）和执行状态寄存器（Enable Program Status Register，EPSR）。它们可组合起来构成一个32位的寄存器，统称 xPSR，如表2.1所示。

表2.1 xPSR

寄存器名	位												
	31	30	29	28	27	26：25	24	23：20	19：16	15：10	9	8	7	6	5	4：0
APSR	N	Z	C	V	Q											
IPSR													中断编号
EPSR						ICI/IT	T			ICI/IT						

xPSR 各位的功能如表2.2所示。

表2.2 xPSR 各位的功能

位	名称	功能
31	N	负数或小于标志。1：结果为负数或小于；0：结果为正数或大于
30	Z	零标志。1：结果为0；0：结果为非0
29	C	进位/借位标志。1：进位或借位；0：没有进位或借位
28	V	溢出标志。1：溢出；0：没有溢出
27	Q	饱和标志。1：已饱和；0：没有饱和
26：25 15：10	IT	IF – Then 位，它们是 if – Then 指令的执行状态位，包含 if – Then 模块的指令数目和它们的执行条件
24	T	用于指示处理器当前是 ARM 状态还是 Thumb 状态
15：12	ICI	可中断 – 可继续的指令位。若在执行 LDM 或 STM 操作时产生一次中断，则 LDM 或 STM 操作暂停，该位用来保存该操作中下一个寄存器操作数的编号，在中断响应之后，处理器返回由该位指向的寄存器并恢复操作
8：0	ISR	占先异常的编号

2. 中断屏蔽寄存器

中断屏蔽寄存器分为3组，分别是 PRIMASK、FAULTMASK、BASEPRI。

PRIMASK 寄存器为片上外设总中断开关，该寄存器只有位0有效。当该位为0时，响应所有外设中断；当该位为1时，屏蔽所有片上外设中断。

FAULTMASK 寄存器管理系统错误的总开关，该寄存器中位0有效。当该位为0时，响应所有的异常；当该位为1时，屏蔽所有的异常。

BASEPRI 寄存器用来屏蔽优先级等于和小于某一个中断数值的寄存器。

3. 控制寄存器

控制（CONTROL）寄存器有两个作用，其一用于配置处理器特权模式，其二用于选择堆栈指针，如表2.3所示。

表2.3 CONTROL 寄存器功能表

位	功能
CONTROL［1］	堆栈指针选择。0：选择主堆栈指针 MSP；1：选择进程堆栈指针 PSP
CONTROL［0］	模式选择。0：特权模式；1：用户模式

CONTROL［0］：在异常情况下，处理器总是处于特权模式，该位总是为0；在线程模式情况下（非异常情况），处理器可以工作在特权模式也可工作在用户模式，该位可为0或1。特权模式下所有的资源都可以访问，而用户模式下被限制的资源不能访问。

CONTROL［1］：该位为0时，只使用MSP，此时用户程序和异常共享同一个堆栈，处理器复位后默认为该模式；该位为1时，用户应用程序使用PSP，而中断仍然得使用MSP。这种双堆栈机制，特别适合在带有操作系统的环境下使用，只要操作系统内核在特权模式下执行，而用户应用程序在用户模式下执行，就可很好地将代码隔离，互不影响。

2.3 处理器操作模式

ARM Cortex - M3 支持两个特权模式（异常模式、线程模式）和两个特权等级（特权级），如图2.3所示。在嵌入式系统应用程序中，程序代码涉及异常代码和非异常代码，这些代码可以工作在特权模式下，也可以工作在用户模式下，但有区别。当处理器处在线程模式下时，既可以使用特权模式，也可以使用用户模式；另外，异常模式总是使用特权模式的。在复位后，处理器进入线程模式加特权模式。

在线程模式加用户模式下，对系统控制空间（SCS，0xE000E000～0xE000EFFF，包括NVIC、SysTick、MPU以及代码调试控制所用的寄存器）的访问将被禁止。除此之外，还禁止使用MRS/MSR指令访问除APSR之外的特殊功能寄存器。若进行访问操作，则对于访问特殊功能寄存器的访问操作被忽略，而对于访问SCS空间的访问操作将产生错误。

	特权级	用户级
异常程序代码	异常模式	错误的用法
非异常程序代码	线程模式	线程模式

图2.3 操作模式和特权模式

在特权模式下，不管任何原因产生了任何异常，处理器都将以特权模式来运行其服务例程。异常返回后，系统将回到产生异常时所处的模式，同时特权模式也可通过置位CONTROL［0］来进入用户模式。用户模式下的代码不能再试图修改CONTROL［0］来回到特权模式。它必须通过一个异常来修改CONTROL［0］，才能在返回到线程模式后进入特权模式。处理器模式转换图如图2.4所示。

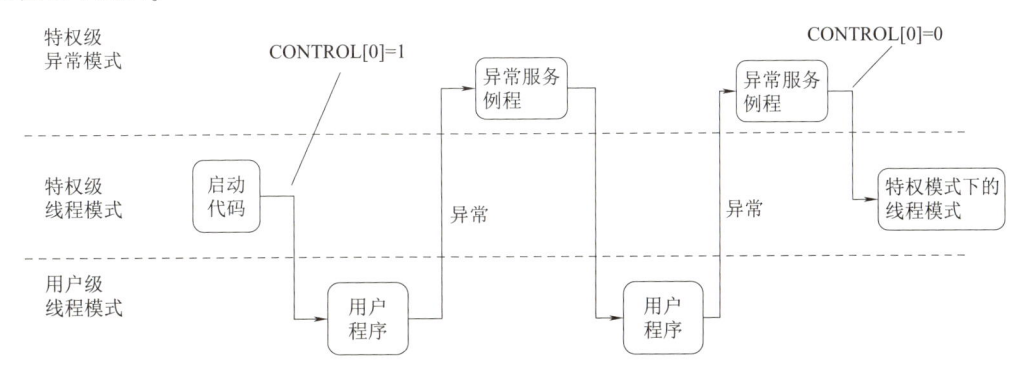

图2.4 处理器模式转换图

把代码按特权模式和用户模式分开处理，有利于使 ARM Cortex – M3 的架构更加稳定可靠。例如，当某个用户程序代码出问题时，可防止处理器对系统造成更大的危害，因为用户模式的代码禁止写特殊功能寄存器和 NVIC 中的寄存器。另外，如果还配有 MPU，保护力度就更大，甚至可以阻止用户代码访问不属于它的内存区域。

在引入了嵌入式实时操作系统后，为了避免系统堆栈因应用程序的错误使用而被毁坏，我们可以给应用程序专门配一个堆栈，不让它共享操作系统内核的堆栈。在这种管理制度下，运行在线程模式下的用户代码使用 PSP，而异常程序则使用 MSP。这两个堆栈指针的切换是智能且全自动的，在异常服务的始末由 ARM Cortex – M3 硬件处理。

如前所述，特权模式和堆栈指针的选择均由 CONTROL 寄存器负责。

当 CONTROL［0］=0 时，在异常处理的始末，只发生了处理器模式的转换，中断前后的状态转换如图 2.5 所示。

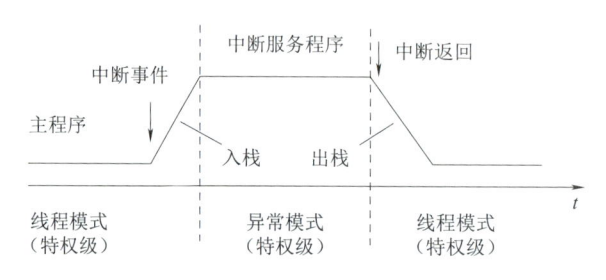

图 2.5 中断前后的状态转换

若 CONTROL［0］=1（线程模式 + 用户级），则在中断响应的始末，处理器模式和特权模式都要发生变化。中断前后的状态转换和特权模式切换如图 2.6 所示。

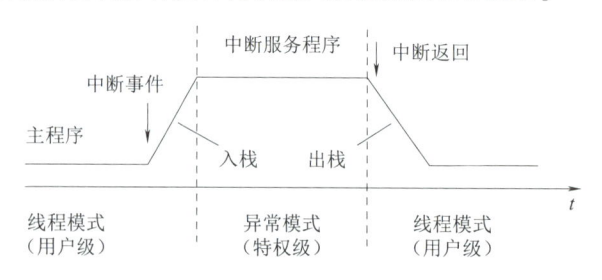

图 2.6 中断前后的状态转换和特权模式切换

CONTROL［0］只有在特权模式下才能访问。用户模式的程序如想进入特权模式，通常都使用一条系统服务呼叫指令 SVC 来触发 SVC 异常，该异常的服务例程可以视具体情况来修改 CONTROL［0］。

2.4 存储器系统

2.4.1 存储器映射

ARM Cortex – M3 采用了固定的存储器映射结构，如图 2.7 所示，包括代码区、片上 SRAM 区、片上外设区、片外 RAM 区、片外外设区和内核私有区。

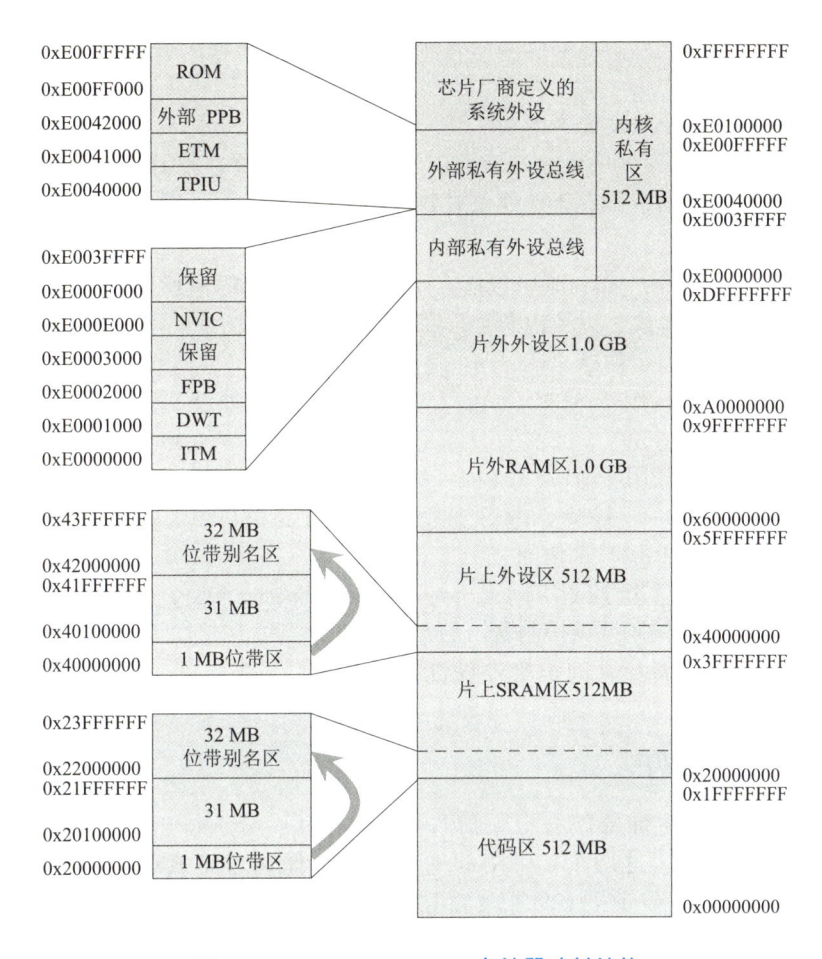

图 2.7 ARM Cortex – M3 存储器映射结构

1. 代码区

代码区的大小是 512 MB。程序可以在代码区、片上 SRAM 区以及片外 RAM 区中被执行，但是因为指令总线与数据总线是分开的，所以最理想的情况是把程序放到代码区，从而使取指和数据访问各自使用自己的总线。

2. 片上 SRAM 区

片上 SRAM 区的大小是 512 MB，用于让芯片制造商连接片上的 SRAM，这个区通过系统总线来访问。在这个区的下部，有一个 1 MB 的区间，被称为"位带区"。该位带区还有一个对应的 32 MB 的"位带别名区"，容纳了 8 MB 个"位变量"。位带区对应的是最低的 1 MB 地址范围，而位带别名区里面的每个字对应位带区的一个比特位。位带操作只适用于数据访问，不适用于取指。通过位带的功能，可以把多个布尔型数据打包在单一的字中，依然可以从位带别名区中像访问普通内存一样使用它们。位带别名区中的访问操作是原子的，消灭了传统的"读 – 改 – 写" 3 步。

3. 片上外设区

片上外设区的大小是 512 MB，芯片上所有与外围设备相关的寄存器都位于该区域。这个区中也有一个 32 MB 的位带别名区，以便于快捷地访问外设寄存器，其用法与片上 SRAM 区中的位带别名区相同，例如可以方便地访问各种控制位和状态位。要注意的是，片上外设区内不允许执行指令。通常，半导体厂商通过修改此区域的片上外设，来达到控制各具特色的、个性化的设备的目的。

4. 片外 RAM 区和片外外设区

片外 RAM 区和片外外设区的大小均为 1 GB，分别用于连接片外 RAM 和外部设备，它们之中没有位带别名区。两者的区别在于，片外 RAM 区允许执行指令，而片外外设区则不允许。

5. 内核私有区

内核私有区的大小为 512 MB，其中包括芯片厂商定义的系统外设（系统级组件）、内部私有外设总线、外部私有外设总线，以及由芯片厂商定义的系统外设。

外部私有外设总线有以下两条。

AHB 私有外设总线，只用于 ARM Cortex – M3 内部的 AHB 外设，它们是 NVIC、FPB、DWT 和 ITM。

APB 私有外设总线，既用于 ARM Cortex – M3 内部的 APB 设备，也用于外部设备（这里的"外部"是相对内核而言的）。ARM Cortex – M3 允许器件制造商再添加一些片上 APB 外设到 APB 私有总线上，它们通过 APB 接口来访问。

NVIC 所处的区域叫作系统控制空间（System Control Space，SCS），在 SCS 里的除 NVIC 外，还有 SysTick、MPU，以及代码调试控制所用的寄存器。

最后，未用的芯片厂商定义的系统外设也通过系统总线来访问，但是不允许在其中执行指令。

2.4.2 位带操作

在 ARM Cortex – M3 存储器映射中包括两个位操作区，分别位于片上 SRAM 区和片上外设区的下部 1 MB 空间中。这两个位带中的地址除可以像普通的 RAM 一样使用外，它们还都有自己的位带别名区。位带别名区把每个比特膨胀成一个 32 位的字，形成位地址。当用户通过位带别名区访问这些字时，就可以达到访问原始比特的目的，其位操作对应关系如图 2.8 所示。

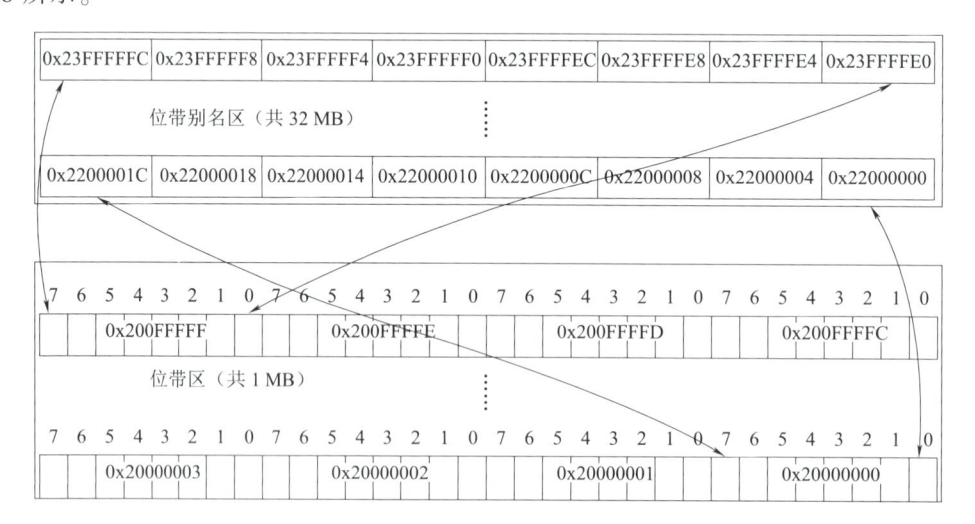

图 2.8 位操作对应关系

2.5 异常

ARM Cortex – M3 中的异常涉及异常的类型、优先级、向量表等知识。

2.5.1 异常类型

在 ARM Cortex – M3 中，有一个与内核紧耦合部件 NVIC，它定义了 16 种系统异常和 240 路外设中断。通常，芯片设计者可自由设计片上外设，因此具体的片上外设中断都不会用到多达 240 路。表 2.4 所示为系统异常类型，表 2.5 所示为外设中断类型。

ARM Cortex – M3 中，目前只有 10 种可用系统异常，分别是系统复位、不可屏蔽中断（Non Maskable Interrupt，NMI）、硬件故障、存储器管理、总线故障、用法故障、软件中断（Service Call，SVCall）、调试监视器中断、系统服务请求（Pend Service，PendSV）、24 位定时器中断（SysTick）。240 路外设中断，是指片上外设的各模块，如 I/O 口、UART 通信接口、SSI 总线接口等所需的中断。

表 2.4　系统异常类型

编号	类型	优先级	描述
0	—	—	复位时载入向量表的第一项作为主堆栈栈顶地址
1	系统复位	–3	复位
2	NMI	–2	不可屏蔽中断（来自外部 NMI 输入脚）
3	硬件故障	–1	当故障由于优先级或可配置的故障处理程序被禁止而无法激活时，所有类型故障都会以硬件故障的方式激活
4	存储器管理	可编程	包括访问冲突和 MPU 不匹配
5	总线故障	可编程	预取指故障、存储器访问故障和其他地址/存储器相关的故障
6	用法故障	可编程	由于程序错误导致的异常，通常是使用一条无效指令，或者是非法的状态转换
7～10	—	—	保留
11	SVCall	可编程	执行 SVC 指令的系统服务调用
12	调试监视器中断	可编程	调试监视器（断点、数据观察点或是外部调试请求）
13	—	—	保留
14	PendSV	可编程	系统服务的可触发（Pendable）请求
15	SysTick	可编程	系统节拍定时器

表 2.5　外设中断类型

编号	类型	优先级	描述
16	IRQ #0	可编程	外设中断 #0
17	IRQ #1	可编程	外设中断 #1
……	……	……	……
255	IRQ #239	可编程	外设中断 #239

2.5.2 优先级

ARM Cortex – M3 的异常功能非常强大，机制非常灵活，异常可以通过占先、末尾连锁和迟来等处理方式来降低中断的延时，而优先级决定了处理器何时以及怎样处理异常。

1. 优先级数

ARM Cortex – M3 支持 3 个固定的高优先级和多达 256 级的可编程优先级，并且支持 128 级抢占。绝大多数芯片都会精简设计，实际支持的优先级数会更少，如 8 级、16 级、32 级等，通常的做法是裁掉表达优先级的几个低端有效位（防止优先级反转），以减少优先级的级数，比如 STM32 的芯片采用 8 级优先级。

ARM Cortex – M3 中，NVIC 支持由软件指定的可配置的优先级（又称软件优先级），其寄存器地址为 0xE000_ E400 – 0xE000_ E4EF。通过对中断优先级寄存器的 8 位 PRI_ N 区执行写操作，来将中断的优先级指定为 0 ~ 255。硬件优先级随着中断的增加而降低，0 优先级最高，255 优先级最低。指定软件优先级后，硬件优先级无效。例如，若将 INTISR［0］指定为优先级 1，INTISR［31］指定为优先级 0，则 INTISR［0］的优先级比 INTISR［31］的低。

2. 优先级分组

为了对具有大量中断的系统加强优先级控制，ARM Cortex – M3 支持优先级分组，通过 NVIC 控制设置为占先优先级和次优先级。可通过对中断及复位控制寄存器（Application Interrupt and Reset Control Register，AIRCR，地址为 0xE000_ ED00）的［10：8］位进行设置。若有多个激活异常共用相同的组优先级，则使用次优先级区来决定同组中的异常优先级，这就是同组内的次优先级。

2.5.3 中断向量表

当发生了异常并且要响应它时，ARM Cortex – M3 需要定位其服务例程的入口地址。这些入口地址存储在中断向量表中。默认情况下，ARM Cortex – M3 认为该表位于存储器零地址处，且各向量占用 4 字节。复位后的向量表如表 2.6 所示。

表 2.6 复位后的向量表

地址	异常编号	值（32 位整数）
0x0000_ 0000	—	MSP 的初始值
0x0000_ 0004	1	复位向量（PC 初始值）
0x0000_ 0008	2	NMI 服务例程的入口地址
0x0000_ 000C	3	硬件异常服务例程的入口地址
……	……	其他异常服务例程的入口地址

向量表中的第 1 个字为指向堆栈栈顶的指针，复位时，内核读取该地址的数据设置主堆栈。

2.5.4 异常的进入与退出

1. 异常进入

（1）入栈。当处理器发生异常时，首先自动把 8 个寄存器（xPSR、PC、LR、R12、R3、R2、R1、R0）压入栈，处理器自动完成。在自动入栈的过程中，把寄存器写入栈的时间顺序并不是与写入空间相对应的,但系统会保证正确的寄存器被保存到正确的位置。假设入栈地址为 N,内部入栈示意图如图 2.9 所示。

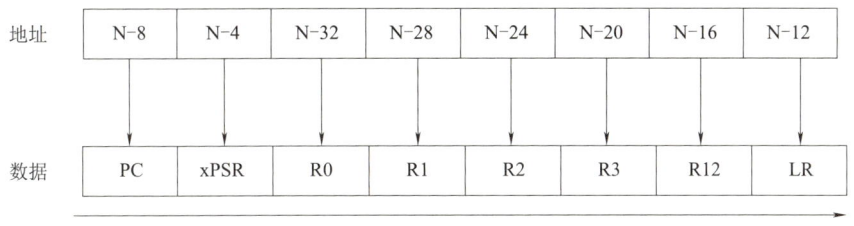

地址	N-8	N-4	N-32	N-28	N-24	N-20	N-16	N-12
数据	PC	xPSR	R0	R1	R2	R3	R12	LR

图 2.9　内部入栈示意图

(2) 取向量。当处理器发生异常时,内核将根据向量表找出正确的异常向量,然后在服务程序的入口处预取指。处理器将取指与取数据分别通过总线控制,使入栈与取指这两项工作能同时进行,以便快速进入中断。

(3) 更新寄存器。入栈和取向量操作完成之后,在执行服务例程之前,还必须更新一系列寄存器。

(4) 更新 SP。在入栈后,堆栈指针(PSP 或 MSP)会更新到新的位置。在执行异常服务例程时,将由 MSP 负责对堆栈的访问。

(5) 更新 xPSR。更新 IPSR 位段(处于 xPSR 的最低部分)的值为新响应的异常编号。

(6) 修改 PC。在取向量完成后,PC 将指向服务例程的入口地址。

(7) 更新 LR。在出入异常服务的时候,LR 的值将得到重新的诠释,这种特殊的值被称为 EXC_ RETURN。在异常进入时,由系统计算并赋给 LR,并在异常返回时使用它。

2. 异常退出

异常服务程序最后一条指令是把程序连接存储器(LR)的值加载到 PC 中,该操作指示中断服务结束。在从异常返回时,处理器将执行下列操作之一。

(1) 若激活异常的优先级比所有被压栈(等待处理)的异常的优先级都高,则处理器会末尾连锁到一个激活异常。

(2) 若没有激活异常,或者被压栈的异常的最高优先级比激活异常的最高优先级要高,则处理器返回到上一个被压栈的中断服务程序。

(3) 若没有激活的中断或被压栈的异常,则处理器返回线程模式。

在启动了中断返回序列后,下述的处理就将进行。

(1) 出栈。先前压入栈中的寄存器在这里恢复。内部的出栈顺序与入栈时的相对应,堆栈指针的值也改回先前的值。

(2) 更新 NVIC 寄存器。伴随着异常的返回,它的活动位也被硬件清除。对于外部中断,倘若中断输入再次被置为有效,挂起位也将再次置位,新一次的中断响应序列也可随之再次开始。

(3) 异常返回值。异常返回值 EXC_ RETURN 存放在 LR 中,这是一个高 28 位全为 1 的值,只有 [3:0] 的值有特殊含义,EXC_ RETURN 各位含义如表 2.7 所示。当异常服务例程把这个值送往 PC 时,就会启动处理器的中断返回序列。因为 LR 的值是由 ARM Cortex - M3 自动设置的,所以只要没有特殊需求,就不要改动它。

表 2.7 EXC_RETURN 各位含义

位段	含义
[31:4]	EXC_RETURN 的标识，必须全为 1
3	0：返回后进入处理器模式，1：返回后进入线程模式
2	0：从主堆栈中出栈，返回后用 MSP；1：从进程堆栈中出栈，返回用 PSP
1	保留，必须为 0
0	0：返回 ARM 状态，1：返回 Thumb 状态。在 ARM Cortex – M3 中必须为 1

因此，上述表格中 EXC_RETURN 的值有 3 种情况。
(1) 0xFFFF_FFF1：返回处理器模式。
(2) 0xFFFF_FFF9：返回线程模式，并使用主堆栈。
(3) 0xFFFF_FFFD：返回线程模式，并使用进程堆栈。

2.5.5 异常处理机制

1. 末尾连锁

末尾连锁能够在两个中断之间没有多余的状态保存和恢复指令的情况下实现异常背对背处理。末尾连锁示意图如图 2.10 所示。在退出异常服务并进入另一个中断时，处理器省略了 8 个寄存器的出栈和入栈操作。若当前挂起中断的优先级比所有被压栈的异常的优先级都高，则处理器执行末尾连锁机制。若挂起中断的优先级比被压栈的异常的最高优先级高，则省略压栈和出栈操作，处理器立即取出挂起的中断向量。在退出前一个异常服务之后，开始执行被末尾连锁的异常服务。

2. 异常迟来

在 ARM Cortex – M3 中，迟来中断的意思是，若前一个异常服务还没有进入执行阶段，并且迟来中断的优先级比前一个中断的优先级要高，则迟来中断能够抢占前一个中断。迟来中断示意图如图 2.11 所示。

响应迟来中断时，需执行新的取向量地址和 ISR 预取操作。迟来中断不保存状态，因为状态保存已经被最初的中断执行过了，不需要重复执行。

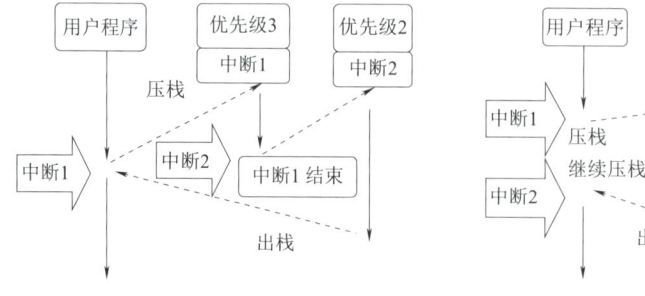

图 2.10 末尾连锁示意图

图 2.11 迟来中断示意图

2.5.6 嵌套向量中断控制器

NVIC 用于完成对中断的响应，其共支持 1～240 个外部中断输入（通常外部中断写作 IRQs），具体的数值由芯片厂商在设计芯片时决定。ARM Cortex – M3 中，异常和中断控制示意图如图 2.12 所示。由图可知，该控制分成 3 级，由 NVIC 负责管理。

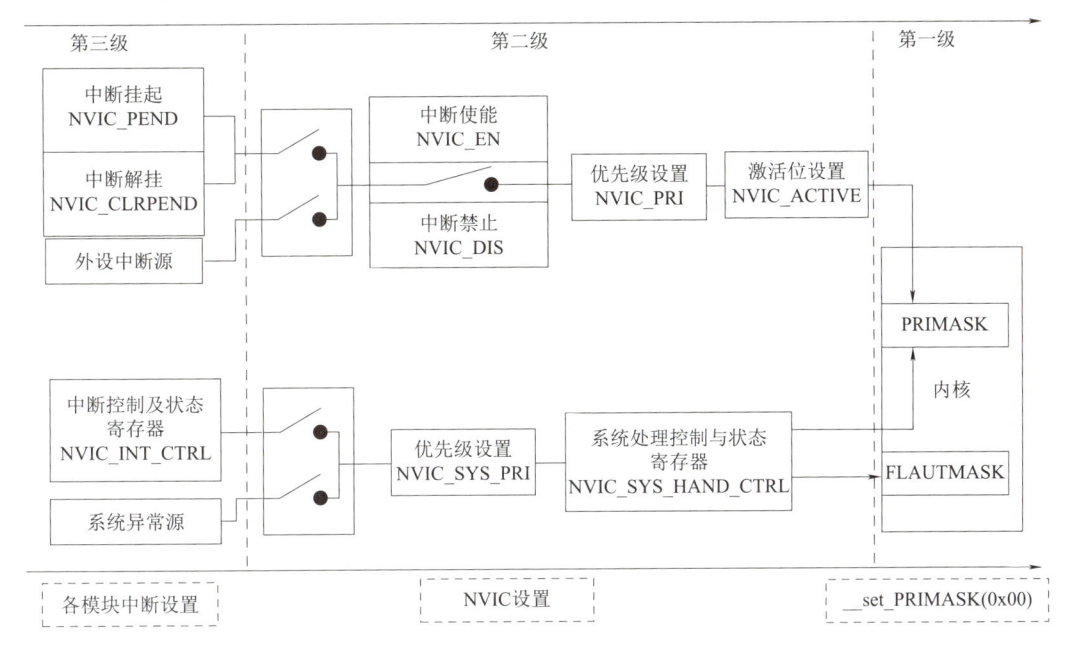

图 2.12　异常和中断控制示意图

NVIC 的访问地址是 0xE000_E000。所有 NVIC 的中断控制、状态寄存器都只能在特权模式下访问，不过有一个例外：软件触发中断寄存器可以在用户模式下访问以产生软件中断。所有的中断控制、状态寄存器均可按字、半字、字节的方式访问。

NVIC 配置包括中断的使能与禁止、中断的挂起与解挂、活动状态、优先级的配置，对中断处理有重大影响的寄存器（包括异常屏蔽寄存器、其他异常的配置寄存器、软件触发中断寄存器）的配置，以及系统定时器 SysTick 的配置。

NVIC 配置　　存储器保护单元

本章小结

ARM Cortex – M3 是一个 32 位的内核，内部的数据路径为 32 位，寄存器为 32 位，存储器接口也是 32 位。它采用了哈佛结构，拥有独立的指令总线和数据总线，可以让取指与数据访问分开进行。ARM Cortex – M3 还提供一个可选的 MPU，用于对存储器进行保护，而且在需要的情况下，也可以使用外部的高速缓存。

ARM Cortex – M3 的寄存器分为通用寄存器（R0～R15）和特殊功能寄存器（程序状态寄存器、中断屏蔽寄存器、控制寄存器）。

ARM Cortex – M3 采用了固定的存储映射结构，包括 6 个区，分别是代码区、片上 SRAM 区、片上外设区、片外 RAM 区、片外外设区和内核私有区。在片上 SRAM 区和片上外设区的下部 1 MB 空间，可以进行位带操作。

ARM Cortex – M3 支持 16 路系统异常和 240 路外设中断，通过 NVIC 进行控制，可以对使能与禁止、挂起与解挂、优先级设置等中断进行配置。发生中断后，自动压栈和出栈的寄存器分别为 R0～R3、R12～R15。

ARM Cortex – M3 支持 MPU，其作用是对存储器（主要是内存和外设寄存器）进行保护，从而使软件更加健壮和可靠。

本章习题

1. ARM Cortex 系列内核分别为_____系列、_____系列、_____系列。

2. ARM Cortex – M3 采用_____结构，拥有独立的指令总线和数据总线，可以让取指与数据访问分开进行。

3. ARM Cortex – M3 寄存器分为通用寄存器（包括_____）和特殊功能寄存器（包括_____、_____和_____）。

4. CONTROL 寄存器的作用是_____和_____。

5. ARM Cortex – M3 支持两个模式，它们分别是_____和_____。

6. ARM Cortex – M3 采用了固定的存储映射结构，包括_____、_____、_____、_____、_____、_____ 6 个区。

7. ARM Cortex – M3 支持_____路系统异常和_____路外设中断。

8. 在 ARM Cortex – M3 中发生异常后，自动保存的寄存器是_____。

第3章 STM32开发环境搭建

教学目标

【知识】

(1) 掌握STM32CubeMX的配置方法和步骤。

(2) 掌握集成开发环境Keil-MDK的安装方法以及用它建立工程、编辑程序、进行调试与仿真的方法。

(3) 掌握使用虚拟仿真软件Proteus绘制电路、进行虚拟仿真调试的方法。

【能力】

(1) 具有应用STM32CubeMX软件配置STM32的能力。

(2) 具有应用Keil-MDK搭建STM32MCU开发环境的能力。

(3) 具有应用Proteus仿真STM32MCU的能力。

3.1 嵌入式系统开发环境

嵌入式系统是一种微型计算机系统,由于嵌入式系统不具备通用计算机的显示器、键盘、大容量存储器等部件,所以不能直接在嵌入式系统上进行程序开发,必须借助通用计算机完成程序的设计和调试等工作。所以,嵌入式系统的开发一般采用交叉开发的方式。所谓交叉开发,就是利用宿主机、目标机和下载调试器3部分构成的开发环境进行开发。宿主机即通用计算机,在其上安装嵌入式系统集成开发环境(如STM32CubeIDE、Keil、IAR等),利用这些开发环境进行程序设计、代码编辑、程序编译、链接和仿真调试,最终生成目标机可执行的机器代码(二进制代码)。目标机即要设计的嵌入式系统,它是专用的计算机系统,是具体的执行程序。下载调试器是用于将宿主机上的集成开发软件生成的机器代码下载到目标机的程序存储器,由目标机根据程序功能自动运行。

STM32MCU的开发也需要宿主机、目标机和下载调试器。开发过程一般分为程序编辑、程序编译、程序汇编链接、仿真调试和下载5个阶段。每一个阶段都需要使用宿主机上的不同工具软件来完成相应的工作。STM32MCU的应用开发工具如下。

(1) 配置软件:STM32CubeMX,可对STM32系列芯片进行初始化,并生成工程文件。

(2) 编辑、调试和编译软件:STM32CubeIDE、Keil、IAR、Makefile。

(3) 虚拟仿真软件:Proteus,可实现对STM32微控制器和外设电路的虚拟仿真。

(4) 下载工具:J-Link仿真器、ST-Link仿真器、ISP下载器。

本章将主要讲解STM32CubeMX、Keil-MDK、Proteus和仿真下载工具。通过对这些软件的学习,学生能达到快速开发STM32应用项目的目的。

3.2　STM32CubeMX 的应用

3.2.1　STM32CubeMX 简介

STM32CubeMX 是一种图形化的工具软件，可以用于配置任何 STM32 器件。这款简单易用的软件可为 ARM Cortex－M 内核生成初始化 C 代码，并为 ARM Cortex－A 内核生成 Linux 设备树。该软件具有如下特点。

（1）具有丰富易用的图形用户界面，支持自动冲突解决引脚分配，支持面向 ARM Cortex－M 内核带参数约束动态验证外设和中间件功能模式，支持动态验证时钟树配置，支持带功耗结果估算功耗序列。

（2）可生成与面向 ARM Cortex－M 内核的 IAR Embedded Workbench、MDK－ARM 和 STM32CubeIDE 兼容的初始化 C 代码。

（3）可生成面向 ARM Cortex－A 内核（STM32MCU）的部分 Linux 设备树。

（4）可借助 STM32PackCreator 开发增强型 STM32Cube 扩展包。

（5）将 STM32Cube 扩展包集成到项目中。

（6）可在 Windows、Linux 和 mac OS 和 64 位 Java 环境中独立运行。

（7）集成了很多第三方中间件，如 FreeRTOS、X－Cube－AI、FATFS、USB_Device、TCP/IP、图形等。

3.2.2　STM32CubeMX 及组件的安装

1. 软件安装

安装 Java 环境。由于 STM32CubeMX 是基于 Java 环境运行的，所以需要先安装 JRE。可以在 Java 官网下载安装文件。

安装 STM32CubeMX。在官方网站下载软件，选择好安装路径，单击"NEXT"按钮直到安装完成，如图 3.1 所示，注意不能在中文路径下安装。

图 3.1　安装 STM32CubeMX

2. HAL 库安装

STM32 HAL（Hardware Abstraction Layer，硬件抽象层）固件库是 ST 公司为 STM32 的 MCU 推出的抽象层嵌入式软件，其目的是更方便地实现跨 STM32 产品的最大可移植性，它区别于以前的标准库，同时也支持 LL（Low－layer，底层）库。HAL 库有在线安装和离线安装两种方式，一般采用在线安装，安装方法如下。

(1) 启动 STM32CubeMX，安装嵌入式软件包界面如图 3.2 所示，单击"Help"→"Manage embedded software packages"选项。

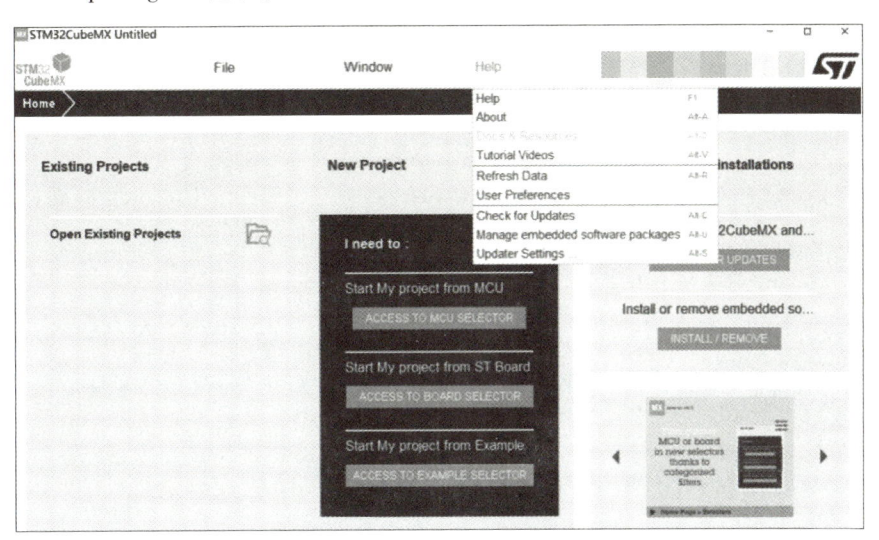

图 3.2　安装嵌入式软件包界面

(2) 在弹出的界面中选择芯片型号，例如 STM32F1，版本选择 1.8.4 即可，如图 3.3 所示，单击"Install"按钮开始安装。

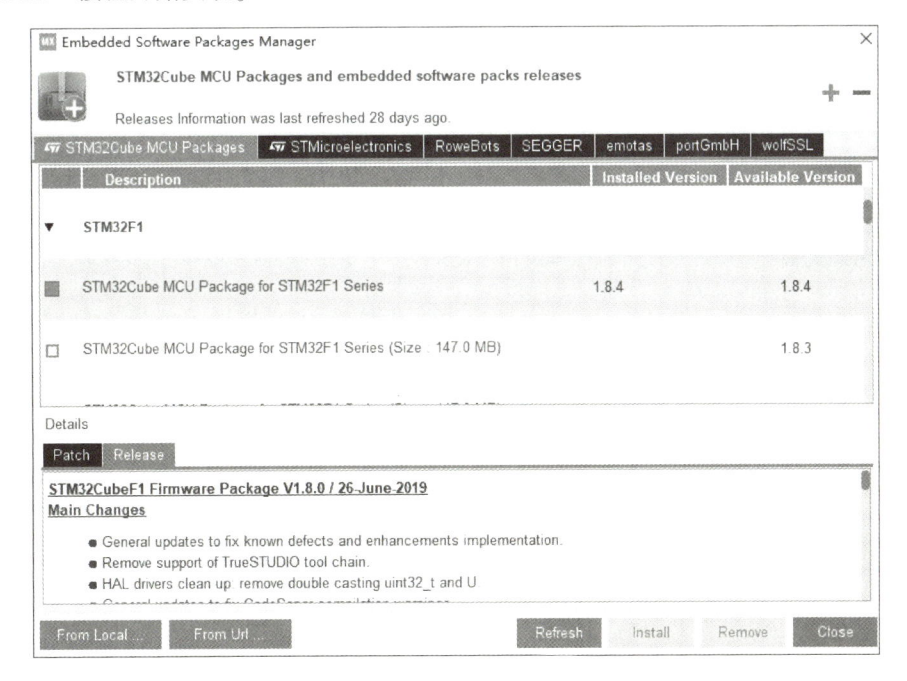

图 3.3　选择芯片型号和版本

(3) 安装过程如图 3.4 所示，安装完成后，就可以在窗口中看到该系列芯片下的 HAL 库的信息，表示成功安装。其他系列的芯片安装方法一样。

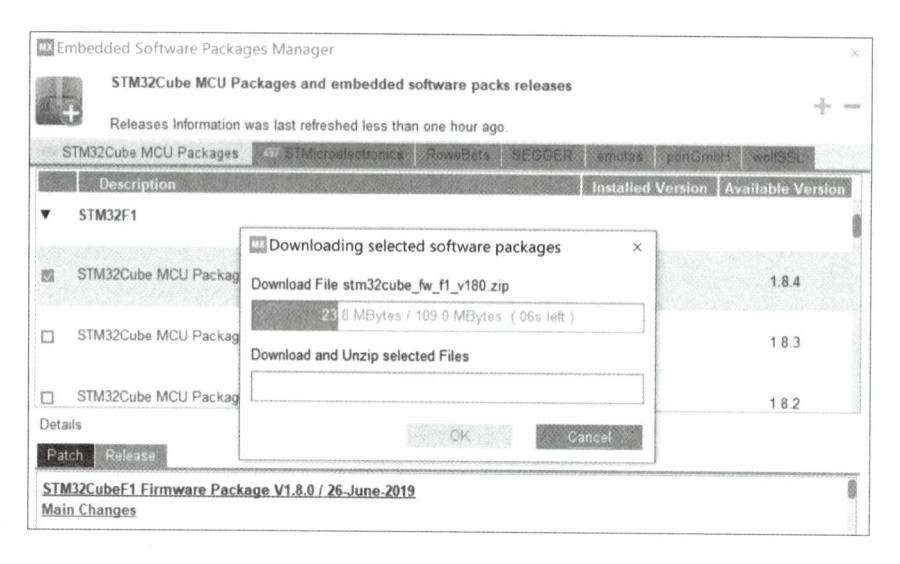

图 3.4 安装过程

其他第三方软件包安装方法与安装 HAL 库一样。选中相应的软件和最新的版本，单击"Install"按钮即可，如图 3.5 所示。

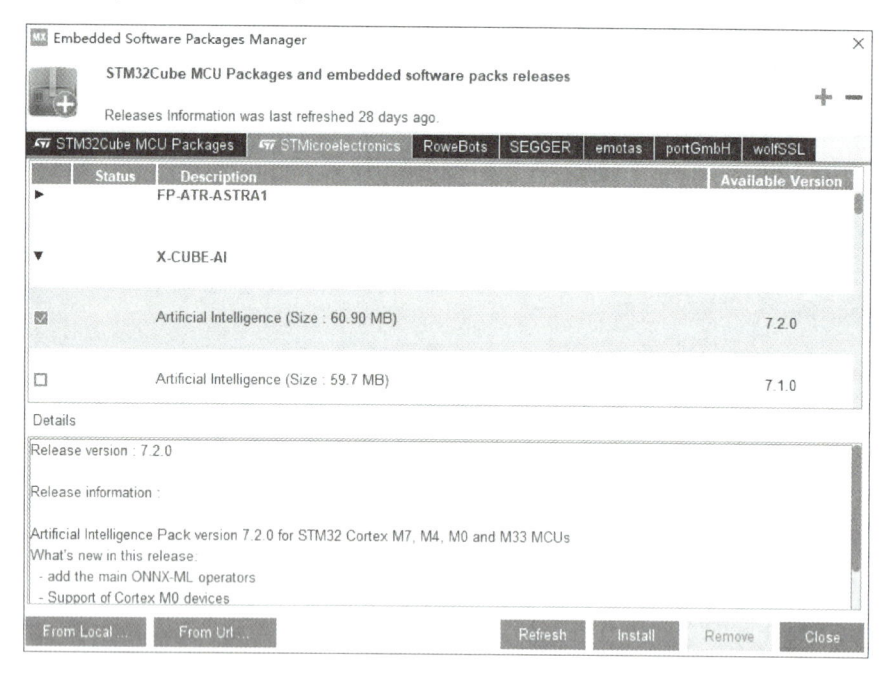

图 3.5 其他软件包安装

安装好软件和相关库文件后，还可以设置更新方式。单击"Help"→"Updater Settings"选项，在弹出的对话框中可选择人工更新或自动更新，如图 3.6 所示。

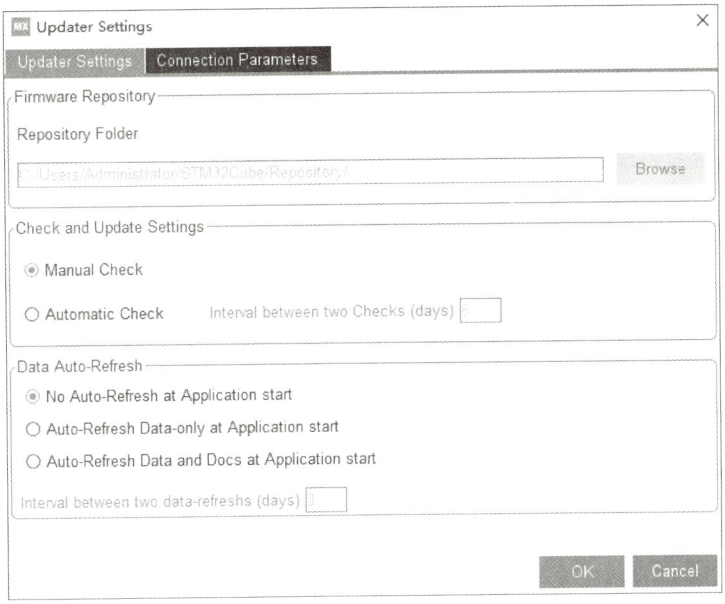

图 3.6　更新方式设置

3.2.3　STM32CubeMX 的使用

STM32CubeMX 可以实现 MCU 选型、引脚配置、系统时钟设置、外设时钟设置、外设参数配置和中间件参数配置，它给 STM32 开发者们提供了一种简单、方便、直观的方式来完成这些工作。

本小节以为芯片 STM32F103ZET6 设计一个闪烁灯（PB10 外接一只发光二极管）为例，来介绍 STM32CubeMX 的使用，包括新建工程和应用配置等内容。

1. 新建工程

在 STM32CubeMX 中，新建工程有 4 种方式：选择 MCU/MPU 型号、选择 MCU 开发板、选择例程和选择 MCU 交叉选择器。单击"File"→"New Project"选项，在弹出的对话框中可以看到新建工程的 4 种方式，如图 3.7 所示。

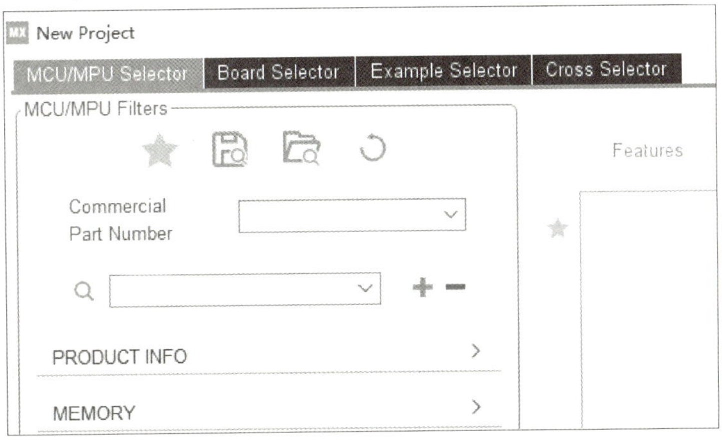

图 3.7　新建工程的 4 种方式

(1) 选择 MCU/MPU 型号。

在"MCU/MPU Selector"选项卡中,可以按照 Flash/RAM 大小、外设、封装、价格等条件来筛选符合应用需求的产品型号。

对于其他如网络、USB、人工智能、图形等的应用,STM32CubeMX 会计算大致需要的 Flash 和 RAM 大小,同时在右侧的列表栏中列出满足要求的 MCU 型号。

(2) 选择 MCU 开发板。

在"Board Selector"选项卡中,可以按照开发板类型、板载 MCU/MPU 的系列、MCU/MPU 支持的外设和 Flash/RAM 大小选择某个开发板,新建一个基于该开发板的工程。STM32CubeMX 将自动根据该开发板默认硬件配置,初始化对应的外设。比如,NUCLEO-F401RE 板上默认用到了 USB 接口,那么选择 NUCLEO-F401RE 板后,新建的 STM32CubeMX 工程默认就已经配置好了 USB 外设。

(3) 选择例程。

在"Example Selector"选项卡中,可以通过各个过滤项来选择一个运行在某个具体开发板上的例程,以此来创建一个工程。比如,选择运行在 NUCLEO-F103RB 板上的模拟/数字转换器(Analog-Digital Conrersion,ADC)例程后,STM32CubeMX 可以自动生成 IAR、Keil 或 SW4STM32 工程,直接编译就可以运行。

(4) 选择 MCU 交叉选择器。

在"Cross Selector"选项卡中,开发者可以找到能够替换当前使用的 MCU/MPU 的 STM32 产品,并且可以选择多个型号进行比较。比如,选择 NXP 的 LPC1115,系统会列出 STM32G031 等一系列的可替代产品。

根据实际需要,可以选择这 4 种方式中的任意一种来新建 STM32CubeMX 工程。例如,从选择 MCU/MPU 型号开始创建,选择芯片 STM32F103ZET6,单击右边的"Start Project"按钮就可进入芯片具体配置界面。

2. 应用配置

新建工程后,还需要对具体应用进行配置,例如要选择外设,并配置外设参数。应用配置界面如图 3.8 所示,主要有"Pinout&Configuration"(外设及中间件配置)、"Clock Configuration"(时钟配置)、"Project Manager"(工程管理)和"Tools"(工具配置)4 个选项卡。

图 3.8 应用配置界面

(1) 外设及中间件配置。

外设及中间件配置包括 7 项内容。其中,"System Core"(系统内核)涉及 DMA、GPIO、IWDG、NVIC、RCC、SYS、WWDG 配置;"Analog"(模拟)主要是针对 ADC 和数字/模拟转换器(Digital-Analog Conrersion,DAC)的配置;"Timers"(定时器)主要包括实时时钟(Real

Time Clock，RTC）和定时器 TIM1～TIM8 的配置；"Connectivity"（无线连接）主要包括与通信相关的 CAN、FSMC、I2C、SDIO、SPI、UART、USART、USB 配置；"Multimedia"（多媒体技术）主要是音频总线 I2S 的配置；"Computing"（计算）主要是 CRC 校验配置；"Middleware"（中间件）主要是 FATFS、FreeRTOS、USB_DEVICE 的配置。

本例中需要配置 PB10 为输出。在"Pinout view"（图形化芯片）中选择"PB10"选项，选择"GPIO_Output"选项将 PB10 设置为输出，然后在"System Core"下拉列表中选择"GPIO"选项，可查看配置信息，PB10 配置图如图 3.9 所示。

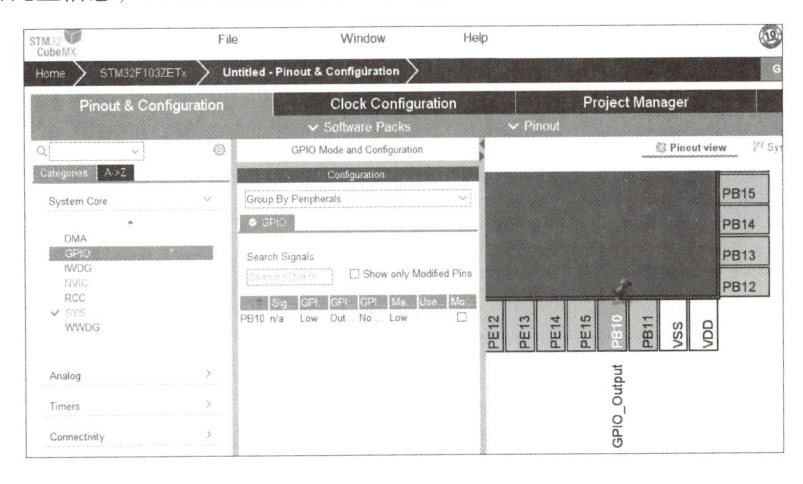

图 3.9　PB10 配置图

另外，程序中会用到延时，因此需要配置一个基准时钟。本例中选择内核的节拍定时器 SysTick 为基准时钟，在"SYS"中的"Timebase Source"中选择"SysTick"选项即可。如果应用项目还有其他外设需要配置，依次选择相关的外设，为其配置参数即可。

（2）时钟配置。

时钟配置主要用于配置 STM32MCU 的时钟源（内部、外部时钟和高速、低速时钟）、是否使用 PLL（Phase-Locked Loop）倍频、PCLK1 时钟分频、PCLK2 时钟分频等参数。本例采用内部 8 MHz 的"HSI RC"时钟源，无倍频，如图 3.10 所示。

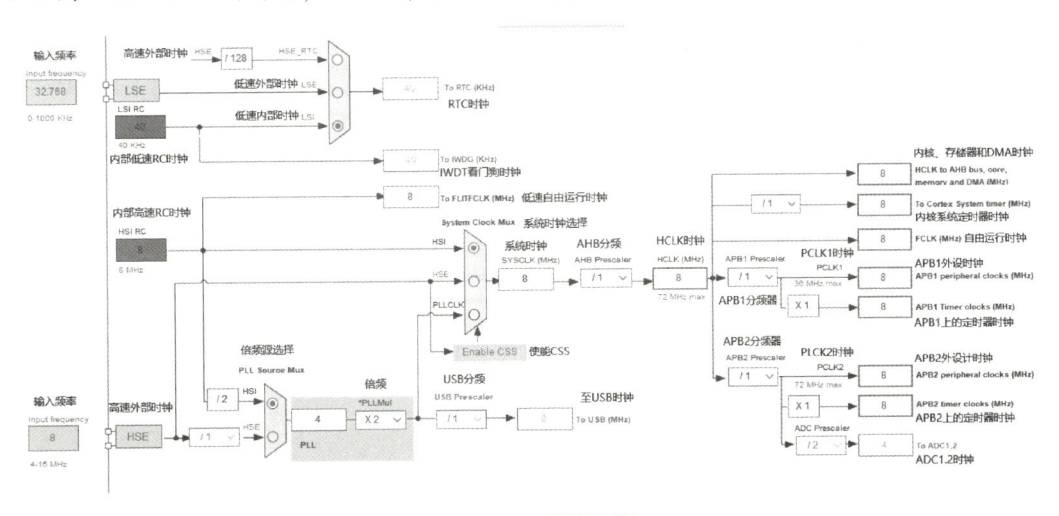

图 3.10　时钟配置

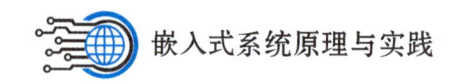

(3) 工程管理。

工程管理主要包括"Project"（工程）、"Code Generator"（代码发生器）、"Advanced Settings"（高级设置）等选项。在"Project"配置界面主要有"Project Name"（工程名）、"Projcet Location"（工程存放路径）、"Application Structure"（应用程序结构）、"Toolchain Folder Location"（工具链文件夹路径）、"Toolchain/IDE"（工具链/IDE）配置。其中，"Toolchain/IDE"下拉列表中有 4 个选项，分别是"EWARM""MDK-ARM""STM32CubeIDE""Makefile"。本例中选择"MDK-ARM"选项，版本号选择"V5"，如图 3.11 所示。

图 3.11　工程管理

"Code Generator"配置界面如图 3.12 所示，在其中可选择 STM32 的 HAL 库软件包和生成的文件内容。其中，软件包的"STM32Cube MCU packages and embedded software packs"选项组中有 3 个单选项，分别是"复制所有的库文件到工程""复制必要的库文件到工程中""添加必要的库文件作为引用工程链项目配置文件"，如图 3.12 所示。

图 3.12　"Code Generator"配置界面

"Generated files"选项组中是复选框，可根据实际情况勾选多个，这些复选框分别是"外设以 .c/.h 形式生成单独文件""重新生成时备份以前生成的文件""重新生成时保留用户代码""当没有重新生成时，删除以前生成的文件"。

(4) 工具配置。

工具配置主要是对 STM32 的运行模式等相关参数进行配置，在应用过程中，一般采用默认设置即可。

以上参数配置好以后，单击配置界面右上角的"GENERATE CODE"按钮，生成 MDK – ARM 的工程文件，文件中包含了对 PB10 的初始化、时钟初始化、基准时钟初始化等 STM32 运行的必要初始化。

3.3　集成开发环境 Keil – MDK 的应用

集成开发环境 Keil – MDK（Keil ARM Microcontroller Development Kit，也被称为 MDK – ARM）是德国 Keil Software 公司（已被 ARM 公司收购）出品的 ARM 系列兼容微控制集成软件开发系统。Keil – MDK 提供了包括 C 编译器、宏汇编、链接器、库管理和一个功能强大的仿真调试器等在内的完整开发方案，通过一个集成开发环境（μVision）将这些部分组合在一起，可实现程序编辑、编译、仿真、下载等软件开发功能。它具有强大的软件调试功能，生成的程序代码运行速度快，所需的存储空间小。用户可以通过官网下载最新版的软件，下面以 Keil μVision5 为例进行介绍。

3.3.1　Keil – MDK 的安装

在官网下载最新的 Keil – MDK，该软件属于商业软件，试用版有 32 KB 编程代码量的限制。选择好安装路径（路径中一般不含中文），也可和 Keil C51 安装在同一个路径下。

还需要安装芯片的 Packs 包，在官网选择 STMicroelectronics。本例中选择"STM32F1 Series"下的"STM32F103ZE"下载即可。若需要用到其他的芯片，则下载相应的包即可，本例中下载的包为 Keil.STM32F1xx_ DFP.2.3.0。Packs 包下载如图 3.13 所示。

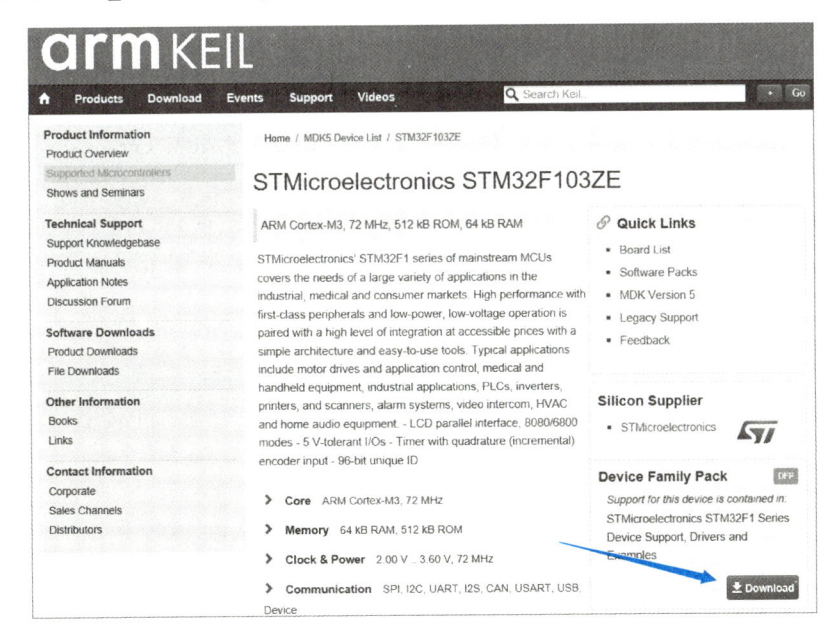

图 3.13　Packs 包下载

下载好的 Packs 包需要被加载到 Keil – MDK 中。双击下载的包，然后单击"NEXT"按钮，一直到出现"Finish"按钮为止，单击该按钮可完成对 Packs 包的安装，然后才能进行创建工程、编辑程序、编译程序、仿真与调试等后续工作。Packs 包安装如图 3.14 所示。用户也可以启动 Keil – MDK，单击"Pack Install"按钮进行安装。

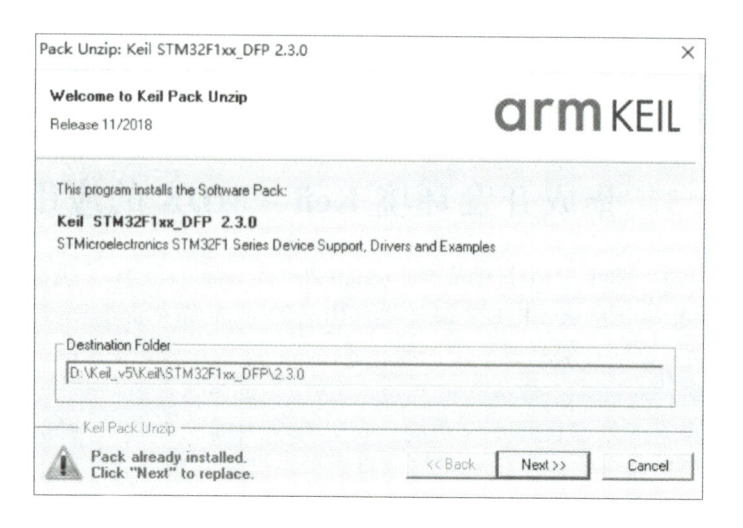

图 3.14　Packs 包安装

3.3.2　Keil – MDK 的使用

在 3.1 节中，通过 STM32CubeMX 生成工程文件就已经完成了对工程的创建，这里直接打开文件夹中的"MDK – ARM"下的". μision5 Project"文件就可编写程序。本小节将介绍如何通过手动方式创建一个工程文件。要以手动方式创建工程，需要下载 STM32 的 HAL 库文件，用户可以到官网下载。

1. 创建工程

先创建一个文件夹，在文件夹中创建 3 个文件夹"MDK – ARM""Drivers""Core"，将 HAL 库文件复制到"Drivers"文件夹中，该文件夹中包含"CMSIS"（ARM Cortex – M3 内核库函数）和"STM32F1xx_ HAL_ Driver"（外设驱动库函数）。

启动 Keil – MDK，选择"Project"下拉列表中的"NEW μVision Project"选项，系统将弹出"Create New Project"（新建工程）对话框，如图 3.15 所示，输入新建工程的名称并保存，注意选择工程文件路径。

图 3.15　"Create New Project"对话框

单击"保存"按钮,弹出芯片选择对话框,在"Device"选项卡的下拉列表中选择"Software Packs"选项,在下面的列表中选择"STMicroelectronics"中的"STM32F103"中的"STM32F103ZE"芯片,如图3.16所示。单击"OK"按钮,弹出图3.17所示的工程窗口。

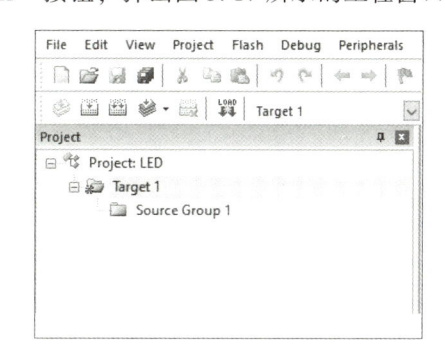

图 3.16　选择芯片　　　　　　　　　图 3.17　工程窗口

编辑工程文件结构,添加 HAL 库文件,右击图 3.17 中的"Target1"选项,在弹出的快捷菜单中选择"Manage Project Items"选项,在弹出的对话框的"Project Targets"(项目目标)列表中修改工程文件名,如 LED;在"Groups"(群组)列表中创建文件夹,以加载不同的文件,工程文件管理如图 3.18 所示。

在"MDK – ARM"中添加启动文件,可从安装文件中复制。在"STM32F1xx_HAL_Driver"中添加 HAL 库文件。在"CMSIS"中添加"system_stm32f1xx.c"文件,然后单击"OK"按钮,工程文件结构创建完成。

单击"File"→"NEW"选项,新建文件,然后将文件另存为扩展名为 .c 的文件,本例中为"LED.c"。注意文件路径,存放在"Core"文件夹下。选中工程中的"Core"文件夹,将刚刚创建的"LED.c"文件加载到工程中,另外还需要添加一个中断服务程序文件"STM32f1xx_it.c"(可从官方的工程文件中复制),工程文件图如图 3.19 所示。

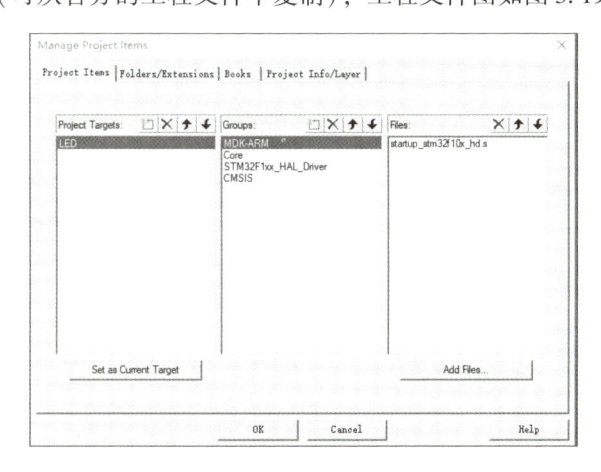

图 3.18　工程文件管理　　　　　　　　图 3.19　工程文件图

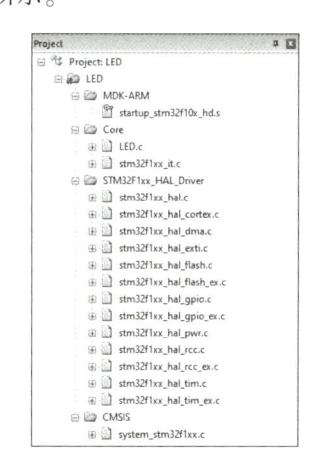

由于文件存放在不同的文件夹下,所以需要指定各文件的路径。选择"Project"下拉列表中的"Options for Target"选项,弹出工程属性配置对话框,在"C/C++(AC6)"选项卡中指定各文件路径,如图 3.20 所示。

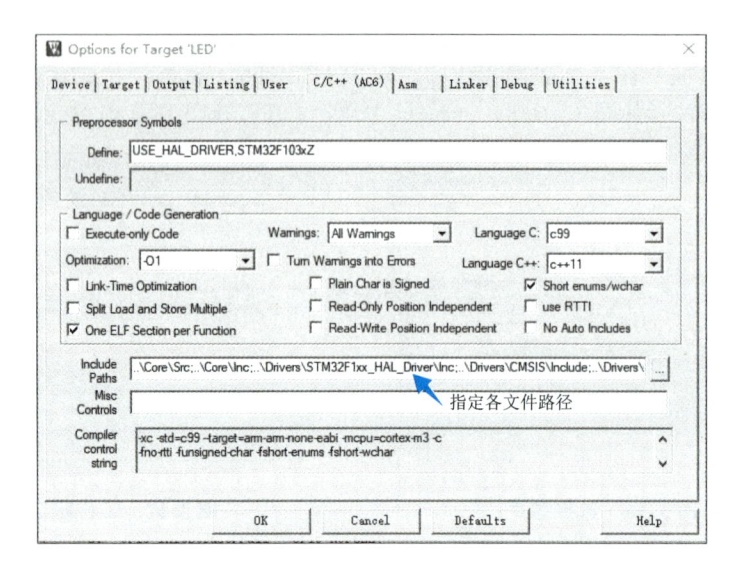

图 3.20　指定各文件路径

2. 编辑程序

在"LED.c"文件中编写程序，程序如下。

```c
#include "main.h"
#include "stm32f1xx_hal.h"
#include "stm32f1xx_hal_gpio.h"
void SystemClock_Config(void);
static void MX_GPIO_Init(void);
/************************主程序************************/
int main(void)
{ HAL_Init();
  SystemClock_Config();
  MX_GPIO_Init();
  while (1)
  {  HAL_GPIO_TogglePin(GPIOB, GPIO_PIN_10);
    HAL_Delay(200);
  }
}
/************************GPIO初始化************************/
static void MX_GPIO_Init(void)
{
  GPIO_InitTypeDef GPIO_InitStruct = {0};
  __HAL_RCC_GPIOB_CLK_ENABLE();
  HAL_GPIO_WritePin(GPIOB, GPIO_PIN_10, GPIO_PIN_RESET);
  GPIO_InitStruct.Pin = GPIO_PIN_10;
  GPIO_InitStruct.Mode = GPIO_MODE_OUTPUT_PP;
  GPIO_InitStruct.Pull = GPIO_NOPULL;
  GPIO_InitStruct.Speed = GPIO_SPEED_FREQ_LOW;
  HAL_GPIO_Init(GPIOB, &GPIO_InitStruct);
}
```

3. 编译程序

程序编辑完成后，就可进行编译。首先设置文件输出格式，如图 3.21 所示。选择工程属性窗口单选项，勾选"Create HEX File"复选框。

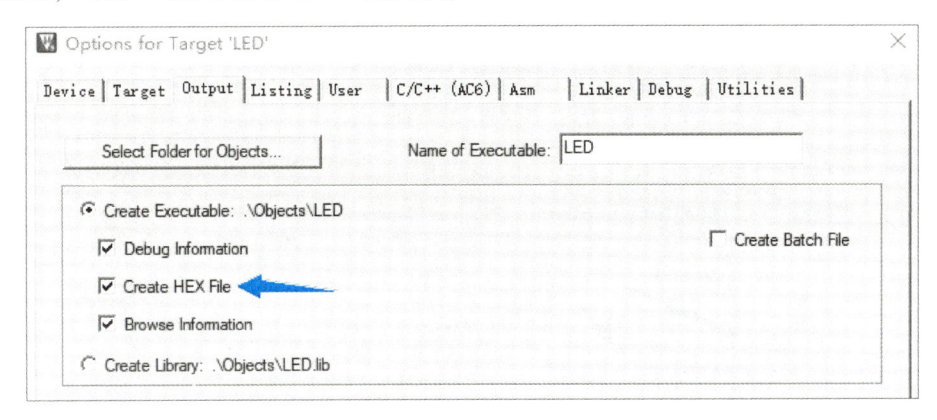

图 3.21 设置文件输出格式

选择"Project"下拉列表中的"Build Target"选项，完成编译，如果程序有错，可修改后再编译，直到编译通过（编译通过并不意味着程序功能正确）。用户还可以选择快捷菜单完成编译，如图 3.22 所示。

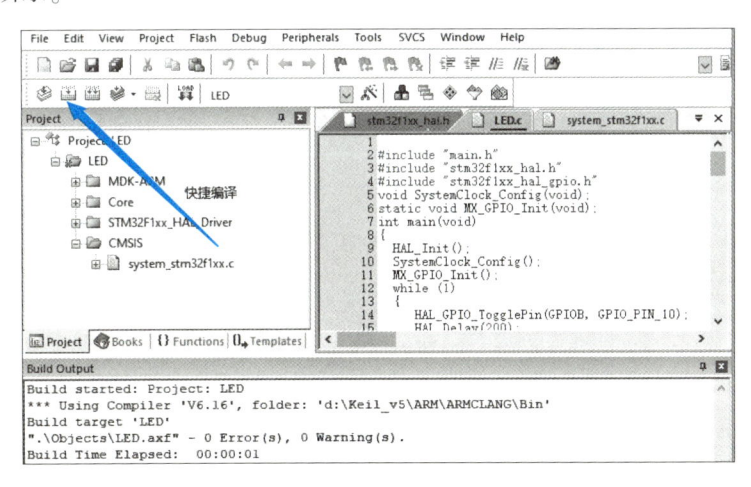

图 3.22 选择快捷菜单完成编译

4. 仿真与调试

Keil-MDK 支持模拟仿真调试和在线仿真调试。模拟仿真调试可以通过 Keil-MDK 完成，在线仿真调试需要通过仿真器和实际应用项目才能完成。

（1）模拟仿真调试。

编译通过后，就可验证程序是否按功能要求正确执行。进入调试与仿真环节后，首先要在工程属性配置对话框中选择"Debug"选项卡，再选择"Use Simulator"单选项，注意参数的修改，模拟仿真设置如图 3.23 所示。

单击"Debug"→"Start/Stop Debug Session"选项，或者在工具栏中单击"开始/停止"按钮，进入调试状态，调试界面如图 3.24 所示。调试界面中有很多调试窗口，这些调试窗口可通过菜单栏中的"View"菜单打开和关闭。单片机上的外设接口调试窗口可通过菜单栏中的

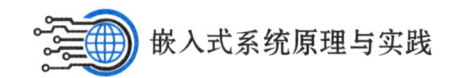

"Peripherals"菜单打开。

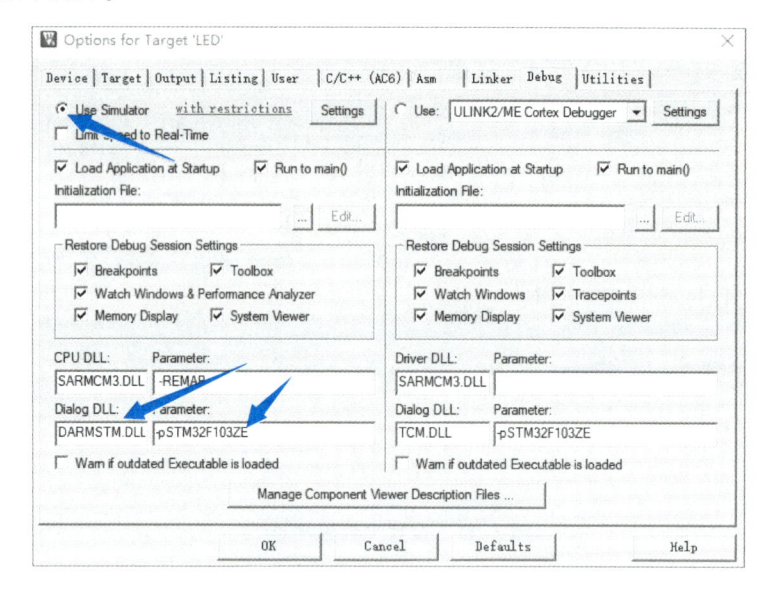

图 3.23 模拟仿真设置

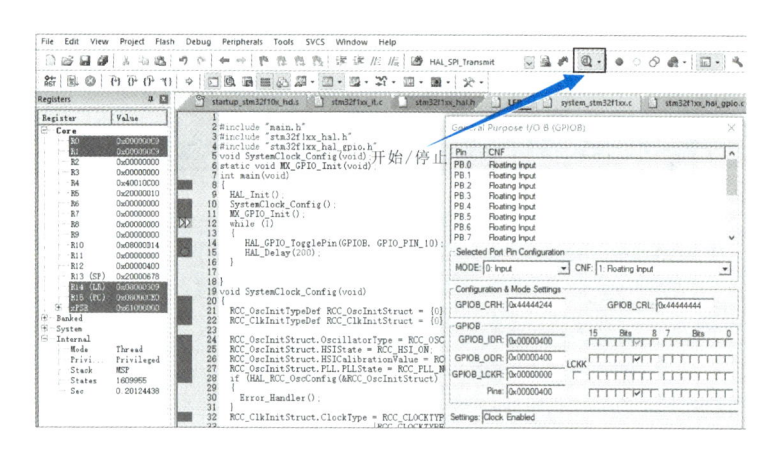

图 3.24 调试界面

使用菜单栏中的"View"菜单可打开常用的"Registers Window",这是单片机的内核寄存器窗口,常用于观察程序中寄存器的内容是否与设计程序一致。选中"Watch Window"窗口并输入相关的变量名,可观察程序运行中的变量变化。选中"Memory Window"窗口,可观察程序中涉及某存储器单元的数据。在"Address:"后输入"D:xxxxH"表示片内数据存储器,输入"X:xxxxH"表示片外数据存储器,输入"C:xxxxH"表示程序存储器。菜单栏中的"View"菜单中还有"Serial Window"(串口窗口)、"Analysis Window"(逻辑分析窗口)等,均可用于调试。

使用菜单栏中的"Peripherals"菜单可以打开"NVIC""GPIO""USARTS""Timers""SPI"等涉及 STM32 外设资源的调试窗口,如本例中的 GPIOB 接口调试窗口。

设置好相应的调试窗口后,进行程序的调试。在菜单栏中的"Debug"菜单中有"Run"(全速调试,也可按〈F5〉键实现)、"Step"(单步跟踪调试)、"Step Over"(单步运行)、"Step

Out"（执行返回）、"Run to Cursos Line"（运行到光标处）、"Stop"（停止运行）、"BreakPoints"（断点调试）等选项。

在程序调试过程中，若发现程序运行与设计的功能不一样，则需要修改程序，直到功能正确为止，并且还需要再次编译。

(2) 在线仿真测试。

在线仿真调试需要安装仿真器，如常用的 J-Link、ST-Link 仿真器。本书中使用 ST-Link 仿真器进行仿真调试，用户可在 ST 官网下载驱动程序并安装，然后在"Debug"选项卡右边的下拉列表中选择"ST-Link Debugger"选项，连接好仿真器和实际应用项目，可进入在线仿真调试，调试方法与模拟仿真调试一样。在线仿真调试设置如图 3.25 所示。

将调试好的程序下载到实际的应用系统中，至此就完成了 STM32MCU 的整个开发过程。MDK-ARM 不仅适用于 STM32，还适用于基于 ARM Cortex 内核的所有 MCU，因此上述工程创建过程也适用其他芯片的开发。

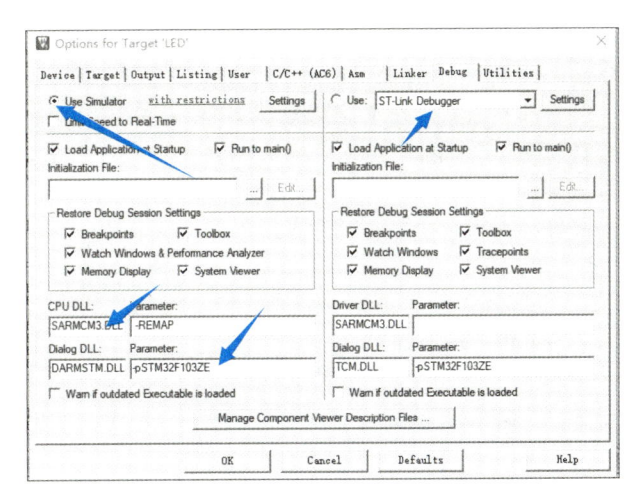

图 3.25 在线仿真调试设置

STM32CubeMX 完成对应用项目的初始化配置后，可自动生成 MDK-ARM 的工程文件，无须再创建工程文件，用户只需要关注应用开发即可。

3.4 Proteus 的应用

Proteus 是英国 Lab Center Electronics 公司出品的 EDA（Electronic Design Automation，电气设计自动化）工具软件，它支持电子电路仿真、单片机及外围电路仿真、原理图绘制和 PCB 设计等功能。

3.4.1 Proteus 的特点

Proteus 具有以下几种特点。

1. 具有丰富的电路仿真资源

Proteus 可提供的仿真元器件资源包括仿真数字和模拟、交流和直流等数千种元器件，还有 30 多个元件库。

Proteus 可提供的仿真仪表资源包括示波器、逻辑分析仪、虚拟终端、串行外设接口（Serial Peripheral Interface，SPI）调试器、I2C（Inter Intergrated Circuit）调试器、信号发生器、模式发生器、交直流电压表、交直流电流表。理论上讲，同一种仪器可以在一个电路中被随意调用。

Proteus 还提供了图形显示功能，可以将线路上变化的信号以图形的方式实时地显示出来，其作用与示波器相似，但功能更多。这些虚拟仪器仪表具有理想的参数指标，例如有极高的输入阻抗、极低的输出阻抗，这些都尽可能减少了仪器对测量结果的影响。

Proteus 提供了比较丰富的调试信号用于电路的调试，这些调试信号包括模拟信号和数字信号。

2. 具有仿真处理器及其外围电路的功能

使用 Proteus 可以仿真 8051、AVR、PIC、ARM 等常用主流单片机，还可以直接在基于原理图的虚拟原型上编程，再配合显示及输出，能看到运行后输入输出的效果。Proteus 建立了完备的电子设计开发环境。

3.4.2　Proteus 电路原理图绘制

1. 新建 Proteus 项目

启动 Proteus，单击"File"→"New Project"选项，在弹出的对话框的"Name"选项后输入项目名，在"Path"选项后输入路径，并单击"Next"按钮，如图 3.26 所示。然后在弹出的对话框中选择"Create a schematic from the selected template"选项，并单击"Next"按钮，在弹出的对话框中保持默认设置，一直单击"Next"按钮直到完成创建，新建项目窗口如图 3.27 所示。

图 3.26　输入项目名称和路径

图 3.27　新建项目窗口

2. 选择元器件

单击"Library"→"Pick Parts"选项，或者单击图 3.27 中的元器件选择按钮，弹出"Pick Devices"（元器件选择）对话框，在"Keywords"选项后输入元器件名，选择相关的元器件。若需要其他元器件，可在"Category"列表框中浏览选择，如图 3.28 所示。

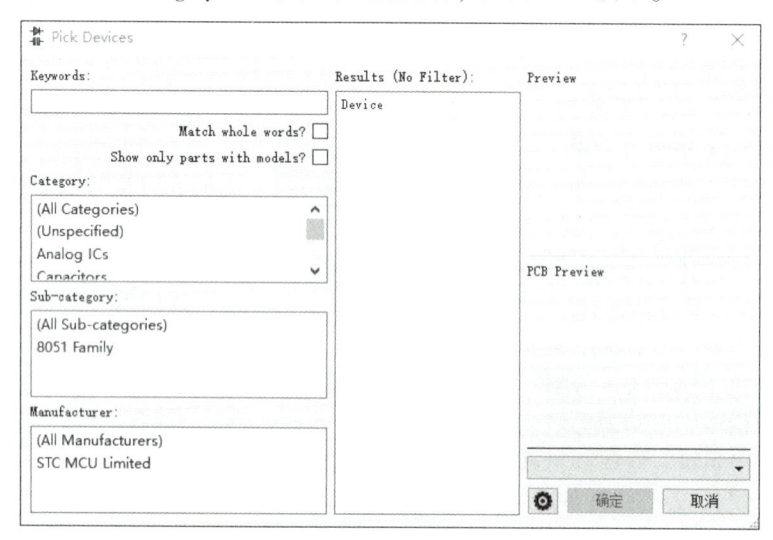

图 3.28　选择元器件

闪烁灯电路的元器件如表 3.1 所示。

表 3.1　闪烁灯电路的元器件

元器件名称	型号	数量
单片机	STM32F103RB	1
发光二极管	LED – YELLOW	1
电阻	RES	1

3. 放置元器件

选择元器件后，单击原理图编辑窗口，完成元器件放置。放置过程中，可通过小键盘的〈-〉〈+〉键实现元器件翻转设置，也可通过窗口左侧的元器件方向设置窗口实现元器件方向顺时针90°、逆时针90°、自由角度旋转，还可选择元器件后拖动鼠标来实现元器件位置的变换。原理图编辑窗口的大小变换可通过"View"菜单中的"Zoom In""Zoom Out"选项实现，也可通过鼠标滑轮的滚动实现。

4. 元器件属性设置

双击或右击元器件，在弹出的快捷菜单中选择"Edit Properties"选项，可打开"Edit Compoent"（编辑元器件）对话框，在此可以对元器件的参数进行设置，如图 3.29 所示。

若要删除元器件，可右击元器件，在弹出的快捷菜单中选择"Delete object"选项（也可以选择元器件后按〈Delete〉键），将其删除。

5. 电源、地和连接符号

单击工具栏中的"Terminals Mode"按钮（或者在原理图编辑窗口中右击，在弹出的快捷菜单中选择"Place"中的"Terminals"选项）可打开电源、地和连接符号列表，如图 3.30 所示。

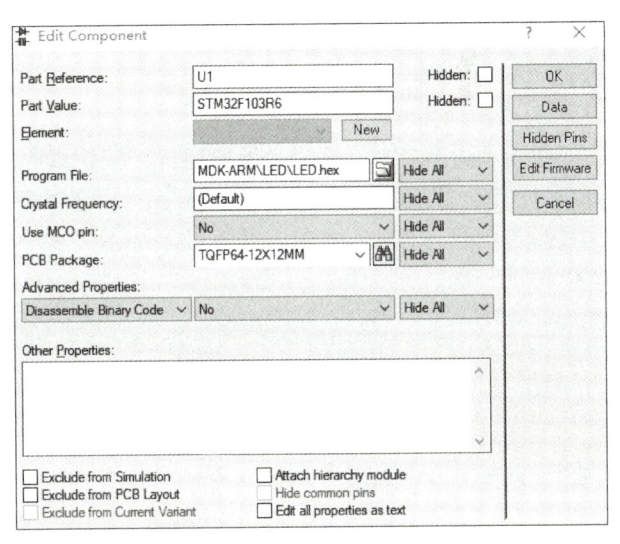

图 3.29　设置元器件的参数

6. 电路元器件连接

Proteus 具有自动电气布线功能，当单击按钮后，在元器件模式下单击元器件引脚，移动光标到相连的元器件引脚，单击完成元器件间的电气连接。单击工具栏中的"连接点"按钮，会在两根导线的交叉点添加一个小圆点，表示交叉相连。

Proteus 还提供总线绘制功能。当电路中连接的导线较多时，例如并口线一排 8 根或更多，应采用总线连接，这样电路较直观。单击工具栏中的按钮，可像连导线一样连接总线。总线连接好后，需要连接总线分支，通过普通导线连接即可。每根导线都要添加网络标号，单击工具栏中的按钮，单击要添加网络标号的位置，系统弹出"Edit Wire Label"（编辑网络标号）对话框，相同连接点在"String"选项后采用同样的标号名，如图 3.31 所示。

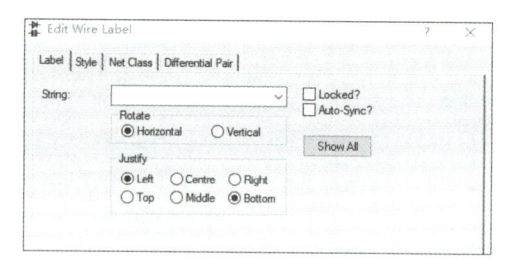

图 3.30　电源、地和连接符号列表　　　　图 3.31　添加网络标号

3.4.3　Proteus 虚拟仿真

Proteus 虚拟仿真主要包括以下几步。

1. 加载可执行文件到单片机

画完电路连接图后，就可以加载编译、调试通过的文件到仿真电路中。选择单片机，双击打开编辑对话框，在"Program File"选项后加载 3.2 节的"led.hex"文件所在路径和文件名（或在弹出的对话框中选择）。在"Clock Frequency"选项后设置单片机运行时钟频率，如 8 MHz，完成后单击"OK"按钮。

2. 虚拟仿真运行

单击项目窗口左下角的"模拟调试"按钮，Proteus 进入调试状态。项目窗口左下角 4 个按钮的功能依次为运行程序、单步运行 ▶、暂停 ∥ 和停止 ■。

单击"运行程序"按钮，仿真效果如图 3.32 所示，电路中连接的 LED 灯间隔闪烁，每隔 200 ms 亮一次，每隔 200 ms 熄灭一次，这样能较直观地仿真 STM32 的运行过程。

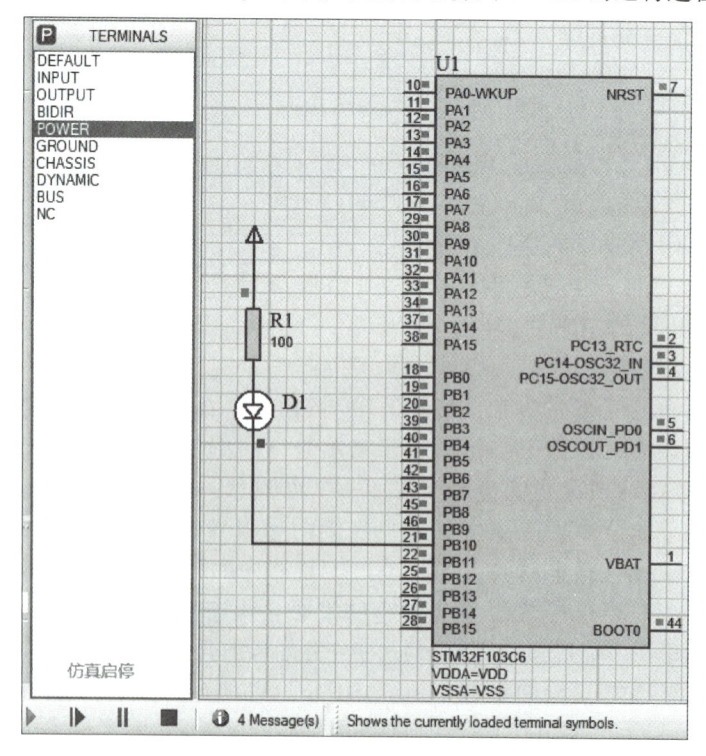

图 3.32　仿真效果

Proteus 工具栏中还有仪器仪表工具，如虚拟信号源、虚拟示波器、虚拟串口终端、电压表、电流表、SPI 调试器、I2C 调试器等，这些工具在嵌入式系统应用调试中被广泛应用。这些仪表的使用在后续章节的具体应用中会详细介绍。

3.5 仿真器和下载器

STM32MCU 常用的调试和下载工具主要有 ST – Link 仿真器、J – Link 仿真器和 ISP 下载器，它们的功能包括下载程序到目标机和连接目标实现系统仿真（ISP 下载器不具有此功能）。

3.5.1 ST – Link 仿真器

ST – Link 系列仿真器是 ST 公司推出的仿真工具。官方推出了 3 种仿真器：ST – Link、ST – Link/V2、ST – Link – V3SET。它们均使用 ST 公司的 STM8 和 STM32 系列芯片。ST – Link 系列仿真器下载速度快，支持全速运行、单步调试和断点调试等调试方法，可查看 I/O 状态和变量的数据，同时也支持 SWIM、JTAG、SWD 下载。在使用前，要先安装对应型号的驱动程序。ST – Link/V2 仿真器外形如图 3.33 所示。

JTAG（Joint Test Action Group，联合调试工作组）是一种国际标准调试协议（IEEE 1149.1 兼容），主要用于芯片内部调试。

SWD（Serial Wire Debug，串行调试）是 ARM 内核调试器的一种通信协议。相比于 JTAG 协议，SWD 占用的接口资源更少。

图 3.33 ST – Link 仿真器外形

SWIM 协议是一种用于 STM8MCU 的调试和编程协议。

3.5.2 J – Link 仿真器

J – Link 仿真器是 SEGGER 公司为支持仿真 ARM 内核芯片推出的使用 JTAG 协议的仿真器，配合 IAR EWAR、ADS、Keil、WINARM、RealView 等集成开发环境，支持 ARM7、ARM9、ARM11、Cortex M0、M1、M3、M4、M7、Cortex A4、A8、A9 等内核芯片的仿真，其外形如图 3.34 所示。J – Link 仿真器支持 SWIM、JTAG、SWD 下载，在下载速度、自动识别、即插即用、连接方式、功能等方面有极好的特性。J – Link 仿真器与 IAR、Keil 等编译环境无缝连接，操作方便，连接方便，简单易学，是学习开发 ARM 的实用工具。在使用前，要先安装对应型号的驱动程序。

图 3.34 J – Link 仿真器外形

3.5.3 ISP 下载器

STM32 除支持仿真器下载程序外，还支持串口下载程序，即在系统编程（In System Programming，ISP）下载。STM32 上电会自动检测 BOOT0 引脚的逻辑电平。若是高电平，则等待用户下载程序；若是低电平，则运行用户之前下载到 MCU 的程序。所以用户需要把 BOOT0 引脚引出，然后控制其逻辑电平来下载程序或运行程序。这一过程一般通过软件来自动实现，也就是 ISP 下载。能够实现这一过程的软件较多，该方式仅完成对程序的下载，不能进行在线仿真和调试。

本章小结

本章主要通过 STM32CubeMX、Keil 和 Proteus 介绍了 ARM 系列 MCU 开发、调试的环境搭建方法及步骤。STM32CubeMX 提供了图形化的配置方式，生成外设模块的初始化代码和对应的工程文件，这给用户开发 STM32MCU 提供了方便。Keil–MDK 是集成了程序编辑、编译、调试、仿真功能的开发软件，具有对 MCU 的 I/O 接口、定时/计数器、串行通信接口、中断等外设功能进行模拟仿真和在线仿真的功能，可采用全速、单步、跟踪、执行到光标处和断点等程序运行模式进行调试。Proteus 可对 MCU 及外围元器件进行系统的、全方位可视化的虚拟仿真。程序仿真和下载的常用工具有 J–Link 仿真器、ST–Link 仿真器和 ISP 下载器等。

本章习题

1. 简述用 STM32CubeMX 开发 STM32MCU 的步骤。
2. 简述用 Keil–MDK 搭建 STM32MCU 开发环境的步骤。
3. 简述用 Proteus 仿真 STM32MCU 的步骤。

第 4 章　STM32 系列微控制器与 HAL 库函数

教学目标
【知识】
（1）深刻理解 STM32 系列 MCU 的分类、各自的应用场合以及命名规则。
（2）掌握 STM32F1 系列 MCU 的内部结构及片上资源。
（3）掌握 STM32F1 系列的 HAL 库函数的文件结构及使用步骤。
（4）掌握 STM32F1 系列 MCU 的电源配置及管理、时钟配置、复位配置。
【能力】
（1）具有针对实际应用项目选择 STM32MCU 型号的能力。
（2）具有搭建 STM32F1 系列 MCU 开发环境及系统配置的能力。
（3）具有绘制 STM32F1 系列 MCU 最小系统电路图的能力。

4.1　STM32 系列微控制器简介

4.1.1　STM32 系列 MCU 产品生态

STM32 系列 32 位 MCU 基于 ARM Cortex – M 处理器研发，集高性能、实时功能、数字信号处理、低功耗与低电压操作等特性于一身，同时还保持了高集成度和易于开发的特点。图 4.1 所示为 STM32 系列 MCU 产品。

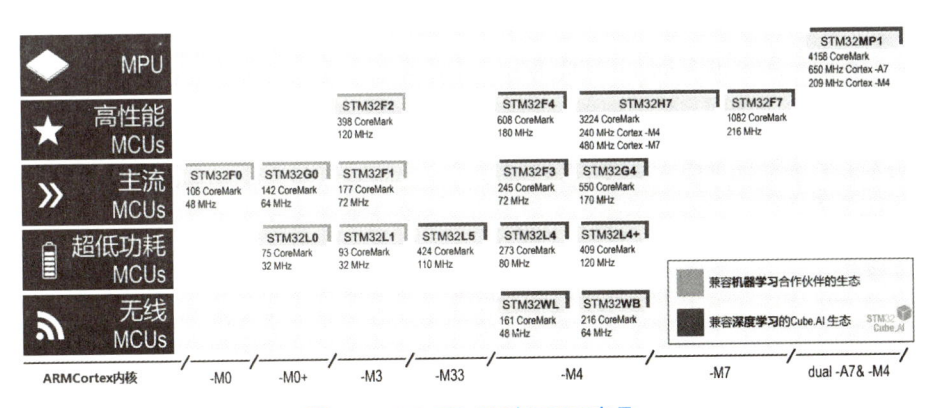

图 4.1　STM32 系列 MCU 产品

STM32 系列 MCU 根据其内核的不同，分为 Cortex – M0/M0 + 、Cortex – M3、Cortex – M4、Cortex – M33、Cortex – M7 系列产品。

Cortex – M0/M0 + 内核的产品有 STM32F0、STM32G0、STM32L0 系列 MCU。
Cortex – M3 内核的产品有 STM32L1、STM32F1、STM32F2 系列 MCU。

Cortex–M4 内核的产品有 STM32F3、STM32F4、STM32L4、STM32L4+、STM32WB 系列 MCU。
Cortex–M33 内核的产品有 STM32L5 系列 MCU。
Cortex–M7 内核的产品有 STM32F7、STM32H7 系列 MCU。
STM32F0/F1/F3 主流系列产品用于满足大部分通用型应用需求，覆盖传统 8 位~32 位范围，产品性能如图 4.2 所示。

STM32 F3
▶ Cortex-M4+FPU，72 MHz~90 DMIPS*
▶ 闪存：16 KB~512 KB
▶ 混合信号型：CCM-SRAM，16位ADC，高精度定时器……
COREMARK 245*

STM32 F1
▶ Cortex-M3，72 MHz~61 DMIPS
▶ 闪存：16 KB~1 KB
▶ 核心基石：USB，Ethernet，CEC……
COREMARK 177

STM32 F0
▶ Cortex-M0，48 MHz~38 DMIPS
▶ 闪存：16 KB~256 KB
▶ 入门级、业界首款32位MCU，USB，CAN……
COREMARK 106

图 4.2　STM32F0/F1/F3 主流系列产品性能

STM32L0/L1/L4 超低功耗系列产品兼顾低功耗和高性能，用于穿戴、便携式设备开发，产品性能如图 4.3 所示。

STM32 L4
▶ Cortex-M4+FPU，80 MHz~100 DMIPS
▶ 闪存：256 KB~1 MB
▶ 低功耗模式+RAM数据保存 + RTC运行=0.6 μA
COREMARK 273　ULPBENCH 150

STM32 L1
▶ Cortex-M3，32 MHz~33 DMIPS
▶ 闪存：32 KB~512 KB
▶ 低功耗模式+RAM数据保存 + RTC运行=1.2 μA
COREMARK 92　ULPBENCH 84

STM32 L0
▶ Cortex-M0，32 MHz~26 DMIPS
▶ 闪存：8 KB~192 KB
▶ 低功耗模式+RAM数据保存 + RTC运行=0.8 μA
COREMARK 75　ULPBENCH 111

图 4.3　STM32L0/L1/L4 超低功耗系列产品性能

STM32F2/F4/F7 高性能系列产品提供高达 1082CoreMark 的性能和丰富的外设集，以解决开发人员的需求，产品性能如图 4.4 所示。

STM32 F7
▶ Cortex-M7+FPU，216 MHz~462 DMIPS
▶ 闪存：512 KB~1 MB Flash，多达320 KB RAM
▶ 优化的架构，使程序从内部闪存和外部存储器皆可高效率执行
COREMARK 1082

STM32 F4
▶ Cortex-M4+FPU，180 MHz~225 DMIPS
▶ 闪存：64 KB~2 MB Flash，多达384 KB RAM
▶ 从入门的F401/F411到高级的F469，全方位覆盖从工业控制到可穿戴、传感器融合应用
COREMARK 608

STM32 F2
▶ Cortex-M3，120 MHz~150 DMIPS
▶ 闪存：128 KB~1 MB Flash，多达128 KB RAM
▶ 高性能产品线的基石
COREMARK 398

图 4.4　STM32F2/F4/F7 高性能系列产品性能

4.1.2　STM32 系列 MCU 命名规则

STM32 系列 MCU 命名规则如图 4.5 所示，其名称由 STM32 加 8 组数字和字符构成，分别表示芯片的封装形式、内存容量、引脚数等信息。其中，后两项通常可省略。

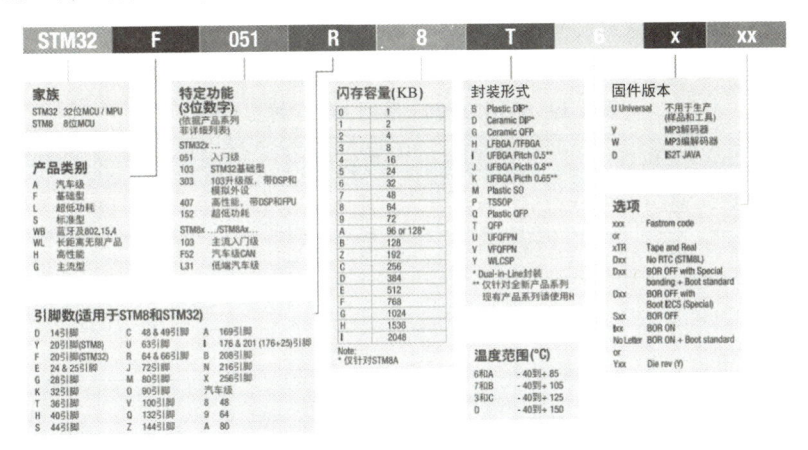

图 4.5　STM32 系列 MCU 命名规则

例如，STM32F103RBT6 表示，该芯片为基础型、64 引脚、128 KB 内存容量、20 KB 数据存储器、QFP 封装、工作温度为 -40~85 ℃。

4.1.3　STM32F1 系列 MCU 内部结构及片上资源

STM32F1 系列 MCU 是主系列芯片，在性能、运行速度、存储器容量、外设资源等方面有良好表现。STM32F1 内部结构如图 4.6 所示。

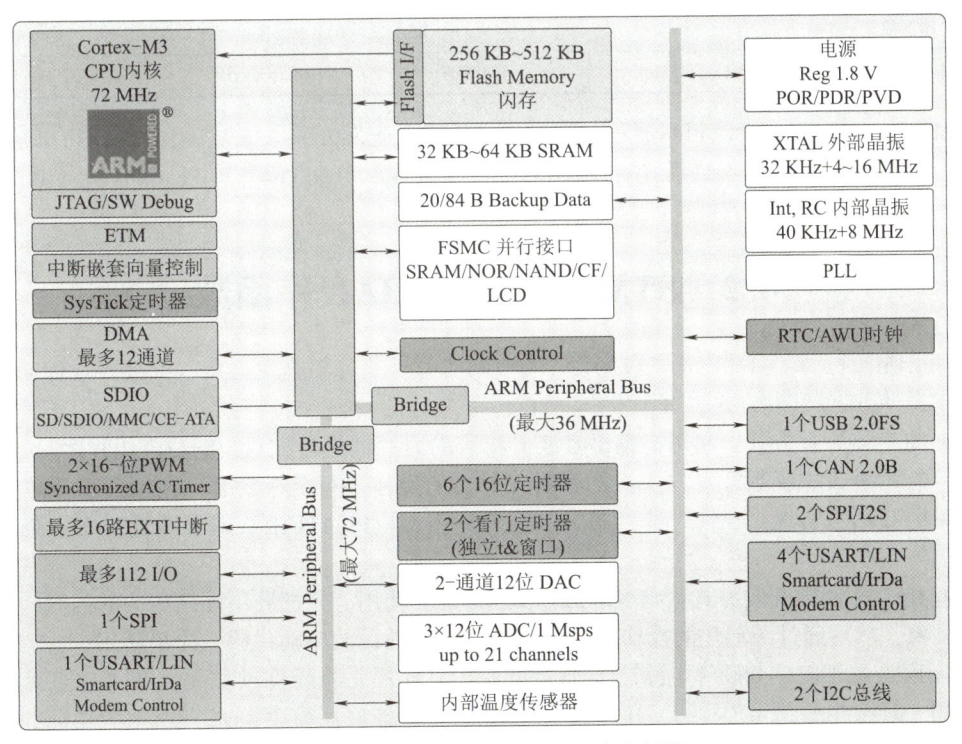

图 4.6　STM32F1 系列 MCU 内部结构

STM32F1 系列 MCU 在应用时，主要针对片上外设构成系统应用，这些外设包括通用输入/输出接口、定时器、通信、模数转换、数模转换、脉冲宽度调制（Putse Width Modulation，PWM）、RTC、直接存储器存取（Direct Memory Access，DMA）等。

STM32F1 系列 MCU 由于引脚的不同，片上资源也不尽相同，封装形式也不一样。本书以应用最为广泛的 STM32F103 系列 MCU 为例进行介绍，表 4.1 列出了其各型号芯片的片上资源，包括内部资源、时钟频率、工作电压、工作温度和封装形式等。

表 4.1 STM32F103 系列 MCU 片上资源

外设		STM32F103Tx		STM32F103Cx			STM32F103Rx			STM32F103Vx	
Flash（KB）		32	64	32	64	128	32	64	128	64	128
RAM（KB）		10	20	10	20	20	10	20		20	
定时器	通用	2	3	3	3	3	2	3		3	
	高级	1		1			1			1	
通信	SPI	1	1	1	2	2	1	2		2	
	I2C	1	1	1	2	2	1	2		2	
	USART	2	2	2	3	3	2	3		3	
	USB	1	1	1	1	1	1	1		1	
	CAN	1	1	1	1	1	1	1		1	
通用 I/O		26		37			51			80	
12 位同步 ADC		2 个 10 通道		2 个 10 通道			2 个 16 通道				
时钟频率		72 MHz									
工作电压		2.0～3.6 V									
工作温度		−40～85 ℃ / −40～105 ℃									
封装形式		VFQFPN36		LQFP48			LQFP64			LQFP100丨BGA100	

STM32F1 系列 MCU 时钟频率最大为 72 MHz，工作电压为 2.0～3.6 V，工作温度可以是 −40～85 ℃ 和 −40～105 ℃，其封装形式有 VFQFPN36、LQFP48、LQFP64、LQFP100丨BGA100 型号供选择。

4.2 STM32 相关的 HAL 库函数

使用 STM32F1 系列 MCU 开发应用程序有 3 种方式：寄存器开发方式、标准外设库函数开发方式和 HAL 库函数开发方式。

（1）寄存器开发方式：利用汇编语言或 C 语言对寄存器进行配置，编写应用程序。

（2）标准外设库函数开发方式：将底层寄存器的操作进行统一封装，包括所有标准外设的驱动，采用 C 语言实现，开发人员只需要熟悉并调用相应的 API 函数即可实现对相关外设的驱动操作。

（3）HAL 库函数开发方式：与 STM32CubeMX 配套使用，先把底层硬件相关的内容封装起来并进行抽象，然后通过图形化的操作方式自动生成相关外设的驱动代码，简单易用。

HAL 库是位于内核与硬件电路之间的接口层，其作用是将硬件抽象化。本书重点介绍 HAL 库的应用，其架构如图 4.7 所示。HAL 库仍然是通过操作底层寄存器来实现相应功能，只是将寄存器操作进行了封装，以函数形式提供给开发人员使用。

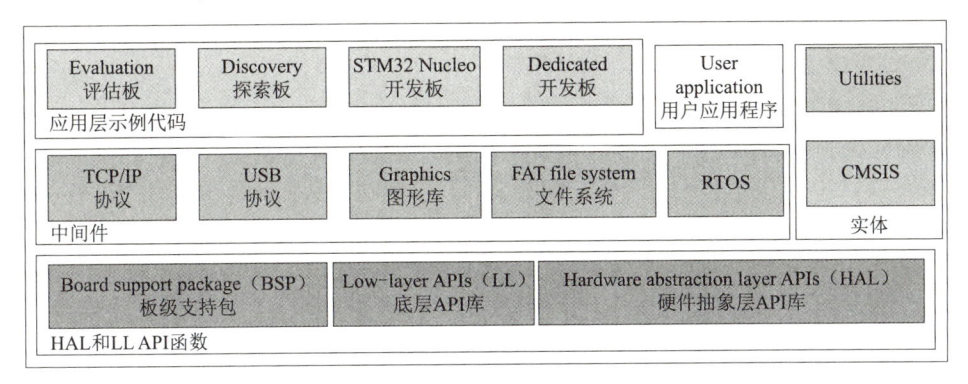

图 4.7　HAL 库架构

4.2.1　HAL 库函数文件结构

HAL 库函数文件由 HAL 驱动程序文件和用户应用文件构成。

STM32CubeMX 软件包附带现成的项目模板（从官网下载），每个项目都包含 HAL 驱动程序文件、用户应用文件和一个针对受支持工具链的预配置项目，HAL 工程文件结构如图 4.8 所示。STM32F1 的 HAL 库函数项目特点如下。

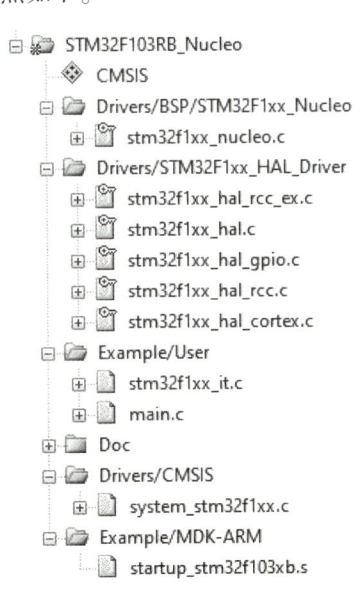

图 4.8　HAL 工程文件结构

（1）它包含 HAL、CMSIS 和 BSP 驱动程序的源代码。
（2）它包含所有固件组件的路径。
（3）它定义了支持的 STM32 器件，并允许相应地配置 CMSIS 和 HAL 驱动程序。
（4）它提供了预配置的现成用户文件，定义如下。
①HAL 已初始化。
②用 HAL_Delay( ) 函数实现的 SysTick ISR。

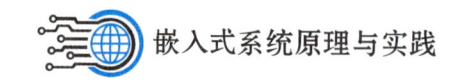

③用最大设备频率配置的系统时钟。

1. HAL 驱动程序文件

HAL 驱动程序文件如表 4.2 所示。HAL 库的 API 中有两类函数：宏函数和普通函数。宏函数在扩展名为 .h 的文件中定义，普通函数在扩展名为 .c 的文件中定义。宏函数可分为两类：HAL 库函数（__HAL_PPP*）和私有函数（PPP_*、IS_PPP*）。普通函数也分为两类：HAL 库函数（HAL_PPP*）和私有函数（PPP_*）。HAL 库函数是供用户代码调用的，私有函数主要是供 HAL 库函数调用的。

表 4.2 HAL 驱动程序文件

文件	描述
stm32f1xx_hal_ppp.c	主外设/模块驱动文件。它包括所有 STM32 器件通用的 API。 例如，"stm32f1xx_hal_adc.c" "stm32f1xx_hal_irda.c" ……
stm32f1xx_hal_ppp.h	主驱动程序 C 的头文件。它包括公共数据、句柄和枚举结构、定义语句和宏，以及导出的通用 API。 例如，"stm32f1xx_hal_adc.h" "stm32f1xx_hal_irda.h" ……
stm32f1xx_hal_ppp_ex.c	外设/模块驱动程序的扩展文件。 例如，"stm32f1xx_hal_adc_ex.c" "stm32f1xx_hal_flash_ex.c" ……
stm32f1xx_hal_ppp_ex.h	扩展 C 文件的头文件。 例如，"stm32f1xx_hal_adc_ex.h" "stm32f1xx_hal_flash_ex.h" ……
stm32f1xx_hal.c	HAL 初始化，包含 SysTick APIs 的 DBGMCU、Remap 和延时
stm32f1xx_hal.h	"stm32f1xx_hal.c" 头文件
stm32f1xx_hal_msp_template.c	它包含用户应用程序中使用的外设的 MSP 初始化和反初始化
stm32f1xx_hal_conf_template.h	允许为给定应用程序定制驱动程序的模板文件
stm32f1xx_hal_def.h	公共 HAL 资源，如公共定义语句、枚举、结构和宏

2. 用户应用文件

用户应用文件需要单独存放在用户应用文件夹中，表 4.3 列出了使用 HAL 构建应用程序所需的用户应用文件。

表 4.3 用户应用文件

文件	描述
system_stm32f1xx.c	该文件包含 SystemInit() 函数，该文件在重置之后分支到主程序
startup_stm32f1xx.s	包含重置处理程序和异常向量的工具链特定文件
stm32f1xx_flash.icf (optional)	EWARM 工具链的链接器文件，主要允许调整堆栈/堆大小以适应应用程序要求
stm32f1xx_hal_msp.c	该文件包含用户应用中所用外设的 MSP 初始化和反初始化（主例程和回调）
stm32f1xx_hal_conf.h	该文件允许用户为特定应用定制 HAL 驱动程序

续表

文件	描述
stm32f1xx_it.c/.h	该文件包含异常处理程序和外设中断服务程序，并调用 HAL_IncTick() 函数以固定的时间间隔递增一个用作 HAL 时基的局部变量（在"stm32f1xx_hal.c"文件中声明）
main.c/.h	该文件包含主例程

4.2.2 HAL 库文件的数据结构

每个 HAL 驱动程序包含外设句柄数据结构、初始化和配置数据结构、特殊处理的数据结构。

1. 外设句柄数据结构

句柄是在 HAL 驱动程序中实现的主要结构。它处理外围设备/模块配置，并注册和嵌入所有需要遵循外围设备流程的结构和变量。外设句柄的作用如下。

（1）多实例支持。每个外设/模块实例都有自己的句柄，因此实例资源是独立的。

（2）外围进程相互通信。句柄用于管理进程和例程之间的共享数据资源，如全局指针、DMA 句柄、状态机。

（3）存储。句柄也用于管理给定 HAL 驱动程序中的全局变量。

外设模块串口 USART 的句柄示例如下。

```
typedef struct
{
USART_TypeDef* Instance;       /* 串口寄存器基地址* /
USART_InitTypeDef Init;        /* 串口通信参数配置* /
uint8_t * pTxBuffPtr;          /* 串口发送缓冲区* /
uint16_t TxXferSize;           /* 串口发送字节数* /
__IO uint16_t TxXferCount;     /* 串口发送计数* /
uint8_t * pRxBuffPtr;          /* 串口接收缓冲区* /
uint16_t RxXferSize;           /* 串口接收字节数* /
__IO uint16_t RxXferCount;     /* 串口接收计数* /
DMA_HandleTypeDef * hdmatx;    /* 串口发送 DMA 参配置* /
DMA_HandleTypeDef * hdmarx;    /* 串口接收 DMA 参配* /
HAL_LockTypeDef Lock;                    /* 锁定对象* /
__IO HAL_USART_StateTypeDef State;    /* 串口通信速率* /串
__IO HAL_USART_ErrorTypeDef ErrorCode;/* 串口错误码* /
}USART_HandleTypeDef;
```

如用 UART_HandleTypeDef UartHandle，UartHandle 就被定义为 USART1 的句柄，它贯穿 USART1 收发的整个流程，在初始化串口、开启串口接收/中断时均需要用到，例如：

```
HAL_UART_Init(&UartHandle);
HAL_UART_Receive_IT(&UartHandle,(u8*)aRxBuffer,RXBUFFERSIZE);
```

对于公共资源和系统外设，不使用句柄或实例对象，包括 GPIO、SysTick、NVIC、PWR、RCC、Flash 等资源在应用中不使用句柄。

2. 初始化和配置数据结构

初始化和配置数据结构是指具体配置各外设模块的参数，是对用户开放的，如串口需要配置波特率、数据宽度、停止位、校验方式等，其数据结构如下。

```
typedef struct
{
uint32_t BaudRate;      //波特率
uint32_t WordLength;    //数据宽度
uint32_t StopBits;      //停止位
uint32_t Parity;        //校验方式
uint32_t Mode;          //收发方式
uint32_t HwFlowCtl;     //硬件流控
uint32_t OverSampling; //速度
} UART_InitTypeDef;
```

3. 特殊处理的数据结构

特殊处理的数据结构用于特定的程序（公共 API），它们是在通用驱动程序头文件中定义的，例如：

`HAL_PPP_Process(PPP_HandleTypeDef*hadc, PPP_ProcessConfig*sConfig)`

4.3 HAL 库使用步骤

HAL 库的使用步骤如下。

（1）复制"stm32f2xx_hal_msp_template.c"文件，参照该模板，依次实现用到的外设的 HAL_PPP_MspInit() 函数和 HAL_PPP_MspDeInit() 函数。

（2）复制"stm32f2xx_hal_conf_template.h"文件，用户可以在此文件中自由裁剪，配置 HAL 库。

（3）在使用 HAL 库时，必须先调用函数 HAL_StatusTypeDef HAL_Init(void)，该函数在 "stm32f2xx_hal.c"文件中定义，以初始化 STM32 芯片各外设模块硬件。

（4）进行系统时钟配置。HAL 库使用 RCC 中的函数来配置系统时钟，用户需要单独写时钟配置函数（在"system_stm32f1xx.c"文件中）。

（5）写中断服务程序。HAL 库提供了中断处理函数，只需要调用 HAL 库提供的中断处理函数，中断服务程序写到 HAL 库提供的回调函数中。

综上所述，使用 HAL 库编写程序（针对某个外设）的基本步骤是配置外设句柄、编写 MSP 初始化程序、进行对应的外设操作，若有中断则应有具体的中断回调函数。

4.4 STM32F1 系列微控制器最小系统配置及应用

STM32F1 系列 MCU 在应用之前，需正确配置电源、复位、时钟和启动模式等，以确保芯片能正常工作。

4.4.1 电源配置及管理

STM32F1 系列 MCU 提供 3 种电源接口：数字部分电源、模拟部分电源、备份电源。数字部分电源主要为芯片数字电路、内核等供电，电压范围为 2.0～3.6 V，用字母 V_{DD}、V_{SS} 表示。模拟部分电源主要为 ADC、复位模块、RC 振荡器和 PLL 电路供电，电压范围为 2.0～3.6 V，用字母 V_{DDA}、V_{SSA} 表示。备份电源主要是在前两种电源断电的情况下，采用后备电源（通常为纽扣电池为 RTC、外部 32 kHz 振荡器供电，电压范围为 1.8~3.6 V，用 V_{BAT} 表示。STM32F1 系列 MCU 电源结构如图 4.9 所示。

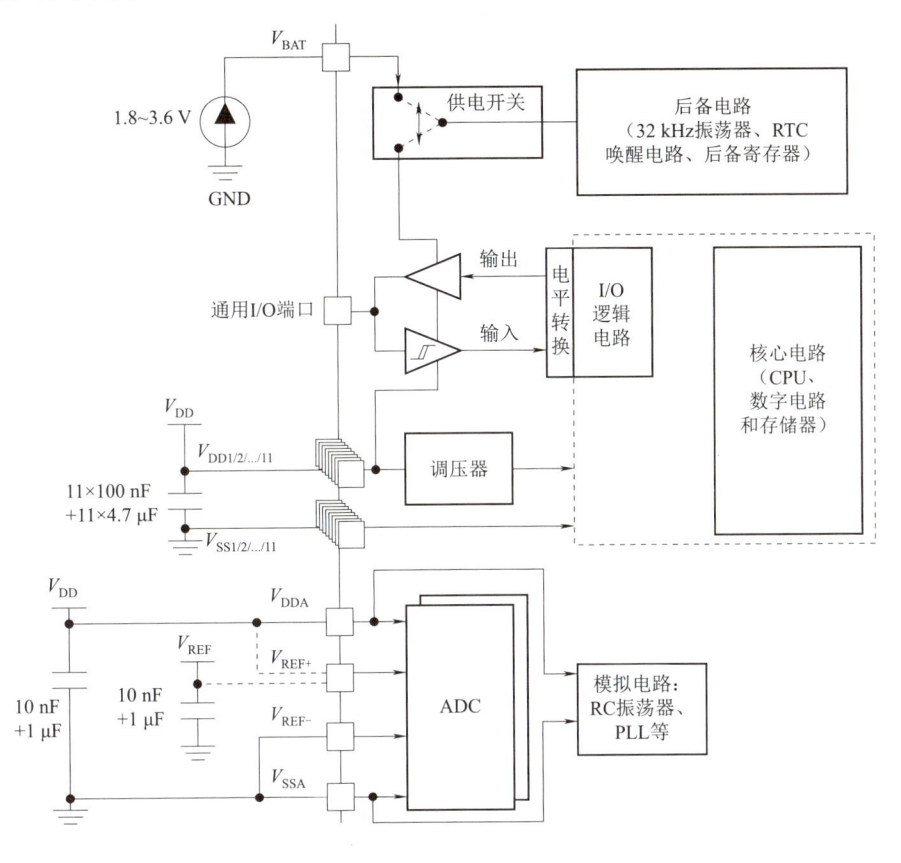

图 4.9　STM32F1 系列 MCU 电源结构

在实际应用中，通常采用 3.3 V 电源供电，用固定式三端集成稳压器 LM1117 – 3.3 V 产生。在场合要求不高的情况下，可将 V_{DDA} 和 V_{DD} 直接连在一起。

STM32F1 系列 MCU 的功耗可以调节，在系统或电源复位后，MCU 处于运行状态。当 CPU 不需继续全功率运行时，例如等待某个外部事件时，可以利用多种低功耗来节省功耗，称之为低功耗模式。用户需要根据最低电源消耗、最快速启动时间和可用的唤醒源等条件综合选定一个最佳的低功耗模式。

STM32F1 系列 MCU 有 3 种低功耗模式。

（1）睡眠模式。ARM Cortex – M3 内核停止，所有外设，包括 ARM Cortex – M3 核心的外设，如 NVIC、节拍定时器 SysTick 等仍在运行。

（2）停止模式。所有的时钟都已停止。

（3）待机模式。1.8 V 电源关闭。

此外，在运行模式下，可以通过以下方式中的一种来降低功耗。

（1）降低系统时钟频率。

（2）关闭 APB 和 AHB 总线上未被使用的外设时钟。

低功耗模式 MCU 的工作情况如表 4.4 所示。

表 4.4　低功耗模式 MCU 的工作情况

模式	进入	退出	对 1.8 V 区域时钟的影响	对 V_{DD} 区域时钟的影响	电压调节器
睡眠模式（SLEEP）	WFI（Wait for Interrupt）	任意中断	CPU 时钟关闭，对其他时钟和 ADC 时钟无影响	无	开
	WFE（Wait for Event）	唤醒事件			
停止模式（STOP）	PDDS 和 LPDS 位 + SLEEPDEEP 位 + WFI 或 WFE	任一外部中断	关闭所有 1.8 V 区域的时钟	HSI（High Speed Internal）和 HSE（High Speed Extenral）的振荡器关闭	开启或处于低功耗模式
待机模式（STANDBY）	PDDS 位 + SLEEPDEEP 位 + WFI 或 WFE	WKUP 引脚的上升沿、RTC 闹钟事件、NRST 引脚上的外部复位、IWDG 复位			关

在 HAL 库中，"stm32f1xx_hal_pwr.c/h" 文件定义了与电源管理相关的函数。

PVD 配置和使能/禁止中断相关函数如下。

```
HAL_PWR_ConfigPVD();
HAL_PWR_EnablePVD() /HAL_PWR_DisablePVD();
HAL_PWR_PVD_IRQHandler();
HAL_PWR_PVDCallback();
```

低功耗唤醒引脚相关函数如下。

```
HAL_PWR_EnableWakeUpPin() /HAL_PWR_DisableWakeUpPin();
```

低功耗模式相关函数如下。

```
HAL_PWR_EnterSLEEPMode();
HAL_PWR_EnterSTOPMode();
HAL_PWR_EnterSTANDBYMode();
```

4.4.2　时钟配置

STM32F1 系列 MCU 要正常工作，需要有持续不断的振荡时钟。STM32F1 系列 MCU 的时钟系统如图 4.10 所示。

STM32F1 系列 MCU 内部有 3 种不同的时钟源可被用来驱动系统时钟 SYSCLK。

(1) HSI 振荡器时钟，内部为 8 MHz 固定振荡器，时钟频率精度较差。

(2) HSE 振荡器时钟，外部可接 4～16 MHz 晶体或陶瓷振荡器，频率更精确。

(3) PLL 倍频器时钟，STM32F1 系列 MCU 最大可倍频到 72 MHz。

STM32F1 系列 MCU 内部还有以下两种二级时钟源。

(1) 40 kHz 低速内部 RC（LSI RC）振荡器，可以用于驱动独立看门狗，或者通过程序选择驱动 RTC，用于从停机或待机模式下自动唤醒系统。

(2) 通过程序选择 32.768 kHz 低速外部晶体（LSE 晶体）来驱动 RTC（RTCCLK）。

第 4 章 STM32 系列微控制器与 HAL 库函数

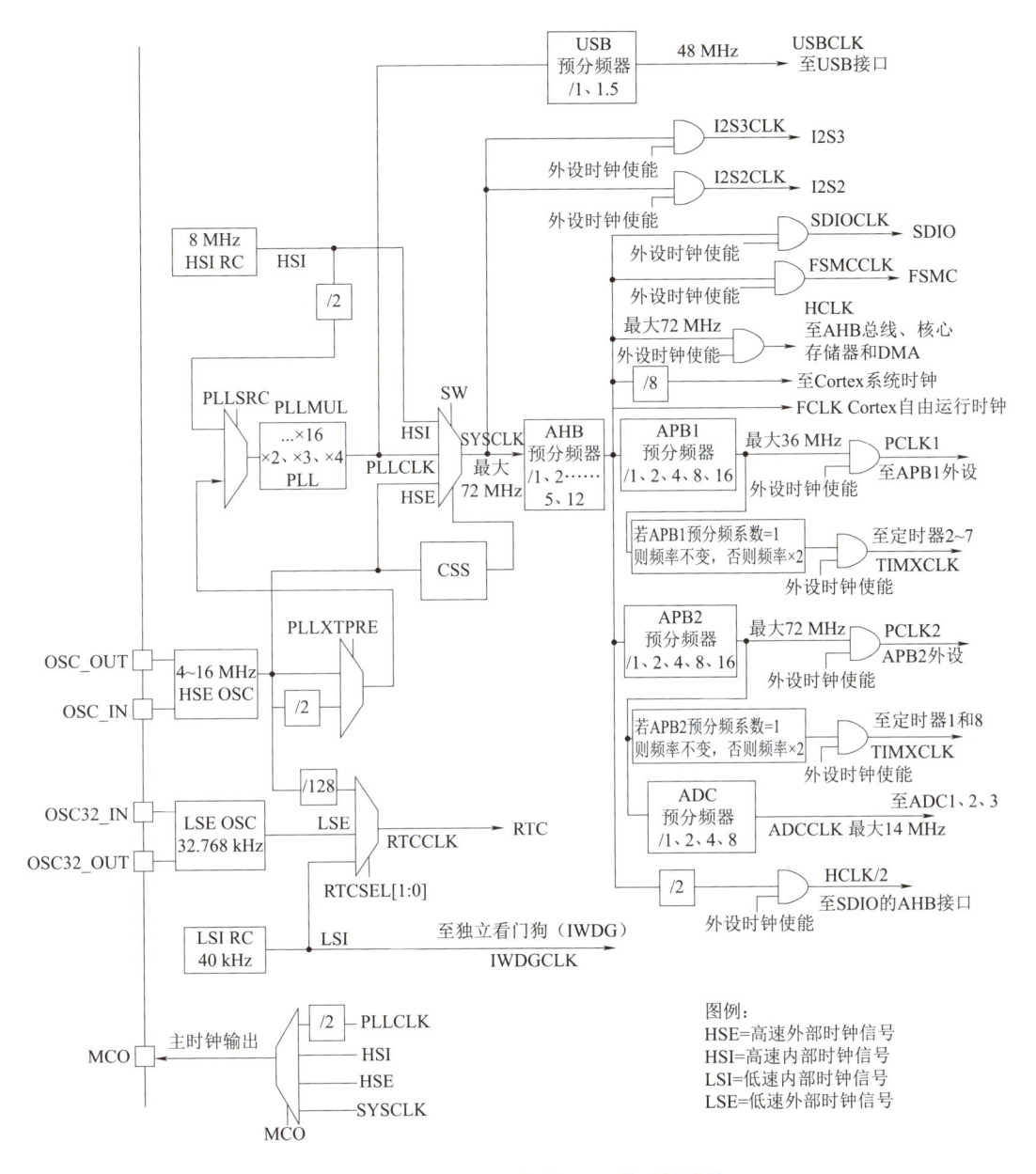

图 4.10 STM32F1 系列 MCU 的时钟系统

当 STM32F1 系列 MCU 的内部低速时钟源不被使用时，任意一个时钟源都可被独立地启动或关闭，由此优化系统功耗。

在图 4.10 中，时钟源 HSI、HSE（或者经 PLL 倍频）提供 STM32F1 系统时钟 SYSCLK，STM32F1 系列 MCU 的系统时钟 SYSCLK 频率最大为 72 MHz。它通过 AHB 分频后被送到各外设模块，这些时钟分别是 PCLK1、PCLK2、HCLK、FCLK、FSMCCLK、ADCCLK，使用前都禁止，使用时必须使能。

时钟使用规则如下。

（1）当 HSI 被用于作为 PLL 时钟的输入时，系统时钟能达到的最大频率是 64 MHz。

（2）用户可通过多个预分频器配置 AHB、高速 APB（APB2）和低速 APB（APB1）域的频率。AHB 和 APB2 域的最大频率是 72 MHz。APB1 域的最大允许频率是 36 MHz。SDIO 接口的时钟频率固定为 HCLK/2。

（3）RCC 通过 AHB 时钟（HCLK）8 分频后，作为节拍定时器 SysTick 的外部时钟。通过对 SysTick 控制与状态寄存器的设置，可选择上述时钟或 HCLK 时钟作为 SysTick 的时钟。

（4）ADC 时钟由高速 APB2 时钟经 2、4、8 分频后获得。

（5）定时器时钟频率分配由硬件按以下两种情况自动设置：如果相应的 APB 预分频系数是 1，定时器的时钟频率与所在 APB 总线频率一致；否则，定时器的时钟频率被设为与其相连的 APB 总线频率的两倍。

（6）PCLK1 时钟由电源模块、备份模块、CAN、USB、I2C1、I2C2、UART2、UART3、SPI2、TIM2、TIM3、TIM4 和窗口看门狗提供。

（7）PCLK2 时钟由 UART1、SPI1、TIM1、ADC1、ADC2、通用 I/O 口（PA～PE）、第二功能 I/O 提供。

ST 公司提供的 HAL 库文件中，"stm32f10xx_hal_rcc.c/h"文件用来完成时钟的设置。另外，在"system_stm32f1xx.c"文件中，函数 SystemInit() 用于实现对时钟的复位操作。时钟的配置一般需要用户通过 HAL_RCC_OscConfig() 函数来进行系统主时钟设置，通过 HAL_RCC_ClockConfig() 函数来实现 AHB、APB1、APB2 总线上的时钟设置。

4.4.3 复位配置

STM32F1 系列 MCU 支持 3 种复位方式：系统复位、电源复位和备份区域复位。STM32F1 系列 MCU 复位结构如图 4.11 所示。

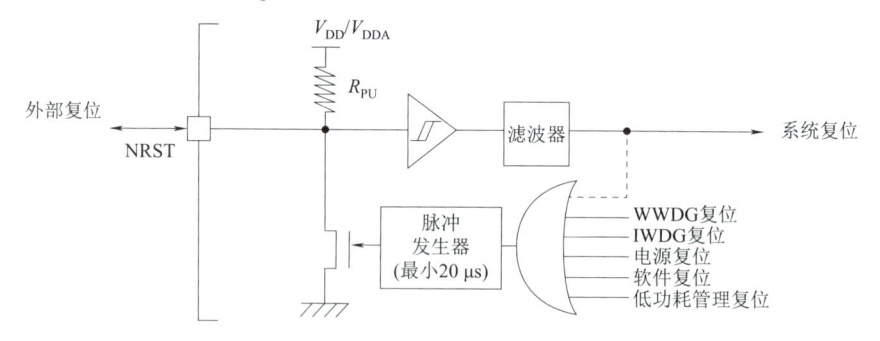

图 4.11　STM32F1 系列 MCU 复位结构

1. 系统复位

在进行系统复位时，需要将除时钟控制器的 RCC_CSR 寄存器中的复位标志位和备份区域中的寄存器外的所有寄存器复位至它们的默认状态。引起系统复位的条件如下。

（1）NRST 引脚上的低电平（外部复位），通过外接复位电路实现。

（2）窗口看门狗定时器计数终止（WWDG 复位）后，将引起一次复位。

（3）独立看门狗定时器计数终止（IWDG 复位）后，将引起一次复位。

（4）软件复位（SW 复位）。通过将复位控制寄存器中的 SYSRESETREQ 位置 1，可实现软件复位。执行软件复位函数__NVIC_SystemReset()，可引起一次复位。

（5）低功耗管理复位。在以下两种情况下可引起低功耗管理复位。

①在进入待机模式时引起低功耗管理复位。将用户选择寄存器字节中的 nRST_STDBY 位置 1 将使能该复位。这时，即使执行了进入待机模式的过程，系统也将被复位而不是进入待机模式。

②在进入停止模式时引起低功耗管理复位。将用户选择寄存器字节中的 nRST_STOP 位置 1

将使能该复位。这时，即使执行了进入停止模式的过程，系统也将被复位而不是进入停止模式。

可通过查看 RCC_CSR 控制状态寄存器中的复位状态标志位，来识别复位事件来源。

2. 电源复位

在进行电源复位时，将复位除备份区域外的所有寄存器。引起电源复位的条件包括上电/掉电复位（POR/PDR 复位）和从待机模式中返回。

复位源将最终作用于复位引脚，并在复位过程中保持低电平。复位入口矢量被固定在地址 0x0000_0004。芯片内部的复位信号会在 NRST 引脚上输出，脉冲发生器保证每一个（外部或内部）复位源都能有至少 20 μs 的脉冲延时；当 NRST 引脚被拉低产生外部复位时，它将产生复位脉冲。

3. 备份区域复位

备份区域拥有两个专门的复位，它们只影响备份区域。引起备份区域复位的条件有以下两个。

（1）软件复位。备份区域复位可由设置备份域控制寄存器（RCC_BDCR）的 BDRST 产生。

（2）在 V_{DD} 和 V_{BAT} 两者掉电的前提下，V_{DD} 或 V_{BAT} 上电将引发备份区域复位。

4.4.4 启动配置

1. 3 种启动模式

STM32F1 系列 MCU 可以通过 BOOT0、BOOT1 引脚选择 3 种不同的启动模式，启动模式配置如表 4.5 所示。

表 4.5　启动模式配置

启动模式选择引脚		启动模式	说明
BOOT1	BOOT0		
x	0	从 Flash 启动	0x0800 0000 区启动
0	1	从系统存储器启动	0x1FFF 0000 区启动
1	1	从内部 SRAM 启动	0x2000 0000 区启动

在系统复位后，系统时钟 SYSCLK 的第 4 个上升沿 BOOT 引脚的值将被锁存。用户可以通过设置 BOOT1 和 BOOT0 引脚的状态来选择在复位后的启动模式。

选择 Flash 作为启动空间，即中断向量表定位于主存储区域，起始地址为 0x0800 0000，常用的下载方式有 JTAG 模式或 SWD 模式，即将程序直接下载到主存储器中。

选择系统存储器作为启动空间，即中断向量表定位于系统存储区域，起始地址为 0x1FFF 0000，使用串口下载程序通常需采用这种启动方式来实现。

选择内部 SRAM 作为启动空间，即中断向量表定位于系统 SRAM 存储区域，起始地址为 0x2000 0000，这种情况常用于一些程序的测试。

2. 最小系统电路图

最小系统电路图如图 4.12 所示，包括电源、时钟、复位、启动和 JTAG 电路等。STM32F1 系列 MCU 的电源电压范围为 2.0~3.6 V，一般采用 3.3 V 的电压供电，可以通过 LM1117、ASM-1117 等三端集成稳压芯片或专用的开关稳压电源产生。图 4.12 所示的稳压电源为 LM1117 实现的 3.3 V 稳压电源，其中 C_1、C_2 为输入滤波电容，作用是实现输入滤波和防止断电后出现电压倒置；C_3、C_4 为输出滤波电容，作用是实现 3.3 V 电源滤波，消除自激振荡。

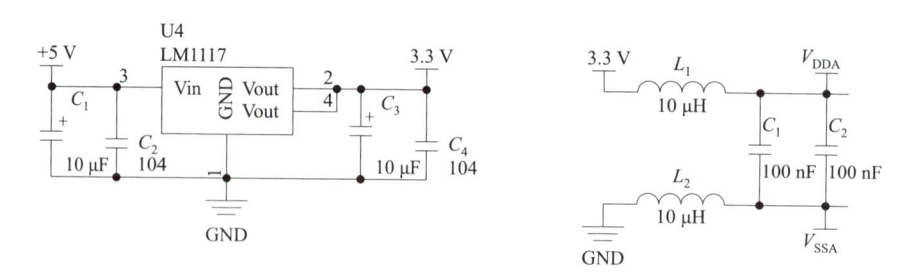

图 4.12　最小系统电路图

外部高速晶体振荡器（HSE）通过引脚 OSC_IN 和 OSC_OUT 连接。外接的晶振频率范围为 4~16 MHz，一般选择 8 MHz，经过内部锁相环 PLL 倍频器后作为系统时钟，STM32F1 系列 MCU 的系统时钟频率最高可达 72 MHz，使用外部低速晶体振荡器（LSE）作为时钟源，可通过引脚 OSC32_IN、OSC32_OUT 连接。晶振频率一般为 32.768 kHz，主要用于内部 RTC 实时时钟源。芯片连接图如图 4.13 所示。

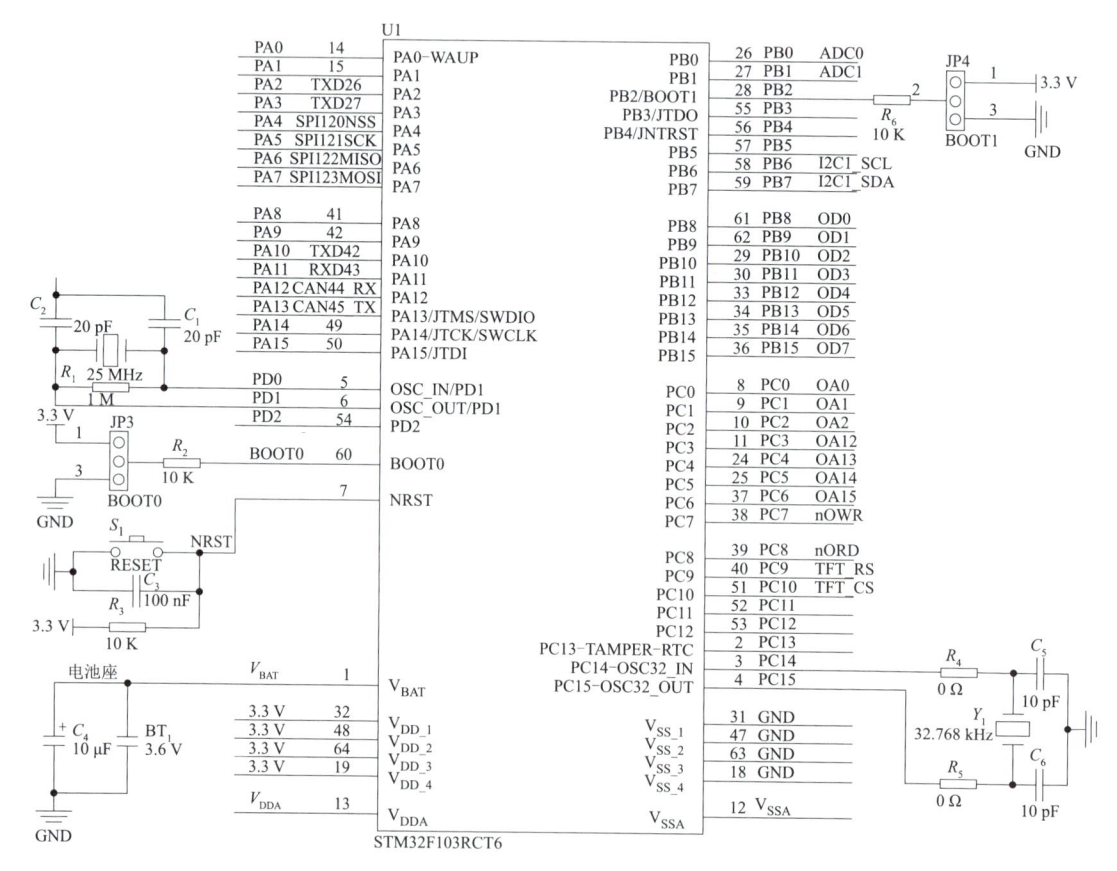

图 4.13　芯片连接图

手动复位通过 NRST 引脚与外部电路相连，当 NRST 引脚产生低电平时引起复位。上电瞬间，由于电容器 C_3 上的电压不能突变，NRST 产生低电平复位。当开关 S_1 被按下时，产生低电平，引起按键复位。

启动方式通过引脚 BOOT0 与外部电路连接。当该引脚为低电平时，从 Flash 中运行程序；当该引脚为高电平时，等待用户下载程序。

STM32 内核集成了串行/JTAG 调试接口（SWJ – DP）用于程序调试和程序下载。该接口包括 SW – DP 接口（2 个引脚）和 JTAG – DP 接口（5 个引脚）。可以通过不同的电路连接和软件配置实现 SW – DP 连接调试或 JTAG – DP 连接调试。当使用 20 引脚的 JTAG 接口时，其中 TMS 和 TCK 信号分别与 SW – DP 接口的 SWDIO 和 SWCLK 共用引脚。JTAG – DP 和 SW – DP 切换是通过 TMS 引脚上的一个特殊的信号序列实现的。JTAG 接口电路如图 4.14 所示。

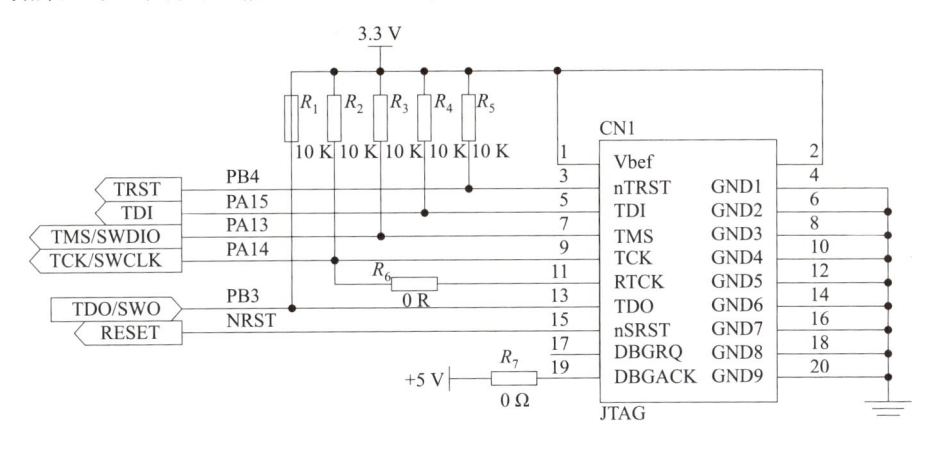

图 4.14　JTAG 电路图

本章小结

STM32 系列 MCU 采用 ARM Cortex – M 内核，目前有 M0、M3、M4、M33、M7 和 A7 等系列芯片。这些芯片分为主流系列（STM32F0/F1/F3）、超低功耗系列（STM32L0/L1/L4）和高性能系列（STM32F2/F4/F7）。

使用 STM32F1 系列 MCU 开发应用程序有 3 种方式：寄存器开发方式、标准外设库函数开发方式、HAL 库函数开发方式。

STM32F1 系列 MCU 在具体应用之前，需正确配置电源、复位、时钟和启动模式等，以确保芯片能正常工作。

本章习题

1. 简述 STM32F1 系列 MCU 电源的 3 种低功耗模式。
2. 请编写设置 STM32F1 系列 MCU 的系统时钟 SYSCLK = 72 MHz，APB1、APB2 均为 36 MHz 的程序。
3. STM32F1 系列 MCU 的复位方式有哪些？
4. STM32F1 系列 MCU 的启动模式有哪些？

第 5 章　通用输入/输出接口

教学目标

【知识】

(1) 了解通用输入/输出接口和复用输入/输出接口的基本概念和作用。

(2) 理解 STM32F1 系列 MCU 通用输入/输出接口和复用输入/输出接口的内部结构、工作模式和特性。

(3) 掌握 STM32F1 系列 MCU 的通用输入/输出和复用输入/输出的开发方法。

(4) 掌握 STM32F1 系列 MCU 通用输入/输出接口和复用输入/输出接口相关的 HAL 库函数。

【能力】

(1) 具有应用 STM32F1 系列 MCU 通用输入/输出接口进行硬件设计的能力。

(2) 具有应用 STM32F1 系列 MCU 通用输入/输出接口进行软件开发的能力。

5.1　通用输入/输出接口概述

通用输入/输出（General Purpose Input/Output，GPIO）接口是微型计算机最基本的片上外设，是嵌入式应用项目中应用广泛的接口之一。GPIO 接口是微型计算机与外部设备实现数据交互的重要接口，其作用是将处理的数据输出到其他设备，或者采集外部设备的数据。在嵌入式应用开发中常用到的键盘录入数据、采集传感器数据、终端显示、驱动控制等均需要使用 GPIO 接口。

5.2　通用输入/输出接口结构

STM32F1 系列 MCU 片上有 7 组 I/O 接口：A、B、C、D、E、F、G，每组接口有 16 个外部引脚。每组接口都具有通用输入/输出、单独的位设置/位清除、中断/唤醒、复用（Alternate Function，AF）、软件重新映射输入/输出复用、锁定机制等功能。在应用这些功能时，就涉及对一系列的寄存器的操作。与 GPIO 接口相关的寄存器可以分成 3 组：一组是通用输入/输出操作寄存器；一组是中断（EXTI）控制寄存器；一组是备用功能输入/输出（Alternate Function Input/Output，AFIO）寄存器，它们分别位于片上外设区域的不同物理地址。

5.2.1　GPIO 的引脚及功能

STM32F1 系列 MCU 的型号不同，其引脚数量也不同，用户可以通过芯片数据手册查看不同封装类型芯片的引脚分布和功能。STM32F103ZET6 的引脚图如图 5.1 所示。

STM32F103ZET6 芯片共有 144 个引脚，是该系列引用功能最全的芯片，这些引脚分成电源引脚、通用输入/输出引脚、复位引脚、时钟引脚、启动引脚、程序下载引脚 6 类。

(1) 电源引脚。电源引脚有数字电源 V_{DD}、接地 V_{SS}、模拟电源 V_{DDA}、模拟接地 V_{SSA}、备用电池电源 V_{BAT}。STM32F1 系列 MCU 的数字电源通常为 3.3 V 供电，若无外接备用电池，则 V_{BAT}

与电源引脚 V_{DD} 相连。一般情况下，数字电源通过隔离后供给模拟电源。

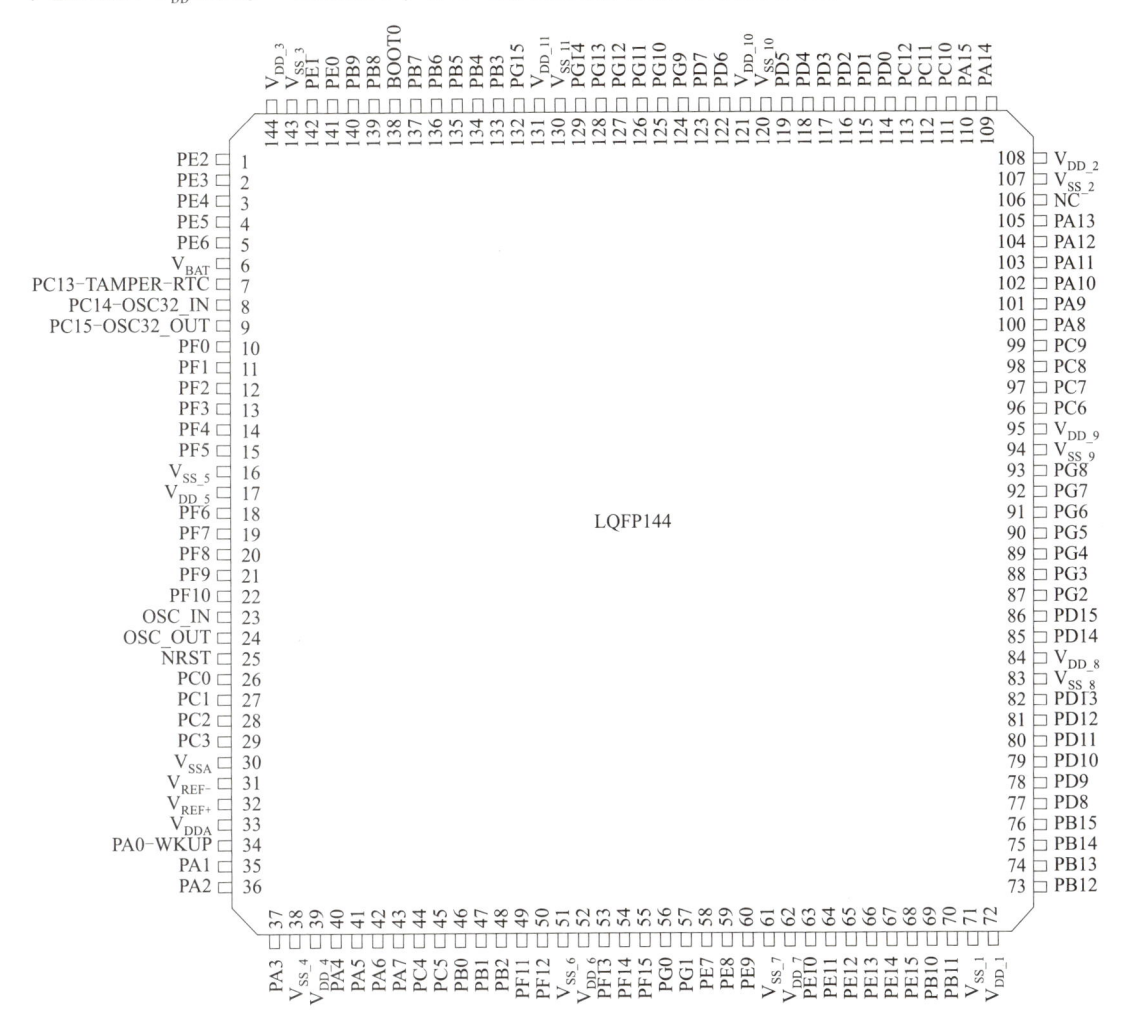

图 5.1　STM32F103ZET6 的引脚图

(2) 通用输入/输出引脚。STM32F103ZET6 芯片的引脚有 PA 组（PA0～A15）、PB 组（PB0～PB15）、PC 组（PC0～PC15）、PD 组（PD0～PD15）、PE 组（PE0～E15）、PF 组（PF0～PF15）、PG 组（PG0～PG15）。这些引脚除具有 GPIO 功能以外，还兼有第二或第三功能，具体可参见数据手册。

(3) 复位引脚。第 25 引脚 NRST 外接硬件复位电路，STM32 采用低电平复位。

(4) 时钟引脚。PD0 和 PD1 外接高速晶体振荡器（HSE），为芯片提供时钟源，应用中也可选用内部 8 MHz 晶振（HSI）。PC14 和 P15 外接 RTC 低速时钟源（LSE）。

(5) 启动引脚。BOOT0 和 BOOT1 属于启动引脚，可通过设置在不同的模式下启动。

(6) 程序下载引脚。PA13、PA14、PA15、PB3 和 PB4 属于 JTAG 或 SW 程序下载引脚，这些引脚也可作为 GPIO 接口使用。

5.2.2　GPIO 接口的内部结构

STM32F1 系列 MCU 的 GPIO 接口的内部结构如图 5.2 所示，其由输入电路和输出电路组成。

其中，输入电路由上拉电阻、下拉电阻、输入数据寄存器、模拟输入通道和复用功能输入通道构成；输出电路由位设置/清除寄存器、输出数据寄存器、输出控制电路、MOS 推挽电路和复用功能输出通道构成。

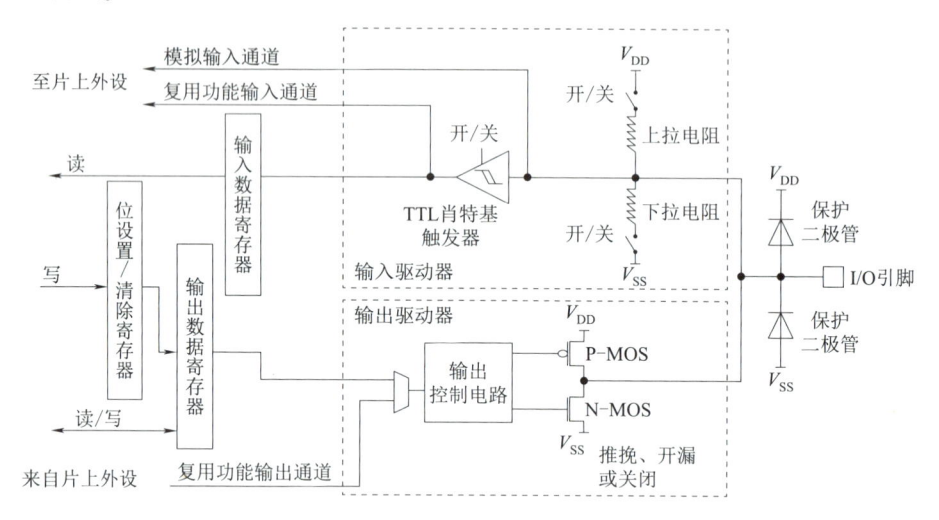

图 5.2　STM32F1 系列 MCU 的 GPIO 接口的内部结构

每组 GPIO 接口由 7 组寄存器构成，其有两个 32 位功能配置寄存器（GPIOx_CRL 和 GPIOx_CRH）、两个 32 位数据寄存器（GPIOx_IDR 和 GPIOx_ODR）、一个 32 位置位/复位寄存器（GPIOx_BSRR）、一个 16 位复位寄存器（GPIOx_BRR）和一个 32 位锁定寄存器（GPIOx_LCKR）。

复位期间和刚复位后，复用功能未开启，I/O 接口被配置成浮空输入模式。复位后，JTAG 引脚被置于输入上拉或下拉模式。PA15 的 JTDI 引脚置于上拉模式，PA14 的 JTCK 引脚置于下拉模式，PA13 的 JTMS 引脚置于上拉模式，PB4 的 JNTRST 引脚置于上拉模式。

（1）输出配置。写到输出数据寄存器上的值输出到相应的 I/O 引脚。可以以推挽模式或开漏模式（当输出 0 时，只有 N-MOS 被打开）使用输出驱动器。

（2）输入配置。输入数据寄存器在每个 APB2 时钟周期捕捉 I/O 引脚上的数据。所有 GPIO 引脚有一个内部弱上拉和弱下拉，当配置为输入时，它们可以被激活，也可以被断开。

（3）引脚单独置位或复位。通过对置位/复位寄存器中想要更改的位置 1 来实现引脚单独置位或复位，没被选择的位将不被更改。

（4）GPIO 锁定机制。锁定机制允许冻结 GPIO 配置。当在一个接口位上执行了锁定（Lock）程序时，在下一次复位之前，将不能再更改接口位的配置。

（5）软件重新映射 I/O 复用功能。为了使不同器件封装的外设 I/O 功能的数量达到最优，可以把一些复用功能重新映射到其他一些引脚上，可以通过软件配置相应的寄存器来完成。这时，复用功能就不再映射到它们的原始引脚上了。

输出模式下，需要设置 GPIO 引脚的输出速度，该速度反映逻辑电平的响应速度，而非输出信号的速度。输出速度有 3 种：2 MHz、10 MHz 和 50 MHz。一般情况下，应根据具体应用项目的信号频率进行设置。

5.2.3　GPIO 引脚的工作模式

STM32F1 系列 MCU 的 GPIO 引脚共有 8 种工作模式，分别是推挽输出模式、开漏输出模式、复用推挽输出模式、复用开漏输出模式、上拉输入模式、下拉输入模式、浮空输入模式、模拟输入模式。

（1）推挽输出模式。该模式由两个互补对称的 MOS 管构成，如图 5.2 所示。当输出端为高电平时，P-MOS 管导通；当输出端为低电平时，N-MOS 管导通。两管轮流导通，使其负载能力和开关速度得到提高。

（2）开漏输出模式。该模式只有 N-MOS 管。N-MOS 管的漏极直接与 I/O 接口连接，而不与电源连接，因此被称为开漏输出。这样做的好处是可以与外部不同电源的接口电路相连，从而实现逻辑电平的匹配。

（3）复用推挽输出模式。该模式具有复用功能，除 GPIO 外，这些引脚还兼有串口、定时器、ADC、DAC、SPI 等功能，可以与外电路进行数据交换。复用推挽输出模式是在复用功能下的推挽输出，如 USART1 的 PA9（TXD）、TIM3_CH1 的 PWM 输出 PA6，可配置成复用推挽输出模式。

（4）复用开漏输出模式。该模式和复用推挽输出模式一样，是在复用功能下的开漏输出。在应用中，其输出的接口要合理地选择上拉。

（5）上拉输入模式。该模式的结构是在内部有一个上拉电阻串联开关与电源 V_{DD} 相连，使能该模式，将开关接通，形成上拉输入。

（6）下拉输入模式。该模式的结构是在内部有一个下拉电阻串联开关与电源 V_{SS} 相连，使能该模式，将开关接通，形成下拉输入。

（7）浮空输入模式。在该模式下，内部的上拉与下拉开关均断开，直接经施密特触发器与引脚相连。该模式下引脚电平是不确定的，外部信号逻辑电平是什么，引脚的逻辑电平就是什么。该模式一般用于通信，如 USART、SPI、CAN 等。

（8）模拟输入模式。在该模式下，上拉电阻和下拉电阻的开关关闭，施密特触发器关闭，引脚信号直接与内部 ADC 等模拟模块相连。

5.3 复用输入/输出接口结构

复用输入/输出（Alternate Function Input/Output，AFIO）是将 I/O 引脚与其他外设模块复用，如定时器的输出比较通道、串口的数据收发等。在应用中，在使用默认复用功能前必须对接口位配置寄存器编程，AFIO 接口内部结构如图 5.3 所示。

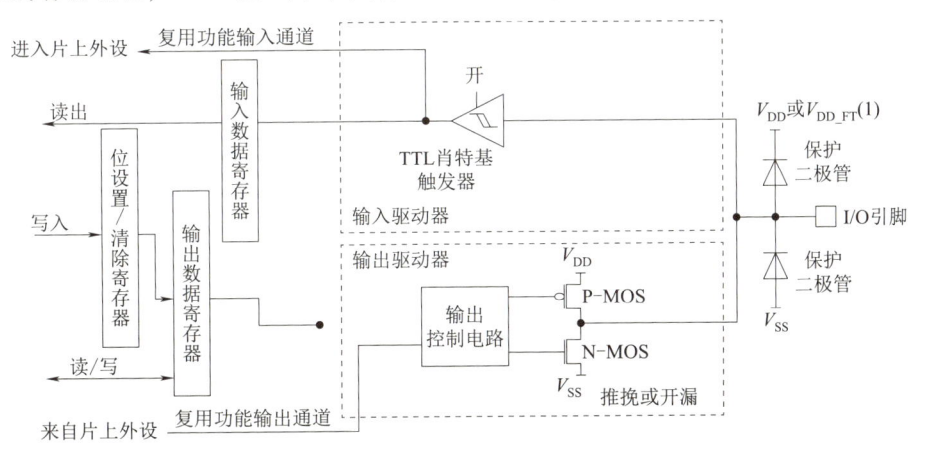

图 5.3 AFIO 接口内部结构

（1）对于复用输入功能，接口必须配置成输入模式（浮空、上拉或下拉）且输入引脚必须由外部驱动。

（2）对于复用输出功能，接口必须配置成复用功能输出模式（推挽或开漏）。

（3）对于双向复用功能，接口必须配置成复用功能输出模式（推挽或开漏）。这时，输入驱动器被配置成浮空输入模式。

注：若把接口配置成复用功能输出模式，则引脚和输出寄存器断开，并和片上外设的输出信号连接；若软件把一个I/O引脚配置成复用功能输出模式，但是外设没有被激活，则它的输出将不确定。

5.4 通用输入/输出接口相关的 HAL 库函数

GPIO 接口相关的 HAL 库函数文件是"stm32f1xx_hal_gpio.c/.h"，其中，"stm32f1xx_hal_gpio.h"是头文件，声明了 GPIO 接口的 HAL 库函数；"stm32f1xx_hal_gpio.c"是源文件。这些函数可被分为初始化函数、输入/输出函数、中断函数 3 类，如表 5.1 所示。

表 5.1　GPIO 接口相关的 HAL 库函数

类型	函数	描述
初始化函数	HAL_GPIO_Init()	GPIO 初始化函数
输入/输出函数	HAL_GPIO_ReadPin()	GPIO 读取指定引脚的状态
	HAL_GPIO_WritePin()	GPIO 写数据到指定的引脚
	HAL_GPIO_TogglePin()	GPIO 取反指定引脚的状态
	HAL_GPIO_LockPin()	GPIO 锁定指定引脚的状态
中断函数	HAL_GPIO_EXTI_IRQHandler()	GPIO 中断设置函数
	HAL_GPIO_EXTI_Callback()	GPIO 中断回调函数

下面介绍实际应用中主要使用的函数。本书正文中的函数均为简写形式，去掉了函数类型和形参。

5.4.1　初始化函数 HAL_GPIO_Init()

GPIO 的初始化函数 HAL_GPIO_Init() 用于完成对指定接口的初始化，该函数如表 5.2 所示。

表 5.2　HAL_GPIO_Init() 函数

函数原型	void HAL_GPIO_Init(GPIO_TypeDef*GPIOx, GPIO_InitTypeDef*GPIO_Init)
功能描述	根据 GPIO_Init 指定的参数初始化 GPIOx
输入参数 1	GPIOx，x 可以是 A、B、C、D、E、F、G
输入参数 2	GPIO_Init，指向 GPIO_InitTypeDef 的指针
输出参数	无

表 5.2 中，参数 GPIO_InitTypeDef* GPIO_Init 的功能是对 I/O 接口进行初始化。GPIO_InitTypeDef 的定义如下。

```
typedef struct
{ uint32_t Pin;          //①引脚设置
  uint32_t Mode;         //②模式设置
  uint32_t Pull;         //③上拉下拉
  uint32_t Speed;        //④速度设置
} GPIO_InitTypeDef;
```

主要语句功能如下。

①Pin：表示引脚设置，STM32 中的引脚为 GPIO_PIN_0 ~ GPIO_PIN_15。

②Mode：表示指定引脚的工作模式，Mode 设置如表 5.3 所示。

表 5.3　Mode 设置

GPIO_InitTypeDef.Mode	功能	GPIO_InitTypeDef.Mode	功能
GPIO_MODE_INPUT	输入模式	GPIO_MODE_IT_RISING	上升沿中断
GPIO_MODE_OUTPUT_PP	推挽输出模式	GPIO_MODE_IT_FALLING	下降沿中断
GPIO_MODE_OUTPUT_OD	开漏输出模式	GPIO_MODE_IT_RISING_FALLING	上升沿和下降沿中断
GPIO_MODE_AF_PP	复用推挽输出模式	GPIO_MODE_EVT_RISING	上升沿事件
GPIO_MODE_AF_OD	复用开漏输出模式	GPIO_MODE_EVT_FALLING	下降沿事件
GPIO_MODE_AF_INPUT	浮空输入模式	GPIO_MODE_EVT_RISING_FALLING	上升沿和下降沿事件
GPIO_MODE_ANALOG	模拟输入模式		

③Pull：表示设置上拉或下拉开关，与 GPIO_MODE_INPUT 参数联合使用。其参数如下。

GPIO_NOPULL：未设置上拉、下拉开关；

GPIO_PULLUP：设置上拉开关；

GPIO_PULLDOWN：设置下拉开关。

④Speed：表示设置 GPIO 接口的响应速度。其参数如下。

GPIO_SPEED_FREQ_LOW：表示响应速度为 2 MHz；

GPIO_SPEED_FREQ_MEDIUM：表示响应速度为 10 MHz；

GPIO_SPEED_FREQ_HIGH：表示响应速度为 50 MHz。

例如，设置 PA0 为推挽输出模式，未设置上拉开关，速度为 50 MHz，则代码如下。

```
static GPIO_InitTypeDef  GPIO_InitStruct;
GPIO_InitStruct.Mode   =GPIO_MODE_OUTPUT_PP;
GPIO_InitStruct.Pull   =GPIO_NOPULL;
GPIO_InitStruct.Speed  =GPIO_SPEED_FREQ_HIGH;
GPIO_InitStruct.Pin    =GPIO_PIN_0;
HAL_GPIO_Init(GPIOA, &GPIO_InitStruct);
```

5.4.2　HAL_GPIO_ReadPin() 函数

HAL_GPIO_ReadPin() 函数的功能是对指定引脚的状态进行读取，该函数如表 5.4 所示。

表 5.4 HAL_GPIO_ReadPin() 函数

函数原型	GPIO_PinState HAL_GPIO_ReadPin(GPIO_TypeDef* GPIOx, uint16_t GPIO_Pin)
功能描述	对指定接口 GPIOx 的指定引脚 GPIO_Pin 进行读取
输入参数 1	GPIOx，x 可以是 A、B、C、D、E、F、G
输入参数 2	GPIO_Pin，可以是 GPIO_PIN_0 ~ GPIO_PIN_15
输出参数	GPIO_PinState，可以是 0 或 1

例如，要读取 PB1 引脚的状态，则程序如下。

```
GPIO_PinState xx;
    xx = HAL_GPIO_ReadPin(GPIOB, GPIO_PIN_1);
```

5.4.3 HAL_GPIO_WritePin() 函数

HAL_GPIO_WritePin() 函数的功能是对指定引脚进行写入，该函数如表 5.5 所示。

表 5.5 HAL_GPIO_WritePin() 函数

函数原型	void HAL_GPIO_WritePin(GPIO_TypeDef* GPIOx, uint16_t GPIO_Pin, GPIO_PinState PinState)
功能描述	对指定接口 GPIOx 的指定引脚 GPIO_Pin 进行写 PinState
输入参数 1	GPIOx，x 可以是 A、B、C、D、E、F、G
输入参数 2	GPIO_Pin，可以是 GPIO_PIN_0 ~ GPIO_PIN_15
输入参数 3	PinState，表示 0 或 1

例如，要实现对 PC0 写入 1 的功能，则程序如下。

```
HAL_GPIO_WritePin(GPIOC, GPIO_PIN_0, 1);
```

5.4.4 HAL_GPIO_TogglePin() 函数

HAL_GPIO_TogglePin() 函数的功能是对指定引脚的状态取反，该函数如表 5.6 所示。

表 5.6 HAL_GPIO_TogglePin() 函数

函数原型	void HAL_GPIO_TogglePin(GPIO_TypeDef * GPIOx, uint16_t GPIO_Pin)
功能描述	对指定接口 GPIOx 的指定引脚 GPIO_Pin 进行取反操作
输入参数 1	GPIOx，x 可以是 A、B、C、D、E、F、G
输入参数 2	GPIO_Pin，可以是 GPIO_PIN_0 ~ GPIO_PIN_15
输出参数	无

例如，要对 PB1 引脚的状态取反，则程序如下。

```
HAL_GPIO_TogglePin(GPIOB, GPIO_PIN_1);
```

5.4.5 GPIO 中断相关函数

GPIO 中断相关函数有中断设置函数 HAL_GPIO_EXTI_IRQHandler() 和中断回调函数 HAL_GPIO_EXTI_Callback() 两个。

HAL_GPIO_EXTI_IRQHandler() 函数位于 "stm32f1xx_it.c" 文件中，被外部中断 EXTI0_IRQHandler、EXTI1_IRQHandler、EXTI2_IRQHandler、EXTI3_IRQHandler、EXTI4_IRQHandler、

EXTI9_5_IRQHandler、EXTI15_10_IRQHandler 调用，该函数如表 5.7 所示。

表 5.7　HAL_GPIO_EXTI_IRQHandler( ) 函数

函数原型	void HAL_GPIO_EXTI_IRQHandler(uint16_t GPIO_Pin)
功能描述	指定引脚的中断服务程序
输入参数	GPIO_Pin，可以是 GPIO_PIN_0 ~ GPIO_PIN_15
输出参数	无

例如，要指定 PB8、PB9 引脚的中断服务，则程序如下。

```
HAL_GPIO_EXTI_IRQHandler(GPIOB, GPIO_PIN_8);
HAL_GPIO_EXTI_IRQHandler(GPIOB, GPIO_PIN_9);
```

中断回调函数 HAL_GPIO_EXTI_Callback( ) 则是中断具体执行函数，该函数如表 5.8 所示。

表 5.8　HAL_GPIO_EXTI_Callback( ) 函数

函数原型	void HAL_GPIO_EXTI_Callback(uint16_t GPIO_Pin)
功能描述	指定引脚的中断服务程序中的回调函数
输入参数	GPIO_Pin，可以是 GPIO_PIN_0 ~ GPIO_PIN_15
输出参数	无

例如 PB8、PB9 中断发生后，分别取反 PA0、PA1 的状态，则程序如下。

```
void HAL_GPIO_EXTI_Callback(uint16_t GPIO_Pin)
{
  if(GPIO_Pin = =GPIO_PIN_8)HAL_GPIO_TogglePin(GPIOA, GPIO_PIN_0);
  if(GPIO_Pin = =GPIO_PIN_9)HAL_GPIO_TogglePin(GPIOA, GPIO_PIN_1);
}
```

5.5　通用输入/输出接口相关的 HAL 库函数应用案例

5.5.1　流水灯设计

1. 任务要求

利用 STM32F1 控制器的 GPIO 接口输出高电平和低电平，控制发光二极管（Light Emitting Diode，LED）的亮灭，实现 4 只 LED 有规律地依次流水显示，设计硬件电路和程序代码，并通过 Proteus 完成仿真和调试。

2. 硬件设计

硬件电路图如图 5.4 所示，LED1 ~ LED4 的阳极与 3.3 V 电源相连，阴极通过限流保护电阻分别连接到 STM32F1 控制器的 PB12 ~ PB15 接口，给 PB12 ~ PB15 接口置逻辑低电平使 LED 发光，置逻辑高电平使 LED 熄灭。

3. 软件设计

要实现上述 LED 流水发光，方法是将接口 PB12 ~ PB15 初始化配置成输出模式；先使 PB12 = 0

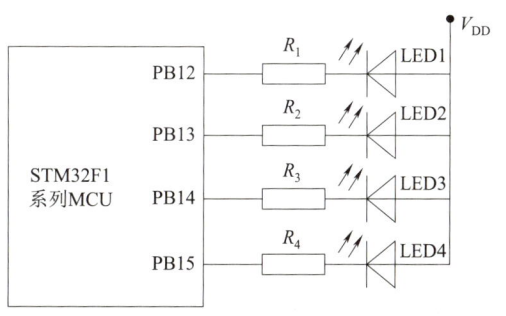

图 5.4　硬件电路图

（开启 LED1），延时 500 ms，使 PB12 = 1（关闭 LED1），再依次将 PB13、PB14、PB15 采用同样的方法操作，从而实现依次流水显示。

软件设计步骤如下。

（1）创建工程。启动 STM32CubeMX，单击"File"→"New Project"选项，创建工程，如图 5.5 所示。选择设计采用的芯片"STM32F103RBT6"及其相应的封装。双击芯片，进入下一步设置引脚。

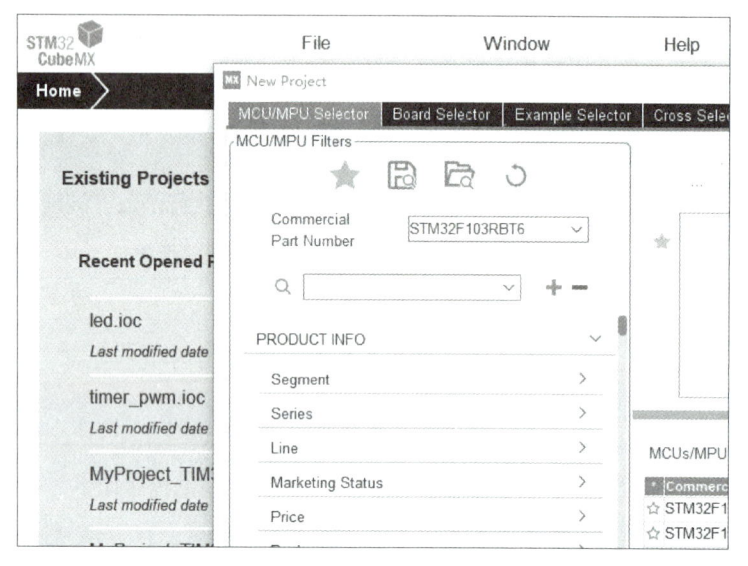

图 5.5　创建工程

（2）GPIO 引脚设置。在"Pinout&Configuration"窗口中选择"System Core"选项，再选择"GPIO"选项，设置引脚 PB12 ~ PB15 为推挽输出，如图 5.6 所示。

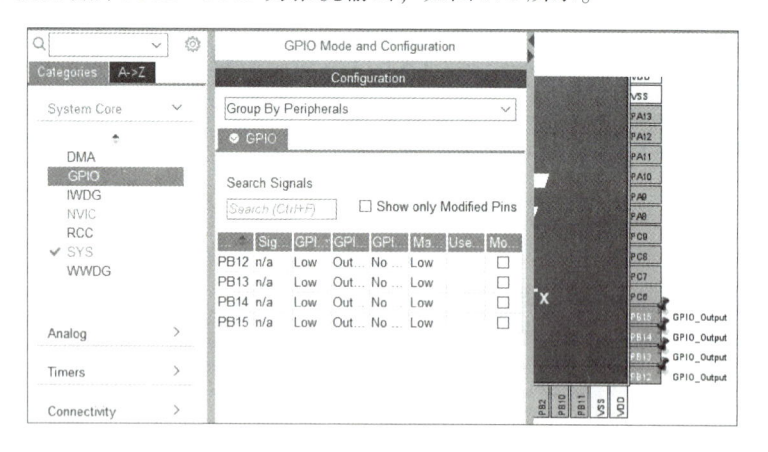

图 5.6　GPIO 引脚设置

（3）时钟设置。在"Clock Configuration"窗口中设置时钟，本例采用内部 HSI 时钟，时钟倍频到 64 MHz。

（4）保存工程文件。选择"Project Manager"选项卡，在"Project"配置界面中，在"Project Name"后设置工程名称；在"Project Location"后设置工程要保存的路径；在

"Toolchain/IDE"后选择"MDK – ARM"选项。在"Code Generator"配置界面中，可设置必要的库文件和分别生成外设初始化文件。工程配置如图 5.7 所示，完成后单击"GENERATE CODE"按钮，保存 MDK 工程文件。用 Keil – MDK 打开工程文件，文件结构如图 5.8 所示。

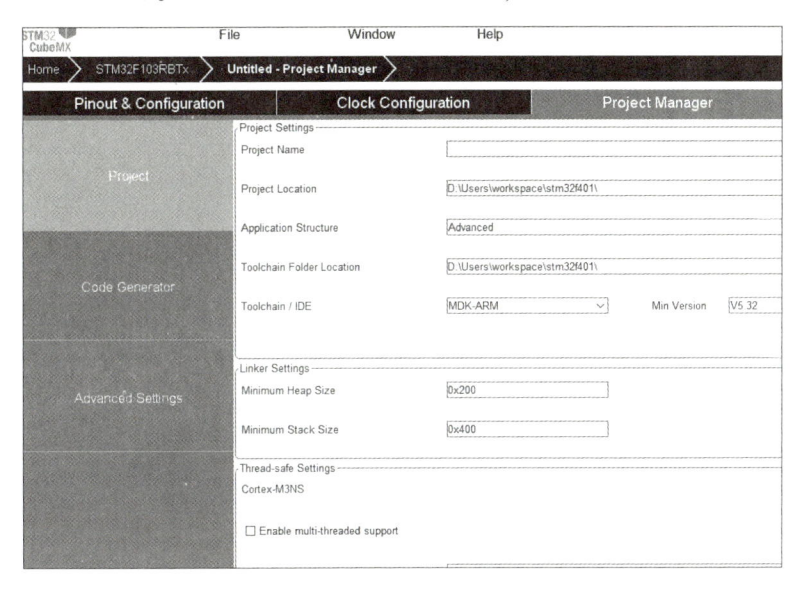

图 5.7　工程配置

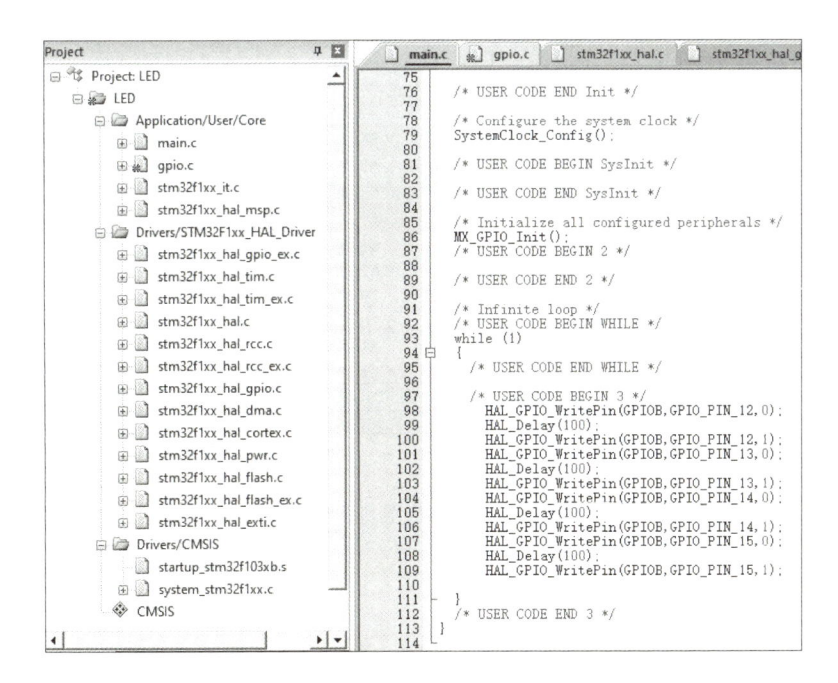

图 5.8　文件结构

（5）程序设计。

在 MDK 工程文件中，"gpio.c"文件是对 PB12～PB15 接口的初始化，自动生成，无须修改。

在 MDK 工程文件的"main.c"文件中的 int main() 函数中添加以下循环程序代码。

```
int main(void)
{   HAL_Init();              //初始化 HAL 库
    SystemClock_Config();    //初始化时钟
    MX_GPIO_Init();          //初始化 GPIO
    while (1) {
      HAL_GPIO_WritePin(GPIOB,GPIO_PIN_12,0);
      HAL_Delay(100);
      HAL_GPIO_WritePin(GPIOB,GPIO_PIN_12,1);
      HAL_GPIO_WritePin(GPIOB,GPIO_PIN_13,0);
      HAL_Delay(100);
      HAL_GPIO_WritePin(GPIOB,GPIO_PIN_13,1);
      HAL_GPIO_WritePin(GPIOB,GPIO_PIN_14,0);
      HAL_Delay(100);
      HAL_GPIO_WritePin(GPIOB,GPIO_PIN_14,1);
      HAL_GPIO_WritePin(GPIOB,GPIO_PIN_15,0);
      HAL_Delay(100);
      HAL_GPIO_WritePin(GPIOB,GPIO_PIN_15,1);
    }
}
```

4. 仿真与调试

在 Keil-MDK 中编译生成 .hex 可执行文件，在 Proteus 中绘制仿真电路图，将可执行文件加载到工程中，启动仿真调试，可直观地观察 4 只 LED 的流水显示过程，仿真电路图与调试效果如图 5.9 所示。

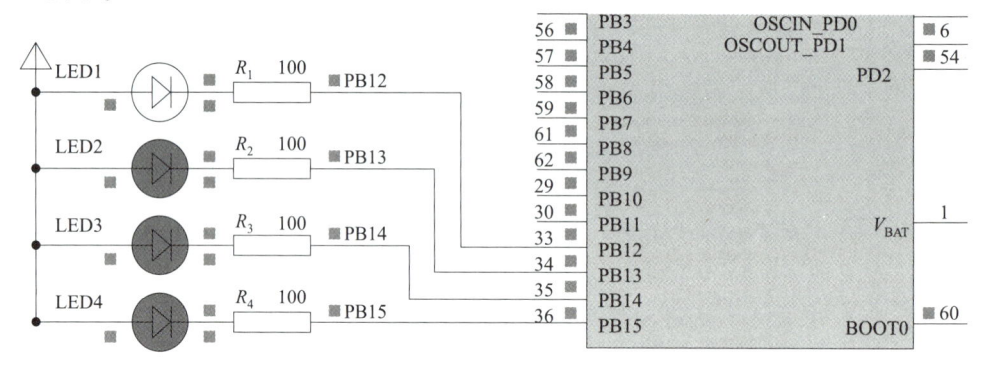

图 5.9　仿真电路图与调试效果

5.5.2　温湿度采集器设计

1. 任务要求

利用 STM32F1 控制器、DHT22 传感器（温湿度传感器）、LCD1602 等设计一个温湿度采集器，要求在 LCD1602 第 1 行显示湿度，第 2 行显示温度，请设计硬件电路图，设计程序，并通过 Proteus 完成仿真和调试。

2. LCD1602 的结构及功能

（1）LCD1602 的结构。

LCD 有数显笔段型、点阵字符型、点阵图形型。LCD1602 属于点阵字符型，可以显示 2 行，每行可以显示 16 个 ASCII 码。模块内有 80 字节数据显示 RAM（DDRAM），除显示 192 个字符（5×7 点阵）的字符库 ROM（CGROM）外，还有 64 字节的自定义字符 RAM（CGRAM），用户可自行定义 8 个 5×7 点阵字符。LCD1602 内置控制器和 MCU I/O 接口，可以直接连接，其外形和结构如图 5.10 所示。

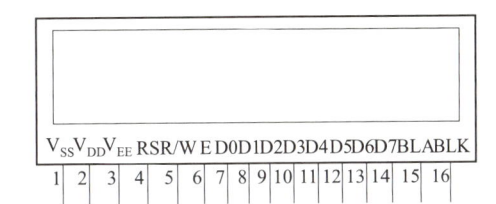

图 5.10　LCD1602 外形和结构

LCD1602 有标准的 14 引脚（无背光）或 16 引脚（有背光），工作电压为 4.5～5 V，工作电流为 2 mA，引脚由 8 条数据线、3 条控制线和 3 条电源线组成，其功能如表 5.9 所示。

表 5.9　LCD1602 引脚及功能

引脚号	引脚名称	引脚功能
1	V_{SS}	接电源地
2	V_{DD}	接 +5 V 逻辑电源
3	V_{EE}	液晶显示对比度调节
4	RS	寄存器选择（1 为数据寄存器，0 为指令/状态寄存器）
5	R/W	读/写操作选择（1 为读，0 为写）
6	E	使能信号
7～14	D0～D7	数据总线
15	BLA	背光板电源，常串联 1 个电位调节器
16	BLK	背光板电源地

（2）LCD1602 字符的显示及指令字。

对 LCD1602 的初始化、读、写、光标设置、显示数据设置等，均通过 MCU 向 LCD1602 写入指令来实现。LCD1602 字符的显示及指令功能表如表 5.10 所示。

表 5.10　LCD1602 字符的显示及指令功能表

序号	指令	RS	R/W	D7	D6	D5	D4	D3	D2	D1	D0
1	清屏	0	0	0	0	0	0	0	0	0	1
2	光标返回	0	0	0	0	0	0	0	0	1	×
3	光标和显示模式设置	0	0	0	0	0	0	0	1	I/D	S
4	显示开/关及光标设置	0	0	0	0	0	0	1	D	C	B

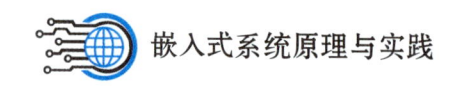

续表

序号	指令	RS	R/W	D7	D6	D5	D4	D3	D2	D1	D0
5	光标或字符移位	0	0	0	0	0	1	S/C	R/L	×	×
6	功能设置	0	0	0	0	1	DL	N	F	×	×
7	CGRAM 地址设置	0	0	0	1	字符发生存储器地址					
8	DDRAM 地址设置	0	0	1	显示数据存储器地址						
9	读忙标志或地址	0	1	BF	计数器地址						
10	写数据	1	0	要写的数据							
11	读数据	1	1	读出的数据							

具体说明如下。

指令1：清屏，光标返回地址00H位置（显示屏的左上方）。

指令2：光标返回地址00H位置（显示屏的左上方）。

指令3：光标和显示模式设置。

I/D 为地址指针加1或减1选择位。I/D = 1表示，读或写一个字符后地址指针加1；I/D = 0表示，读或写一个字符后地址指针减1。

S 为屏幕上所有字符移动方向是否有效的控制位。S = 1表示，当写入一字符时，整屏显示左移（I/D = 1）或右移（I/D = 0）；S = 0表示，整屏显示不移动。

指令4：显示开/关及光标设置。

D 为屏幕整体显示控制位，D = 0表示关显示，D = 1表示开显示。

C 为光标有无控制位，C = 0表示无光标，C = 1表示有光标。

B 为光标闪烁控制位，B = 0表示光标不闪烁，B = 1表示光标闪烁。

指令5：光标或字符移位。

S/C 为光标或字符移位选择控制位，S/C = 0表示移动光标，S/C = 1表示移动显示的字符。

R/L 为移位方向选择控制位，R/L = 0表示左移，R/L = 1表示右移。

指令6：功能设置。

DL 为传输数据的有效长度选择控制位，DL = 1表示8位数据线接口，DL = 0表示4位数据线接口。

N 为显示器行数选择控制位，N = 0表示单行显示，N = 1表示两行显示。

F 为字符显示的点阵控制位，F = 0表示显示5×7点阵字符，F = 1表示显示5×10点阵字符。

指令7：CGRAM 地址设置。

指令8：DDRAM 地址设置。LCD1602内部有一个数据地址指针，用户可通过它访问内部全部80字节的数据显示RAM。

指令格式：80H + 地址码，其中80H为指令代码。

指令9：读忙标志或地址。

BF 为忙标志。BF = 1表示LCD1602忙，此时LCD1602不能接受指令或数据；BF = 0表示LCD1602不忙。

指令10：写数据。

指令11：读数据。

例如，将显示设置为"16×2显示，5×7点阵，8位数据接口"，只需要向LCD1602写入功能设置指令（指令6）"00111000B"，即38H即可。

（3）字符显示位置的设置。

80字节的DDRAM与显示屏上字符显示位置一一对应，LCD1602内部显示DDRAM的地址映射如图5.11所示。当向DDRAM的00H~0FH（第1行）、40H~4FH（第2行）地址的任意一处写数据时，LCD1602立即显示出来，该区域也被称为可显示区域。而当写入10H~27H或50H~67H地址处时，字符不会显示出来，该区域也被称为隐藏区域。

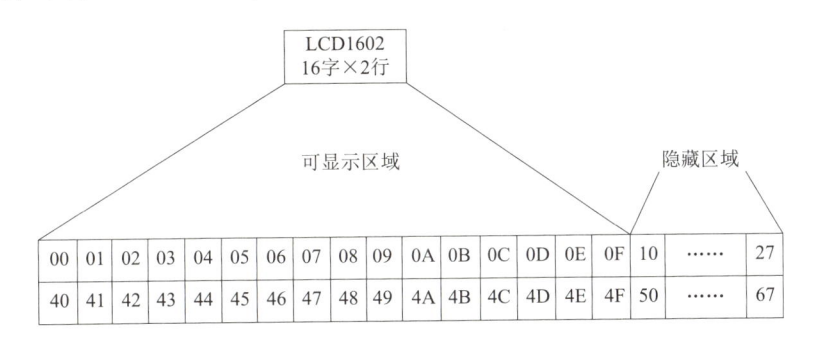

图5.11 LCD1602内部显示DDRAM的地址映射

需说明的是，在向DDRAM写入字符时，首先要设置DDRAM定位数据指针，此操作可通过指令8完成。例如，要写字符到DDRAM的40H处，则指令8的格式为80H+40H=C0H，其中80H为指令代码，40H是要写入字符处的地址。

（4）LCD1602基本操作。

① 初始化步骤。

写指令38H，即功能设置（16×2显示，5×7点阵，8位接口）。

写指令08H，显示关闭。

写指令01H，显示清屏，数据指针清0。

写指令06H，写一个字符后地址指针加1。

写指令0CH，设置开显示，不显示光标。

② 读写操作。

MCU读写LCD1602的操作规范如表5.11所示。

表5.11 MCU读写LCD1602的操作规范

读写操作	MCU发给LCD1602控制信号	LCD1602输出
读状态	RS=0，R/W=1，E=1	D0~D7=状态字
写指令	RS=0，R/W=0，D0~D7=指令，E=正脉冲	无
读数据	RS=1，R/W=1，E=1	D0~D7=数据
写数据	RS=1，R/W=0，D0~D7=数据，E=正脉冲	无

3. DHT22传感器的结构及功能

（1）DHT22传感器的结构。

DHT22传感器是一款含有已校准数字信号输出的温湿度复合传感器，内部由一个8位MCU控制一个电阻式感湿元件和一个NTC测温元件。其采用单总线协议与外部MPU等通信，具有能耗超低、传输距离远、全部自动化校准、采用电容式湿敏元件等特点，可用于暖通空调、除湿器、调试及检测设备、气象站及其他相关温湿度检测控制。其温度测量范围为 -40 ~ 80 ℃，精度为 ±0.5 ℃；湿度测量范围为 0 ~ 99.9% RH，精度为 ±2% RH（25 ℃）。其外形如图 5.12 所示，①脚为电源 V_{DD}（3.3 ~ 5.5 V），②脚为串行数据线（Serial Data，SDA），双向口，③脚为空脚，④脚为地。

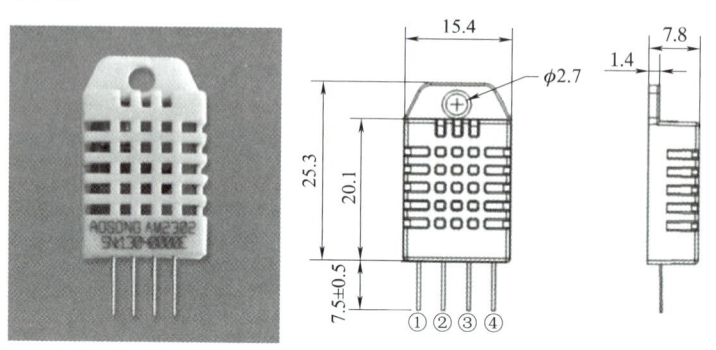

图 5.12 DHT22 传感器外形

（2）DHT22 传感器总线通信时序。

由于 DHT22 传感器采用单总线协议通信，所以 MPU 通过一个漏极开路或三态接口连至该数据线，以允许设备在不发送数据时能够释放总线；单总线通常要求外接一个约 5.1 kΩ 的上拉电阻，这样，当总线闲置时，其状态为高电平。由于它们是主从结构，只有当主机呼叫传感器时，传感器才会应答，所以主机访问传感器必须严格遵循单总线时序，如果出现时序混乱，传感器将不响应主机。DHT22 传感器通信时序图如图 5.13 所示。

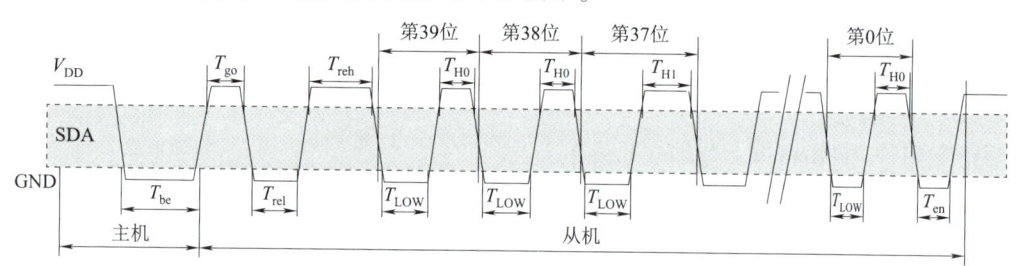

图 5.13 DHT22 传感器通信时序图

DHT22 传感器的通信过程如下：主机发送一次起始信号（把 SDA 拉低至少 800 μs）后，传感器从休眠模式转换到高速模式；待主机起始信号发送结束后，传感器发送响应信号，从 SDA 串行送出 40 比特的数据，先发送字节的高位；发送的数据依次为湿度高位、湿度低位、温度高位、温度低位、校验位，发送数据结束后触发一次信息采集，采集结束后传感器自动转入休眠模式，直到下一次通信来临，两次读取传感器最小间隔时间为 2 s。图 5.13 中的各时序信号特性如表 5.12 所示。

表 5.12 时序信号特性

序号	符号	参数	最小值	典型值	最大值	单位
1	T_{be}	主机起始信号拉低时间	0.8	1	20	ms
2	T_{go}	主机释放总线时间	25	30	45	μs
3	T_{rel}	响应低电平时间	75	80	85	μs

续表

序号	符号	参数	最小值	典型值	最大值	单位
4	T_{reh}	响应高电平时间	75	80	85	μs
5	T_{LOW}	信号0、1低电平时间	48	50	55	μs
6	T_{H0}	信号0高电平时间	22	26	30	μs
7	T_{H1}	信号1高电平时间	68	70	75	μs
8	T_{en}	传感器释放总线时间	45	50	55	μs

DHT22传感器上电后，调试环境温湿度数据，并记录数据，此后传感器自动转入休眠状态。SDA由上拉电阻拉高，一直保持高电平，此时SDA引脚处于输入状态，时刻检测外部信号。

MPU的I/O设置为输出，输出低电平，保持低电平时间不能小于800 μs，典型值是1 ms。然后MPU的I/O设置为输入状态，释放总线，由于上拉电阻，MPU的I/O随之变高。等主机释放总线后，DHT22传感器发送响应信号，输出80 μs的低电平作为响应信号，紧接着输出80 μs的高电平，通知MPU接收数据。

DHT22传感器发送完响应信号后，随后由SDA连续串行输出40位数据，MPU根据I/O电平的变化接收40位数据。位数据0的格式为50 μs的低电平加26~28 μs的高电平；位数据1的格式为50 μs的低电平加70 μs的高电平。

（3）DHT22传感器数据格式

DHT22传感器输出的40位数据分别是湿度高8位、湿度低8位、温度高8位、温度低8位和校验8位，如图5.14所示。

湿度高8位	湿度低8位	+	温度高8位	温度低8位	+	校验8位

图5.14　数据结构

例如有数据：

0000 0010 + 1001 0010 + 0000 0001 + 0000 1101 = 1010 0010

湿度：0000 0010 1001 0010 = 0292H（十六进制） = 2×256 + 9×16 + 2 = 658 → 湿度 = 65.8% RH。

温度：0000 0001 0000 1101 = 10DH（十六进制） = 1×256 + 0×16 + 13 = 269 → 温度 = 26.9 ℃。

注：当温度低于0 ℃时温度数据的最高位置1，例如：-10.1 ℃ = 1 000 0000 0110 0101。最高位为1，表示负温度；其余的温度数值：0000 0000 0110 0101 = 0065H（十六进制） = 6×16 + 5 = 101，可推出该温度为-10.1 ℃。

4. 硬件设计

硬件电路图如图5.15所示，LCD1602的8位数据端与STM32F1的PC0~PC7引脚相连，寄存器选择端RS与PC8相连，读写操作端R/W与PC9相连，使能信号端E与PC10相连。接地端V_{SS}与电路的地线相接，电源端V_{CC}与电路的5 V电源相连，BLA和BLK为背光调节端，V_0为对比度调节端。DHT22传感器的数据线SDA与STM32F1系列MCU的PC11相连。

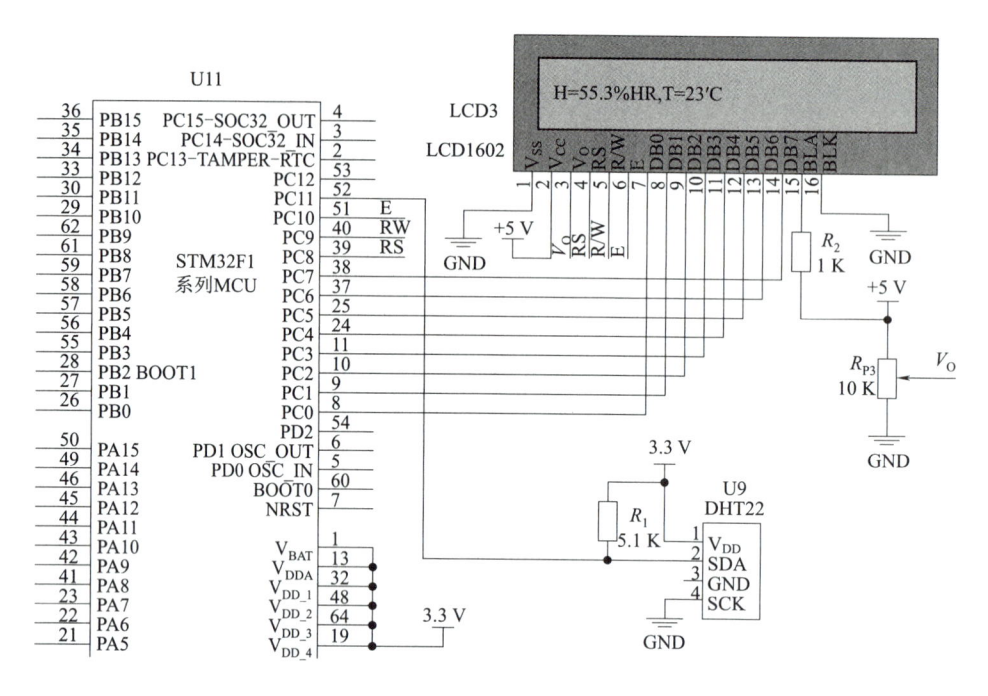

图 5.15　硬件电路图

5. 软件设计

在 STM32CubeMX 中配置工程文件,将 PC0~PC10 设置为输出,系统时钟采用 HSI,频率为 8 MHz。在 MDK 工程文件中编写 LCD1602 的驱动文件"LCD1602.h"和"LCD1602.c"。

头文件 LCD1602.h 的程序如下。

```
#ifndef __LCD1602_H__
#define __LCD1602_H__
#include "stm32f1xx.h"
#include "stm32f1xx_HAL.h"
#include "stm32f1xx_HAL_conf.h"
#include "stm32f1xx_HAL_gpio.h"
void DataDir(unsigned char dir);           //D0~D7 设定方向:1 为输入、0 为输出
unsigned char ReadData();                  //D0~D7 读数据
void WriteData(unsigned char dat);         //D0~D7 写数据
void LCD_Busy();                           //LCD1602 忙等待
void LCD_Write_Cmd(unsigned char cmd);     //写 LCD1602 指令
void LCD_Write_Data(unsigned char dat);    //写 LCD1602 数据寄存器
void LCD1602_Init();                       //LCD1602 初始化
void LCD_WriteString(unsigned char x,unsigned char y,char * str);
                                           //在 x 行(0~1),y 列(0~15)显示字符串
#endif
```

LCD1602 的源文件"LCD1602.c"的程序如下。

```c
#include "LCD1602.h"
typedef struct_GPIO_PIN_ID {
  GPIO_TypeDef* port;
  uint16_t      Pin;
} GPIO_PIN_ID;
const GPIO_PIN_ID LCD_D[] = {
  {GPIOC, GPIO_PIN_0 },  {GPIOC, GPIO_PIN_1 }, {GPIOC, GPIO_PIN_2 },
  {GPIOC, GPIO_PIN_3 },  {GPIOC, GPIO_PIN_4 }, {GPIOC, GPIO_PIN_5 },
  {GPIOC, GPIO_PIN_6 },  {GPIOC, GPIO_PIN_7 },
};
const GPIO_PIN_ID LCD_RS[]={GPIOC,GPIO_PIN_8}; //RS
const GPIO_PIN_ID LCD_RW[]={GPIOC,GPIO_PIN_9}; //R/W
const GPIO_PIN_ID LCD_E[]={GPIOC,GPIO_PIN_10}; //E
void RS_Data()
{HAL_GPIO_WritePin(LCD_RS[0].port,LCD_RS[0].Pin,GPIO_PIN_SET);}  //数据
void RS_Instruction()
{HAL_GPIO_WritePin(LCD_RS[0].port,LCD_RS[0].Pin,GPIO_PIN_RESET);}//指令
void RW_Read()
{HAL_GPIO_WritePin(LCD_RW[0].port,LCD_RW[0].Pin,GPIO_PIN_SET);}  //读操作
void RW_Write()
{HAL_GPIO_WritePin(LCD_RW[0].port,LCD_RW[0].Pin,GPIO_PIN_RESET);}//写操作
void E_Set()
{HAL_GPIO_WritePin(LCD_E[0].port,LCD_E[0].Pin,GPIO_PIN_SET);}
void E_Reset()
{HAL_GPIO_WritePin(LCD_E[0].port,LCD_E[0].Pin,GPIO_PIN_RESET);}
/***********************************************
void DataDir(unsigned char dir)函数功能:输入/输出方向设置
输入参数:char dir,I 为输入、O 为输出
输出参数:无
***********************************************/
   void DataDir(unsigned char dir)           //D0~D7 设定方向:I 为输入、O 为输出
   {  GPIO_InitTypeDef GPIO_InitStruct={0};
      HAL_GPIO_WritePin(LCD_D[0].port ,LCD_D[0].Pin|LCD_D[1].Pin|LCD_D[2].Pin|
         LCD_D[3].Pin|LCD_D[4].Pin|LCD_D[5].Pin|LCD_D[6].Pin|LCD_D[7].Pin,1);
      GPIO_InitStruct.Pin=LCD_D[0].Pin|LCD_D[1].Pin|LCD_D[2].Pin|LCD_D[3].Pin
         |LCD_D[4].Pin|LCD_D[5].Pin|LCD_D[6].Pin|LCD_D[7].Pin;
      GPIO_InitStruct.Pull=GPIO_PULLUP;
      if(dir=='I'){GPIO_InitStruct.Mode=GPIO_MODE_INPUT;}
      else if(dir=='O'){GPIO_InitStruct.Mode=GPIO_MODE_OUTPUT_PP;
                GPIO_InitStruct.Speed=GPIO_SPEED_FREQ_LOW;
                }
      HAL_GPIO_Init(GPIOC, &GPIO_InitStruct);
   }
/***********************************************
unsigned char ReadData()函数功能:读 D0~D7 数据
输入参数:无
输出参数:输出读到的数据
***********************************************/
```

```c
unsigned char ReadData()                                    //D0~D7 读数据
{   unsigned char dat=0;
    if(HAL_GPIO_ReadPin(LCD_D[0].port,LCD_D[0].Pin)==GPIO_PIN_SET)dat|=0x01;
    if(HAL_GPIO_ReadPin(LCD_D[1].port,LCD_D[1].Pin)==GPIO_PIN_SET)dat|=0x02;
    if(HAL_GPIO_ReadPin(LCD_D[2].port,LCD_D[2].Pin)==GPIO_PIN_SET)dat|=0x04;
    if(HAL_GPIO_ReadPin(LCD_D[3].port,LCD_D[3].Pin)==GPIO_PIN_SET)dat|=0x08;
    if(HAL_GPIO_ReadPin(LCD_D[4].port,LCD_D[4].Pin)==GPIO_PIN_SET)dat|=0x10;
    if(HAL_GPIO_ReadPin(LCD_D[5].port,LCD_D[5].Pin)==GPIO_PIN_SET)dat|=0x20;
    if(HAL_GPIO_ReadPin(LCD_D[6].port,LCD_D[6].Pin)==GPIO_PIN_SET)dat|=0x40;
    if(HAL_GPIO_ReadPin(LCD_D[7].port,LCD_D[7].Pin)==GPIO_PIN_SET)dat|=0x80;
    return dat;
}
/************************************************
void WriteData(unsigned char dat)函数功能:写数到 D0~D7
输入参数:unsigned char dat,写入的数据
输出参数:无
*************************************************/
void WriteData(unsigned char dat)                           //D0~D7 写数据
{   uint16_t Set_Pins=0,Rst_Pins=0;
    if(dat & 0x01)Set_Pins|=LCD_D[0].Pin;   else   Rst_Pins|=LCD_D[0].Pin;
    if(dat & 0x02)Set_Pins|=LCD_D[1].Pin;   else   Rst_Pins|=LCD_D[1].Pin;
    if(dat & 0x04)Set_Pins|=LCD_D[2].Pin;   else   Rst_Pins|=LCD_D[2].Pin;
    if(dat & 0x08)Set_Pins|=LCD_D[3].Pin;   else   Rst_Pins|=LCD_D[3].Pin;
    if(dat & 0x10)Set_Pins|=LCD_D[4].Pin;   else   Rst_Pins|=LCD_D[4].Pin;
    if(dat & 0x20)Set_Pins|=LCD_D[5].Pin;   else   Rst_Pins|=LCD_D[5].Pin;
    if(dat & 0x40)Set_Pins|=LCD_D[6].Pin;   else   Rst_Pins|=LCD_D[6].Pin;
    if(dat & 0x80)Set_Pins|=LCD_D[7].Pin;   else   Rst_Pins|=LCD_D[7].Pin;
    HAL_GPIO_WritePin(GPIOC,Set_Pins,GPIO_PIN_SET);
    HAL_GPIO_WritePin(GPIOC,Rst_Pins,GPIO_PIN_RESET);
}
/************************************************
void LCD_Busy()函数功能:忙检测
输入参数:无
输出参数:无
*************************************************/
void LCD_Busy()                                             //LCD1602 忙检测
{   unsigned char status;
    DataDir('I'); RS_Instruction(); RW_Read();
    do{ E_Set();
        status=ReadData();
        E_Reset();
    } while(status & 0x80);
}
/************************************************
void LCD_Write_Cmd(unsigned char cmd)函数功能:写 LCD1602 指令
输入参数:unsigned char cmd,LCD 指令
输出参数:无
*************************************************/
void LCD_Write_Cmd(unsigned char cmd)                       //写 LCD1602 指令
```

```c
{    DataDir('O');
    WriteData(cmd);
    RS_Instruction(); RW_Write(); E_Reset();
    RS_Instruction(); RW_Write(); E_Set();
    E_Reset();
    LCD_Busy ();
}
```
/* *
void LCD_Write_Data(unsigned char dat)函数功能:写LCD1602数据寄存器
输入参数:unsigned char dat,LCD 数据
输出参数:无
* /

```c
void LCD_Write_Data(unsigned char dat)            //写LCD1602数据寄存器
{    DataDir('O');
    WriteData(dat);
    RS_Data();RW_Write();E_Set();
    E_Reset();
    LCD_Busy();
}
```
/* *
void LCD1602_Init()函数功能:LCD1602 初始化
输入参数:无
输出参数:无
* /

```c
void LCD1602_Init()                               //LCD1602 初始化
{
    LCD_Write_Cmd(0x38);HAL_Delay(2);
    LCD_Write_Cmd(0x01);HAL_Delay(2);
    LCD_Write_Cmd(0x06);HAL_Delay(2);
    LCD_Write_Cmd(0x0c);HAL_Delay(2);
}
```
/* *
void LCD_WriteString(unsigned char x,unsigned char y,char * str)函数功能:写字符
输入参数:x 表示0、1 行,y 表示0~15,* str 表示要显示的字符
输出参数:无
* /

```c
void LCD_WriteString(unsigned char x,unsigned char y,char * str) //向指定位置写字符串
{
    unsigned char i = 0;
    if (x = = 0)LCD_Write_Cmd(0x80 |y);
    else if(x = = 1)LCD_Write_Cmd(0xc0 |y);
    for(i = 0;i < 16 && str[i]! = '\0';i + +)
    {    LCD_Write_Data(str[i]);
        HAL_Delay(2);
    }
}
```

DHT22 传感器的头文件"DHT22.h"的程序如下。

```c
#ifndef __DHT22_H
#define __DHT22_H
#include "stm32f1xx_hal.h"
/* * * * * * * * * * * * * * * * DHT22 接口和引脚* * * * * * * * * * * * * * * * * /
#define DHT22_Prot    GPIOC
#define DHT22_Pin     GPIO_PIN_11
/* * * * * * * * * * * * * I/O 方向设置,不同的引脚需要修改* * * * * * * * * * * */
#define DHT22_IO_IN()   {DHT22_Prot -> CRH& = 0XFFFF0FFF;DHT22_Prot -> CRH | = 0x8000;}
#define DHT22_IO_OUT()  {DHT22_Prot -> CRH& = 0XFFFF0FFF;DHT22_Prot -> CRH | = 0x3000;}
/* * * * * * * * * * * * * * * * I/O 操作函数* * * * * * * * * * * * * * * * * */
#define DHT22_DQ_IN   HAL_GPIO_ReadPin(DHT22_Prot,DHT22_Pin)
uint8_t DHT22_Init(void);
uint8_t DHT22_Read_Data(uint8_t* humiH,uint8_t* humiL,uint8_t* tempH,uint8_t* tempL);
uint8_t DHT22_Read_Byte(void);    //读出一个字节
uint8_t DHT22_Read_Bit(void);     //读出一个位
uint8_t DHT22_Ack(void);          //检测是否存在 DHT22 传感器
void DHT22_Start(void);           //复位 DHT22 传感器
#endif
```

DHT22 传感器的驱动程序的源文件为"DHT22.c",DHT22 传感器的时序通过定时器 TIM3 实现 1 μs 的定时,"DHT22.c"文件的程序如下。

```c
#include "DHT22.h"
#include "tim.h"
/* * * * * * * * * * * * * * * * * * * * * * * * * * * * * * * * * * * * * * *
Void delay_us(uint_t us)函数功能:用 TIM3 定时 1 μs,系统时钟为 8 MHz,预分频因子设为 8~
1,向上计数,重载值为 65535;因此计数器 CNT_CLK = 1 MHz,计数器周期为 1 μs
输入参数:uint16_t us,定时的长度,数值代表 μs
输出参数:无
* * * * * * * * * * * * * * * * * * * * * * * * * * * * * * * * * * * * * * /
void delay_us(uint16_t us)
{   uint16_t Count = 0xffff - us - 5;
    __HAL_TIM_SET_COUNTER(&htim3, Count);   //设定 TIM3 计数器起始值
    HAL_TIM_Base_Start(&htim3);             //启动定时器
    while(Count < 0xffff - 5){              //判断
     Count = __HAL_TIM_GET_COUNTER(&htim3);//查询计数器的计数值
     }
    HAL_TIM_Base_Stop(&htim3);
}
/* * * * * * * * * * * * * * * * * * * * * * * * * * * * * * * * * * * * * * *
DHT22_Start()函数功能:总线至少保持 18 ms 低电平,然后释放总线
输入参数:无
输出参数:无
* * * * * * * * * * * * * * * * * * * * * * * * * * * * * * * * * * * * * * /
```

```c
void DHT22_Start(void)
{   DHT22_IO_OUT();                                              //设置主机方向为输出
    HAL_GPIO_WritePin(DHT22_Prot,DHT22_Pin,GPIO_PIN_RESET);//拉低DQ
    delay_us(20000);                                             //至少18 ms
    HAL_GPIO_WritePin(DHT22_Prot,DHT22_Pin,GPIO_PIN_SET);  //释放总线
    delay_us(30);                                                //主机拉高20~40 μs
}
/* * * * * * * * * * * * * * * * * * * * * * * * * * * * * * * *
DHT22_Ack()函数功能:等待DHT22传感器响应,拉低DQ80 μs,再拉高80 μs
输入参数:无
输出参数:0表示未应答,1表示响应成功
* * * * * * * * * * * * * * * * * * * * * * * * * * * * * * * /
uint8_t DHT22_Ack(void)
{   uint8_t delay=0;
    DHT22_IO_IN();                 //设置主机为输入模式
    while (DHT22_DQ_IN&&delay<100)//DHT22传感器会拉低DQ40~80 μs
    {   delay++;delay_us(1);};
    if(delay>=100) return 0;
    else delay=0;
    while(! DHT22_DQ_IN&&delay<100)//DHT22传感器拉低DQ后会再次拉高DQ40~80 μs
    {   delay++; delay_us(1);};
    if(delay>=100) return 0;
    return 1;
}
/* * * * * * * * * * * * * * * * * * * * * * * * * * * * * * * *
函数功能:从DHT22传感器读取一个位,0表示(0)50 μs+(1)26~28 μs;1表示(0)50 μs+(1)
70 μs
输入参数:无
输出参数:0和1
* * * * * * * * * * * * * * * * * * * * * * * * * * * * * * * /
uint8_t DHT22_Read_Bit(void)
{
    while(DHT22_DQ_IN);       //等待变为低电平
    while(! DHT22_DQ_IN);     //等待变为高电平
    delay_us(40);             //等待40 μs
    if(DHT22_DQ_IN)   return 1;
    else              return 0;
}
/* * * * * * * * * * * * * * * * * * * * * * * * * * * * * * * *
DHT22_Read_Byte()函数功能:从DHT22读取一个字节
输入参数:无
输出参数:读到的数据
* * * * * * * * * * * * * * * * * * * * * * * * * * * * * * * /
uint8_t DHT22_Read_Byte(void)
{   uint8_t i,dat;
    dat=0;
    for (i=0;i<8;i++)
       {   dat<<=1; dat|=DHT22_Read_Bit();}
     return dat;
}
/* * * * * * * * * * * * * * * * * * * * * * * * * * * * * * * *
```

```
DHT22_Read_Data()函数功能:读湿度值(范围:0~99.9%)和温度值(范围:-40~80 ℃)
输入参数:16位湿度 humiH* 256+humiL;16位温度 tempH* 256+tempL
输出参数:1为正常;0为读取失败
* * * * * * * * * * * * * * * * * * * * * * * * * * * * * * * * * * * * * * * /
uint8_t DHT22_Read_Data(uint8_t * humiH,uint8_t * humiL,uint8_t * tempH,uint8_t
* tempL)
{    uint8_t buf[5],i;
    __set_PRIMASK(1);                              //关闭总中断
    DHT22_Start();                                 //启动转换
    if(DHT22_Ack() == 1)                           //DHT22传感器应答
    {  for(i=0;i<5;i++)                            //读取40位数据
        { buf[i] = DHT22_Read_Byte(); }
        __set_PRIMASK(0);                          //打开总中断
        if((buf[0]+buf[1]+buf[2]+buf[3]) == buf[4])   //校验数据
        { * humiH = buf[0];   * humiL = buf[1];
          * tempH = buf[2];   * tempL = buf[3];
        }
    }
    else return 0;
    return 1;
}
/* * * * * * * * * * * * * * * * * * * * * * * * * * * * * * * * * * * * * * *
DHT22_Init()函数功能:初始化DHT22传感器的I/O接口,同时检测DHT22传感器的存在
输入参数:无
输出参数:1为正常;0为读取失败
* * * * * * * * * * * * * * * * * * * * * * * * * * * * * * * * * * * * * * * /
uint8_t DHT22_Init(void)
{   GPIO_InitTypeDef GPIO_InitStruct = {0};
    __HAL_RCC_GPIOC_CLK_ENABLE();    //总线所在接口时钟使能,需要更换不同接口
    GPIO_InitStruct.Pin = DHT22_Pin;
    GPIO_InitStruct.Mode = GPIO_MODE_OUTPUT_PP;
    GPIO_InitStruct.Pull = GPIO_NOPULL;
    GPIO_InitStruct.Speed = GPIO_SPEED_FREQ_HIGH;
    HAL_GPIO_Init(DHT22_Prot, &GPIO_InitStruct);
    HAL_GPIO_WritePin(DHT22_Prot,DHT22_Pin,GPIO_PIN_SET);
    DHT22_Start();                    //启动DHT22传感器
    return DHT22_Ack();               //等待DHT22传感器的回应
}
```

在MDK工程文件中的"main.c"文件中添加如下代码。

```
#include "main.h"
#include "gpio.h"
#include "LCD1602.h"
char str1[] = "ERROR";
char str2[] = "STM32!";
/* * * * * * * * * * * * * * * * * * * * * * * * * * * * * * * * * * * * * *
int main(void)函数功能:在第1行显示湿度,第2行显示温度
* * * * * * * * * * * * * * * * * * * * * * * * * * * * * * * * * * * * * * * /
int main(void)
{   HAL_Init();
    SystemClock_Config();
```

```
    MX_GPIO_Init();
    LCD1602_Init();                         //LCD1602 初始化
    if((DHT22_Init()) = = 0)                //DHT22 传感器初始化
    {LCD_WriteString(0,10,str1);}
    while (1) {
      if((DHT22_Read_Data(&humidityH,&humidityL,&temperatureH,&temperatureL)) = =1) {
          sprintf(str2,"H = % 2.1f % % RH",(humidityH* 256 + humidityL)/10.0);
          LCD_WriteString(0,0,str2);      //显示湿度
          sprintf(str2,"T = % 2.1f % cC",(temperatureH* 256 + temperatureL)/10.0,
          0xDF);
          LCD_WriteString(1,0,str2);      //显示温度
      }
      else   LCD_WriteString(0,10,str1);
      HAL_Delay(1500);
    }
}
```

另外，MDK 工程文件中生成的"gpio.c""gpio.h""tim.c""tim.h""stm32f1xx_it.c"等文件无须修改，然后编译生成.hex 可执行文件。

6. 仿真与调试

在 Proteus 中绘制仿真电路图，加载.hex 文件到程序存储器中，全速仿真运行，在 LCD1602 中第 1 行显示湿度，第 2 行显示温度，通过修改 DHT22 传感器的参数，显示器中显示的数据和传感器的数据一致。所以，硬件电路和软件设计正确。仿真电路图与调试效果如图 5.16 所示。

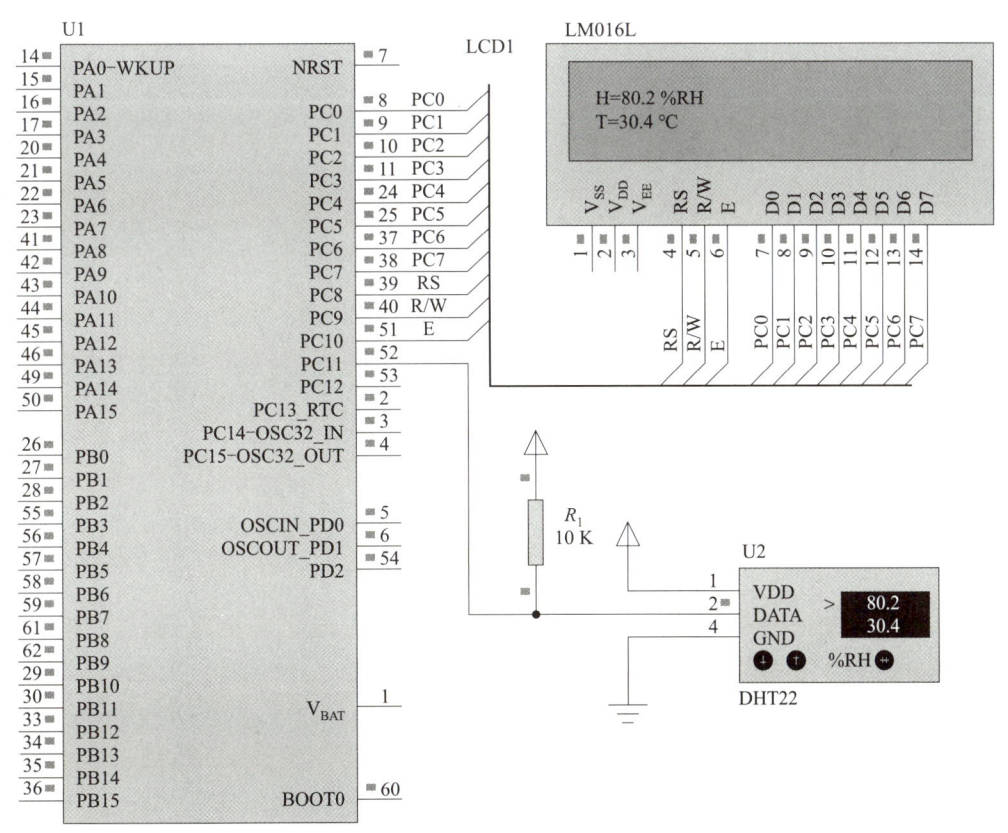

图 5.16　仿真电路图与调试效果

本章小结

STM32F1系列MCU的GPIO接口有PA、PB、PC、PD、PE、PF、PG，每组接口有16个引脚，根据封装的不同而各有取舍。每组接口均具有输入功能、输出功能、复用功能和中断功能，其组合有8种：推挽输出模式、开漏输出模式、复用推挽输出模式、复用开漏输出模式、上拉输入模式、下拉输入模式、浮空输入模式、模拟输入模式。

LED动态扫描显示设计

GPIO的HAL库函数有3类共8个函数，分别是初始化函数HAL_GPIO_Init()、复位函数HAL_GPIO_DeInit()、读指定接口函数HAL_GPIO_ReadPin()、写指定接口函数HAL_GPIO_WritePin()、取反指定接口函数HAL_GPIO_TogglePin()、锁定接口函数HAL_GPIO_LockPin()、中断服务函数HAL_GPIO_EXTI_IRQHandler()、中断回调函数HAL_GPIO_EXTI_Callback()。

本章习题

1. 简述STM32F1系列MCU的GPIO引脚的种类和功能。
2. 简述STM32F1系列MCU的GPIO引脚的8种工作模式。
3. 请设计一个键控蜂鸣器，通过按键控制，设计电路并编写程序。

第6章 外部中断/事件

教学目标

【知识】
(1) 掌握STM32F1系列MCU的外部中断/事件控制器的结构、HAL库函数。
(2) 重点掌握STM32F1系列MCU的外部中断/事件控制器回调函数的使用方法。
(3) 掌握STM32F1系列MCU的外部中断/事件控制器的应用开发步骤。

【能力】
(1) 具有分析STM32F1系列MCU的外部中断/事件控制器电路的能力。
(2) 具有应用STM32F1系列MCU的外部中断/事件控制器进行电路和程序设计的能力。

6.1 中断概述

微型计算机系统中，CPU和外部设备之间不断进行信息的传输。其信息传输方式有程序控制方式、DMA方式和中断方式。

(1) 程序控制方式。

程序控制方式又分为无条件传输方式和条件传输方式。

①无条件传输方式。外设始终处于就绪状态，CPU不必查询外设的状态，直接进行信息传输，称之为无条件传输方式。此种信息传输方式只适用于简单的外设，如开关和数码段显示器等。

②条件传输方式。CPU通过执行程序不断读取并调试外部设备状态，当输入设备处于准备好状态或输出设备为空闲状态时，CPU执行传输信息操作。由于条件传输方式需要CPU不断地查询外部设备的状态，然后才进行信息传输，所以也被称为查询式传输。

(2) DMA方式。

DMA方式主要用于存储器和外设之间的直接传输、块传输。DMA方式速度快、效率高，可以与CPU并行工作。

(3) 中断方式。

中断是指程序执行过程中，当CPU正在处理某件事的时候，外围设备发出紧急事件请求，要求CPU暂停当前工作，转而处理这个紧急事件的中断服务程序，完成中断服务程序后，CPU返回继续执行被打断的程序。实现这种功能的部件被称为中断系统。

中断是计算机系统中的一个重要功能，是为使CPU具有对外界紧急事件的实时处理能力而设置的，主要用于实时监测与控制，它既和硬件有关，也和软件有关。正是因为有了中断系统，才使计算机的工作更加灵活，效率更高。现代计算机操作系统实现的管理调度，其物质基础就是丰富的中断功能和完善的中断系统，它们将计算机的应用和发展大大地推进了一步。中断功能的强弱已成为衡量一台计算机功能完善与否的重要指标。

请示CPU中断的请求事件源被称为中断源。微型计算机系统中一般允许有多个中断源，当这些中断源同时向CPU请求中断时，就存在CPU响应哪一个中断请求的问题。CPU要对各中断源确定一个优先等级,称之为中断优先级,CPU 总是响应中断优先级高的中断请求。

如果当 CPU 正在处理一个中断源请求的时候,又发生了另外一个优先级比它高的中断源请求,那么 CPU 将暂停当前的中断服务,转而去处理优先级更高的中断源请求,处理完再回去处理原中断服务,这样的过程被称为中断嵌套。

当一个中断源发生中断后,其中断响应过程示意图如图 6.1 所示。一个完整的中断响应过程包括4 个步骤:中断请求、中断响应、中断服务与中断返回。

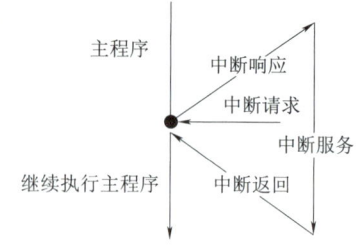

图 6.1　中断响应过程示意图

6.2　外部中断/事件控制器结构

ARM Cortex – M3 中断系统由 3 级组成,分别是内核中断控制器(包括 PRIMASK、FAULTMASK 寄存器)、NVIC、外设模块级中断。外部中断/事件控制器(External Interrupt/Event Controller, EXTI)属于外设模块级中断,所有的 GPIO 引脚可以配置成中断,类似 8051MCU 的外部中断。

6.2.1　EXTI 的结构

在 STM32F1 系列 MCU 中,若为互联网型产品,则 EXTI 由 20 个产生中断/事件请求的边沿检测器组成;若为其他产品,则 EXTI 由 19 个能产生中断/事件请求的边沿检测器组成。每个输入线可以独立地配置输入类型(脉冲或挂起)和对应的触发事件(上升沿、下降沿或双边沿都触发)。每个输入线都可以独立地被屏蔽,挂起寄存器保持着状态线的中断请求。

EXTI 编程模型结构如图 6.2 所示。该结构由 3 级构成:GPIO 产生的中断/事件通过 EXTI 使能并检测后,将标志位送到 NVIC,经过 NVIC 处理后,再经 PRIMASK 寄存器送到内核响应一次中断。

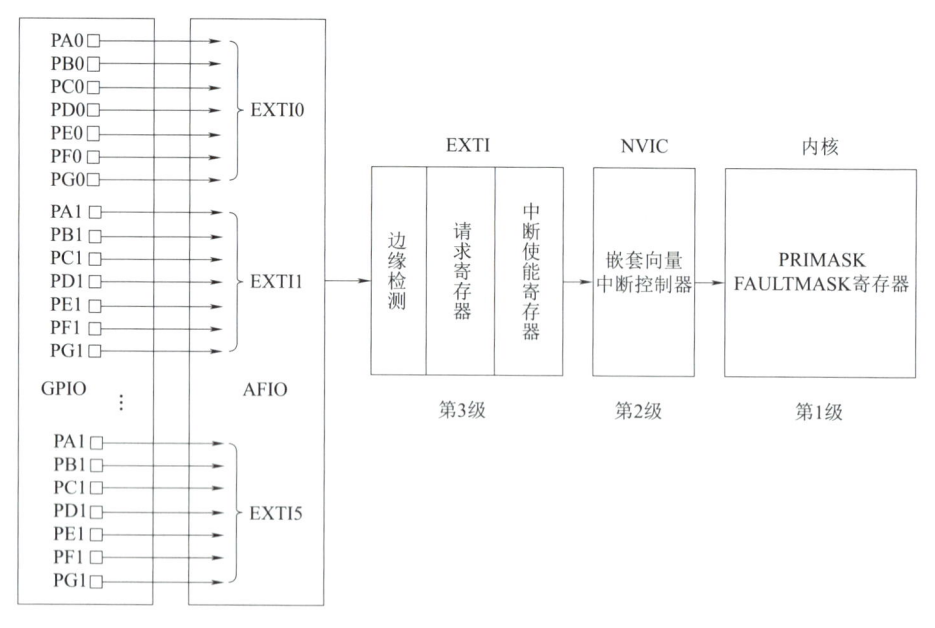

图 6.2　EXTI 编程模型结构

中断模式：通过外部信号的边沿产生中断。

事件模式：产生脉冲来将系统从睡眠或停止模式唤醒。

EXTI 内部结构如图 6.3 所示，每一路中断经 I/O 接口送到边沿检测电路（上升沿、下降沿、上升沿和下降沿），再到软件中断/事件寄存器、挂起请求寄存器、中断屏蔽寄存器。若是中断，则送到 NVIC；若是事件，则通过脉冲发生器唤醒 CPU。

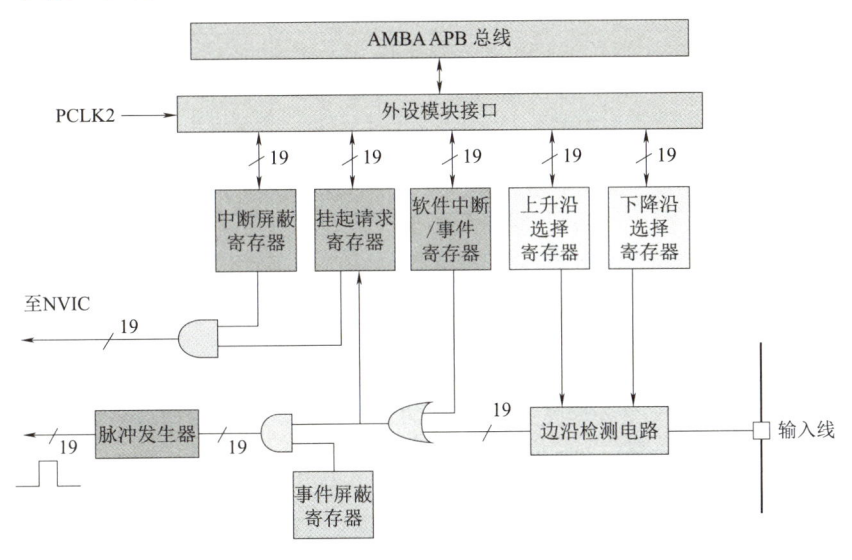

图 6.3 EXTI 内部结构

为了使用外部中断线，STM32F1 系列 MCU 的所有 GPIO 接口必须都配置成输入模式，其主要特性如下。

（1）每个中断/事件都有独立的触发和屏蔽。
（2）每个中断线都有专用的状态位。
（3）支持多达 20 路中断/事件请求。
（4）检测脉冲宽度低于 APB2 时钟宽度的外部信号。

GPIO 接口以图 6.2 所示的方式连接到 16 个 EXTI 线上。

另外 4 个 EXTI 线的连接方式如下：EXTI16 连接到 PVD 输出事件，EXTI17 连接到 RTC 闹钟事件，EXTI18 连接到 USB 唤醒事件，EXTI19 连接到以太网唤醒事件（只适用于互联网型产品）。

6.2.2 EXTI 源

ARM Cortex-M3 内核的 MCU 的中断源由 16 个系统异常和外设中断构成（不同的芯片，中断源的数量和类型不一样）。STM32F1 系列 MCU 的 EXTI 中断源如表 6.1 所示，每路中断源的优先级均可设置。

表 6.1 中断源

序号	自然优先级	中断源
1	8	连到 EXTI 的电源电压检测（PVD）中断，PVD_IRQHandler
2	13	外部中断线 0 中断，EXTI0_IRQHandler

续表

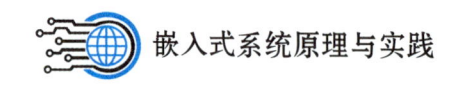

序号	自然优先级	中断源
3	14	外部中断线 1 中断，EXTI1_IRQHandler
4	15	外部中断线 2 中断，EXTI2_IRQHandler
5	16	外部中断线 3 中断，EXTI3_IRQHandler
6	17	外部中断线 4 中断，EXTI4_IRQHandler
7	30	外部中断线 9~5 中断，EXTI9_5_IRQHandler
8	47	外部中断线 15~10 中断，EXTI15_10_IRQHandler
9	48	RTC 闹钟通过 EXTI 中断，RTC_Alarm_IRQHandler

6.3 中断/事件相关的 HAL 库函数

STM32F1 系列 MCU 的中断编程模型分为 3 级，对应的 HAL 库函数配置也分为 3 级。第 1 级为 PRIMASK 寄存器的设置；第 2 级为 NVIC 的设置，第 3 级为各模块内部的中断设置。

6.3.1 中断总屏蔽/使能函数介绍

STM32F1 系列 MCU 中断系统的外设总开关可以通过 PRIMASK 寄存器进行控制，其控制函数在 "cmsis_armcc.h" 文件中，其设置函数为 __set_PRIMASK()，PRIMASK 寄存器配置如表 6.2 所示。

表 6.2 PRIMASK 寄存器配置

函数原型	__STATIC_INLINE void __set_PRIMASK(uint32_t priMask)
功能描述	屏蔽和使能中断总开关
输入参数	priMask=0x00 表示打开中断总开关，priMask=0x01 表示关闭中断总开关，默认为 0
返回值	无

例如，要关闭外设中断总开关，设置如下。

```
__set_PRIMASK(0x01);
```

6.3.2 NVIC 相关 HAL 库函数介绍

NVIC 相关 HAL 库函数在 "stm32f1xx_cortex.c/.h" 文件中，分为中断优先级配置函数、中断使能/禁止函数、中断挂起/解挂函数、其他中断函数等，如表 6.3 所示。

表 6.3 NVIC 相关 HAL 库函数

类型	函数	描述
中断优先级配置函数	HAL_NVIC_SetPriorityGrouping() HAL_NVIC_GetPriorityGrouping()	中断优先级组配置
	HAL_NVIC_SetPriority()、HAL_NVIC_GetPriority()	中断优先级配置

续表

类型	函数	描述
中断使能/禁止函数	HAL_NVIC_EnableIRQ()	中断使能
	HAL_NVIC_DisableIRQ()	中断禁止
中断挂起/解挂函数	HAL_NVIC_GetPendingIRQ()	获取中断挂起号
	HAL_NVIC_SetPendingIRQ()	设置中断挂起号
其他中断函数	HAL_NVIC_ClearPendingIRQ()	中断清除
	HAL_NVIC_GetActive()	中断激活
	HAL_NVIC_SystemReset()	中断系统复位

1. 中断优先级配置函数

中断优先级配置函数包括中断优先级组配置函数和中断优先级配置函数。

(1) 中断优先级组配置函数。

中断优先级组配置函数包括 HAL_NVIC_SetPriorityGrouping() 和 HAL_NVIC_GetPriorityGrouping(), 其中 HAL_NVIC_SetPriorityGrouping() 函数如表6.4所示。

表6.4 HAL_NVIC_SetPriorityGrouping() 函数

函数原型	void HAL_NVIC_SetPriorityGrouping(uint32_t PriorityGroup)
功能描述	根据PriorityGroup中指定的参数设定优先级组，共5组
输入参数	PriorityGroup，可以是 NVIC_PRIORITYGROUP_0 ~ NVIC_PRIORITYGROUP_4
输出参数	无

参数 PriorityGroup 分为5组，分别对应抢占优先级、次优先级。STM32F1系列MCU的优先级采用0~15共16个等级的管理方式，其分组规则如表6.5所示。

表6.5 优先级分组规则

PriorityGroup	抢占优先级	次优先级	功能
NVIC_PRIORITYGROUP_0	0	0~15	抢占优先级占1位，次优先级占4位
NVIC_PRIORITYGROUP_1	0、1	0~7	抢占优先级占1位，次优先级占3位
NVIC_PRIORITYGROUP_2	0、1、2、3	0、1、2、3	抢占优先级占2位，次优先级占2位
NVIC_PRIORITYGROUP_3	0、1、2、3、4、5、6、7	0、1	抢占优先级占3位，次优先级占1位
NVIC_PRIORITYGROUP_4	0~15	0	抢占优先级占4位，次优先级占1位

在应用中，若不设置该函数的参数，则默认参数为 NVIC_PRIORITYGROUP_0。

HAL_NVIC_GetPriorityGrouping() 函数用于获取设置的优先级组。

(2) 中断优先级配置函数。

中断优先级配置函数包括 HAL_NVIC_SetPriority() 和 HAL_NVIC_GetPriority()，用于实现对指定外设中断的抢占优先级数值和次优先级数值的设置，其中 HAL_NVIC_SetPriority() 函数如表6.6所示。

表 6.6　HAL_NVIC_SetPriority( ) 函数

函数原型	void HAL_NVIC_SetPriority(IRQn_Type IRQn, uint32_t PreemptPriority, uint32_t SubPriority)
功能描述	实现对指定外设中断的抢占优先级数值和次优先级数值的设置
输入参数	IRQn 表示中断号，PreemptPriority 表示抢占优先级，SubPriority 表示次优先级
输出参数	无

STM32F1 系列 MCU 的优先级遵循如下规则。

①ARM Cortex – M3 前 16 个系统异常优先级为负值，不可以修改，为最高等级，数值越小优先级越高。

②外设中，先判断抢占优先级再判断次优先级。抢占优先级高于次优先级，高抢占优先级可以打断低抢占优先级。抢占优先级同级不可以打断，高次优先级高于低次优先级。

③数值越小优先级越高，数值相同，则按自然优先级顺序执行。

例如，现有 EXTI0、EXTI1 和 TIM2 这 3 路中断优先设置如下，试分析优先关系。

```
HAL_NVIC_SetPriorityGrouping(NVIC_PRIORITYGROUP_2);
HAL_NVIC_SetPriority(EXTI0_IRQn, 2, 1);
HAL_NVIC_SetPriority(EXTI1_IRQn, 3, 1);
HAL_NVIC_SetPriority(TIM2_IRQn, 2, 0);
```

分析可知，3 路中断优先级关系为 TIM2_IRQn > EXTI0_IRQn > EXTI1_IRQn。TIM2_IRQn、EXTI0_IRQn 可以打断 EXTI1_IRQn，但 TIM2_IRQn 与 EXTI0_IRQn 不可以相互打断。

2. 中断使能/禁止函数

中断使能/禁止函数的功能是使能 NVIC 中断开关与禁止 NVIC 中断开关，只有将 NVIC 开关使能，才能将外设中断的标志传到内核。其中的中断使能函数 HAL_NVIC_EnableIRQ( ) 如表 6.7 所示。

表 6.7　HAL_NVIC_EnableIRQ( ) 函数

函数原型	void HAL_NVIC_EnableIRQ(IRQn_Type IRQn)
功能描述	使能 IRQn 中断
输入参数	IRQn 表示中断号，参见 "stm32f103xx.h" 文件中的 IRQn_Type
输出参数	无

例如，要使能 PA0 的中断，其函数设置如下。

```
HAL_NVIC_EnableIRQ(EXTI0_IRQn);
```

NVIC 中断禁止函数 HAL_NVIC_DisableIRQ( ) 的使能方法与 HAL_NVIC_EnableIRQ( ) 函数一致。

中断挂起/解挂函数和其他中断函数在实际应用中使用较少，有兴趣的读者请参阅 HAL 库使用手册来了解这些函数。

6.3.3　EXTI 相关 HAL 库函数介绍

EXTI 相关 HAL 库函数在 "stm32f1xx_exti.c/.h" 文件中，分为配置函数和引脚功能操作函数两大类，如表 6.8 所示。

表 6.8　EXTI 相关 HAL 库函数

类型	函数	描述
配置函数	HAL_EXTI_SetConfigLine()	设置 EXTI 的中断线路
	HAL_EXTI_GetConfigLine()	获取已配置好的 EXTI 外部中断线路
	HAL_EXTI_ClearConfigLine()	清除已配置好的 EXTI 外部中断线路
	HAL_EXTI_RegisterCallback()	注册回调函数
	HAL_EXTI_GetHandle()	获取 EXTI 句柄
引脚功能操作函数	HAL_EXTI_IRQHandler()	EXTI 的中断处理函数
	HAL_EXTI_GetPending()	获取被挂起的 EXTI 中断状态
	HAL_EXTI_ClearPending()	清除被挂起的中断状态
	HAL_EXTI_GenerateSWI()	产生一个软件中断

在 HAL 库中，由于中断采用回调的形式，EXTI 的中断设置主要通过 NVIC 函数和 GPIO 相关的函数配置来实现。相关函数的具体操作，请读者参阅数据手册。

6.4　外部中断/事件控制器应用案例

6.4.1　键控蜂鸣器设计

1. 任务要求

已知 PB8 和 PB9 外接两个开关 KEY0 和 KEY1，PB12 外接一只 LED，PC13 外接一个蜂鸣器。当按下 KEY0 时，蜂鸣器发出声音；当按下 KEY1 时，LED 闪烁。请利用 EXTI 中断模式实现该设计，完成硬件和软件设计，并通过 Proteus 完成仿真和调试。

2. 硬件设计

根据题目要求，键控蜂鸣器硬件电路图如图 6.4 所示。按键 KEY0 和 KEY1 与 PB8 和 PB9 引脚相连，蜂鸣器通过三极管 Q_1 连接在 PC13 引脚，LED1 与 PB12 引脚相连。

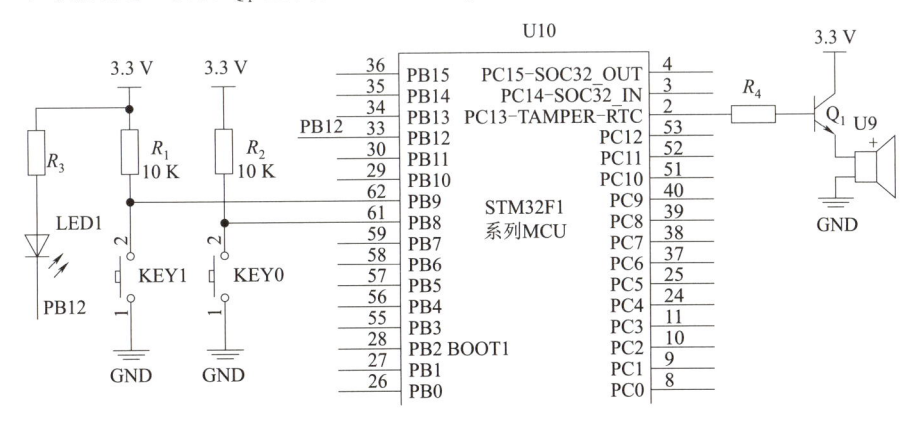

图 6.4　键控蜂鸣器硬件电路图

3. 软件设计

本例通过 STM32CubeMX 进行配置，将 PB8、PB9 设置为中断，并配置成下降沿触发，将 NVIC 配置成 NVIC_PRIORITYGROUP_2，设置 EXTI9~EXTI5 的抢占优先级为 2、次优先级为 1。

将 PB12、PC13 设置为推挽输出，系统时钟设为 HSI、PLL 倍频、64 MHz。

由 STM32CubeMX 生成 MDK 工程文件，在用户文件夹中生成"main.c""stm32f1xx_it.c""stm32f1xx_hal_msp.c"文件。

"main.c"文件中的 MX_GPIO_Init() 函数采用自动生成的代码，其他程序如下。

```
#include "main.h"
void SystemClock_Config(void);
static void MX_GPIO_Init(void);
/* * * * * * * * * * * * * * * * * * * * * * * * * * * * * * * *
int main()函数功能:初始化系统时钟和 GPIO 接口
* * * * * * * * * * * * * * * * * * * * * * * * * * * * * * * * /
int main(void)
{ HAL_Init();
  SystemClock_Config();
  MX_GPIO_Init();
  while (1);
}
/* * * * * * * * * * * * * * * * * * * * * * * * * * * * * * * *
HAL_GPIO_EXTI_Callback()函数功能:中断回调函数
输入参数:uint16_t GPIO_Pin,引脚号
输出参数:无
* * * * * * * * * * * * * * * * * * * * * * * * * * * * * * * * /
void HAL_GPIO_EXTI_Callback(uint16_t GPIO_Pin)
{
  if(GPIO_Pin = = GPIO_PIN_8)   HAL_GPIO_TogglePin(GPIOB,GPIO_PIN_12);
  if(GPIO_Pin = = GPIO_PIN_9)   HAL_GPIO_TogglePin(GPIOC,GPIO_PIN_13);
}
```

"stm32f1xx_it.c"文件中的程序如下。

```
void EXTI9_5_IRQHandler(void)
{
  HAL_GPIO_EXTI_IRQHandler(GPIO_PIN_8);
  HAL_GPIO_EXTI_IRQHandler(GPIO_PIN_9);
}
```

STM32F1 系列 MCU 中的中断采用回调函数的形式，通过 STM32CubeMX 产生的工程，用户可以不必关心中断的服务函数设置，主要完成中断产生的回调函数中的中断服务即可。在发生 EXTI 中断后，CPU 先执行 HAL_GPIO_EXTI_IRQHandler(GPIO_PIN_0) 函数，该函数的原型如下。

```
void HAL_GPIO_EXTI_IRQHandler(uint16_t GPIO_Pin)
{
  if(__HAL_GPIO_EXTI_GET_IT(GPIO_Pin)! =0x00u)
  {  __HAL_GPIO_EXTI_CLEAR_IT(GPIO_Pin);
     HAL_GPIO_EXTI_Callback(GPIO_Pin);
  }
}
```

该函数首先完成对中断信号的判断 __HAL_GPIO_EXTI_GET_IT(GPIO_Pin)! =0x00u，再

清除标志__HAL_GPIO_EXTI_CLEAR_IT(GPIO_Pin)，CPU 最后调用回调函数 HAL_GPIO_EXTI_Callback(GPIO_Pin)，回调函数即处理中断的服务。多个 EXTI 中断可以只对应一个回调函数，也可以对应多个回调函数。

6.4.2 数字温度计设计

1. 任务要求

利用 STM32F1 和数字温度传感器 DS18B20 设计一个数字温度计，能通过 LCD1602 显示温度值，精度为 0.1 ℃。请设计电路，完成程序设计，并通过 Proteus 完成仿真和调试。

2. 硬件设计

（1）数字温度传感器 DS18B20。

DS18B20 是美国 DALLAS 公司生产的数字温度传感器，它的体积小、功耗低、抗干扰能力强，可直接将温度转化成数字信号传输给 MCU 处理，每个芯片内部有 64 位的光刻 ROM 编码，因此可在一根总线上挂接多个 DS18B20，从而实现多点温度测量，其封装形式有多种，如图 6.5 所示。

图 6.5 DS18B20 的封装形式

DS18B20 片内有 9 个字节的 RAM 高速缓冲区和 1 个 E2PROM，来实现对温度的转换，其中 9 个字节的 RAM 高速缓冲区的功能如表 6.9 所示。

表 6.9 RAM 高速缓冲区的功能

第1字节	第2字节	第3字节	第4字节	第5字节	第6字节	第7字节	第8字节	第9字节
温度低位	温度高位	TH	TL	配置	—	—	—	8位CRC

第 1、2 字节是在 MCU 给 DS18B20 的温度转换指令发布后，经转换所得的温度值，以两字节补码形式存放其中。一般情况下，用户多使用第 1 字节和第 2 字节。MCU 通过单总线可读得该数据，读取时低位在前、高位在后。

第 3、4 字节分别是由软件写入用户报警的上、下限值 TH 和 TL。

第 5 字节为配置寄存器，可更改 DS18B20 的测温分辨率。

第 6、7、8 字节未用，全为 1。

第 9 字节是前面所有 8 个字节的 CRC 码，用来保证正确通信。

片内还有 1 个 E2PROM，其为 TH、TL 和配置寄存器的映像。

配置寄存器各位的定义如表 6.10 所示。其中，TM 位出厂时已被写入 0，用户不能修改；低 5 位都为 1；R1、R0 位用来设置分辨率。表 6.11 列出了 R1、R0 与分辨率和最大转换时间的关系。用户可通过修改 R1、R0 位的编码，获得合适的分辨率。

表 6.10 配置寄存器各位的定义

bit7	bit6	bit5	bit4	bit3	bit2	bit1	bit0
TM	R1	R0	1	1	1	1	1

表 6.11　分辨率设置

R1	R0	分辨率	最大转换时间/ms
0	0	9	93.75
0	1	10	187.5
1	0	11	375
1	1	12	750

（2）DS18B20 的工作时序。

DS18B20 的工作时序包括初始化时序、写时序和读时序。

①初始化时序如图 6.6 所示。MCU 将数据线电平拉低 480~960 μs 后释放，等待 15~60 μs，单总线器件输出一个持续 60~240 μs 的低电平，MCU 收到此应答后便可进行操作。

②写时序如图 6.7 所示。当 MCU 将数据线电平从高拉到低时，产生写时序，有写 0 和写 1 两种时序。写时序开始后，DS18B20 在 15~60 μs 期间从数据线上采样。若采样到低电平，则向 DS18B20 写的是 0；若采样到高电平，则向 DS18B20 写的是 1。这两个独立时序至少需拉高总线电平 1 μs。

③读时序如图 6.8 所示。当 MCU 从 DS18B20 读取数据时，产生读时序。此时 MCU 将数据线电平从高拉到低，使读时序被初始化。如果在此后 15 μs 内，MCU 在数据线上采样到低电平，那么从 DS18B20 读的是 0；如果在此后的 15 μs 内，MCU 在数据线上采样到高电平，那么从 DS18B20 读的是 1。

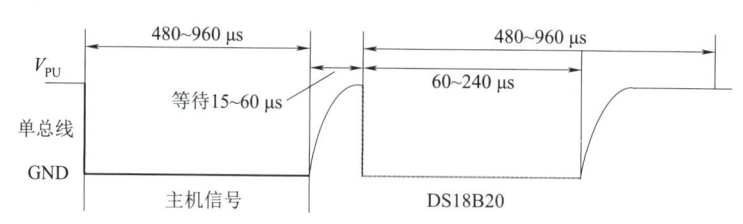

图 6.6　初始化时序

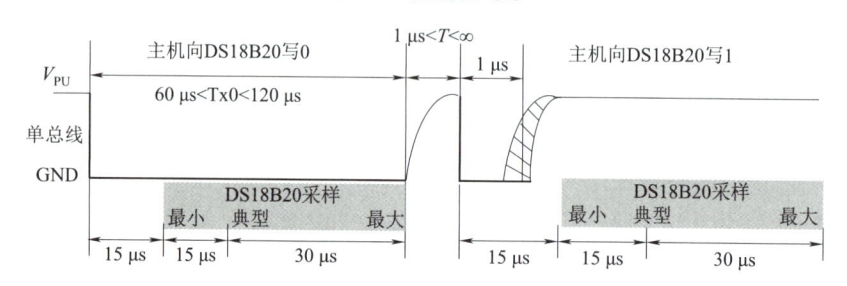

图 6.7　写时序

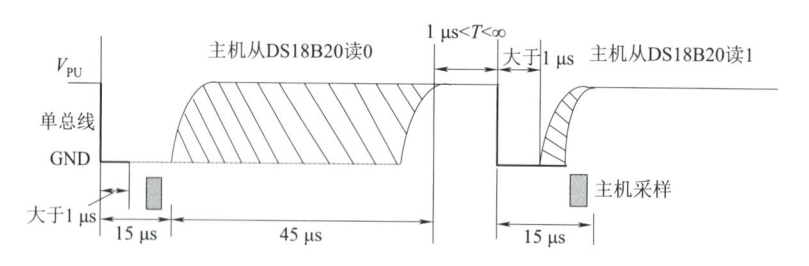

图 6.8　读时序

(3) DS18B20 的指令。

对 DS18B20 的操作是通过指令完成的,按照时序进行操作。DS18B20 常用指令如表 6.12 所示,所有指令均采用 1 个字节表示。

表 6.12 DS18B20 常用指令

序号	指令码	指令功能
1	0x33	读 DS18B20 中的 ROM 编码(64 位地址)
2	0x55	匹配 ROM,发出此指令后,接着发出 64 位编码,访问与该编码对应的 DS18B20 并使其作出响应,为下一步对其进行读写做准备
3	0xF0	搜索 ROM,读总线上所有的 DS18B20 的 64 位编码
4	0xCC	跳过读序列号的操作(如果总线上只有一个 DS18B20)
5	0x44	启动温度转换
6	0xBE	读取寄存器中的温度数据
7	0x4E	将温度上、下限数据写入片内 RAM 的第 3、4 字节(TH、TL)
8	0x48	把片内 RAM 的第 3、4 字节的数据复制到寄存器 TH 与 TL 中
9	0xB8	将 E2PROM 第 3、4 字节数据恢复到片内 RAM 中的第 3、4 字节
10	0xB4	读供电方式,若为寄生供电式,则 DS18B20 返回 0;若为外部电源供电,则 DS18B20 返回 1
11	0xEC	报警搜索,只有温度超过设定上、下限的芯片才作出响应

DS18B20 内部有一个 64 位的 ROM 编码,其结构如图 6.9 所示。当对多个单总线上的某一个 DS18B20 进行操作时,首先应将主机逐个与 DS18B20 挂接,读出其序列号(0x33),再将所有的 DS18B20 挂接到总线上,MCU 发出匹配 ROM 指令(0x55),紧接着主机提供的 64 位序列号之后的操作就是针对该 DS18B20 的。

8 位产品类型标号	DS18B20 的 48 位自身序列号	8 位 CRC 码

图 6.9 DS18B20 内部的 64 位 ROM 编码结构

如果主机只对一个 DS18B20 进行操作,就不需要读取和匹配 ROM 编码,只要跳过 ROM(0xCC)指令,然后发送指令启动温度转换(0x44)即可,发送读取寄存器中的温度数据指令(0xBE)完成温度值的读取。

(4) 温度转换。

DS18B20 温度的转换结果存放在高低温字节 RAM 中,存储格式如表 6.13 所示。其中,S 表示符号位。例如,+125 ℃、+85 ℃、+10.125 ℃、0℃、-10.125 ℃、-55 ℃的温度值与对应的二进制和十六进制数关系如表 6.14 所示。

表 6.13 温度存储格式

位	bit7	bit6	bit5	bit4	bit3	bit2	bit1	bit0
LSB	2^3	2^2	2^1	2^0	2^{-1}	2^{-2}	2^{-3}	2^{-4}
MSB	S	S	S	S	S	2^6	2^5	2^4

注意,表中的 LSB 表示最低有效位(Least Significant bit),MSB 表示最高有效位(Most Significant bit)。

表6.14 温度值与对应的二进制和十六进制数关系

温度（℃）	温度的二进制数	温度的十六进制数
+125	0000 0111 1101 0000B	07D0H
+85	0000 0101 0101 0000 B	0550H
+10.125	0000 0000 1010 0010 B	00A2H
0	0000 0000 0000 0000 B	0000H
−10.125	1111 1111 0101 1110 B	FF5EH
−55	1111 1100 1001 0000 B	FC90H

例如，当DS18B20采集的温度为+125 ℃时，输出为07D0H，则实际温度 $T = (07D0H)/16 = (0 \times 16^3 + 7 \times 16^2 + 13 \times 16^1 + 0 \times 16^0)/16 = 125$ ℃。

当DS18B20采集的温度为−55 ℃时，输出为FC90H，由于是补码，应先将11位数据取反加1，得0370H，注意，符号位不变，也不参加运算，则实际温度 $T = -(0370H)/16 = -(0 \times 16^3 + 3 \times 16^2 + 7 \times 16^1 + 0 \times 16^0)/16 = -55$ ℃。

注意对符号位的判断。当温度为负时，符号位为1；温度为正时，符号位为0。

硬件电路中，PC0~PC10 连接 LCD1602，PD2 接 DS18B20 数字温度传感器，PB8 外接按键，硬件电路图如图6.10 所示。

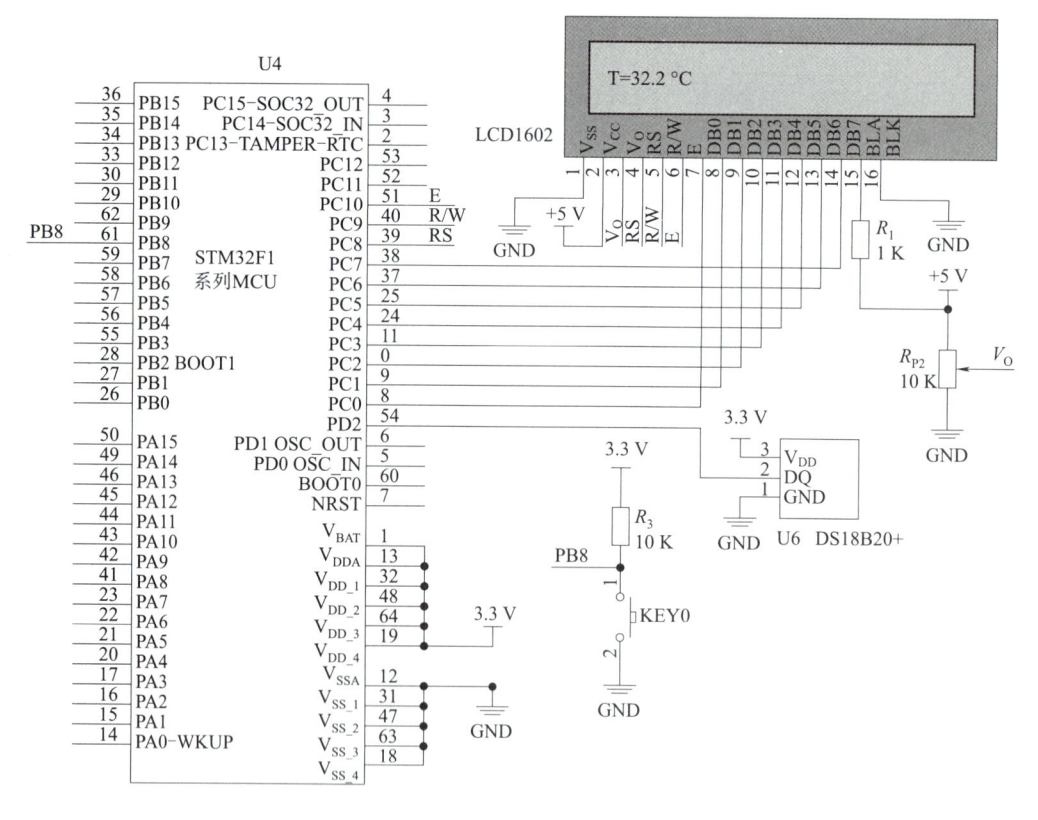

图6.10 硬件电路图

3. 软件设计

在 STM32CubeMX 中，配置 PC0~PC10 为推挽输出，PD2 为推挽输出，PB8 为上拉输入，并配置成中断方式。系统时钟采用内部 HSI，时钟频率为 8 MHz。生成 MDK 工程文件，然后编写 DS18B20 的驱动程序文件 "DS18B20.h" 和 "DS18B20.c"。

头文件 "DS18B20.h" 的程序如下。

```c
#ifndef __DS18B20_H
#define __DS18B20_H
#include "stm32f1xx.h"
#include "stm32f1xx_HAL.h"
#include "stm32f1xx_HAL_conf.h"
#include "stm32f1xx_HAL_gpio.h"
#include "STM32F103x6.h"
/************I/O方向设置*********************/
#define DS18B20_IO_IN()   {GPIOD->CRL=0XFFFFF8FF;}
#define DS18B20_IO_OUT()  {GPIOD->CRL=0XFFFFF3FF;}
/************I/O操作函数*********************/
#define DS18B20_DQ_SET        HAL_GPIO_WritePin(GPIOD,GPIO_PIN_2,GPIO_PIN_SET)
#define DS18B20_DQ_RESET      HAL_GPIO_WritePin(GPIOD,GPIO_PIN_2,GPIO_PIN_RESET)
#define DS18B20_DQ_IN         HAL_GPIO_ReadPin(GPIOD,GPIO_PIN_2)

unsigned char DS18B20_Init(void);                    //初始化 DS18B20
short DS18B20_GetTemp(void);                         //获取温度
void DS18B20_Start(void);                            //开始温度转换
void DS18B20_Write_Byte(unsigned char dat);          //写入一个字节
unsigned char DS18B20_Read_Byte(void);               //读出一个字节
unsigned char DS18B20_Read_Bit(void);                //读出一个位
unsigned char DS18B20_Check(void);                   //检测是否存在 DS18B20
void DS18B20_Reset(void);                            //复位 DS18B20
#endif
```

源文件 "DS18B20.c" 的程序如下。

```c
#include "ds18b20.h"
/***********************************************
void Delay_us(uint32_t t)函数功能:微秒级延时,本例中时钟频率为 8 MHz,根据时钟调节
输入参数:t,延时数
输出参数:无
***********************************************/
void Delay_us(uint32_t t)
{   uint32_t Delay = t;
    do{ __NOP();}
    while (Delay--);
}
/***********************************************
void DS18B20_Reset(void)函数功能:复位 DS18B20
输入参数:无
输出参数:无
***********************************************/
```

```c
void DS18B20_Reset(void)
{   DS18B20_IO_OUT();   DS18B20_DQ_RESET;   Delay_us(750);
    DS18B20_DQ_SET;     Delay_us(15);
}
```
/* *
unsigned char DS18B20_Check(void)函数功能:检查是否有 DS18B20 存在
输入参数:无
输出参数:返回1表示未检测到 DS18B20 的存在,返回0表示有 DS18B20 存在
* */
```c
unsigned char DS18B20_Check(void)
{   unsigned char num=0;
    DS18B20_IO_IN();
    while (DS18B20_DQ_IN&& num<200)
      {  num++;   Delay_us(1);}
    if(num>=200) return 1;
    else num=0;
    while(! DS18B20_DQ_IN&& num<240)
      {  num++;   Delay_us(1);}
    if(num>=240) return 1;
    return 0;
}
```
/* *
unsigned char DS18B20_Read_Bit(void)函数功能:读取一个位
输入参数:无
输出参数: 1/0
* */
```c
unsigned char DS18B20_Read_Bit(void)
{   unsigned char data;
    DS18B20_IO_OUT();
    DS18B20_DQ_RESET; Delay_us(2);   DS18B20_DQ_SET;
    DS18B20_IO_IN(); Delay_us(12);
    if(DS18B20_DQ_IN) data=1;
    else data=0;
    Delay_us(50);
    return data;
}
```
/* *
unsigned char DS18B20_Read_Byte(void)函数功能:从 DS18B20 读取一个字节
输入参数:无
输出参数:读到的数据
* */
```c
unsigned char DS18B20_Read_Byte(void)
{   unsigned char i,j,dat;
    dat=0;
    for (i=1;i<=8;i++)
```

```c
    { j = DS18B20_Read_Bit();
      dat = (j<<7)|(dat>>1);
    }
    return dat;
}
/* * * * * * * * * * * * * * * * * * * * * * * * * * * * * * * * * * * * * *
void DS18B20_Write_Byte(unsigned char dat)函数功能:写一个字节到DS18B20
输入参数:dat,表示写入DS18B20的一个字节
输出参数:写一个字节
* * * * * * * * * * * * * * * * * * * * * * * * * * * * * * * * * * * * * */
void DS18B20_Write_Byte(unsigned char dat)
{   unsigned char j;
    unsigned char flag;
    DS18B20_IO_OUT();
    for (j=1;j<=8;j++)
    {   flag=dat&0x01;
        dat=dat>>1;
        if (flag){
        DS18B20_DQ_RESET;    Delay_us(2);
        DS18B20_DQ_SET;      Delay_us(60);
        }
        else{
        DS18B20_DQ_RESET;    Delay_us(60);
        DS18B20_DQ_SET;      Delay_us(2);
        }
    }
}
/* * * * * * * * * * * * * * * * * * * * * * * * * * * * * * * * * * * * * *
void DS18B20_Start(void) 函数功能:开始温度转换
输入参数:无
输出参数:无
* * * * * * * * * * * * * * * * * * * * * * * * * * * * * * * * * * * * * */
void DS18B20_Start(void)
{   DS18B20_Reset(); DS18B20_Check();
    DS18B20_Write_Byte(0xcc);
    DS18B20_Write_Byte(0x44);
}
/* * * * * * * * * * * * * * * * * * * * * * * * * * * * * * * * * * * * * *
unsigned char DS18B20_Init(void)函数功能:初始化I/O口,同时检测DS18B20的存在
输入参数:无
输出参数:返回1表示DS18B20不存在,返回0表示DS18B20存在
* * * * * * * * * * * * * * * * * * * * * * * * * * * * * * * * * * * * * */
unsigned char DS18B20_Init(void)
{
    GPIO_InitTypeDef GPIO_InitStruct={0};
    __HAL_RCC_GPIOD_CLK_ENABLE();
    GPIO_InitStruct.Pin=GPIO_PIN_2;
```

```
    GPIO_InitStruct.Mode=GPIO_MODE_OUTPUT_PP;
    GPIO_InitStruct.Pull=GPIO_PULLUP;
    GPIO_InitStruct.Speed=GPIO_SPEED_FREQ_LOW;
    HAL_GPIO_Init(GPIOD, &GPIO_InitStruct);
    HAL_GPIO_WritePin(GPIOD,GPIO_PIN_2,GPIO_PIN_SET);
    DS18B20_Reset();
    return DS18B20_Check();
}
/*******************************************
short DS18B20_GetTemp(void)函数功能:从DS18B20得到温度值
输入参数:无
输出参数:返回温度值
*******************************************/
short DS18B20_GetTemp(void)
{
    unsigned char temp,TL,TH;
    short tem;
    DS18B20_Start();  DS18B20_Reset();  DS18B20_Check();
    DS18B20_Write_Byte(0xcc);
    DS18B20_Write_Byte(0xbe);
    TL=DS18B20_Read_Byte();
    TH=DS18B20_Read_Byte();
    if(TH>7)
      {  TH=~TH;  TL=~TL;
         temp=0;              //温度为负
      }
    else temp=1;              //温度为正
    tem=TH;                   //获得高8位
    tem<<=8;                  //向左移动8位
    tem+=TL;                  //获得低8位
    tem=(float)tem*0.625;     //合成温度值
    if(temp)return tem;       //返回温度值
    else return -tem;
}
```

在"main.c"文件中添加温度采集、温度值显示程序和按键中断回调函数,程序如下。

```
#include "main.h"
#include "gpio.h"
#include "LCD1602.h"
#include "ds18b20.h"
#include "stdio.h"
char str1[]="LCD1602!";
char str2[]={0};
uint8_t KEY0;
short temperature;
/*******************************************
int main(void)函数功能:如按下按键,则启动测温,并将温度值显示在LCD1602上
*******************************************/
```

```c
int main(void)
{
  HAL_Init();
  SystemClock_Config();
  MX_GPIO_Init();
  DS18B20_Init();
  LCD1602_Init();
  LCD_WriteString(0,0,str1);
  while (1) {
    if(KEY0! =0x00){
      temperature =DS18B20_GetTemp();
      sprintf(str2,"T=% d.% d% cC",temperature/10,temperature% 10,0xDF);
    }
    LCD_WriteString(1,0,str2);
    HAL_Delay(100);
  }
/* * * * * * * * * * * * * * * * * * * * * * * * * * * * * * * * * * * *
HAL_GPIO_EXTI_Callback()函数功能:中断回调函数,检测 PB8 是否被按下
* * * * * * * * * * * * * * * * * * * * * * * * * * * * * * * * * * * */
void HAL_GPIO_EXTI_Callback(uint16_t GPIO_Pin)
{
  if(GPIO_Pin = =GPIO_PIN_8)   KEY0 =! KEY0;
}
```

4. 仿真与调试

在 Proteus 中绘制仿真电路图,加载.hex 可执行文件,开始仿真。当按键被按下时,采集温度值,并将测量到的 DS18B20 温度值显示在 LCD1602 上,仿真电路图和调试效果如图 6.11 所示。

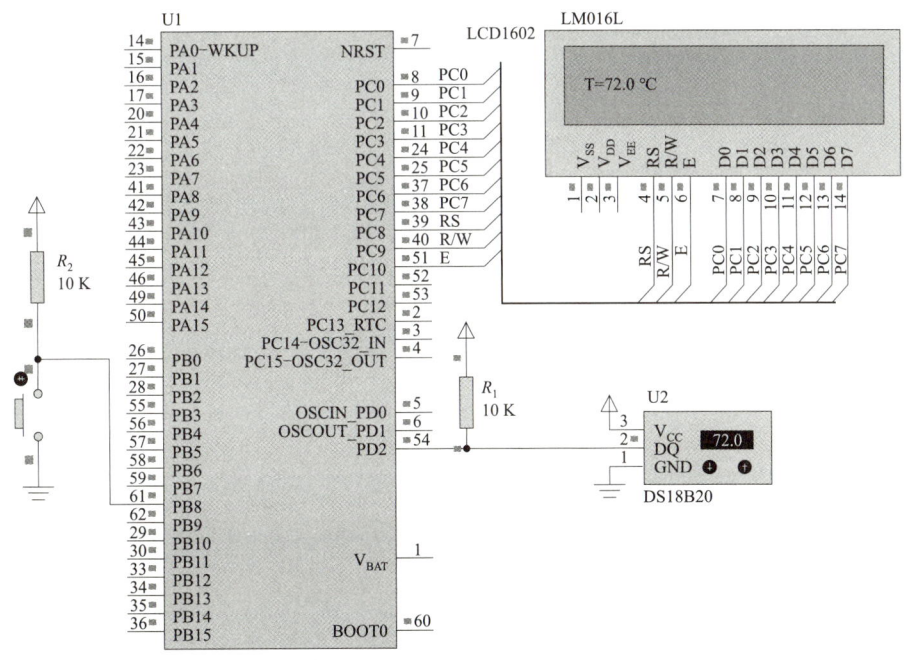

图 6.11 仿真电路图和调试效果

本章小结

中断是计算机系统中的一个重要的技术，它既和硬件有关，也和软件有关，其作用是利用 CPU 处理某种紧急的事件。在计算机系统中，正是因为有了中断技术，才使计算机的工作更加灵活、效率更高。

中断处理一般包括中断请求、中断响应、中断服务和中断返回 4 个过程。在 STM32F1 系列 MCU 中，外部中断/事件控制器（EXTI）有中断模式和事件模式这两种模式，有多达 20 路中断/事件源，它们是外部中断 EXTI0 ~ EXTI15、PVD 输出事件、RTC 闹钟事件、USB 唤醒事件和以太网唤醒事件。每个中断源可以独立地配置输入类型（脉冲或挂起）和对应的触发事件（上升沿、下降沿、双边沿都触发），每个中断源都可以独立地被屏蔽和使能。

本章习题

1. 在微型计算机系统中，CPU 和外部设备之间进行信息传输的方式有哪些？
2. 简述中断及中断过程。
3. 简述 STM32F1 系列 MCU 的 EXTI 结构。
4. 利用中断设计一个键控流水灯系统，要求设计硬件电路和程序，并在 Proteus 中完成仿真和测试。

第 7 章 定时器

教学目标

【知识】

(1) 深刻理解并掌握定时器的作用、工作原理及结构。

(2) 掌握 STM32F1 系列 MCU 的各定时器的结构和相关的 HAL 库函数。

(3) 掌握 STM32F1 系列 MCU 的通用定时器、高级定时器的输入捕获、输出比较的工作原理及应用。

(4) 掌握 STM32F1 系列 MCU 实时时钟、看门狗定时器和节拍定时器的应用。

【能力】

(1) 具有设计 STM32F1 系列 MCU 的定时器应用项目的能力。

(2) 具有应用 STM32CubeMX 进行定时器配置的能力。

(3) 具有应用 STM32F1 系列 MCU 片上的定时器进行电路设计和软件设计的能力。

7.1 定时器工作原理

在嵌入式应用系统中,定时器具有极其重要的作用,它为嵌入式计算机和外部设备提供定时控制,并对外部事件进行计数。例如,在测控系统中,往往需要提供周期性的时钟信号以实现设备的控制和数据的读取。定时器可分为软件定时器、硬件定时器和可编程定时器。

(1) 软件定时器。让 CPU 循环执行一段程序,通过选择指令和安排循环次数以实现定时。软件定时器要完全占用 CPU,增加 CPU 开销,降低 CPU 的工作效率,因此定时的时间不宜太长,仅适用于在 CPU 较空闲的程序中使用。

(2) 硬件定时器。硬件定时器的特点是定时功能全部由硬件电路完成,不占用 CPU 时间,但需要改变电路的参数来调节定时的时间,在使用上不够方便,同时增加了硬件成本。

(3) 可编程定时器。可编程定时器是由逻辑门电路结合软件配置组成的,其定时是通过软件配置对应的寄存器来确定的。本章主要介绍这种定时器。

7.2 STM32 的定时器概述

STM32F1 系列 MCU 中的定时器分类如图 7.1 所示。STM32F1 系列 MCU 定时器分为内核定时器和外设定时器。内核定时器为节拍定时器 SysTick,外设定时器包括常规定时器和专用定时器。常规定时器包括通用定时器(TIM2、TIM3、TIM4、TIM5)、基本定时器(TIM6 和 TIM7)和高级定时器(TIM1、TIM8),专用定时器包括独立看门狗(Independent Watchdog,IWDG)定时器、窗口看门狗(Window Watchdog,WWDG)定时器和实时时钟 RTC。这些定时器完全独立、互不干扰,可以同步操作。

(1) 通用定时器由一个通过可编程预分频器驱动的 16 位自动装载计数器构成。

(2) 基本定时器主要用于提供定时功能和产生 DAC 触发信号。

（3）高级定时器由一个 16 位的自动装载计数器组成，它由一个可编程的预分频器驱动，可用于产生死区时间的互补 PWM。

（4）看门狗定时器。

①IWDG 定时器由一个 12 位的递减计数器和一个 8 位的预分频器构成，它由一个内部独立的 40 kHz 的 RC 振荡器提供时钟。因为这个 RC 振荡器独立于主时钟，所以它可运行于停止模式和待机模式。它可以被当成看门狗，用于在发生问题时复位整个系统，或者作为一个自由定时器为应用程序提供超时管理，用户可以通过寄存器配置成用软件或硬件启动看门狗。

②WWDG 定时器由一个 7 位的递减计数器构成，并可以设置成自由运行。它可以被当成看门狗，用于在发生问题时复位整个系统。它由主时钟驱动，具有早期预警中断功能。

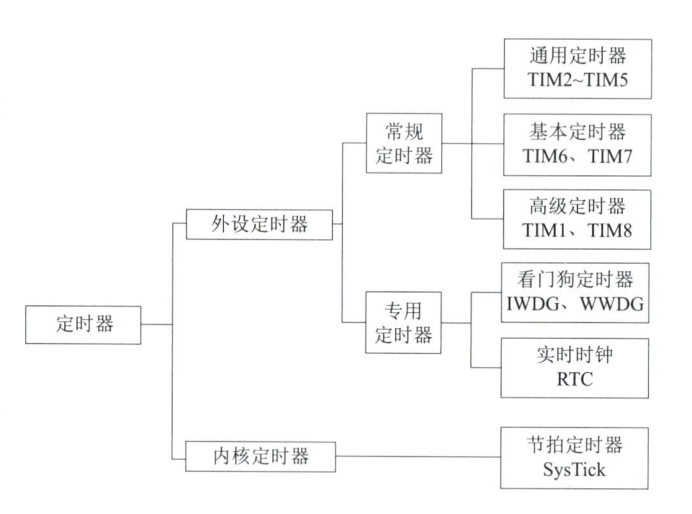

图 7.1　STM32F1 系列 MCU 中的定时器分类

（5）实时时钟（RTC）是一种能提供日历、时钟、数据存储等功能的模块，和外部电源一起可实现时间不间断运行，特别适合应用在嵌入式系统中。

（6）节拍定时器 SysTick 是系统内核定时器，专用于实时操作系统。它由一个 24 位的递减计数器构成，具有自动重载功能。当计数器为 0 时，它能产生一个不可屏蔽的系统中断。它的时钟源可通过编程配置。

7.3　STM32 的常规定时器结构

由前可知，STM32F1 系列 MCU 的常规定时器分为通用定时器、基本定时器和高级定时器，共 8 个定时器，它们各有着不同的功能、结构及应用，如表 7.1 所示。这些定时器内部均是一个 16 位可编程自动重载初值的定时器，其内部结构包括基准时钟源、计数单元、捕获和比较通道，具有定时功能、捕获脉冲功能、产生 PWM 脉冲功能。

表 7.1　常规定时器功能表

定时器	类型	计数位	计数方式	预分频值	DMA	捕获/比较通道	互补输出
TIM1、TIM8	高级	16 位	向上、向下、向上/向下	1~65 536	可以	4	有
TIM2、TIM3、TIM4、TIM5	通用	16 位	向上、向下、向上/向下	1~65 536	可以	4	没有
TIM6、TIM7	基本	16 位	向上	1~65 536	可以	0	没有

7.3.1　通用定时器

通用定时器由一个通过可编程预分频器驱动的 16 位自动装载计数器构成。它适用于多种场

第7章 定时器

合，其功能包括定时、测量输入信号的脉冲长度（输入捕获）、产生输出波形（输出比较和PWM）。通用定时器内部结构如图7.2所示。

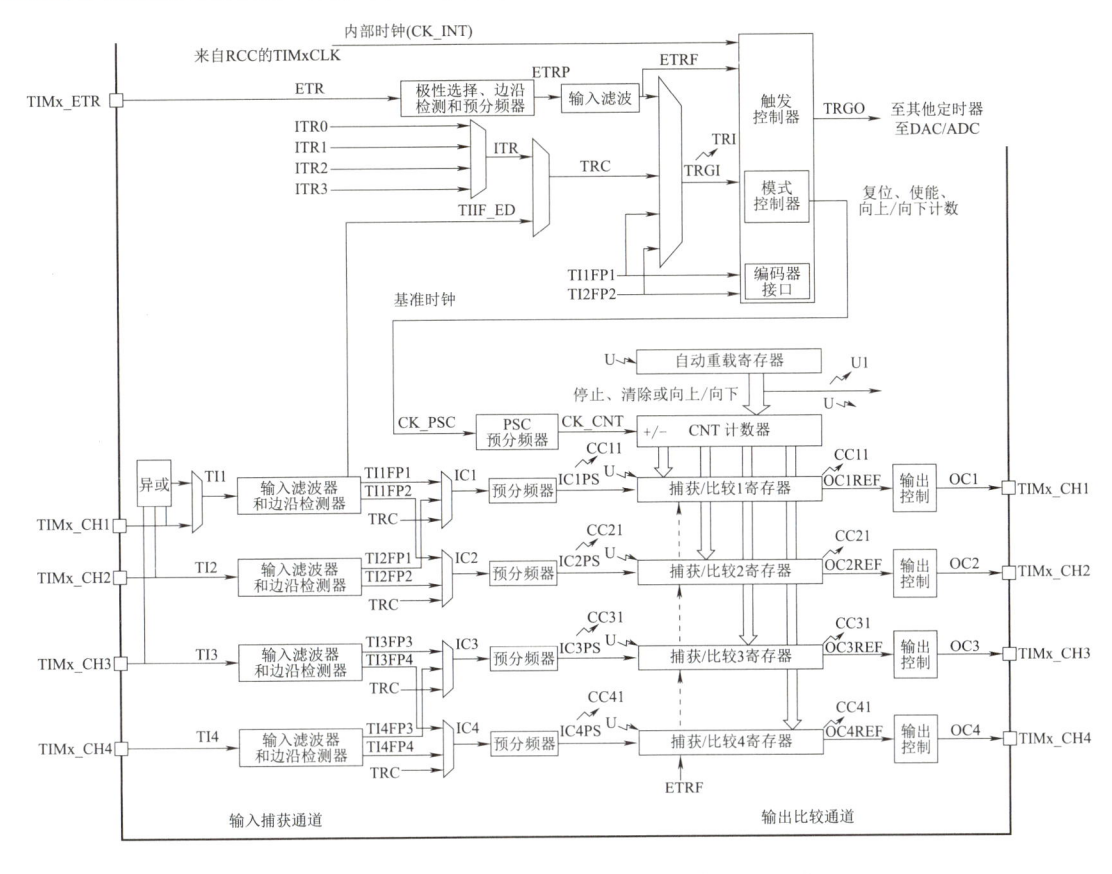

图7.2 通用定时器内部结构

由图7.2可知，其内部结构主要由基准时钟、16位计数单元、4路输入捕获通道、4路输出比较通道、逻辑控制、中断或DMA等部件构成。

1. 基准时钟

计数器基准时钟可由下列时钟源提供。

（1）内部时钟（CK_INT）：由系统时钟连接到APB1上的预分频时钟源。

（2）外部时钟模式1：外部输入脚（TIx）是由输入通道输入的时钟源。

（3）外部时钟模式2：外部时钟信号输入端，从接口TIMx_ETR输入。

（4）内部触发输入（ITRx）：使用一个定时器作为另一个定时器的预分频器，如可以配置一个定时器Timer1作为另一个定时器Timer2的预分频器。

在实际应用中，主要采用内部时钟作为计数器基准时钟。定时器TIM1~TIM8的内部时钟源结构如图7.3所示。

STM32F1系列MCU的系统时钟SYSCLK通过AHB（HCLK）进行1~512预分频后，分别连接到APB1、APB2和Cortex内核。假设HCLK=64 MHz，定时器TIM2~TIM7的时钟源来自APB1上的1~16预分频器，若APB1预分频系数为1，则频率不变，否则乘2送给TIM2~TIM7。假设预分频系数为1，则TIMxCLK=64 MHz。定时器TIM1和TIM8的时钟源来自APB2的1~16预分频器，若APB2预分频系数为1，则频率不变，否则乘2送给TIM1和TIM8。

103

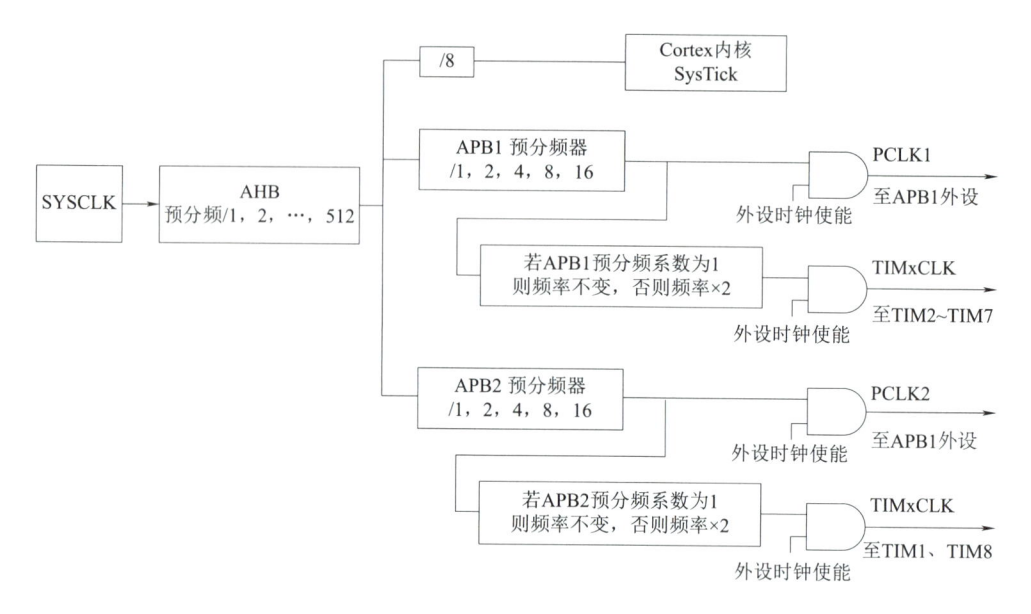

```
                            /8 ──→ Cortex内核 SysTick

SYSCLK → AHB预分频/1,2,…,512 → APB1预分频器 /1,2,4,8,16 →&→ PCLK1 至APB1外设
                                                          ↑外设时钟使能
                              → 若APB1预分频系数为1则频率不变,否则频率×2 →&→ TIMxCLK 至TIM2~TIM7
                                                          ↑外设时钟使能
                              → APB2预分频器 /1,2,4,8,16 →&→ PCLK2 至APB1外设
                                                          ↑外设时钟使能
                              → 若APB2预分频系数为1则频率不变,否则频率×2 →&→ TIMxCLK 至TIM1、TIM8
                                                          ↑外设时钟使能
```

图 7.3　定时器 TIM1 ~ TIM8 的内部时钟源结构

内核的节拍定时器 SysTick 的基准时钟是 AHB 时钟（HCLK）8 分频或 1 分频。若 HCLK = 64 MHz，采用 8 分频，则其基准时钟为 8 MHz。

2. 定时器内预分频器（Prescaler, PSC）

预分频器 PSC 可以将 CK_PSC 的时钟频率按 1 ~ 65 536 之间的任意值分频。它是基于一个 16 位寄存器控制的 16 位计数器。它带有缓冲器，能够在工作时被改变，新的预分频器参数在下一次更新事件到来时被采用，经分频后输出的 CK_CNT 作为 CNT 计数器计数。在计算初值时，应以 CK_CNT 的时钟（频率或周期）作为基准值进行计算。

3. 自动重载寄存器（Autoload Register, ARR）

自动重载寄存器是用来装载初值或更新初值的寄存器，用于在每次计数器溢出事件后自动将设定的计数值重新加载到计数器中。

例如，设 HCLK = 64 MHz，要实现 10 ms 的定时，定时器采用向下计数方式，下面计算初值。若 APB1 上的时钟未预分频，则 TIMxCLK = 64 MHz。通过 PSC 实现 64 分频，则得到 f_{CK_CNT} = 1 MHz，时钟周期 T_{CK_CNT} = 1 μs。设计数次数为 N，则可通过式（7.1）计算。

$$10 \text{ ms} = T_{CK\_CNT} \times N \tag{7.1}$$

可计算出，N = 10 000，即要对 CK_CNT 计数 10 000 次才能达到 10 ms。定时器采用向下计数方式，即计到 0 表示计满溢出。所有初值 ARR = 10 000 − 1 = 9 999。

4. 计数器（Counter, CNT）

CNT 计数器是一个 16 位的计数器，计数范围为 0 ~ 65 535，可以向上计数、向下计数、双向计数。计数器按照预先设定的计数方式计数，当计数计满时将发生溢出，若使能中断或 DMA，则产生中断或 DMA，然后由自动重载寄存器进行重新加载和更新。

5. 输入捕获

输入捕获的工作原理如图 7.4 所示。定时器在基准时钟（T_{CK_CNT}）的作用下，从初始状态开始计数。计数过程中，当遇到外部输入脉冲上升沿 t_1（下降沿也可）时，将定时器计数值 A 捕获，当遇到外部输入脉冲下一个周期的上升沿后，将定时器计数值 B 捕获，同理，后续输入脉冲可分别捕获上升沿定时器的计数值。由此可计算出捕获脉冲的周期 T，如式（7.2）所示。

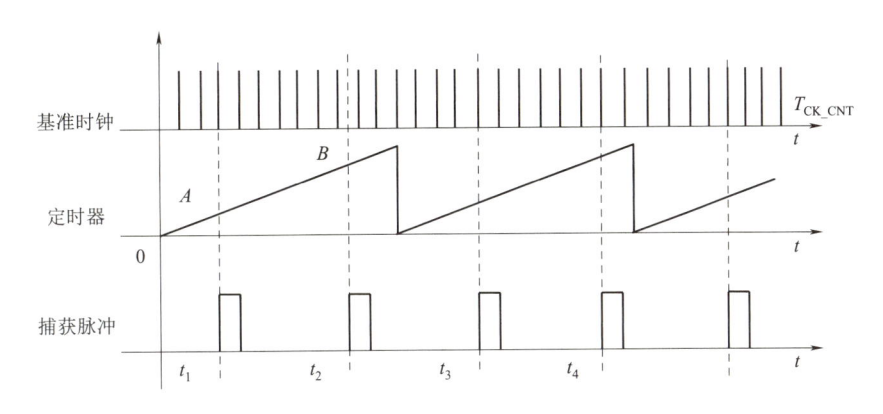

图 7.4 输入捕获的工作原理

$$T = (B - A) \times T_{CK\_CNT} \tag{7.2}$$

例如，基准时钟是 36 MHz，测得 $A = 2\,400$，$B = 6\,000$，要计算外部脉冲信号周期 T、频率 f。根据输入捕获的原理，可得 $T = (6\,000 - 2\,400) \times \dfrac{1}{36 \times 10^6}$ s $= 0.1$ ms，频率 $f = 10$ kHz。

STM32F1 系列 MCU 中的通用定时器和高级定时器均拥有 4 个同样的捕获通道，其结构由 4 位数字滤波器和边沿检测器、预分频器、捕获寄存器和基本定时器构成。

6. 输出比较

输出比较主要用于产生 PWM。PWM 控制技术是利用 MPU 的数字输出来对模拟电路进行控制的一种非常有效的技术，在测量、通信、功率控制、电源变换等领域广泛应用。PWM 控制技术以其控制简单、灵活和动态响应好的优点成为电力电子领域中应用广泛的控制技术，也是研究的热点。

PWM 波形形成原理如图 7.5 所示。计数器从初始值开始计数。计数过程中，当计数值与比较器的比较值相等时（如比较值 A），则输出 PWM 波形从逻辑 0 翻转成逻辑 1；当计数值达到设定的初值时，PWM 波形从逻辑 1 翻转成逻辑 0，下一个周期持续，形成图 7.5 所示的 PWM 波形 A。同理，若改变比较值（如比较值 B），则输出 PWM 波形 B，两个波形的周期相同，占空比不一样。

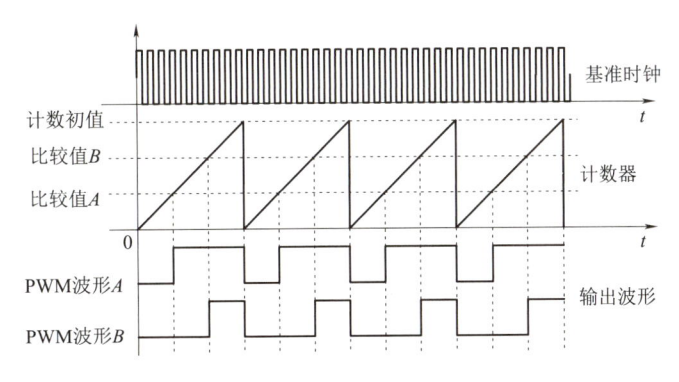

图 7.5 PWM 波形形成原理

PWM 波形的周期 $T_{PWM} = T_{CK\_CNT} \times N$，占空比 $D = $（计数初值 − 比较值）/计数次数。

例如，要产生 $f = 72$ kHz、占空比为 20% 的 PWM 波形，计算计数初值和比较值。假如定时器基准时钟为 72 MHz，有 $\frac{1}{72 \text{ kHz}} = \frac{1}{72 \text{ MHz}} \times N$，则计数次数 $N = 1\,000$，计数初值 = $1\,000 - 1$，比较值 = $800 - 1$。

STM32F1 系列 MCU 中的通用定时器和高级定时器均拥有 4 个同样的比较输出通道，其结构由基本定时器、比较器、输出控制器构成。可以产生边沿对齐模式如图 7.6 所示和中心对齐模式如图 7.7 所示的 PWM 脉冲。

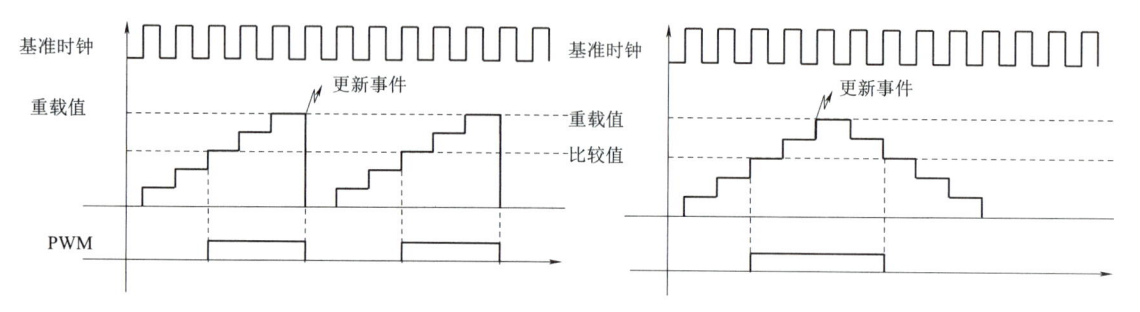

图 7.6 边沿对齐模式

图 7.7 中心对齐模式

7.3.2 基本定时器

STM32F1 系列 MCU 基本定时器是 TIM6 和 TIM7，它们是 16 位计数器，分频值是 1~65 535，只可用于定时和产生 DAC 的触发信号。基本定时器的计数方式是向上计数。计数器计满溢出时，产生中断或 DMA 请求。基本定时器结构如图 7.8 所示。

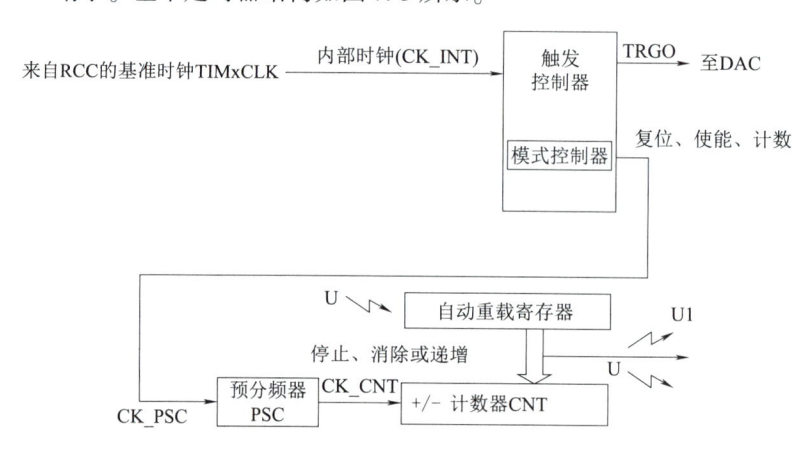

图 7.8 基本定时器结构

（1）基准时钟 TIMxCLK。计数器的时钟由内部时钟（CK_INT）提供。

（2）预分频器 PSC。预分频器可以以 1~65 536 之间的任意数值为系数，对计数器时钟分频。它通过一个 16 位寄存器（TIMx_PSC）的计数实现分频。因为 TIMx_PSC 控制寄存器具有缓冲作用，可以在运行过程中改变它的数值，新的预分频数值将在下一个更新事件时起作用。

（3）自动重载寄存器。自动重载寄存器是一个 16 位的寄存器，用于存放计数初值。

（4）计数器 CNT。计数器 CNT 从 0 累加计数到自动重载数值，然后重新从 0 开始计数，并产生一个计数器溢出事件。

7.3.3 高级定时器

STM32F1 系列 MCU 的高级定时器是 TIM1 和 TIM8。高级定时器除具有通用定时器的功能外，还可以产生嵌入死区时间的互补 PWM、刹车输入信号控制，常用于电动机转速调节和开关稳压电源的调节。

高级定时器能够输出两路互补信号，并且能够管理输出的瞬时关断和接通，这段时间通常被称为死区时间。用户应该根据连接的输出器件和它们的特性（电平转换的延时、电源开关的延时等）来调整死区时间，死区波形如图 7.9 所示。

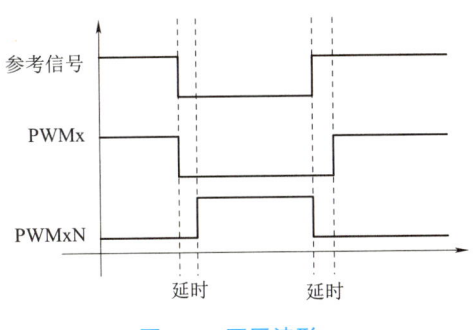

图 7.9 死区波形

7.3.4 常规定时器的引脚

通用定时器 TIM2~TIM5 和高级定时器 TIM1、TIM8 均有 4 组输入捕获通道、4 组输出比较通道和外部时钟输入，其对应的引脚分布如表 7.2 所示。

表 7.2 引脚分布

TIMx		引脚								
		ETR	CH1	CH2	CH3	CH4	BKIN	CH1N	CH2N	CH3N
TIM1	默认 I/O	PA12	PA8	PA9	PA10	PA11	PB12	PB13	PB14	PB15
	部分重映射						PA6	PA7	PB0	PB1
	完全重映射	PE7	PE9	PE11	PE13	PE14	PE15	PE8	PE10	PE12
TIM8	默认 I/O	PA0	PC6	PC7	PC8	PC9	PA6	PA7	PE0	PE1
TIM2	默认 I/O		PA0	PA1	PA2	PA3	—	—	—	—
	部分重映射		PA15/PA0	PB3/PA1						
	完全重映射		PA15	PB3	PB10	PB11				
TIM3	默认 I/O		PA6	PA7	PB0	PB1	—	—	—	—
	部分重映射	PD2	PB4	PB5						
	完全重映射		PC6	PC7	PC8	PC9				
TIM4	默认 I/O	PE0	PB6	PB7	PB8	PB9	—	—	—	—
	完全重映射		PD12	PD13	PD14	PD15				
TIM5	默认 I/O		PA0	PA1	PA2	PA3	—	—	—	—

说明：①ETR 为外部脉冲输入，即以外部脉冲作为定时器计数驱动源；BKIN 为刹车功能输入引脚。
②基本定时器 TIM6 和 TIM7 无引脚连接。

7.4 STM32 的常规定时器相关的 HAL 库函数

STM32F1 系列 MCU 的定时器相关 HAL 库函数定义在源文件"stm32f1xx_hal_tim.c"中，函数申明、结构体等定义在头文件"stm32f1xx_hal_tim.h"中。这些函数分为基本定时功能相关函数、输出比较功能相关函数、PWM 功能相关函数、输入捕获功能相关函数、单脉冲（OnePulse）和正交编码器（Encoder）功能相关函数。定时器可以工作在轮询（Polling）模式、中断（Interrupt）模式和 DMA 模式下。常规定时器常用的 HAL 库函数如表 7.3 所示（单脉冲与正交编码器功能相关函数不常用，此处未列出）。

表 7.3　常规定时器常用的 HAL 库函数

类型	函数及功能
基本定时功能相关函数	HAL_StatusTypeDef HAL_TIM_Base_Init(TIM_HandleTypeDef* htim) 功能：基本定时功能初始化
	HAL_StatusTypeDef HAL_TIM_Base_Start(TIM_HandleTypeDef* htim) HAL_StatusTypeDef HAL_TIM_Base_Stop(TIM_HandleTypeDef* htim) 功能：轮询模式下定时功能开启和停止
	HAL_StatusTypeDef HAL_TIM_Base_Start_IT(TIM_HandleTypeDef* htim) HAL_StatusTypeDef HAL_TIM_Base_Stop_IT(TIM_HandleTypeDef* htim) 功能：中断模式下定时功能开启和停止
	HAL_StatusTypeDef HAL_TIM_Base_Start_DMA(TIM_HandleTypeDef* htim, uint32_t* pData, uint16_t Length) HAL_StatusTypeDef HAL_TIM_Base_Stop_DMA(TIM_HandleTypeDef* htim) 功能：DMA 模式下定时功能开启和停止
	void HAL_TIM_PeriodElapsedCallback(TIM_HandleTypeDef* htim) 功能：回调函数
	HAL_TIM_StateTypeDef HAL_TIM_Base_GetState(TIM_HandleTypeDef* htim) 功能：获取定时状态，如计满溢出状态
	void TIM_Base_SetConfig(TIM_TypeDef* TIMx, TIM_Base_InitTypeDef* Structure) 功能：重载值设置
输出比较功能相关函数	HAL_StatusTypeDef HAL_TIM_OC_Init(TIM_HandleTypeDef* htim) 功能：输出比较功能初始化
	HAL_StatusTypeDef HAL_TIM_OC_Start(TIM_HandleTypeDef* htim, uint32_t Channel) HAL_StatusTypeDef HAL_TIM_OC_Stop(TIM_HandleTypeDef* htim, uint32_t Channel) 功能：轮询模式下输出比较功能开启和停止
	HAL_StatusTypeDef HAL_TIM_OC_Start_IT(TIM_HandleTypeDef* htim, uint32_t Channel) HAL_StatusTypeDef HAL_TIM_OC_Stop_IT(TIM_HandleTypeDef* htim, uint32_t Channel) 功能：中断模式下输出比较功能开启和停止
	HAL_StatusTypeDef HAL_TIM_OC_Start_DMA(TIM_HandleTypeDef* htim, uint32_t Channel, uint32_t* pData, uint16_t Length) HAL_StatusTypeDef HAL_TIM_OC_Stop_DMA(TIM_HandleTypeDef* htim, uint32_t Channel) 功能：DMA 模式下输出比较功能开启和停止
PWM 功能相关函数	HAL_StatusTypeDef HAL_TIM_PWM_Init(TIM_HandleTypeDef* htim) 功能：PWM 功能初始化
	HAL_StatusTypeDef HAL_TIM_PWM_Start(TIM_HandleTypeDef* htim, uint32_t Channel) HAL_StatusTypeDef HAL_TIM_PWM_Stop(TIM_HandleTypeDef* htim, uint32_t Channel) 功能：轮询模式下 PWM 功能开启和停止
	HAL_StatusTypeDef HAL_TIM_PWM_Start_IT(TIM_HandleTypeDef* htim, uint32_t Channel) HAL_StatusTypeDef HAL_TIM_PWM_Stop_IT(TIM_HandleTypeDef* htim, uint32_t Channel) 功能：中断模式下 PWM 功能开启和停止

续表

类型	函数及功能
PWM 功能相关函数	HAL_StatusTypeDef HAL_TIM_PWM_Start_DMA(TIM_HandleTypeDef* htim, uint32_t Channel, uint32_t* pData, uint16_t Length) HAL_StatusTypeDef HAL_TIM_PWM_Stop_DMA(TIM_HandleTypeDef* htim, uint32_t Channel) 功能：DMA 模式下 PWM 功能 DMA 开启和停止 HAL_StatusTypeDef HAL_TIM_PWM_ConfigChannel(TIM_HandleTypeDef* htim, TIM_OC_InitTypeDef* sConfig, uint32_t Channel) 功能：PWM 通道选择 void HAL_TIM_PWM_PulseFinishedCallback(TIM_HandleTypeDef* htim) 功能：PWM 中断回调函数 HAL_TIM_PWM_ConfigChannel(TIM_HandleTypeDef* htim,TIM_OC_InitTypeDef* sConfig, uint32_t Channel) 功能：定时器 PWM 配置函数 __HAL_TIM_SET_COMPARE(__HANDLE__, __CHANNEL__, __COMPARE__) 功能：设置 TIMx 的通道 CHANNEL 的比较值 COMPARE
输入捕获功能相关函数	HAL_StatusTypeDef HAL_TIM_IC_Init(TIM_HandleTypeDef* htim) 功能：输入捕获功能初始化 HAL_StatusTypeDef HAL_TIM_IC_Start(TIM_HandleTypeDef* htim, uint32_t Channel) HAL_StatusTypeDef HAL_TIM_IC_Stop(TIM_HandleTypeDef* htim, uint32_t Channel) 功能：轮询模式下输入捕获功能开启和停止 HAL_StatusTypeDef HAL_TIM_IC_Start_IT(TIM_HandleTypeDef* htim, uint32_t Channel) HAL_StatusTypeDef HAL_TIM_IC_Stop_IT(TIM_HandleTypeDef* htim, uint32_t Channel) 功能：中断模式下输入捕获功能开启和停止 HAL_StatusTypeDef HAL_TIM_IC_Start_DMA(TIM_HandleTypeDef* htim, uint32_t Channel, uint32_t* pData, uint16_t Length) HAL_StatusTypeDef HAL_TIM_IC_Stop_DMA(TIM_HandleTypeDef* htim, uint32_t Channel) 功能：DMA 模式下输入捕获功能的 DMA 开启和停止 HAL_StatusTypeDef HAL_TIM_IC_ConfigChannel(TIM_HandleTypeDef* htim, TIM_IC_InitTypeDef* sConfig, uint32_t Channel) 功能：输入捕获通道设置 void HAL_TIM_IC_CaptureCallback(TIM_HandleTypeDef* htim) 功能：输入捕获的中断回调函数 uint32_t HAL_TIM_ReadCapturedValue(TIM_HandleTypeDef* htim, uint32_t Channel) 功能：获取 TIMx 中 Channel 通道的捕获值

7.4.1 常规定时器的句柄 TIM_HandleTypeDef

常规定时器的 HAL 库通用句柄 TIM_HandleTypeDef 用于实现对定时器参数的配置，其常用功能有基本定时、输出比较、输入捕获等，对应的结构体用于完成对相应功能的初始化。

1. 基本定时功能结构体 TIM_ HandleTypeDef

常规定时器中所有功能均用到 TIM_ HandleTypeDef 结构体，其定义如下。

```
typedef struct
{   TIM_TypeDef                 *Instance;        //①寄存器地址
    TIM_Base_InitTypeDef        Init;             //②定时器参数设置
    HAL_TIM_ActiveChannel       Channel;          //③通道设置
    DMA_HandleTypeDef           *hdma[7];         //④DMA 处理程序
    HAL_LockTypeDef             Lock;             //⑤锁定对象
    __IO HAL_TIM_StateTypeDef State;              //TIM 操作状态
    __IO HAL_TIM_ChannelStateTypeDef  ChannelState[4];     //TIM 通道运行状态
    __IO HAL_TIM_ChannelStateTypeDef  ChannelNState[4];    //TIM 互补通道运行状态
    __IO HAL_TIM_DMABurstStateTypeDef DMABurstState;       //DMA 突发操作状态
} TIM_HandleTypeDef;
```

主要语句功能如下。

①Instance：定义 TIM 寄存器。

②Init：定义定时功能的基本操作，其定义如下。

```
typedef struct
{   uint32_t Prescaler;          //预分频值, 0 ~ 65 535
    uint32_t CounterMode;        //计数模式，向上、向下
    uint32_t Period;             //初值，定时周期 0 ~ 65 535
    uint32_t ClockDivision;      //定时器分割值
    uint32_t RepetitionCounter;  //重复计数器值，属于高级定时器，可控制 PWM
    uint32_t AutoReloadPreload;  //自动重载
} TIM_Base_InitTypeDef;
```

③Channel：定时器的通道选择。

通道 0：HAL_TIM_ACTIVE_CHANNEL_1。
通道 1：HAL_TIM_ACTIVE_CHANNEL_2。
通道 2：HAL_TIM_ACTIVE_CHANNEL_3。
通道 3：HAL_TIM_ACTIVE_CHANNEL_4。

④hdma：定时器 DMA 相关的结构体。

⑤Lock：锁定对象。

2. 输出比较功能结构体 TIM_ OC_ InitTypeDef

输出比较功能结构体为 TIM_ OC_ InitTypeDef，该结构体用于实现输出比较功能相关参数的初始化，其定义如下。

```
typedef struct
{   uint32_t OCMode;         //①输出比较模式
    uint32_t Pulse;          //输出脉冲比较值
    uint32_t OCPolarity;     //②输出端极性
    uint32_t OCNPolarity;    //互补输出极性
    uint32_t OCFastMode;     //③快速模式状态
    uint32_t OCIdleState;    //④空闲状态下输出比较引脚的状态
    uint32_t OCNIdleState;   //空闲状态下输出比较引脚的取反状态
} TIM_OC_InitTypeDef;
```

主要语句功能如下。

①OCMode：输出以下比较模式。

  TIM_OCMODE_TIMING。

  TIM_OCMODE_ACTIVE。

  IM_OCMODE_INACTIVE。

  TIM_OCMODE_TOGGLE。

  TIM_OCMODE_PWM1。

  TIM_OCMODE_PWM2。

  TIM_OCMODE_FORCED_ACTIVE。

  TIM_OCMODE_FORCED_INACTIVE。

②OCPolarity：输出端极性，可以是 TIM_OCPOLARITY_HIGH、TIM_OCPOLARITY_LOW。

③OCNPolarity：快速模式状态，可以是 TIM_OCFAST_DISABLE、TIM_OCFAST_ENABLE。

④OCIdleState：空闲状态下输出比较引脚的状态，可以是 TIM_OCIDLESTATE_SET、TIM_OCIDLESTATE_RESET。

3. 输入捕获功能结构体 TIM_IC_InitTypeDef

输入捕获功能结构体为 TIM_IC_InitTypeDef，用于对输入捕获功能的相关参数进行初始化配置，定义如下。

```
typedef struct
{   uint32_t ICPolarity;    //①输入捕获边沿检测
    uint32_t ICSelection;   //②输入捕获连接选择
    uint32_t ICPrescaler;   //③输入捕获脉冲分频值1、2、4、8分频
    uint32_t ICFilter;      //④输入捕获滤波值
} TIM_IC_InitTypeDef;
```

主要语句功能如下。

①ICPolarity：输入捕获边沿检测，可以是 TIM_ICPOLARITY_RISING（上升沿）、TIM_ICPOLARITY_FALLING（下降沿）、TIM_ICPOLARITY_BOTHEDGE（双边沿）。

②ICSelection：输入捕获连接选择，可以是 TIM_ICSELECTION_DIRECTTI（1~4通道直接与芯片相连）、TIM_ICSELECTION_INDIRECTTI（不直接连）、TIM_ICSELECTION_TRC。

③ICPrescaler：输入捕获脉冲分频值，可以是 TIM_ICPSC_DIV1（1分频）、TIM_ICPSC_DIV2（2分频）、TIM_ICPSC_DIV4（4分频）、TIM_ICPSC_DIV8（8分频）。

④ICFilter：输入捕获滤波值，可以是 0x0~0xF。

7.4.2 基本定时功能相关函数

1. 初始化函数 HAL_TIM_Base_Init()

常规定时器中的基本定时功能初始化函数是 HAL_TIM_Base_Init()，用于对定时器的预分频、初值、计数方式等参数进行初始化，如表7.4所示。

表7.4 HAL_TIM_Base_Init() 函数

函数原型	HAL_StatusTypeDef HAL_TIM_Base_Init(TIM_HandleTypeDef*htim)
功能描述	对指定的 htim 定时器进行初始化
输入参数	TIM_HandleTypeDef*htim，以结构体的形式对定时器进行初始化操作
输出参数	成功：HAL_OK；失败：HAL_ERROR

例如，设置定时器 TIM2 基准时钟为系统时钟 8 分频，计数方式为向下，初值为 50 000，则初始化程序如下。

```
TIM_HandleTypeDef htim2;
htim2.Instance = TIM2;
htim2.Init.Prescaler = 8;
htim2.Init.CounterMode = TIM_COUNTERMODE_DOWN;
htim2.Init.Period = 50000 - 1;
HAL_TIM_Base_Init(&htim2);
```

2. 基本定时功能开启和停止函数

HAL 库中基本定时功能的开启和停止可以采用轮询模式、中断模式和 DMA 模式来定义。定时器的其他功能的开启和停止也都是采用这 3 种模式来定义。基本定时功能开启和停止函数分别如表 7.5 和表 7.6 所示。用 STM32CubeMX 自动生成的定时器初始化代码，需要用户手动添加开启或停止函数。

表 7.5 基本定时功能开启函数

函数原型	HAL_StatusTypeDef HAL_TIM_Base_Start(TIM_HandleTypeDef*htim) HAL_StatusTypeDef HAL_TIM_Base_Start_IT(TIM_HandleTypeDef*htim) HAL_StatusTypeDef HAL_TIM_Base_Start_DMA(TIM_HandleTypeDef*htim, uint32_t *pData, uint16_t Length)
功能描述	分别是轮询模式开启、中断模式开启、DMA 模式开启
输入参数	TIM_HandleTypeDef*htim，表示定时器句柄
输出参数	成功：HAL_OK；失败：HAL_ERROR

表 7.6 基本定时功能停止函数

函数原型	HAL_StatusTypeDef HAL_TIM_Base_Stop(TIM_HandleTypeDef*htim) HAL_StatusTypeDef HAL_TIM_Base_Stop_IT(TIM_HandleTypeDef*htim) HAL_StatusTypeDef HAL_TIM_Base_Stop_DMA(TIM_HandleTypeDef*htim)
功能描述	分别是轮询模式停止、中断模式停止、DMA 模式停止
输入参数	TIM_HandleTypeDef* htim，定时器句柄
输出参数	成功：HAL_OK；失败：HAL_ERROR

7.4.3 输出比较与 PWM 功能相关函数

1. 输出比较功能初始化函数 HAL_TIM_OC_Init( )

通用定时器和高级定时器中的输出比较功能初始化函数是 HAL_TIM_OC_Init( )，用于对定时器的输出通道、比较值等参数进行初始化，如表 7.7 所示。

表 7.7 HAL_TIM_OC_Init( ) 函数

函数原型	HAL_StatusTypeDef HAL_TIM_OC_Init(TIM_HandleTypeDef*htim)
功能描述	对指定的 htim 定时器进行输出比较功能初始化
输入参数	TIM_HandleTypeDef * htim，表示以结构体的形式对定时器进行初始化
输出参数	成功：HAL_OK；失败：HAL_ERROR

2. PWM 功能初始化函数 HAL_TIM_PWM_Init( )

通用定时器和高级定时器中的 PWM 功能初始化函数是 HAL_TIM_PWM_Init( )，其实质就是利用输出比较产生 PWM 脉冲信号对定时器的输出通道、比较值等参数进行初始化，如表7.8所示。

表7.8 HAL_TIM_IC_Init( ) 函数

函数原型	HAL_StatusTypeDef HAL_TIM_PWM_Init(TIM_HandleTypeDef*htim)
功能描述	对指定的 htim 定时器进行输入捕获功能初始化
输入参数	TIM_HandleTypeDef* htim，以结构体的形式对定时器进行初始化操作
输出参数	成功：HAL_OK；失败：HAL_ERROR

3. PWM 配置函数 HAL_TIM_PWM_ConfigChannel( )

HAL_TIM_PWM_ConfigChannel( ) 函数用于对定时器的输出比较通道、比较值、输出 PWM 信号极性等参数进行初始化，如表7.9所示。

表7.9 HAL_TIM_PWM_ConfigChannel( ) 函数

函数原型	HAL_StatusTypeDef HAL_TIM_PWM_ConfigChannel(TIM_HandleTypeDef*htim, TIM_OC_InitTypeDef*sConfig, uint32_t Channel)
功能描述	对定时器的输出比较通道、比较值、输出 PWM 信号极性等参数进行初始化
输入参数1	TIM_HandleTypeDef*htim，表示以结构体的形式对定时器进行初始化
输入参数2	TIM_OC_InitTypeDef*sConfig，表示对输出比较结构体进行初始化
输入参数3	uint32_t Channel，可以是通道1~4
输出参数	成功：HAL_OK；失败：HAL_ERROR

4. PWM 比较值设置函数 __HAL_TIM_SET_COMPARE( )

如果在 STM32F1 系列 MCU 的运行过程中修改 PWM 的比较值，那么采用比较值设置函数__HAL_TIM_SET_COMPARE( )，如表7.10所示。

表7.10 __HAL_TIM_SET_COMPARE( ) 函数

函数原型	__HAL_TIM_SET_COMPARE(__HANDLE__, __CHANNEL__, __COMPARE__)
功能描述	设置 TIMx 的通道 CHANNEL 的比较值 COMPARE
输入参数1	__HANDLE__，表示定时器号
输入参数2	__CHANNEL__，可以是通道1~4
输入参数3	__COMPARE__，可以是比较值
输出参数	无

7.4.4 输入捕获功能常用函数

1. 输入捕获功能初始化函数 HAL_TIM_IC_Init( )

通用定时器和高级定时器中的输入捕获功能初始化函数是 HAL_TIM_IC_Init( )，用于对定时器的输入通道、捕获边沿等参数进行初始化，如表7.11所示。

表 7.11　HAL_TIM_IC_Init( ) 函数

函数原型	HAL_StatusTypeDef HAL_TIM_IC_Init(TIM_HandleTypeDef*htim)
功能描述	对指定的 htim 定时器进行输入捕获功能初始化
输入参数 1	TIM_HandleTypeDef*htim，表示以结构体的形式对定时器进行初始化操作
输出参数	成功：HAL_OK；失败：HAL_ERROR

2. 输入捕获功能配置函数 HAL_TIM_IC_ConfigChannel( )

通用定时器和高级定时器中的输入捕获功能配置函数是 HAL_TIM_IC_ConfigChannel( )，用于对定时器的输入通道、输入捕获结构体参数进行配置，如表 7.12 所示。

表 7.12　HAL_TIM_IC_ConfigChannel( ) 函数

函数原型	HAL_StatusTypeDef HAL_TIM_IC_ConfigChannel(TIM_HandleTypeDef* htim, TIM_IC_InitTypeDef* sConfig, uint32_t Channel)
功能描述	对指定的 htim 定时器进行输入捕获功能配置
输入参数 1	TIM_HandleTypeDef*htim，表示定时器句柄，即定时器号
输入参数 2	TIM_IC_InitTypeDef*sConfig，表示输入捕获结构体
输入参数 3	uint32_t Channel，可以是通道 1～4
输出参数	成功：HAL_OK；失败：HAL_ERROR

3. 输入捕获值获取函数 HAL_TIM_ReadCapturedValue( )

从指定的定时器捕获通道获取捕获的值，要使用 HAL_TIM_ReadCapturedValue( ) 函数，如表 7.13 所示。

表 7.13　HAL_TIM_IC_ConfigChannel( ) 函数

函数原型	uint32_t HAL_TIM_ReadCapturedValue(TIM_HandleTypeDef*htim, uint32_t Channel)
功能描述	对指定的 htim 定时器获取捕获值
输入参数 1	TIM_HandleTypeDef*htim，表示定时器句柄，即定时器号
输入参数 2	uint32_t Channel，可以是通道 1～4
输出参数	成功：HAL_OK；失败：HAL_ERROR

7.4.5　常规定时器中断源及其配置

常规定时器的中断包括定时器计满溢出中断、捕获/比较中断、触发中断、故障中断等情况。在 HAL 库中，通过 HAL_TIM_IRQHandler( ) 函数与中断回调函数连接，用户需要根据中断回调函数来完成相应的中断功能。在程序设计过程中，有如下配置中断标志。

（1）定时功能中断：TIM_IT_UPDATE，定时器计满后引起的中断。
（2）捕获/比较中断 1：TIM_IT_CC1，捕获到一个外部脉冲边沿或等于比较值引起的中断。
（3）捕获/比较中断 2：TIM_IT_CC2，捕获到一个外部脉冲边沿或等于比较值引起的中断。
（4）捕获/比较中断 3：TIM_IT_CC3，捕获到一个外部脉冲边沿或等于比较值引起的中断。
（5）捕获/比较中断 4：TIM_IT_CC4，捕获到一个外部脉冲边沿或等于比较值引起的中断。
（6）通信中断：TIM_IT_COM。
（7）触发中断：TIM_IT_TRIGGER。
（8）故障中断：TIM_IT_BREAK。

常规定时器中常用的中断回调函数如下。

```
void HAL_TIM_PeriodElapsedCallback(TIM_HandleTypeDef*htim)        //周期定时中断
void HAL_TIM_OC_DelayElapsedCallback(TIM_HandleTypeDef*htim)      //输出比较中断
void HAL_TIM_IC_CaptureCallback(TIM_HandleTypeDef*htim)           //输出捕获中断
void HAL_TIM_PWM_PulseFinishedCallback(TIM_HandleTypeDef*htim);   //PWM 中断
void HAL_TIM_TriggerCallback(TIM_HandleTypeDef*htim);             //触发 ADC 中断
void HAL_TIM_ErrorCallback(TIM_HandleTypeDef*htim);               //错误中断
```

定时器模块的 HAL 库函数较丰富，还涉及 DMA、正交编码、单脉冲等相关函数，感兴趣的读者可以参阅相关的 HAL 库函数介绍进行了解。

7.5　STM32 的常规定时器应用

7.5.1　定时功能应用：数字时钟设计

1. 任务要求

利用定时器 TIM2、GPIO、EXTI 模块，结合 LCD1602，设计一个简易数字时钟，能显示时、分、秒。请进行硬件设计、软件设计，并通过 Proteus 完成仿真和调试。

2. 硬件设计

硬件电路图如图 7.10 所示，由 LCD1602 显示电路和按键电路组成，LCD1602 的数据端分别与 PC0~PC7 相连，RS 与 PC8 相连，R/W 与 PC9 相连，E 与 PC10 相连。按键分别连接到 PB8、PB9、PB10，下降沿有效。

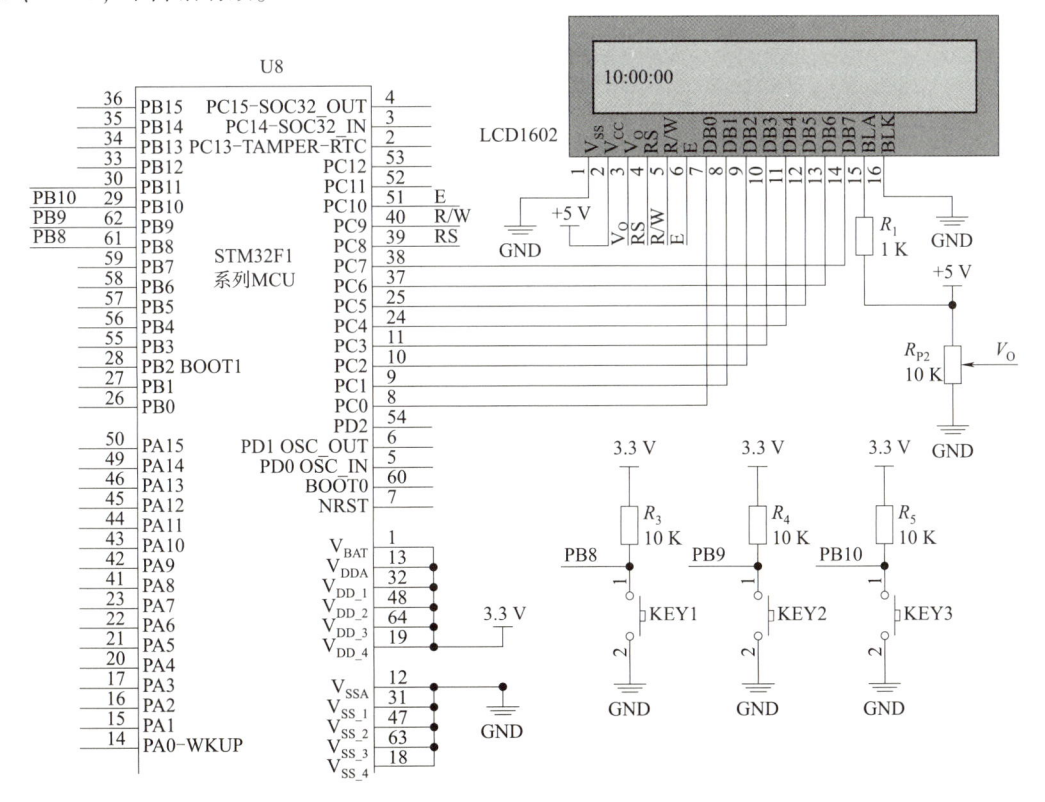

图 7.10　硬件电路图

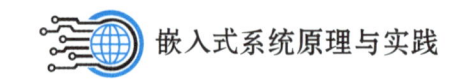

3. 软件设计

设系统时钟采用内部 HSI，倍频到 64 MHz，送到定时器作为基准时钟源。TIM6 预分频 64 分频，得到频率为 1 MHz、周期为 1 μs 的时钟源。定时器采用向下计数方式。定时 50 ms，并产生定时中断，计数 20 次为 1 s，依次进行分钟、小时计数。设 50 ms 计数次数为 N，则有：50 ms = 1 μs × N，则可得计数次数 N = 50 000，所以定时器初值 CNT = 50 000 − 1。

定时器分频值为 64，定时器初值为 50 000 − 1。

在 STM32CubeMX 中，将上述参数配置在 TIM2 中，参数配置如图 7.11 所示。

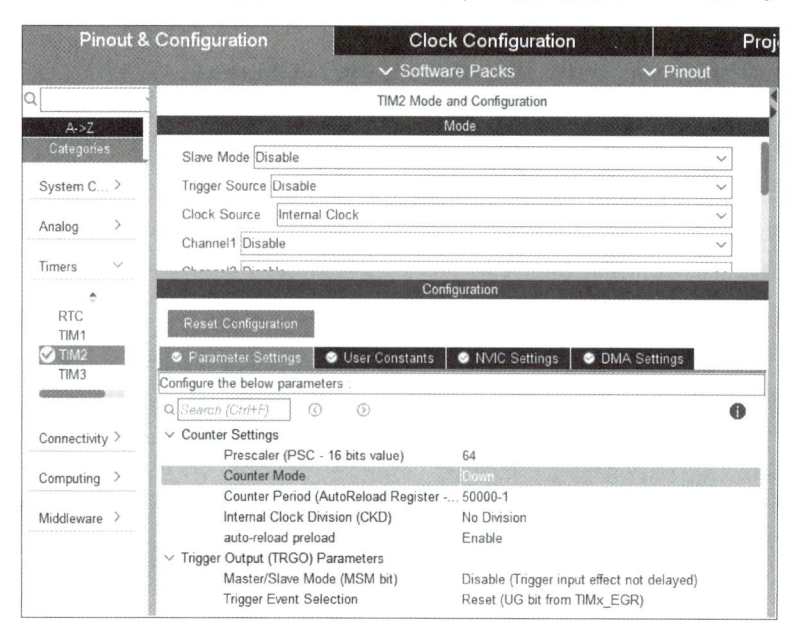

图 7.11 参数配置

通过 STM32CubeMX 生成 MDK 工程文件，如图 7.12 所示。在工程文件中，生成的定时器初始程序"tim.c"文件代码无须修改，主要完成对"main.c"文件的设计。

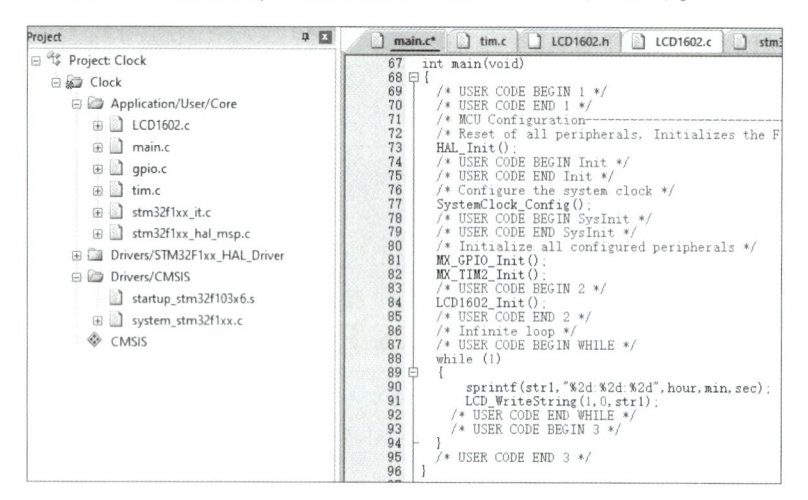

图 7.12 工程文件

在生成的"main.c"文件里,需要设计实现数字时钟的代码,参考程序如下。

```
#include "main.h"
#include "tim.h"
#include "gpio.h"
void SystemClock_Config(void);
uint8_t count,sec=0,min=0,hour=12,flag=0,str1[];
/************************************************
main()函数功能:初始化GPIO、TIM2,显示时、分、秒
************************************************/
int main(void)
{
  HAL_Init();
  SystemClock_Config();
  MX_GPIO_Init();
  MX_TIM2_Init();
  LCD1602_Init();
  LCD_WriteString(0,6,"Clock");
  while(1){
    sprintf(str1,"%02d:%02d:%02d",hour,min,sec);
    LCD_WriteString(1,4,str1);
  }
}
/************************************************
HAL_TIM_PeriodElapsedCallback()函数功能:定时器中断回调函数
************************************************/
void HAL_TIM_PeriodElapsedCallback(TIM_HandleTypeDef * htim)
{
 if(htim->Instance==htim2.Instance) {
    count++;
    if(count==20) {
       count=0;  sec++;
         if(sec==60) {
            sec=0; min++;
            if(min==60) {
               min=0; hour++;
                 if(hour==24)hour=0;
            }
         }
      }
   }
}
/************************************************
HAL_GPIO_EXTI_Callback()函数功能:EXTI中断回调,修改时、分、秒
输入功能:无
输出功能:无
************************************************/
void HAL_GPIO_EXTI_Callback(uint16_t GPIO_Pin)
```

```
{
    if(GPIO_Pin = = GPIO_PIN_10) {      //功能按键
        flag++;
        if(flag>2) flag=0;
    }
    if(GPIO_Pin = = GPIO_PIN_9) {       //时、分、秒减1操作
        if(flag = =0) sec++;
        if(flag = =1) min++;
        if(flag = =2) hour++;
    }
    if(GPIO_Pin = = GPIO_PIN_8) {       //时、分、秒加1操作
        if(flag = =0) sec--;
        if(flag = =1) min--;
        if(flag = =2) hour--;
    }
}
```

4. 仿真与调试

在 Keil-MDK 中进行编辑、编译和调试后,生成可执行程序,在 Proteus 中绘制仿真电路图,并将.hex 文件加载到工程中,启动仿真调试,在 LCD1602 上显示时、分、秒,调整按键可实现对时、分、秒参数的修改,仿真电路图与调试效果如图 7.13 所示。

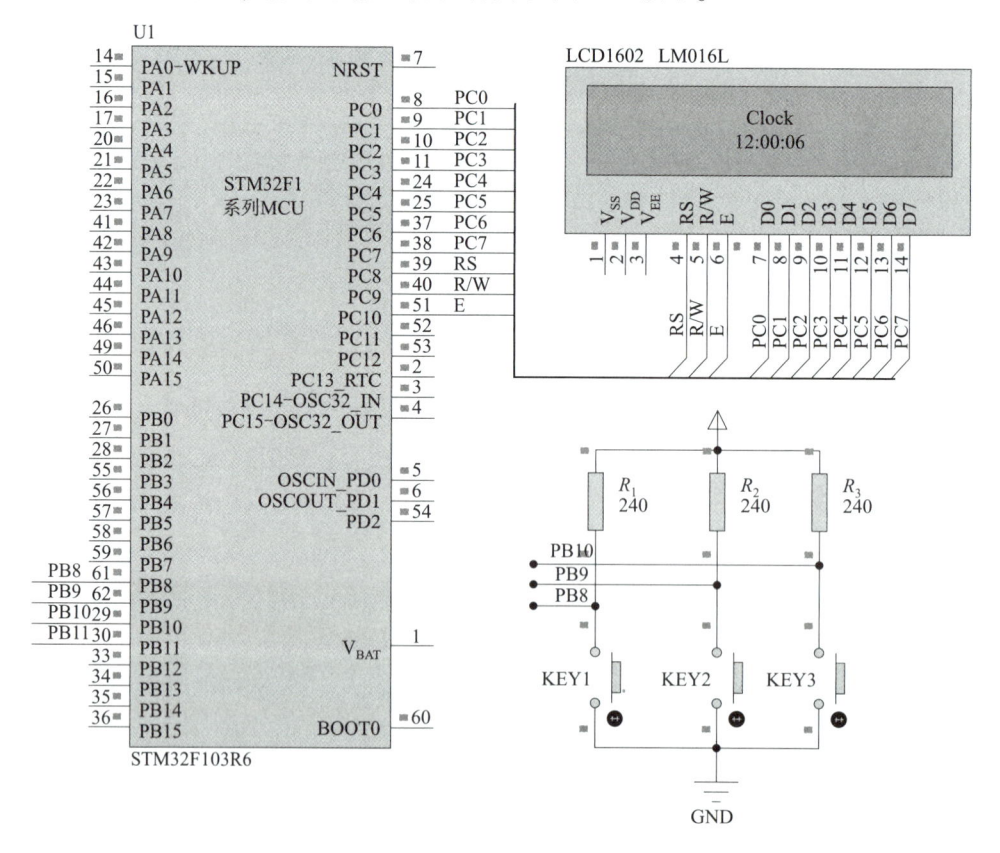

图 7.13 仿真电路图与调试效果

7.5.2 输入捕获功能应用：数字频率计设计

1. 任务要求

利用定时器的输入捕获功能，结合 LCD1602，设计一个数字频率计。要求被测信号的频率为 1 Hz ~ 10 kHz，幅度为 3.3 V。请完成硬件设计、软件设计，并通过 Proteus 完成仿真和调试。

2. 硬件设计

硬件电路图如图 7.14 所示，用 NE555 集成定时器产生 1Hz ~ 10 kHz 的方波信号，连接到 MCU 的 TIM3 输入捕获通道 1（PA6），LCD1602 显示器用于显示频率，数据端与 PC0 ~ PC7 相连，使能端 RS、R/W、E 分别与 PC8、PC9、PC10 相连。

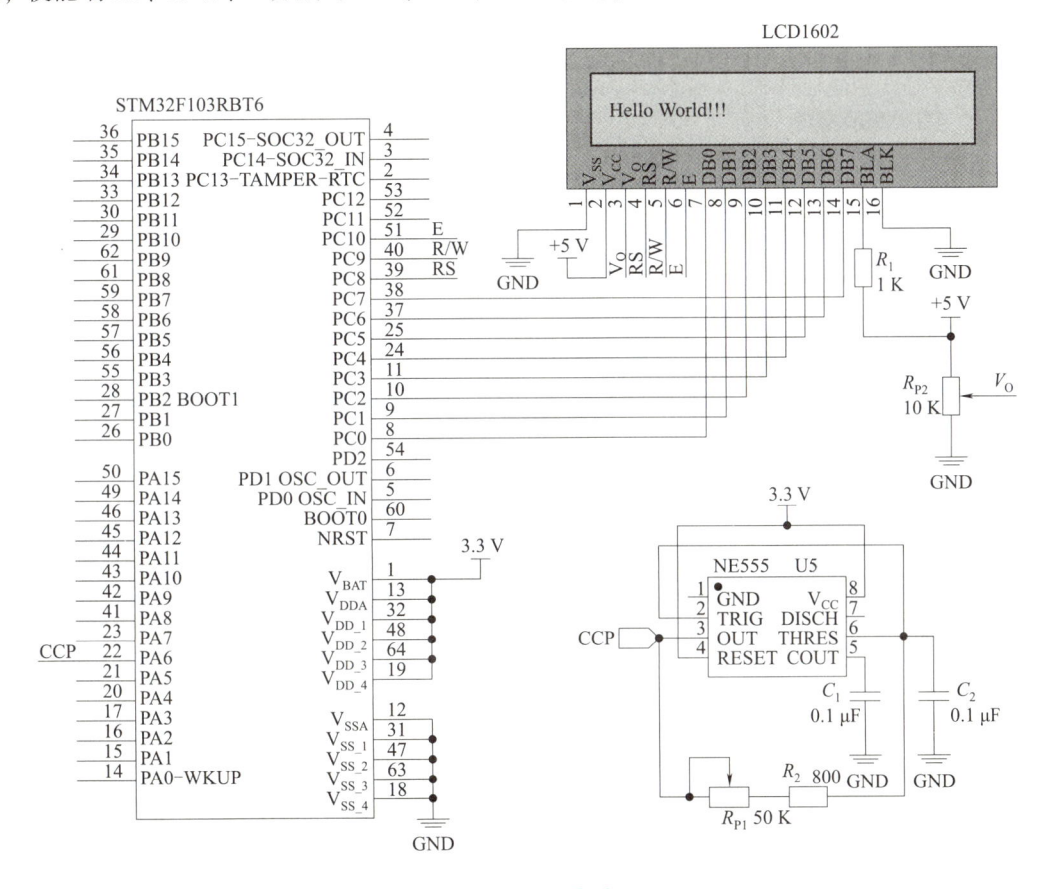

图 7.14 硬件电路图

3. 软件设计

配置系统时钟为 8 MHz，利用 TIM3 的输入捕获功能进行频率测量，将定时器 TIM3 的基本定时器预分频值配置成 8，分频得到 1 MHz 的基准信号。定时器计数方式配置成向下计数，初值为 65 535，使能输入捕获中断。在中断服务程序中分别记录下被测信号一个周期的计数值，然后根据基准时钟转换成频率。STM32CubeMX 中的输入捕获配置如图 7.15 所示，生成的 MDK 工程文件如图 7.16 所示。

文件"gpio.c"里的程序用于完成对 GPIO 接口的初始化，由 STM32CubeMX 自动生成，无须修改。

文件"tim.c"里的程序用于将 TIM3 配置成输入捕获功能，需要在 void MX_TIM3_Init（void）

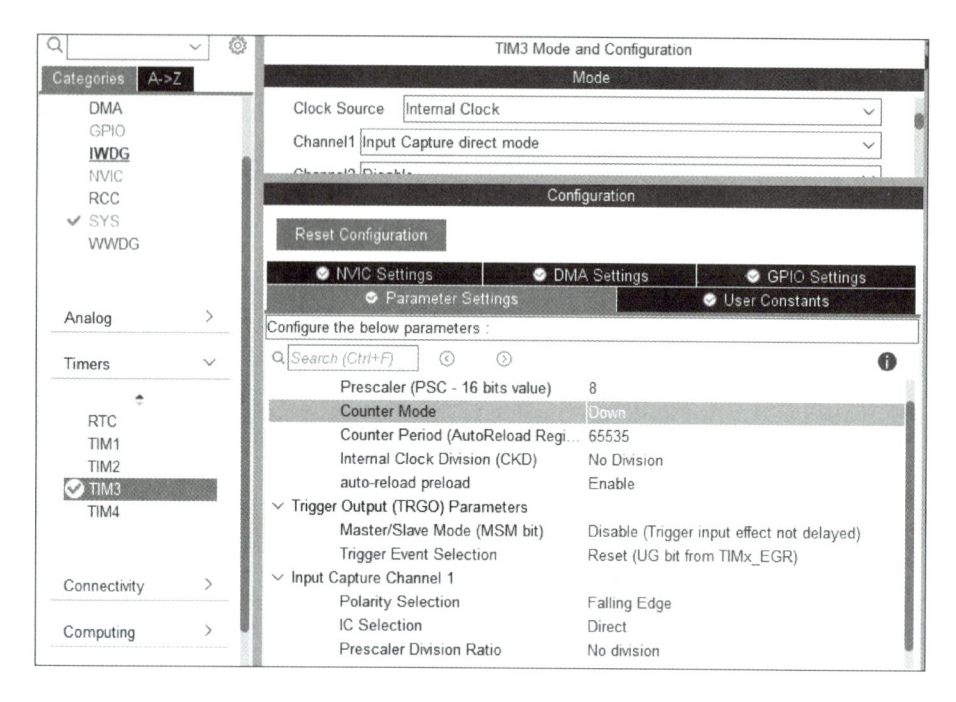

图 7.15 输入捕获配置

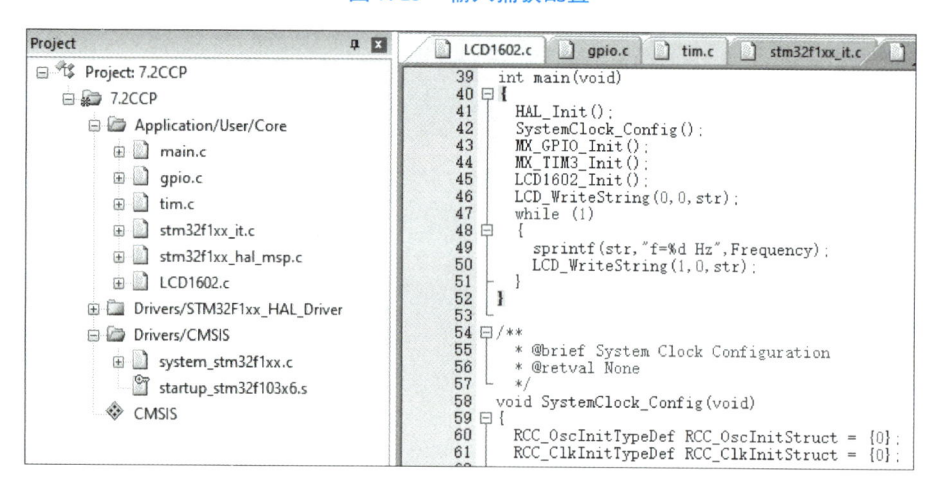

图 7.16 工程文件

程序的末尾增加程序开启 TIM3 计数，并开启中断，增加的程序如下。

```
HAL_TIM_IC_Start_IT(&htim3, TIM_CHANNEL_1);
```

在文件"main.c"中主要是完成对输入捕获的回调函数，以实现频率测量，程序如下。

```
#include " main.h"
#include " tim.h"
#include " gpio.h"
#include " LCD1602.h"
#include " stdio.h"
```

```c
uint16_t IC2ReadValue1 = 0, IC2ReadValue2 = 0;
uint16_t CaptureNumber = 0;
uint16_t Capture = 0;
uint16_t Frequency = 1234;
char str[] = "Input Capture!";
void SystemClock_Config(void);
/* * * * * * * * * * * * * * * * * * * * * * * * * * * * * * * *
int main()函数功能:完成初始化,并通过LCD1602显示频率
* * * * * * * * * * * * * * * * * * * * * * * * * * * * * * * */
int main(void)
{
  HAL_Init();
  SystemClock_Config();
  MX_GPIO_Init();
  MX_TIM3_Init();
  LCD1602_Init();
  LCD_WriteString(0,0,str);
  while (1) {
    sprintf(str,"f = % d Hz",Frequency);
    LCD_WriteString (1,0,str);
  }
}
/* * * * * * * * * * * * * * * * * * * * * * * * * * * * * * * *
HAL_TIM_IC_CaptureCallback(TIM_HandleTypeDef * htim)函数功能:中断回调测频
* * * * * * * * * * * * * * * * * * * * * * * * * * * * * * * */
void HAL_TIM_IC_CaptureCallback(TIM_HandleTypeDef * htim)
{
  if(htim -> Instance = = htim3.Instance) {
      if(CaptureNumber = = 0) {                    //获取捕获值A,第一次
         IC2ReadValue1 = HAL_TIM_ReadCapturedValue(&htim3,TIM_CHANNEL_1);
         CaptureNumber = 1;
      }
    else if(CaptureNumber = = 1) {                 //获取捕获值B,第二次
        IC2ReadValue2 = HAL_TIM_ReadCapturedValue(&htim3,TIM_CHANNEL_1);
        if (IC2ReadValue1 > IC2ReadValue2) {     //捕获值判断
            Capture = (IC2ReadValue1 - IC2ReadValue2);
        }
        else  { Capture = ((0xFFFF - IC2ReadValue2) + IC2ReadValue1);  }
        Frequency = SystemCoreClock/8/Capture;//转换成频率
        CaptureNumber = 0;
     }
   }
 }
```

4. 仿真与调试

在 Keil – MDK 中进行编辑、编译、调试后，生成可执行文件。在 Proteus 中绘制仿真电路图，并将由 MDK 工程文件生成的 .hex 文件加载到工程中。调节滑动变阻器 R_{V1}，可调节 NE555 输出的频率，经过输入捕获后，在 LCD1602 中显示被测的频率值，仿真电路图与调试效果如图 7.17 所示。

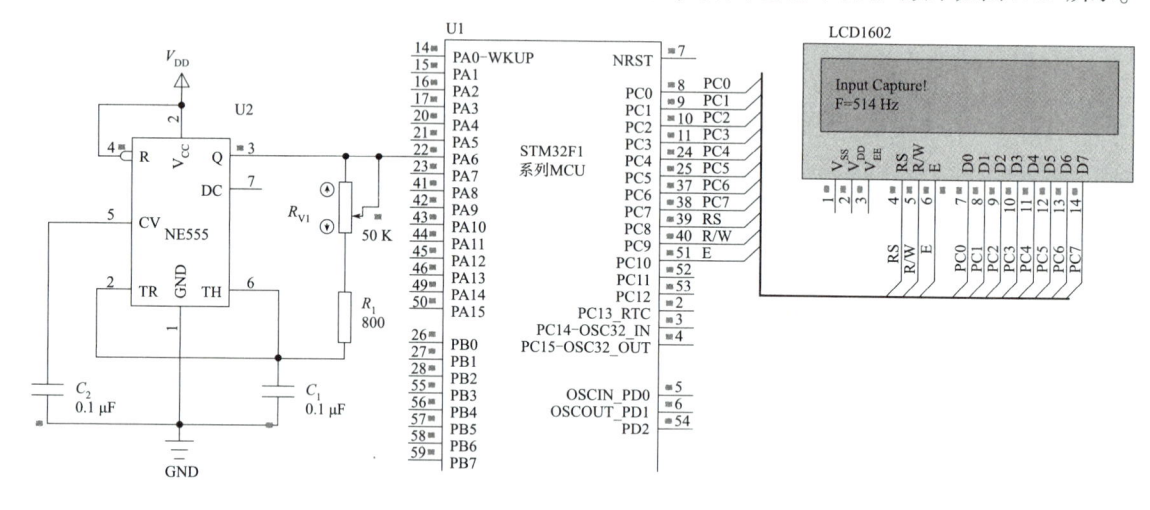

图 7.17　仿真电路图与调试效果

7.5.3　输出比较功能应用：直流电机驱动设计

1. 任务要求

利用定时器 TIM3 产生频率为 10 kHz 的 PWM 脉宽调制信号，驱动直流电机运行，并可通过按键实现对转速的调节，设置定时器时钟为 8 MHz。请设计程序，并通过 Proteus 完成仿真和调试。

2. 硬件设计

硬件电路如图 7.18 所示，图中 PB10、PB11 分别外接个按钮用于调节 PWM 脉冲宽度，电阻 R15、R16 接 10 kΩ 上拉电阻。PB1 外接场效应管驱动电动机，MOT 为直流电动机。

3. 软件设计

要产生频率为 10 kHz 的信号，那么周期为 0.1 ms，TIM3 的时钟为 8 MHz，经 8 分频可得到 1 MHz。设置定时器向下计数，设计数次数为 N，由 $\frac{1}{10\ \text{kHz}} = \frac{1}{1\ \text{MHz}} \times N$，可得到 N = 100，即计数器/定时器初值为 100 - 1。

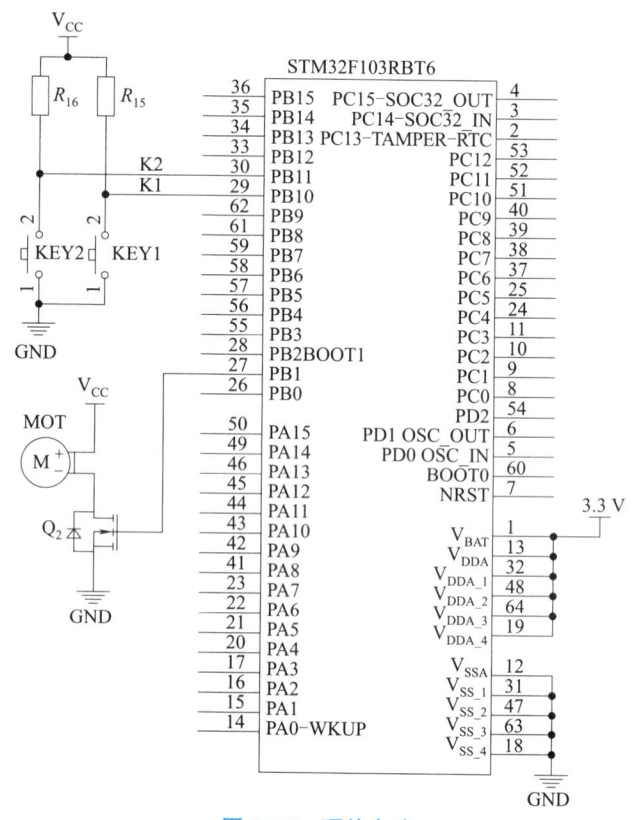

图 7.18　硬件电路

第 7 章　定时器

设初始占空比为 50%，则比较值为 50-1。

定时器 TIM3 通过通道 4 输出 PWM 信号。运行中，占空比通过 PWM 中断来修改。

设置 PB10 和 PB11 两引脚为按键，并采用中断形式修改比较值。

将以上 TIM3 参数和 GPIO 引脚参数通过 STM32CubeMX 建立工程，并生成 MDK 工程文件，PWM 配置如图 7.19 所示。

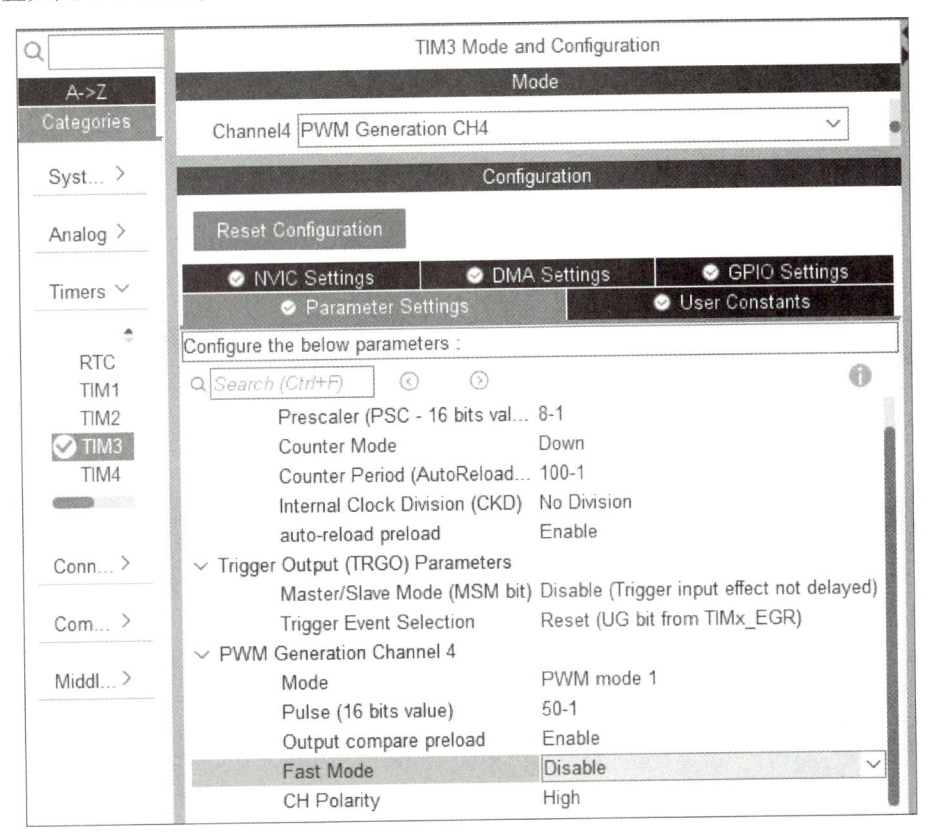

图 7.19　PWM 配置

工程文件夹中有"main.c""gpio.c""tim.c"这 3 个文件。

定时器的初始化在"tim.c"文件中，需要在 void MX_TIM3_Init(void) 函数的末尾或"main.c"文件中定时器初始化部分后面添加 HAL_TIM_PWM_Start_IT() 函数，以便开启 PWM 功能，程序如下。

```
HAL_TIM_PWM_Start_IT(&htim3,TIM_CHANNEL_4);   //添加启动
```

两个按键 PB10、PB11 的初始化配置函数在"gpio.c"文件中，该函数自动生成，无须修改。

用户要完成两个按键修改比较值的程序，要设置 PWM 的回调函数，通过函数 __HAL_TIM_SET_COMPARE() 完成比较值的修改设置。"main.c"文件中的程序如下。

```c
#include "main.h"
#include "tim.h"
#include "gpio.h"
unsigned int CCR1_Val=50;
void SystemClock_Config(void);
/* * * * * * * * * * * * * * * * * * * * * * * * * * * * * * * * * * * * * *
main()函数功能:初始化时钟、GPIO、TIM3
* * * * * * * * * * * * * * * * * * * * * * * * * * * * * * * * * * * * * */
int main(void)
{
  HAL_Init();
  SystemClock_Config();
  MX_GPIO_Init();
  MX_TIM3_Init();
  while (1){;}
}
/* * * * * * * * * * * * * * * * * * * * * * * * * * * * * * * * * * * * * *
HAL_GPIO_EXTI_Callback()函数功能:PB10、PB11按键中断回调函数,修改占空比
* * * * * * * * * * * * * * * * * * * * * * * * * * * * * * * * * * * * * */
void HAL_GPIO_EXTI_Callback(uint16_t GPIO_Pin)
{
    if(GPIO_Pin==GPIO_PIN_10){
    CCR1_Val=CCR1_Val+5;
    if(CCR1_Val>=90)   CCR1_Val=90;
    }
    if(GPIO_Pin==GPIO_PIN_11){
    CCR1_Val=CCR1_Val-5;
    if(CCR1_Val<=10)   CCR1_Val=10;
    }
}
/* * * * * * * * * * * * * * * * * * * * * * * * * * * * * * * * * * * * * *
HAL_TIM_PWM_PulseFinishedCallback()函数功能:回调,设置比较值,即占空比。
* * * * * * * * * * * * * * * * * * * * * * * * * * * * * * * * * * * * * */
void HAL_TIM_PWM_PulseFinishedCallback(TIM_HandleTypeDef* htim)
{
    __HAL_TIM_SET_COMPARE(&htim3,TIM_CHANNEL_4,CCR1_Val);
}
```

4. 仿真与调试

在 Keil-MDK 中进行编辑、编译、调试后,生成可执行文件。在 Proteus 中绘制仿真电路图,并加载编译后的.hex 文件到工程中。分别调节按键,用示波器可观察 PWM 波形占空比变化情况,也可较直观地观察直流电机的转速变化情况。仿真电路图与调试效果如图 7.20 所示。

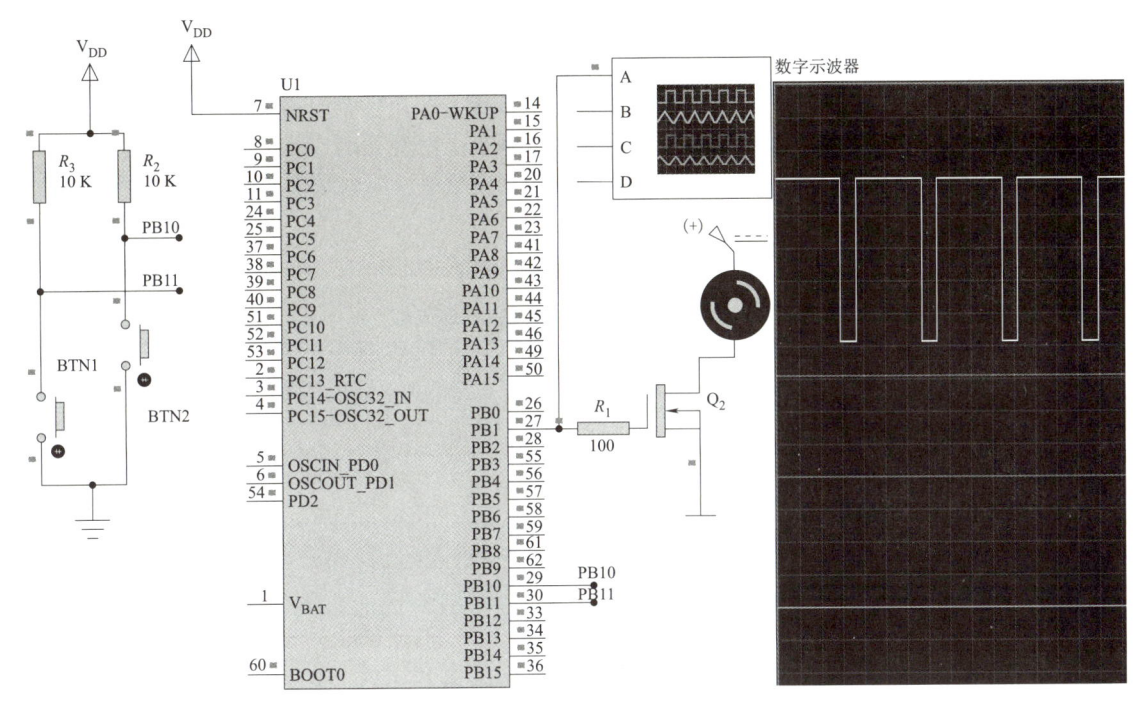

图 7.20　仿真电路图与调试效果

7.6　STM32 的看门狗定时器

7.6.1　看门狗定时器内部结构

STM32 中的看门狗定时器包括 IWDG 和 WWDG。这两个看门狗定时器提供了更高的安全性、时间的精确性和使用的灵活性，其作用是检测和解决由软件错误引起的故障，当计数器达到给定的超时值时，触发一个中断（仅适用于 WWDG）或产生系统复位。IWDG 适用于那些需要看门狗定时器在主程序之外能够完全独立工作，并且对时间精度要求较低的场景。WWDG 适用于那些要求看门狗定时器在精确计时窗口起作用的场景。

1. IWDG 工作原理

IWDG 由 LSI 驱动，即使主时钟发生故障，它仍然有效。

IWDG 是 12 位向下计数器（递减计数器），其框图如图 7.21 所示。IWDG 分为软件看门狗和硬件看门狗。软件看门狗的工作原理：在键寄存器（IWDG_KR）中写入 0xCCCC，开始启用独

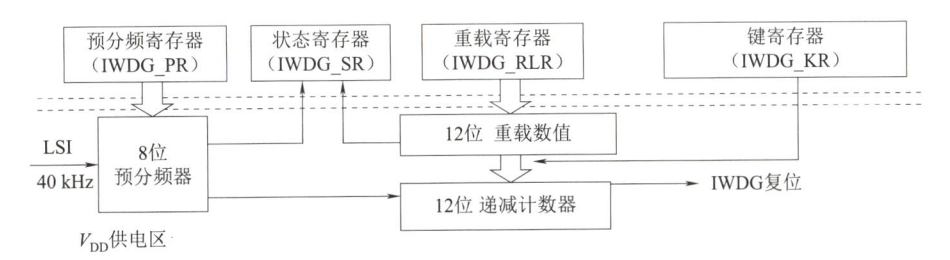

图 7.21　IWDG 框图

立看门狗，此时计数器开始从其复位值0xFFF递减计数；当计数器计数到末尾0x000时，会产生一个复位信号（IWDG_RESET）。无论何时，只要在键寄存器IWDG_KR中写入0xAAAA，重载寄存器（IWDG_RLR）中的值就会被重载到计数器，从而避免产生看门狗复位。

如果用户在选择字节中启用了硬件看门狗功能，系统上电复位后，看门狗会自动开始运行；如果在计数器计数结束前，软件没有向键寄存器写入相应的值，那么系统会产生复位。

2. IWDG 相关的 HAL 库函数

IWDG 相关的 HAL 库函数在文件"stm32f1xx_hal_iwdg.c/h"中，如表7.14所示。

表7.14 IWDG 相关的 HAL 库函数

类型	函数及功能
初始化	HAL_StatusTypeDef HAL_IWDG_Init(IWDG_HandleTypeDef*hiwdg) 功能：IWDG 初始化
外设操作	HAL_StatusTypeDef HAL_IWDG_Refresh(IWDG_HandleTypeDef*hiwdg) 功能：刷新喂狗计数值

IWDG 的句柄为 IWDG_HandleTypeDef，该结构体定义如下。

```
typedef struct
{   IWDG_TypeDef         * Instance;    //①寄存器
    IWDG_InitTypeDef       Init;        //②配置参数
} IWDG_HandleTypeDef;
```

主要语句功能如下。
①Instance：定义 IWDG 寄存器。
②Init：定义 IWDG 的相关配置参数，具体如下。

```
typedef struct
{   uint32_t Prescaler;    //分频值
    uint32_t Reload;       //重载值，Min_Data=0 and Max_Data=0x0FFF
} IWDG_InitTypeDef;
```

其中，分频值 Prescaler 有4、8、16、32、64、128、256分频，如 IWDG_PRESCALER_4 表示4分频。

3. WWDG 工作原理

WWDG 由从 APB1 时钟分频后得到的基准时钟驱动，通过可配置的时间窗口来检测应用程序非正常过迟或过早的操作。

WWDG 是7位向下计数器，内部结构如图7.22所示。若看门狗被启动（WWDG_CR 寄存器中的 WDGA 位被置1），并且当7位（T[6:0]）递减计数器从0x40翻转到0x3F（T6位清零）时，则产生一个复位。如果软件在计数器值大于窗口寄存器中的数值时重新装载计数器，将产生一个复位。

4. WWDG 相关的 HAL 库函数

WWDG 相关的 HAL 库函数在文件"stm32f1xx_hal_wwdg.c/h"中，如表7.15所示。

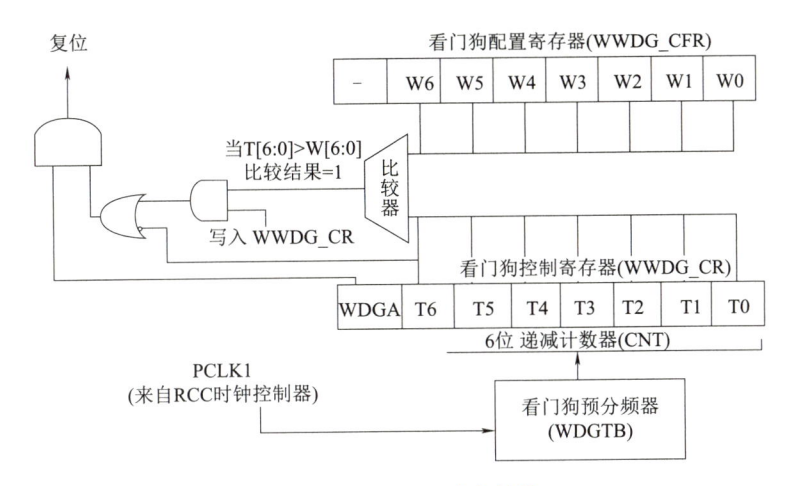

图7.22　WWDG 内部结构

表7.15　WWDG 相关的 HAL 库函数

类型	函数及功能
初始化	HAL_StatusTypeDef HAL_WWDG_Init(WWDG_HandleTypeDef*hwwdg) 功能：WWDG 初始化函数 void HAL_WWDG_MspInit(WWDG_HandleTypeDef*hwwdg) 功能：将配置参数写入寄存器
外设操作	HAL_StatusTypeDef HAL_WWDG_Refresh(WWDG_HandleTypeDef*hwwdg) 功能：刷新喂狗计数值 void HAL_WWDG_IRQHandler(WWDG_HandleTypeDef*hwwdg) 功能：WWDG 中断函数 void HAL_WWDG_EarlyWakeupCallback(WWDG_HandleTypeDef*hwwdg) 功能：WWDG 中断回调函数

WWDG 的句柄为 WWDG_HandleTypeDef，该结构体定义如下。

```
typedef struct
{   WWDG_TypeDef        *Instance;     //①寄存器
    WWDG_InitTypeDef     Init;         //②配置参数
} WWDG_HandleTypeDef;
```

主要语句功能如下。
①Instance：定义 WWDG 寄存器。
②Init：配置 WWDG 的参数，具体如下。

```
typedef struct
{   uint32_t Prescaler;      //分频值，如 WWDG_PRESCALER_1
    uint32_t Window;         //窗口值，Min_Data=0x40 and Max_Data=0x7F
    uint32_t Counter;        //计数值，Min_Data=0x40 and Max_Data=0x7F
    uint32_t EWIMode;        //早期唤醒中断模式，WWDG_EWI_ENABLE/DISABLE
} WWDG_InitTypeDef;
```

其中，分频值 Prescaler 有 1、2、4、8 分频，如 WWDG_PRESCALER_4 表示4 分频。

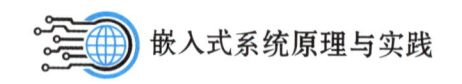

7.6.2 看门狗定时器应用：STM32系统运行监测设计

1. 任务要求

利用IWDG实现4 s的定时，以监测STM32F1系列MCU正常工作。设置一个LED和按键来监测程序的运行情况，当系统正常工作时，LED间隔1 000 ms闪烁；设按键被按下时表示故障，超时喂狗，产生看门狗复位，LED不闪烁。请完成程序的设计，并在Proteus中完成仿真和调试。

2. 硬件设计

硬件电路如图7.23所示，在PB10外接一个按钮模拟故障，接10 kΩ上拉电阻；PB0外接发光二极管，阳极通过100 Ω电阻接电源正极。

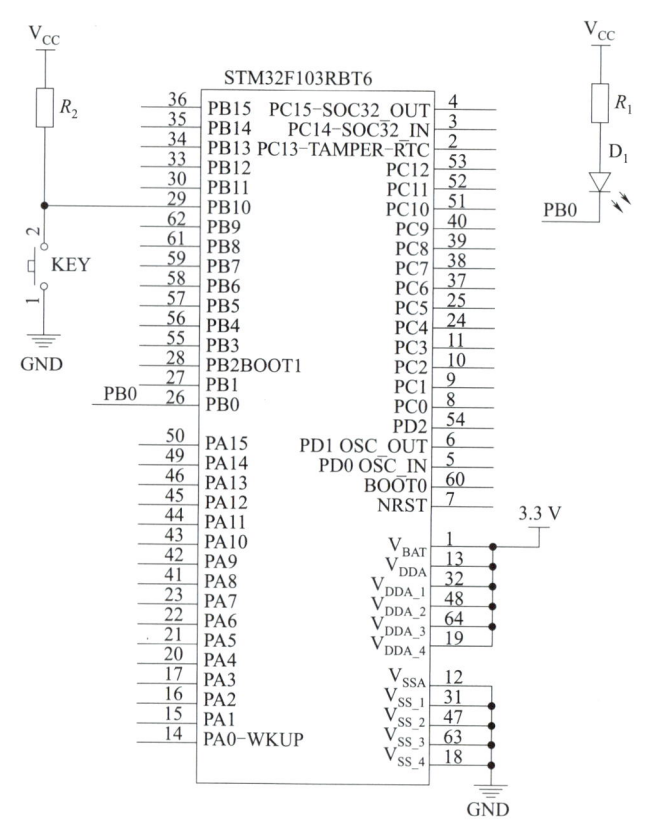

图7.23 硬件电路

3. 软件设计

系统LSI的频率为40 kHz，设置IWDG分频值为64，则有 $4\text{ s} = \dfrac{1}{40\text{ kHz}/64} \times N$，可得计数值 $N = 2\ 500$。由于IWDG是减计数器，所以初值为 $2\ 500 - 1$。将以上参数通过STM32CubeMx进行配置，如图7.24所示，并生成MDK工程文件。

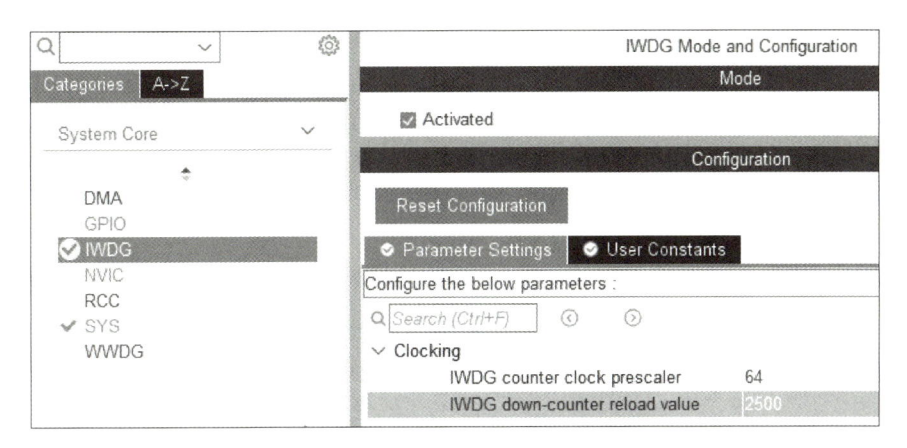

图 7.24　IWDG 配置

在生成的 MDK 工程文件中，无须修改 IWDG 初始化程序，主要完成对 main( ) 函数和中断回调函数的修改，参考程序如下。

```
#include "main.h"
uint8_t KEY = 0x00;
IWDG_HandleTypeDef hiwdg;
void SystemClock_Config(void);
static void MX_GPIO_Init(void);
static void MX_IWDG_Init(void);
/* * * * * * * * * * * * * * * * * * * * * * * * * * * * * * * * * * * * *
int main()函数功能:循环刷新 IWDG 初值,不计满,若计满则产生中断
* * * * * * * * * * * * * * * * * * * * * * * * * * * * * * * * * * * * */
int main(void)
{
  HAL_Init();
  SystemClock_Config();
  MX_GPIO_Init();
  MX_IWDG_Init();
  while (1){
    HAL_IWDG_Refresh(&hiwdg);           //刷新初值
    HAL_GPIO_TogglePin(GPIOB,GPIO_PIN_0);//对 PB0 进行翻转
    if(KEY = = 0x00) HAL_Delay(1000);    //按键未被按下,延时为 1 000 ms
    else             HAL_Delay(4100);    //按键被按下,延时为 4 100 ms
  }
}
/* * * * * * * * * * * * * * * * * * * * * * * * * * * * * * * * * * * * *
HAL_GPIO_EXTI_Callback()函数功能:对 KEY 取反,主程序中选择不同的时间
* * * * * * * * * * * * * * * * * * * * * * * * * * * * * * * * * * * * */
void HAL_GPIO_EXTI_Callback(uint16_t GPIO_Pin)
{
   if(GPIO_Pin = = GPIO_PIN_10)  KEY = ! KEY;
}
```

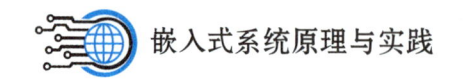

4. 仿真与调试

在 Proteus 中绘制仿真电路图，如图 7.25 所示，正常情况下，IWDG 在 1 000 ms 喂狗一次，因此 LED 灯间隔 1 000 ms 闪烁。当按下按键时，HAL_Delay(4100) 要延时 4 100 ms，超出了 IWDG 的 4 s（4 000 ms）周期，因此计数器计满并产生系统复位。由此可知，在系统中可引入看门狗定时器，增加系统的稳定性。

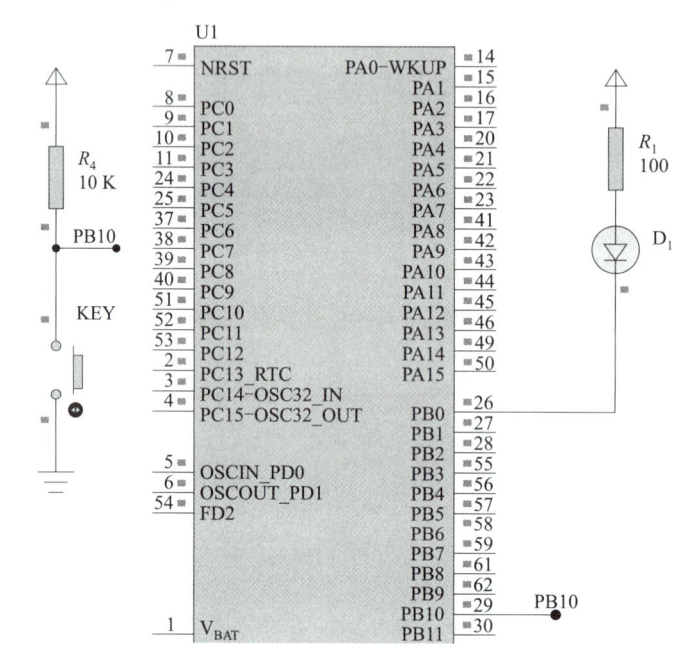

图 7.25　仿真电路图

7.7　节拍定时器 SysTick

7.7.1　节拍定时器 SysTick 简介

在 ARM Cortex‑M3 内核中，有一个 24 位的节拍定时器 SysTick，其计数方式为向下计数，该定时器通常被用于 RTOS 的心跳计时，若无 RTOS，也可作为普通定时器使用。

1. SysTick 的工作原理

SysTick 的时钟源默认来自 HCLK 的 8 分频（也可以配置为不分频），如系统时钟为 72 MHz，则 SysTick 的时钟为 9 MHz。计数器从初始值减计数，当计到 0 时，将从 RELOAD 寄存器中自动重载定时初值，只要不把它在 SysTick 控制及状态寄存器中的使能位清除，就永不停息。SysTick 计满后会产生中断，其中断向量位于系统向量表中，优先级数值为负值，不能修改。

2. SysTick 相关的 HAL 库函数

SysTick 相关的 HAL 库函数在文件"stm32f1xx_hal_cortex.c/h"中，如表 7.16 所示。对 SysTick 的操作有初始化函数、基准时钟配置函数和中断相关函数。

表 7.16　SysTick 相关的 HAL 库函数

类型	函数及功能
初始化函数	uint32_t HAL_SYSTICK_Config(uint32_t TicksNumb) 功能：初始化 SysTick，初始化后也开启中断
外设控制函数	void HAL_SYSTICK_CLKSourceConfig(uint32_t CLKSource) 功能：时钟源设置 CLKSource 可以选择 SYSTICK_CLKSOURCE_HCLK_DIV8、SYSTICK_CLKSOURCE_HCLK void HAL_SYSTICK_IRQHandler(void) 功能：SysTick 中断服务程序 void HAL_SYSTICK_Callback(void) 功能：SysTick 回调函数

7.7.2　SysTick 应用：100 ms 闪烁灯设计

1. 任务要求

用 SysTick 和 GPIO 设计一个闪烁灯。PB0 外接 LED，间隔 100 ms 闪烁，设置系统时钟为 8 MHz，请设计程序。

2. 硬件电路

硬件电路与图 7.23 一致。

3. 软件设计

要求用 SysTick 定时 100 ms，初值为 800 000，间隔产生中断，在中断服务程序中取反 PB0，可实现 LED 间隔 100 ms 闪烁，程序如下。

```
/*******************************************
函数功能：main()，SysTick 初始化
*******************************************/
void  main()
{
HAL_Init();
SystemClock_Config();
MX_GPIO_Init();
HAL_SYSTICK_Config(800000);
while(1);
}
/*******************************************
SysTick_Handler(void)函数功能:SysTick 中断服务程序
*******************************************/
void SysTick_Handler(void)
{
  HAL_GPIO_TogglePin(GPIOB,GPIO_PIN_0);
}
```

4. 仿真与调试

将上述程序在软件中编译，生成的 hex 文件导入图 7.25 所示的仿真电路中，可观察发光二极管间隔 100 ms 闪烁。

7.8 STM32 的实时时钟

7.8.1 实时时钟的功能和结构

实时时钟即 RTC，它可以提供时钟、日历的功能，并且可以使用外部电池供电，在极低的功耗下保持计数，使系统在断电之后还能够计算时间，因此被称为实时时钟。

STM32F1 系列 MCU 的 RTC 是一个 32 位的计数器，使用时，需要将计数器的值换算成日期和时间。RTC 还具备后备存储区，可以利用电池供电，保存 10 个 16 位的数据。RTC 内部结构如图 7.26 所示。

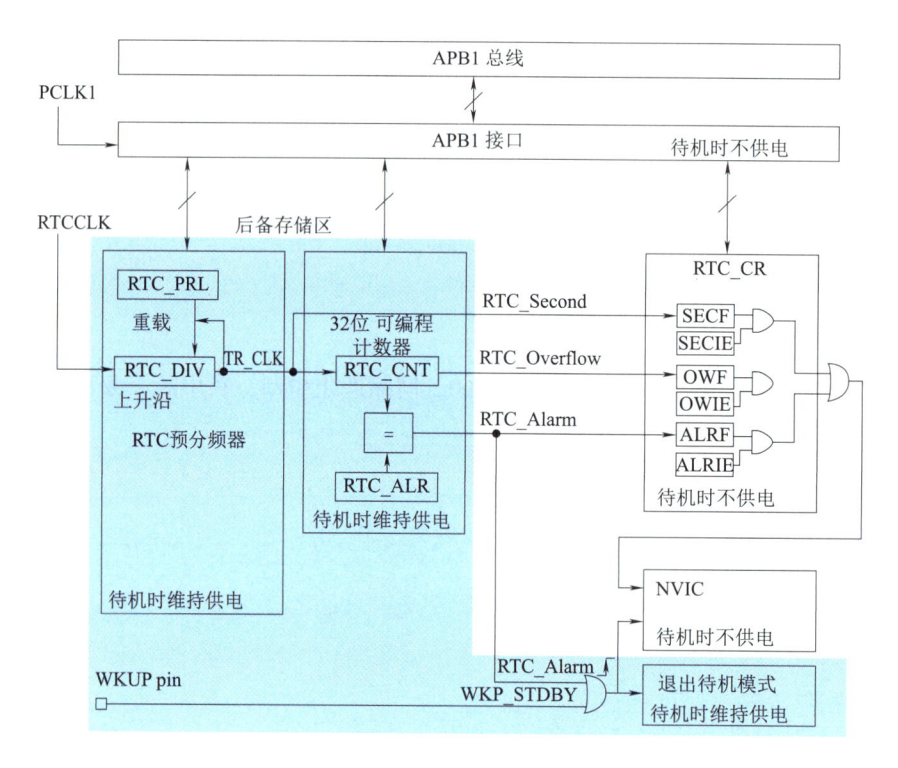

图 7.26 RTC 内部结构

1. RTC 基准时钟源

RTC 的时钟源 RTCCLK 可以是 HSE 时钟除以 128、LSE 振荡器时钟、LSI 振荡器时钟。RTC 内部有一个 20 位的可编程预分频器，可以实现一秒的 RTC 基准时钟 TR_CLK。

2. 32 位可编程计数器

32 位的可编程计数器可被初始化为当前的系统时间。系统时间按 TR_CLK 周期累加并与存储在 RTC_ALR 寄存器中的可编程时间相比较。如果 RTC_CR 控制寄存器中设置了相应的允许位，比较匹配时，将产生一个闹钟中断。

3. 溢出标志和中断

在每一个 RTC 核心的时钟周期中，更改 RTC 计数器之前，应设置 RTC 秒标志（SECF）。

在计数器到达 0x0000 之前的最后一个 RTC 时钟周期中，应设置 RTC 溢出标志（OWF）。

在计数器的值到达闹钟寄存器的值加 1（RTC_ALR+1）之前的 RTC 时钟周期中，应设置 RTC_Alarm 和 RTC 闹钟标志（ALRF）。

上述标志若使能中断，则产生一次 RTC 中断。

7.8.2 RTC 相关的 HAL 库函数

RTC 相关的 HAL 库函数在文件"stm32f1xx_hal_rtc.c/h"中，主要分为初始化函数、RTC 时间配置函数、RTC 闹钟函数、外部控制函数和状态函数，如表 7.17 所示。

表 7.17 RTC 相关的 HAL 库函数

类型	函数及功能

初始化	`HAL_StatusTypeDef HAL_RTC_Init(RTC_HandleTypeDef * hrtc);`
	`HAL_StatusTypeDef HAL_RTC_DeInit(RTC_HandleTypeDef * hrtc);`
	功能：RTC 时钟初始化和卸载函数。
	`void  HAL_RTC_MspInit(RTC_HandleTypeDef * hrtc);`
	`void  HAL_RTC_MspDeInit(RTC_HandleTypeDef * hrtc);`
	功能：RCT 硬件初始化和卸载函数。

RTC 时间配置函数	`HAL_StatusTypeDef HAL_RTC_SetTime(RTC_HandleTypeDef * hrtc, RTC_TimeTypeDef * sTime, uint32_t Format);`
	功能：RTC 的时、分、秒设置函数。
	`HAL_StatusTypeDef HAL_RTC_GetTime(RTC_HandleTypeDef * hrtc, RTC_TimeTypeDef * sTime, uint32_t Format);`
	功能：RTC 的时、分、秒获取函数。
	`HAL_StatusTypeDef HAL_RTC_SetDate(RTC_HandleTypeDef * hrtc, RTC_DateTypeDef * sDate, uint32_t Format);`
	功能：RTC 的年、月、日设置函数。
	`HAL_StatusTypeDef HAL_RTC_GetDate(RTC_HandleTypeDef * hrtc, RTC_DateTypeDef * sDate, uint32_t Format);`
	功能：RTC 的年、月、日获取函数。

RTC 闹钟函数	`HAL_StatusTypeDef HAL_RTC_SetAlarm(RTC_HandleTypeDef * hrtc, RTC_AlarmTypeDef * sAlarm, uint32_t Format);`
	功能：设置指定的 RTC 警报。
	`HAL_StatusTypeDef HAL_RTC_SetAlarm_IT(RTC_HandleTypeDef * hrtc, RTC_AlarmTypeDef * sAlarm, uint32_t Format);`
	功能：用中断设置指定的 RTC 报警。
	`HAL_StatusTypeDef HAL_RTC_DeactivateAlarm(RTC_HandleTypeDef * hrtc, uint32_t Alarm);`
	功能：禁用指定的 RTC 警报。
	`HAL_StatusTypeDef HAL_RTC_GetAlarm(RTC_HandleTypeDef * hrtc, RTC_AlarmTypeDef * sAlarm, uint32_t Alarm, uint32_t Format);`
	功能：获取 RTC 报警值和掩码。
	`void  HAL_RTC_AlarmIRQHandler(RTC_HandleTypeDef * hrtc);`
	功能：该函数处理报警中断请求。
	`HAL_StatusTypeDef HAL_RTC_PollForAlarmAEvent(RTC_HandleTypeDef * hrtc, uint32_t Timeout);`
	功能：此函数处理报警事件轮询请求。
	`void  HAL_RTC_AlarmAEventCallback(RTC_HandleTypeDef * hrtc);`
	功能：RTC 报警回调函数。

续表

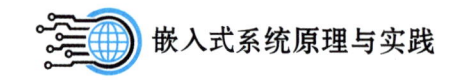

类型	函数及功能

外部控制	`HAL_StatusTypeDef HAL_RTC_WaitForSynchro(RTC_HandleTypeDef * hrtc);`
	功能：RTC 寄存器等待与 RTC 时钟同步函数。
	`HAL_RTCStateTypeDef HAL_RTC_GetState(RTC_HandleTypeDef * hrtc);`
	功能：RTC 状态获取函数。

1. RTC 的句柄 RTC_HandleTypeDef

RTC 的句柄为 RTC_HandleTypeDef，用于定义 RTC 的配置参数，结构体定义如下。

```
typedef struct
{   RTC_TypeDef* Instance;              //①寄存器
    RTC_InitTypeDef Init;               //②RTC 配置
    RTC_DateTypeDef DateToUpdate;       //③由用户设置并自动更新的当前日期
    HAL_LockTypeDef Lock;               //RTC 锁定对象
    __IO HAL_RTCStateTypeDef  State;    //时间通信状态
} RTC_HandleTypeDef;
```

主要语句功能如下。

① 参数 RTC_ TypeDef * Instance，定义 RTC 的寄存器。

② 参数 RTC_ InitTypeDef Init，RTC 的配置。

```
typedef struct
{
    uint32_t AsynchPrediv;   //指定 RTC 异步预分频器值。
    uint32_t OutPut;         //指定哪个信号将被路由到 RTC Tamper 引脚。
} RTC_ InitTypeDef;
```

③ 参数 RTC_ DateTypeDef DateToUpdate，设置星期、月、天、年参数。

```
typedef struct
{
    uint8_t WeekDay;     //星期
    uint8_t Month;       //月
    uint8_t Date;        //天
    uint8_t Year;        //年
} RTC_DateTypeDef;
```

2. RTC 的时间设置结构体 RTC_ TimeTypeDef

RTC 的时间设置结构体为 RTC_ TimeTypeDef，用于设置时、分、秒参数，定义如下。

```
typedef struct
{   uint8_t Hours;      //小时
    uint8_t Minutes;    //分钟
    uint8_t Seconds;    //秒钟
} RTC_TimeTypeDef;
```

7.8.3 RTC 应用：电子台历设计

1. 任务要求

利用 RTC 设计一个显示年、月、日、星期、时、分、秒的数字时钟，并通过 LCD1602 显示。要求设计程序，并通过 Proteus 完成仿真和调试。

2. 硬件设计

电子台历硬件电路如图 7.27 所示，电路中 STM32 的接口 PC0～PC7 与 LCD1602 的数据端 DB0～DB7 相连，PC10 与使能端 E 相连，PC9 与读写端 RW 相连，PC8 与寄存器选择控制端 RS 相连，电路位 RP4 用于调节 LCD1602 的背光；PC13 通过三极管外接蜂鸣器，限流电阻 R1 为 100 Ω。

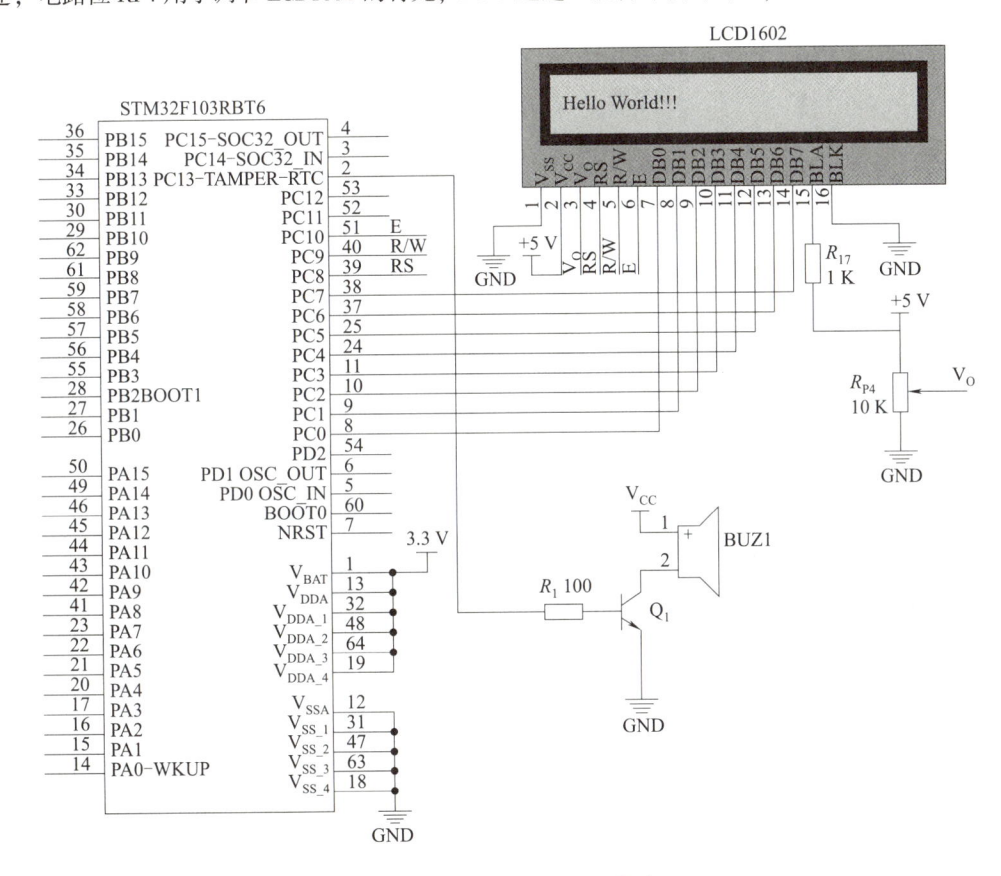

图 7.27 电子台历硬件电路

3. 软件设计

在 STM32 CubeMX 中直接配置 RTC，如设置为 2022 年 7 月 21 日，星期四，16:00:00。启用 RTC，勾选"Activate Clock Source"（时钟源）、"Activate Calendar"（日历）复选框，设置"RTC OUT"，RTC OUT 输出时，固定是 PC13 引脚，如果在之前的工程中设置了 PC13 引脚，要先重置后再设置"RTC OUT"。设置 RTC 的时钟，切换到"Configuration"选项卡，选择内部的低速时钟。RTC 时钟配置如图 7.28 所示。

在 STM32CubeMX 中生成 MDK 工程文件，无须修改 RTC 的初始化函数 MX_RTC_Init()，主要修改时钟参数年、月、日、时、分、秒的获取函数，以及 LCD1602 的显示程序，参考程序如下。

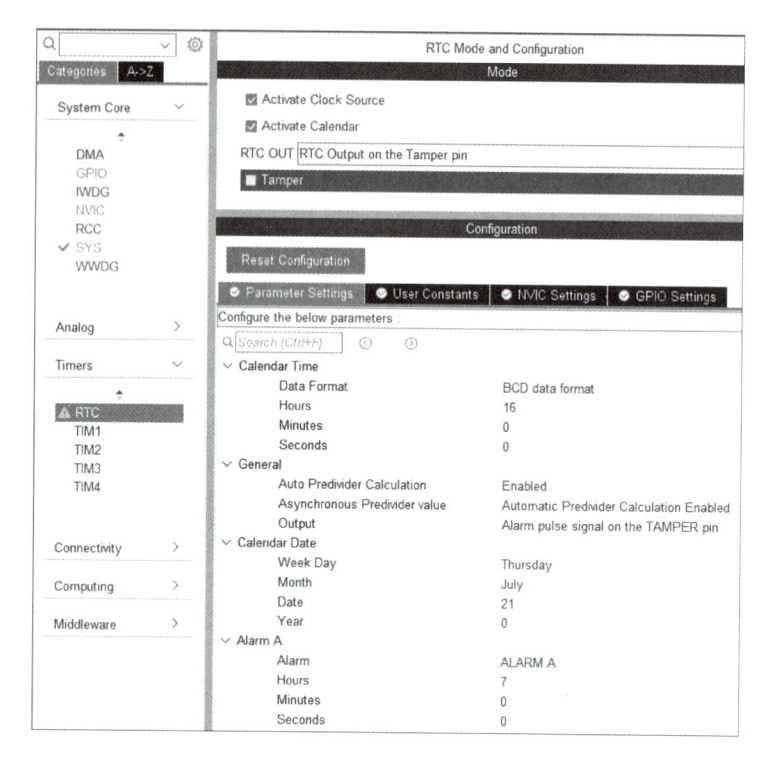

图 7.28　RTC 时钟配置

```
#include "main.h"
#include "stdio.h"
#include "LCD1602.h"
RTC_HandleTypeDef hrtc;
char   aShowTime[20] = {0};
char   aShowDate[20] = {0};
void SystemClock_Config(void);
static void MX_GPIO_Init(void);
static void MX_RTC_Init(void);
static void RTC_TimeShow(char* showtime,char* showdate);
/* * * * * * * * * * * * * * * * * * * * * * * * * * * * * * * * * * * * *
int main()函数功能:时钟、RTC、GPIO、LCD1602 初始化,获取时间并显示
* * * * * * * * * * * * * * * * * * * * * * * * * * * * * * * * * * * * */
int main(void)
{
  HAL_Init();
  SystemClock_Config();
  MX_GPIO_Init();
  MX_RTC_Init();
  LCD1602_Init();
  while (1){
    RTC_TimeShow(aShowTime,aShowDate);
    LCD_WriteString(0,0,aShowDate);
```

```
        LCD_WriteString (1,0,aShowTime);
    }
}
/* * * * * * * * * * * * * * * * * * * * * * * * * * * * * * * * * *
RTC_TimeShow()函数功能:获取时间
输入参数:* showtime 表示获取时、分、秒,* showdate 表示获取年、月、日、星期
输出参数:无
* * * * * * * * * * * * * * * * * * * * * * * * * * * * * * * * * */
static void RTC_TimeShow(char * showtime,char * showdate)
{
    RTC_DateTypeDef sdatestructureget;
    RTC_TimeTypeDef stimestructureget;
    HAL_RTC_GetTime(&hrtc, &stimestructureget, RTC_FORMAT_BIN);
    HAL_RTC_GetDate(&hrtc, &sdatestructureget, RTC_FORMAT_BIN);
    sprintf((char* )showtime,"% 02d:% 02d:% 02d",stimestructureget.Hours,
                            stimestructureget.Minutes,
                            stimestructureget.Seconds);
    sprintf((char* )showdate,"% 02d - % 02d - % 02d,% 02d",
                    sdatestructureget.Year,
                    sdatestructureget.Month, sdatestructureget.Date,
                    sdatestructureget.WeekDay);
}
```

4. 仿真与调试

在 Proteus 中绘制电路图，并将程序编译后的 .hex 文件加载到工程中进行调试，仿真电路图与调试效果如图 7.29 所示。

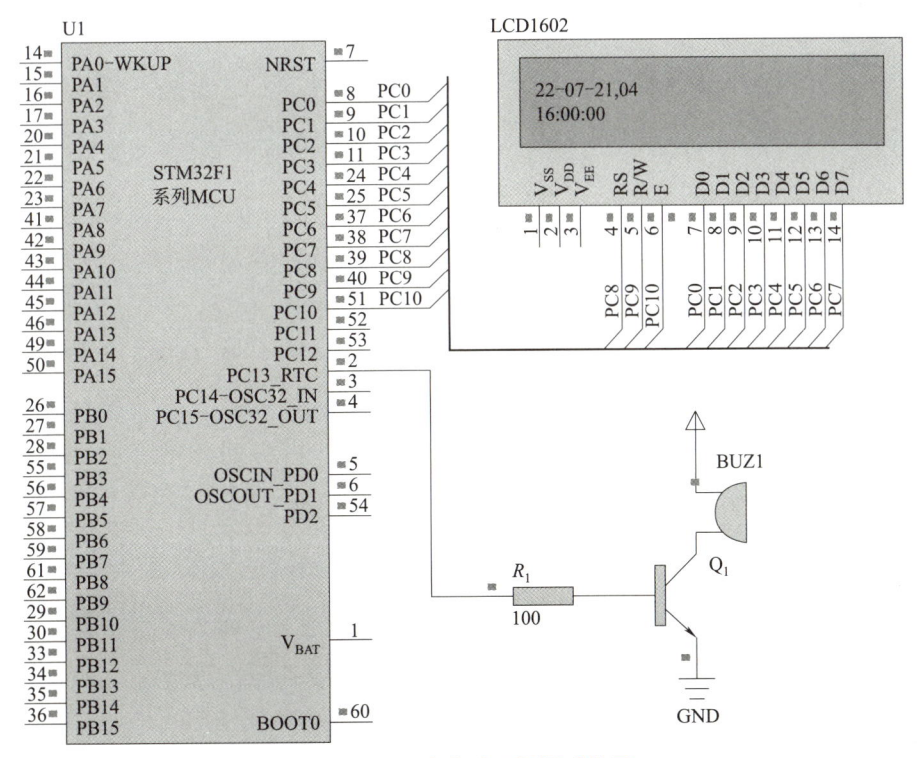

图 7.29 仿真电路图与调试效果

本章小结

定时器可分为软件定时器、硬件定时器和可编程定时器。STM32F1 系列 MCU 使用的定时器可分为外设定时器和内核定时器。外设定时器可分为常规定时器和专用定时器。常规定时器包括通用定时器（TIM2、TIM3、TIM4、TIM5）、基本定时器（TIM6、TIM7）、高级定时器（TIM1、TIM8）。专用定时器包括独立看门狗定时器（IWDG）、窗口看门狗定时器（WWDG）、实时时钟（RTC）。常规定时器是 16 位可加减的定时器，这些定时器可用于输入捕获脉冲信号、输出比较产生 PWM 脉冲信号，在电子技术领域广泛应用。看门狗定时器常用于监控 CPU 的运行，提高抗干扰能力。实时时钟用于实现数字时钟。另外，ARM Cortex-M3 内核有一个 24 位的节拍定时器 SysTick，常用于 RTOS 的"心跳"计时。

本章习题

1. STM32F1 系列 MCU 使用了哪些定时器？这些定时器各自的功能是什么？
2. 简述输入捕获的工作原理。
3. 简述 PWM 波形形成原理。
4. 用定时器设计一个呼吸灯。
5. 用定时器设计一个步进电机驱动控制器，完成电路和软件设计。

第8章　通用同步/异步收发器

教学目标

【知识】

(1) 深刻理解计算机中的并行通信和串行通信的结构及工作原理。

(2) 掌握同步通信和异步通信的数据传输方式。

(3) 掌握STM32F1系列MCU的通用同步/异步收发器的结构及相关寄存器配置。

(4) 掌握STM32F1系列MCU的通用同步/异步收发器的双机通信、多机通信，以及与计算机通信的应用开发方法。

【能力】

(1) 具有分析STM32F1系列MCU的通用同步/异步收发器串行通信电路及程序的能力。

(2) 具有设计STM32F1系列MCU的通用同步/异步收发器串行通信电路的能力。

(3) 具有配置STM32F1系列MCU的通用同步/异步收发器串行通信寄存器及设计通信程序的能力。

8.1　串行通信工作原理

通信是指传递信息，随着物联网技术的发展，通信技术应用得越来越广泛，MCU与MCU之间、MCU与通用计算机之间、MCU与其他通信设备之间的异步串行通信已广泛应用。

8.1.1　并行通信与串行通信

计算机通信是指将计算机技术和通信技术相结合，完成计算机与外部设备或计算机与计算机之间的信息交换。这种信息交换可分为两种方式：并行通信与串行通信。并行通信是将数据字节的各位用多条数据线同时进行传输，其结构如图8.1所示。并行通信的特点是控制简单、传输速度快，但传输线较多，长距离传输时成本较高，因此仅适用于短距离传输。串行通信是将数据字节分成一位一位的形式在一条传输线上逐个传输，其结构如图8.2所示。串行通信的特点是传输线少，长距离传输时成本较低，但传输速度慢，因此适用于长距离传输。

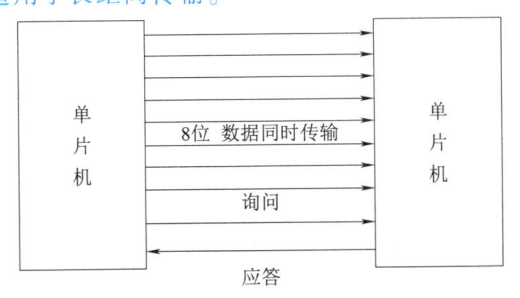

图8.1　并行通信结构

图8.2　串行通信结构

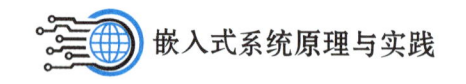

8.1.2 同步通信和异步通信

按照串行通信数据的时钟控制方式，串行通信可分为异步通信和同步通信两类。

1. 异步通信

在异步通信中，数据通常是以字符（或字节）为单位组成字符帧传输的。字符帧由发送端一帧一帧地发送，通过传输线被接收设备一帧一帧地接收。发送端和接收端可以由各自的时钟来控制数据的发送和接收，这两个时钟源彼此独立，互不同步，但要求传输速率一致。在异步通信中，两个字符之间的传输间隔是任意的，所以每个字符的前后都要用一些数位来作为分隔位。发送端和接收端依靠字符帧格式来协调数据的发送和接收，在通信线路空闲时，发送端为高电平（逻辑1），每当接收端检测到传输线上发送过来的低电平（逻辑0）时，就知道发送端已开始发送（字符帧中的起始位），当接收端接收到字符帧中的停止位时，就知道一帧字符信息已发送完毕。在异步通信中，字符帧格式和波特率是两个重要指标，可由用户根据实际情况选定。异步通信结构如图8.3所示。

（1）字符帧。字符帧也叫数据帧，由起始位、数据位、校验位和停止位这4部分组成。

① 起始位位于字符帧开头，只占1位，始终为逻辑0，用于向接收端表示发送端开始发送一帧信息。

② 数据位紧跟起始位，用户根据情况可取5位、6位、7位或8位，低位在前、高位在后（即先发送数据的最低位）。若所传数据为ASCII码，则通常取7位。

③ 校验位位于数据位后，仅占1位，用于对串行通信数据进行奇偶校验。校验位也可以由用户定义为其他控制含义，也可以没有。

④ 停止位位于字符帧末尾，为逻辑1，通常可取1位、1.5位或2位，用于向接收端表示一帧字符信息已发送完毕，也为发送下一帧字符信息做准备。在串行通信中，发送端一帧一帧地发送信息，接收端一帧一帧地接收信息，两相邻字符帧之间可以无空闲位，也可以有若干空闲位，这由用户根据需要决定。

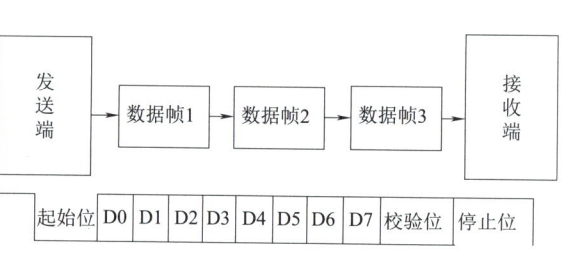

图 8.3 异步通信结构

（2）波特率。波特率是异步通信的重要指标，表示每秒钟传输二进制数码的位数，也叫比特数，单位为bit/s（或bps），即位/秒。波特率用于表征数据传输的速度，波特率越高，数据传输速度越快。异步通信的优点是不需要传输同步时钟，字符帧长度不受限制，故设备简单；缺点是因字符帧中包含起始位和停止位而降低了有效数据的传输速率。

2. 同步通信

同步通信是一种连续串行传输数据的通信方式，一次通信传输一组数据（包含若干个字符数据），其结构如图8.4所示。同步通信时要建立发送端时钟对接收端时钟的直接控制，使双方达到完全同步。在发送数据前，先要发送同步字符，再连续地发送数据。同步字符有单同步字符和双同步字符之分。同步通信的字符帧结构由同步字符、数据字符和校验字符3部分组成。在同步通信中，同步字

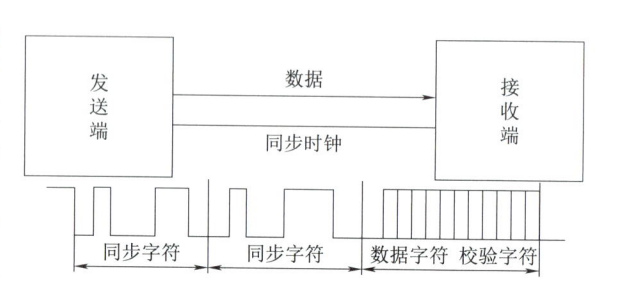

图 8.4 同步通信结构

符可以采用统一的标准格式，也可以由用户约定。

8.1.3　串行通信的传输方向

在串行通信中，数据是在两个设备之间进行传输的，按照数据传输方向和时间关系，分为单工、半双工和全双工 3 种制式，它们的数据传输示意图如图 8.5 所示。

（1）单工制式。通信线的一端接发送端，另一端接接收端，数据只能按照一个固定的方向传输。

（2）半双工制式。每个通信设备都由一个发送端和一个接收端组成。在这种制式下，数据能从 A 传输到 B，也可以从 B 传输到 A，但是不能同时在两个方向上传输，即只能一端发送，另一端接收。

（3）全双工制式。通信系统的每一端都有发送端和接收端，可以同时发送和接收，即数据可以在两个方向上同时传输。

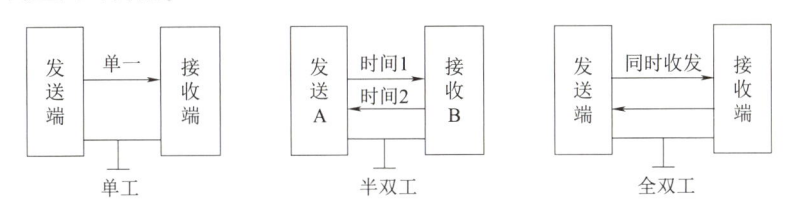

图 8.5　单工、半双工、全双工的数据传输示意图

8.1.4　串行通信的数据校验

在数据通信中，为了让通信的数据真实有效，往往需要对收发的数据进行校验，以保证传输数据准确无误。在嵌入式系统中，串行通信的校验方法有奇偶校验、循环冗余码校验、代码和校验等。

（1）奇偶校验。串行发送数据时，数据位尾随 1 位奇偶校验位。当约定为奇校验时，数据中逻辑 1 的个数与校验位 1 的个数之和应为奇数；当约定为偶校验时，数据中逻辑 1 的个数与校验位 1 的个数之和应为偶数。通信双方数据要保持一致，在接收数据帧时，对逻辑 1 的个数进行校验，若发现不一致，则说明数据传输过程中出了差错，应通知发送端重发。

（2）循环冗余码校验。循环冗余码校验纠错能力强，该校验是通过某种数学运算实现有效信息与校验位之间的循环校验的。它是目前应用较广的检错码编码方式之一，广泛应用于同步通信。

（3）代码和校验。代码和校验是发送端将所发数据块求和（或各字节异或），然后将产生的一个字节的校验字符附加到数据块尾。接收端接收数据时对数据块求和（或各字节异或），以实现对数据的校验。

8.2　STM32 的通用同步/异步收发器的内部结构

STM32F1 系列 MCU 上有多达 5 个通用同步/异步收发器（Universal Synchronous/Asynchronous Receiver/Transmitter，USART），这些接口是高度灵活的串行通信设备。其中，USART1 位于高速 APB2 总线上，USART2～USART5 位于 APB1 总线上。这些 USART 支持同步单向通信和半双工单向通信，也支持局部互连网（Local Interconnect Network，LIN）、智能卡、IrDA（The Infrared Data Association，红外线数据协会）SIR（Serial Infrared，串行红外协议）ENDEC，以及调制解调器等操作，允许多处理器通信，可工作于轮询模式、中断模式和 DMA 模式下，其内部结构如图 8.6 所示。

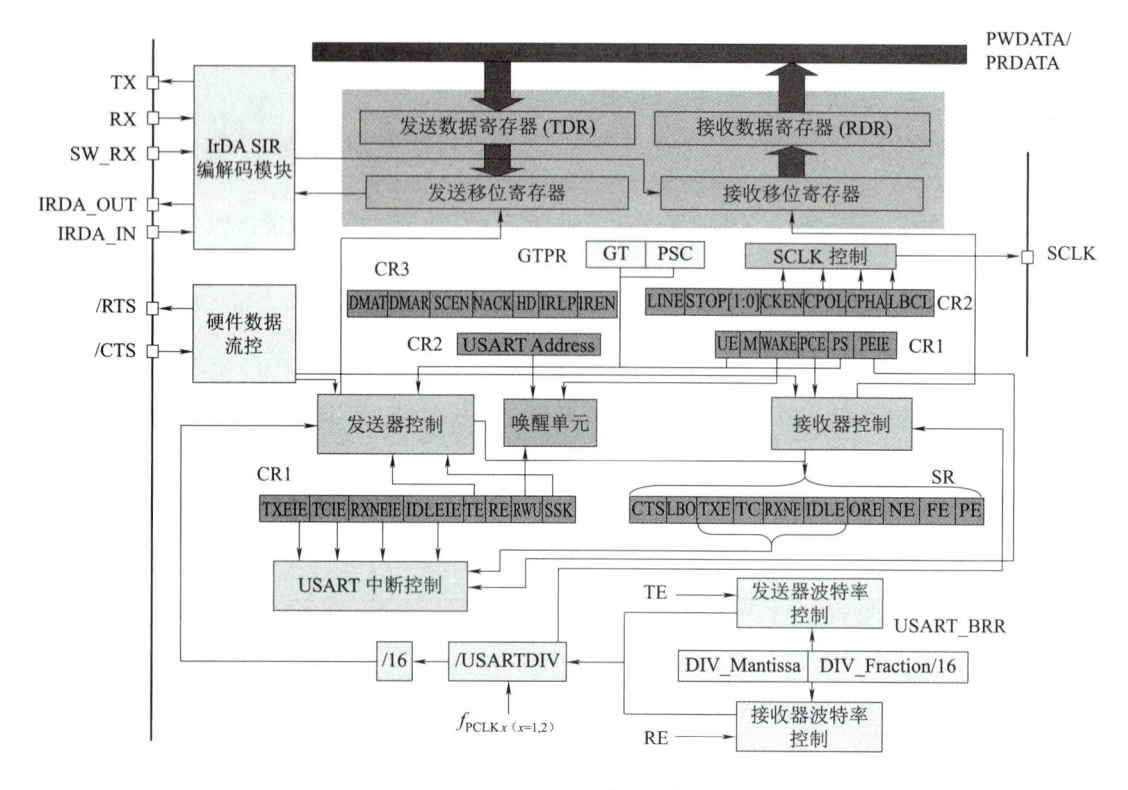

图 8.6 USART 内部结构

8.2.1 波特率发生器

USART 支持分数可编程波特率发生器。其中，USART1 使用 PCLK2（最高 72 MHz），其他 USART 使用 PCLK1（最高 36 MHz），其波特率计算公式如下式所示：

$$T_x\mid R_x\text{baudrate} = \frac{f_{\text{PCLK}x(x=1,2)}}{16 \times \text{USARTDIV}}$$

USART 的接收器和发送器的波特率是通过 USART_BRR 寄存器进行配置的，该寄存器的低 16 位被分成了两部分：0~3 位设置小数部分，4~15 位设置整数部分。整数部分为 12 位，小数部分为 4 位。

例如，APB2 总线频率为 72 MHz，要求波特率为 115 200 bit/s。计算可得 USARTDIV = 39.062 5，转换成十六进制数得整数部分为 0x27，小数部分为 0x01，因此 USART_BRR = 0x2701。

8.2.2 数据发送器

（1）数据位。

根据控制寄存器 CR1 中 M 位的设置，发送器可以发送 8 位或 9 位字长的数据。发送使能位（CR1 的 TE 位）被设置后，发送移位寄存器中的数据被依次输出到 TX 脚，相应的时钟脉冲被输出到 SCLK 脚。每个数据包包含一个字节，低位优先，每个字节前有一个起始位（长度为一个位周期的低电平）来作为前导，其后用一个停止位来结尾。如果设置中断使能 TXEIE 位，发送完产生一个发送结束中断。USART 写数据到数据寄存器 TDR，同时也触发 SR 寄存器控制位 TXE，开始数据的发送。

(2) 停止位。

每个字符发送的停止位的位数可以通过 CR2 寄存器 STOP[1:0] 位来编程，可以设置 1 个停止位、2 个停止位、0.5 个停止位和 1.5 个停止位。

(3) 校验位。

校验位可配置成奇校验、偶校验或无校验。设置控制寄存器 CR1 中的 PCE 位，可以使能奇偶控制（发送时生成一个奇偶位，接收时进行奇偶校验）。根据 M 位定义的帧长度，可设置的 USART 帧格式如表 8.1 所示。

表 8.1　USART 帧格式

M 位	PCE 位	USART 帧格式
0	0	起始位 + 8 位数据 + 停止位
0	1	起始位 + 7 位数据 + 奇偶校验位 + 停止位
1	0	起始位 + 9 位数据 + 停止位
1	1	起始位 + 8 位数据 + 奇偶校验位 + 停止位

8.2.3　数据接收器

(1) 数据位。

USART 可以根据控制寄存器 CR1 的 M 位设置接收的数据位是 8 位或 9 位。在 USART 接收期间，数据的最低有效位首先从 RX 脚移进。将接收到的数据存放在接收数据寄存器 RDR 中。

(2) 超始位侦测。

在 USART 中，如果辨认出一个特殊的采样序列，那么就认为侦测到一个起始位。该序列为 1 1 1 0 X 0 X 0 X 0 0 0 0。

(3) 接收断开帧、空闲帧。

当接收到一个断开帧时，USART 像处理帧错误一样处理它。当一个空闲帧被检测到时，其处理步骤和接收到普通数据帧一样。但如果 IDLEIE 位被设置，将产生一个中断。

(4) 溢出错误、噪声错误、帧错误。

如果接收缓冲器非空（RXNE 位还没有被复位），又接收到一个字符，则发生溢出错误。

为了区分有效的输入数据和噪声，异步接收器中采用了过采样技术。RX 线上的输入电平会被以波特率的 16 倍进行采样。这样 1 个数据位中会有 16 个采样点。USART 会用每个位中间的 3 次（第 8、9、10 次）采样值确定数据位的电平，并判断数据是否有效。

由于没有同步上或存在大量噪声，停止位没有在预期的时间上被接收识别出来，这种情况被称为帧错误。

(5) 停止位。

被接收的停止位的个数可以通过控制寄存器 CR2 的控制位来配置。在正常模式下，可以是 1 个或 2 个；在智能卡模式下，可能是 0.5 个或 1.5 个。

8.2.4　工作模式

USART 除可以工作在异步模式下外，还可以工作在同步、多处理器通信、智能卡、IrDA SIR ENDEC、LIN、硬件流控、半双工等模式下。其中，USART1、USART2、USART3 是通用同步异步收发器，USART4、USART5 为通用异步收发器。这些 USART 支持的工作模式如表 8.2 所示，下面介绍其中常用的几种。

表 8.2 USART 支持的工作模式

工作模式	USART1	USART2	USART3	USART4	USART5
异步模式	√	√	√	√	√
硬件流控模式	√	√	√	×	×
DMA 模式	√	√	√	√	×
多处理器通信模式	√	√	√	√	√
同步模式	√	√	√	×	×
智能卡模式	√	√	√	×	×
半双工模式	√	√	√	√	√
IrDA SIR ENDEC	√	√	√	√	√
LIN	√	√	√	√	√

（1）同步模式。

USART 可以以同步模式工作，向控制寄存器 CR2 的 CLKEN 位写入 1 可开启同步模式。同步模式下，由主设备产生同步时钟信号，所有从设备在同步时钟信号下工作。例如，主设备数据在 TX 引脚输出的同时，发送器时钟从 SCLK 引脚输出，从设备在该时钟信号下接收数据，但在数据包的起始位和停止位 SCLK 引脚上无时钟脉冲。同步模式硬件连接如图 8.7 所示。

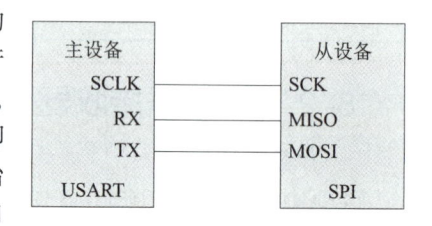

图 8.7 同步模式硬件连接

（2）多处理器通信模式。

USART 实现多处理器通信的方法是设置 USART 为主设备，它的 TX 引脚输出和其他 USART 从设备的 RX 引脚输入连接。USART 所有从设备的 TX 引脚按照逻辑与在一起，并且和主设备的 RX 引脚相连接。在多处理器配置中，只有被寻址的接收端才被激活，以接收随后的数据，这样就可以减少由未被寻址的接收端的参与带来的多余的 USART 服务开销。未被寻址的设备可启用其静默功能，置于静默模式。

（3）智能卡模式。

USART 支持智能卡，能实现 ISO 7816 – 3 规范，其硬件连接如图 8.8 所示。数据帧格式的数据位为 9 位；停止位接收时 0.5 位，发送时可为 1.5 位；可配置 1 位奇偶校验位。

（4）IrDA SIR ENDEC 模式。

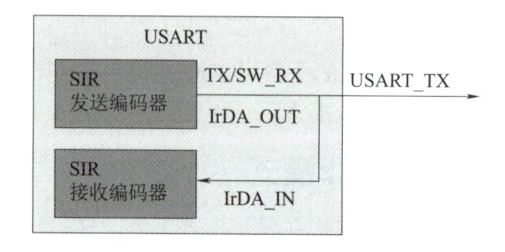

IrDA SIR ENDEC 模式用于红外线通信场合，其硬件连接如图 8.9 所示。IrDA SIR ENDEC 物理层规定使用反相归零调制方案，该方案用一个红外线脉冲代表逻辑 0，其时序如图 8.10 所示。

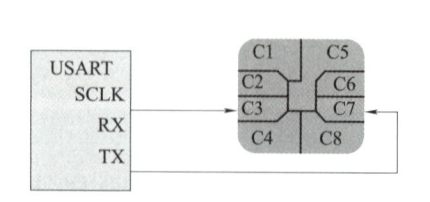

图 8.8 智能卡模式硬件连接　　图 8.9 IrDA SIR ENDEC 模式硬件连接

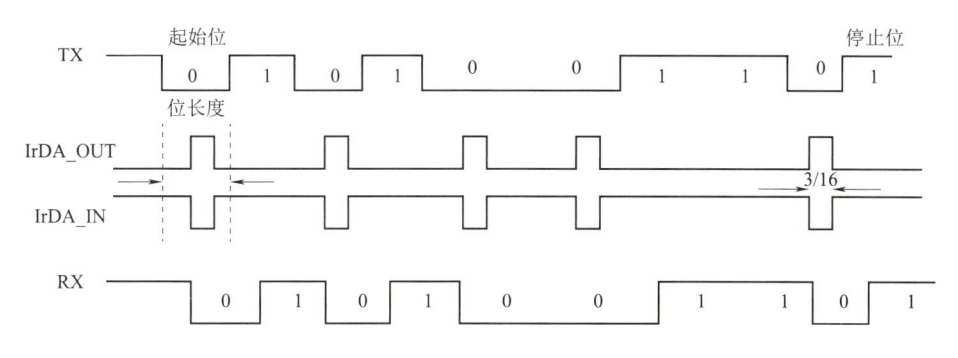

图8.10 反相归零调制方案时序

SIR 发送编码器对从 USART 输出的 NRZ（非归零）比特流进行调制，发送逻辑把 0 作为高电平发送，把 1 作为低电平发送。脉冲的宽度规定为正常模式时位周期的 3/16，输出脉冲流被传输到外部，输出驱动器和红外 LED。

SIR 接收解码器对来自红外接收器的归零比特流进行解调，接收逻辑把高电平解释为 1，把低电平解释为 0，并将接收到的 NRZ 串行比特流输出到 USART。

IrDA 是半双工通信协议，最大位速率为 115 200 bit/s，正常模式下采用 3/16 位周期，低功耗模式下，时钟频率范围是 1.42 ~ 2.12 MHz。

（5）LIN 模式。

LIN 是一种串行网络协议，它主要用于汽车上各个模块之间的通信。LIN 的拓扑结构为单线总线，应用了单一主机多从机的理念。由于物理层限制，一个 LIN 网络最多可以连接 16 个节点，典型应用一般都在 12 个节点以下，主机节点有且只有一个，从机节点有 1 ~ 15 个。LIN 模式下，USART 通过设置控制寄存器 CR2 的 LINEN 位来选择。

8.2.5 引脚

USART 的大多数工作模式中均需要数据收发引脚，这些引脚与 GPIO 是共用的，因此在配置时应设置为复用功能。USART 的引脚如表 8.3 所示。

表 8.3 USART 的引脚

总线	USARTx	引脚	USARTx_REMAP = 0	USARTx_REMAP = 1	GPIO 设置
APB1	USART2	TXD	PA2	PD5	复用推挽输出
		RXD	PA3	PD6	浮空输入
	USART3	TXD	PB10	PC10	复用推挽输出
		RXD	PB11	PC11	浮空输入
	USART4	TXD	PC10	—	复用推挽输出
		RXD	PC11	—	浮空输入
	USART5	TXD	PC12	—	复用推挽输出
		RXD	PD2	—	浮空输入
APB2	USART1	TXD	PA9	PB6	复用推挽输出
		RXD	PA10	PB7	浮空输入

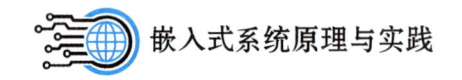

8.2.6 事件与中断

USART 共有 11 个中断标志，对应 9 个中断源，如表 8.4 所示。其中，前 3 个为发送器相关中断，其他为接收器相关中断，通过设置相关的控制位使能中断。

USART 发送期间有发送数据寄存器空、CTS 标志（清除发送）、发送完成 3 种中断源。当设置了对应的中断使能位时，若产生对应的中断源，则对应的中断标志位会置 1，引起一次发送中断服务。

USART 接收期间有接收数据就绪可读，检测到数据溢出，检测到空闲线路，奇偶校验错，断开标志，噪声标志、多缓冲通信中的溢出错误和帧错误等中断源。当设置了对应的中断使能位时，若产生对应的中断源，则对应的中断标志位会置 1，引起一次接收中断服务。

表 8.4 事件与中断源

中断源	中断标志位	中断使能位	HAL 库定义
发送数据寄存器空	TXE	TXIE	UART_IT_TXE
CTS 标志	CTS	CTSIE	UART_IT_CTS
发送完成	TC	TCIE	UART_IT_TC
接收数据就绪可读	RXNE	RXNEIE	UART_IT_TXNE
检测到数据溢出	ORE	RXNEIE	UART_IT_TXNE
检测到空闲线路	IDLE	IDLEIE	UART_IT_IDLE
奇偶校验错	PE	PEIE	UART_IT_PE
断开标志	LBD	LBDIE	UART_IT_LBD
噪声标志、多缓冲通信中的溢出错误和帧错误	NE \ ORT \ FE	EIE（DMA 接收）	UART_IT_ERR

USART 的所有中断都连接到同一个中断向量，如图 8.11 所示。

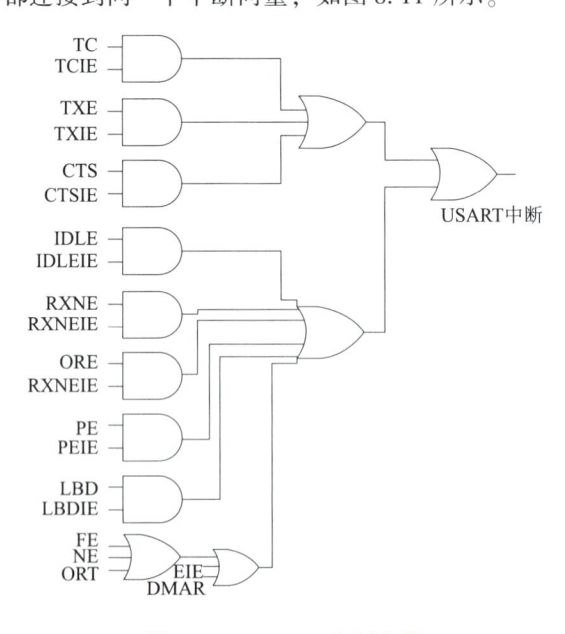

图 8.11 USART 中断向量

8.3 通用同步/异步收发器相关的 HAL 库函数

USART 相关的 HAL 库函数主要有两类：一类是针对同步通信的 UART 相关函数，在"stm32f1xx_hal_uart.h"文件中声明，在"stm32f1xx_hal_uart.c"文件中定义；另一类是针对同步/异步通信的 USART 相关函数，在"stm32f1xx_hal_usart.h"文件中声明，在"stm32f1xx_hal_usart.c"文件中定义。USART 的应用编程有轮询、中断和 DMA 3 种模式，本节介绍相关的 HAL 库函数，该类函数可分为 3 类：初始化函数、外设操作函数、中断处理函数，如表 8.5 所示。

表 8.5　USART 相关的 HAL 库函数

类型	函数及功能
初始化函数	HAL_USART_Init(USART_HandleTypeDef* husart) //功能：初始化串行口

外设操作函数	HAL_USART_Transmit(USART_HandleTypeDef*husart, uint8_t*pTxData, uint16_t Size, uint32_t Timeout)
	//功能：轮询模式发送
	HAL_USART_Receive(USART_HandleTypeDef*husart, uint8_t*pRxData, uint16_t Size, uint32_t Timeout)
	//功能：轮询模式接收
	HAL_USART_Transmit_IT(USART_HandleTypeDef*husart, uint8_t*pTxData, uint16_t Size)
	功能：中断模式发送
	HAL_USART_Receive_IT(USART_HandleTypeDef*husart, uint8_t*pRxData, uint16_t Size)
	功能：中断模式接收
	HAL_USART_Transmit_DMA(USART_HandleTypeDef* husart, uint8_t * pTxData, uint16_t Size)
	功能：DMA 模式发送
	HAL_USART_Receive_DMA(USART_HandleTypeDef*husart, uint8_t*pRxData, uint16_t Size)
	功能：DMA 模式接收
	以上函数均需要返回状态 HAL_StatusTypeDef

中断处理函数	void HAL_USART_IRQHandler(USART_HandleTypeDef*husart) 功能：中断处理函数 void HAL_USART_TxCpltCallback(USART_HandleTypeDef*husart) 功能：数据发送完成产生中断的回调函数，用户需要写服务程序 void HAL_USART_RxCpltCallback(USART_HandleTypeDef*husart) 功能：数据接收完成产生中断的回调函数，用户需要写服务程序 void HAL_USART_TxRxCpltCallback(USART_HandleTypeDef*husart) 功能：数据发送和接收完成产生中断的回调函数，用户需要写服务程序 void HAL_USART_ErrorCallback(USART_HandleTypeDef*husart) 功能：传输出错时中断的回调函数

8.3.1 USART 的句柄 USART_HandleTypeDef

1. USART 的句柄 USART_HandleTypeDef 的定义

USART 的句柄 USART_HandleTypeDef 的定义如下。

```
typedef struct __USART_HandleTypeDef
{   USART_TypeDef                *Instance;      //①
    USART_InitTypeDef            Init;           //②
    uint8_t                      *pTxBuffPtr;    //发送缓冲区
    uint16_t                     TxXferSize;     //发送数据宽度
    __IO uint16_t                TxXferCount;    //发送计数器
    uint8_t                      * pRxBuffPtr;   //接收缓冲区
    uint16_t                     RxXferSize;     //接收数据宽度
    __IO uint16_t                RxXferCount;    //接收计数器
    DMA_HandleTypeDef            * hdmatx;       //发送 DMA
    DMA_HandleTypeDef            * hdmarx;       //接收 DMA
    HAL_LockTypeDef              Lock;
    __IO HAL_USART_StateTypeDef  State;          //③
    __IO uint32_t                ErrorCode;      //④
} USART_HandleTypeDef;
```

主要语句功能如下。

①Instance：定义 USART 的相关寄存器。

②Init：串口初始化参数配置。USART_InitTypeDef 定位如下。

```
typedef struct
{   uint32_t BaudRate;      //波特率
    uint32_t WordLength;    //数据位
    uint32_t StopBits;      //停止位
    uint32_t Parity;        //校验方式
    uint32_t Mode;          //模式有 3 个：发送、接收、发送和接收
    uint32_t CLKPolarity;   //SCLK 的极性，如 USART_POLARITY_LOW
    uint32_t CLKPhase;      //SCLK 的相位，如 USART_PHASE_1EDGE
    uint32_t CLKLastBit;    //SCLK 位的使能与禁止，USART_LASTBIT_ENABLE
} USART_InitTypeDef;
```

③State：表示串口的运行状态。HAL_USART_StateTypeDef 定义如下。

```
typedef enum
{   HAL_UART_STATE_RESET        =0x00U, //复位状态
    HAL_UART_STATE_READY        =0x20U, //就绪状态
    HAL_UART_STATE_BUSY         =0x24U, //忙状态
    HAL_UART_STATE_BUSY_TX      =0x21U, //发送忙状态
    HAL_UART_STATE_BUSY_RX      =0x22U, //接收忙状态
    HAL_UART_STATE_BUSY_TX_RX   =0x23U, //发送和接收忙状态
    HAL_UART_STATE_TIMEOUT      =0xA0U, //超时状态
    HAL_UART_STATE_ERROR        =0xE0U  //错误状态
} HAL_UART_StateTypeDef;
```

④ErrorCode:表示错误代码。有如下错误代码:

HAL_USART_ERROR_NONE,无错误;
HAL_USART_ERROR_PE,校验错误;
HAL_USART_ERROR_NE,噪声错误;
HAL_USART_ERROR_FE,帧格式错误;
HAL_USART_ERROR_ORE,溢出错误;
HAL_USART_ERROR_DMA,DMA 传输错误。

其他参数的详细使用方法请读者参阅 HAL 库手册。

2. 串口初始化参数配置的选择

串口的初始化主要是对结构体 USART_InitTypeDef 中的成员进行配置。

①数据位如下:

USART_WORDLENGTH_8B (8 位);
USART_WORDLENGTH_9B (9 位)。

②停止位如下:

USART_STOPBITS_1 (1 位);
USART_STOPBITS_0_5 (0.5 位);
USART_STOPBITS_2 (2 位);
USART_STOPBITS_1_5 (1.5 位)。

③校验方式如下:

USART_PARITY_NONE (无);
USART_PARITY_EVEN (奇);
USART_PARITY_ODD (偶)。

④模式如下:

USART_MODE_RX (接收);
USART_MODE_TX (发送);
USART_MODE_TX_RX (发送和接收)。

8.3.2 初始化函数 HAL_UART_Init()

初始化函数 HAL_UART_Init() 的功能是对指定串口的数据格式、波特率、引脚功能等参数进行配置,如表 8.6 所示。

表 8.6 HAL_UART_Init() 函数

函数原型	HAL_StatusTypeDef HAL_UART_Init(UART_HandleTypeDef*huart)
功能描述	对指定的串口进行初始化操作
输入参数	UART_HandleTypeDef*huart,串口的结构体配置
输出参数	成功:HAL_OK,失败:HAL_ERROR

8.3.3 串口发送和接收函数

1. 串口发送函数 HAL_UART_Transmit()

串口的发送函数有轮询模式发送,通过查询发送结束标志判断数据是否发送结束;有中断模式发送，通过是否发生中断判断数据是否发送结束；有 DMA 模式发送，通过 DMA 中断判断数据是否发送结束。3 种串口发送函数如表 8.7 所示。

表 8.7　串口发送函数

函数原型	HAL_StatusTypeDef HAL_UART_Transmit(UART_HandleTypeDef*huart, uint8_t*pData, uint16_t Size, uint32_t Timeout) HAL_StatusTypeDef HAL_UART_Transmit_IT(UART_HandleTypeDef*huart, uint8_t*pData, uint16_t Size) HAL_StatusTypeDef HAL_UART_Transmit_DMA(UART_HandleTypeDef*huart, uint8_t*pData, uint16_t Size)
功能描述	对指定的 huart 发送数据
输入参数 1	UART_HandleTypeDef* huart，串口句柄，指定串口号，可以是 huart1~huart5
输入参数 2	uint8_t*pData，指定要发送的数据缓冲区（u8 or u16 位数据）
输入参数 3	uint16_t Size，要发送的数据字节数（u8 or u16）
输入参数 4	uint32_t Timeout，超时时间
输出参数	成功：HAL_OK；失败：HAL_ERROR

例如要发送字符"STM32F"，程序如下。

```
char ShowTime[] = {"STM32F"};
HAL_UART_Transmit(&huart2, (uint8_t*) &ShowTime, strlen(ShowTime), 0xffff);
```

2. 串口接收函数 HAL_UART_Receive( )

串口的接收函数有轮询方式接收，通过查询接收标志判断是否有数据装到缓冲区；有中断方式接收，通过是否发生中断判断是否有数据接收到缓冲区；有 DMA 方式接收，通过 DMA 中断判断是否有数据接收。3 种串口接收函数如表 8.8 所示。

表 8.8　串口接收函数

函数原型	HAL_StatusTypeDef HAL_UART_Receive(UART_HandleTypeDef * huart, uint8_t * pData, uint16_t Size, uint32_t Timeout) HAL_StatusTypeDef HAL_UART_Receive_IT(UART_HandleTypeDef * huart, uint8_t * pData, uint16_t Size) HAL_StatusTypeDef HAL_UART_Receive_DMA(UART_HandleTypeDef * huart, uint8_t * pData, uint16_t Size)
功能描述	对指定的 huart 接收数据
输入参数 1	UART_HandleTypeDef* huart，串口句柄，指定串口号，可以是 huart1~huart5
输入参数 2	uint8_t* pData，指定要接收的数据缓冲区（u8 or u16 位数据）
输入参数 3	uint16_t Size，要接收的数据字节数（u8 or u16）
输入参数 4	uint32_t Timeout，超时时间
输出参数	成功：HAL_OK；失败：HAL_ERROR

串口接收数据一般采用中断或 DMA 的方式，中断方式接收适合数据量较小的场合，DMA 方式接收适合数据量大的场合。3 种函数均是接收定长数据，若接收不定长的数据，可以采用空闲中断和 DMA 联合的方式实现，此种方法将在 DMA 章节讲述。

例如，通过串口中断每次接收一个数据，接收函数在串口回调函数中，程序如下。

```
unsigned char RxBuffer[10]
HAL_UART_Receive_IT(&huart2, (unsigned char*) &aRxBuffer,1);
```

8.3.4 中断处理函数

串口发生中断后，中断服务先调用函数 HAL_UART_IRQHandler( )，通过回调函数的方式实现具体的中断服务。串口的中断回调函数有发送完成回调、接收完成回调、错误发生回调、传输中止回调等 9 类函数，这些函数如下。

```
HAL_UART_TxCpltCallback(UART_HandleTypeDef*huart);
HAL_UART_TxHalfCpltCallback(UART_HandleTypeDef*huart);
HAL_UART_RxCpltCallback(UART_HandleTypeDef*huart);
HAL_UART_RxHalfCpltCallback(UART_HandleTypeDef*huart);
HAL_UART_ErrorCallback(UART_HandleTypeDef*huart);
HAL_UART_AbortCpltCallback(UART_HandleTypeDef*huart);
HAL_UART_AbortTransmitCpltCallback(UART_HandleTypeDef*huart);
HAL_UART_AbortReceiveCpltCallback(UART_HandleTypeDef*huart);
HAL_UARTEx_RxEventCallback(UART_HandleTypeDef* huart, uint16_t Size);
```

HAL_UART_IRQHandler( ) 函数如表 8.9 所示。

表 8.9 HAL_UART_IRQHandler( ) 函数

函数原型	void HAL_UART_IRQHandler(UART_HandleTypeDef*huart)
功能描述	中断服务
输入参数	UART_HandleTypeDef*huart，串口号，可以是 huart1～huart5
输出参数	无

例如，串口 2 中断服务的程序如下。

```
HAL_USART_IRQHandler(&huart2);
```

8.4 通用同步/异步收发器应用案例

8.4.1 USART 发送应用：时钟数据传输设计

1. 任务要求

利用 USART 接口，将 RTC 数据上传到计算机，计算机通过串口调试助手软件实现接收，每 1 s 刷新发送 1 次，同时外接 LCD1602 显示 RTC 的内容。设计电路、程序，并通过 Proteus 完成仿真和调试。

2. 硬件设计

本例中用串口 2 与计算机的串口相连。目前，计算机常用的串行通信接口是 USB 接口，大多数已不再将 RS-232C 串行接口作为标配。为了能使 MCU 与计算机之间实现通信，常采用 CH340 将 USB 总线转串口 UART，采用 USB 总线模拟 UART 通信。USB 总线转 UART 电路的串口连接电路图如图 8.12 所示，USART2 的 TXD 与 CH340 的 RXD 相连，RXD 与 CH340 的 TXD 相连，CH340 的 D+ 和 D- 与计算机 USB 接口相连。

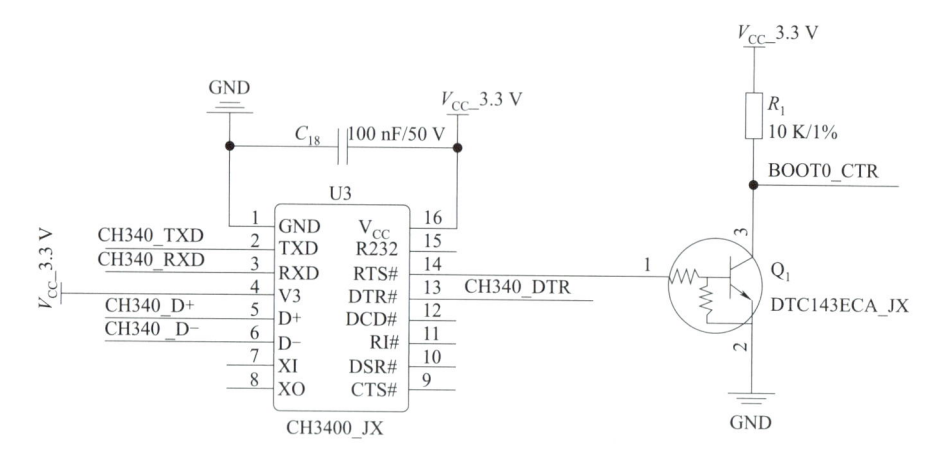

图 8.12　USB 总线转 UART 电路串口连接电路图

3. 软件设计

USART 采用串口 2，TXD 对应的引脚是 PA2，RXD 对应用引脚是 PA3。USART 配置成异步工作模式，设置波特率为 115 200 bit/s，数据位为 8 位，无校验位，停止位为 1 位；工作模式采用发送和接收模式；无中断，无 DMA；设置系统时钟为 8 MHz，无倍频，PCLK1 和 PCLK2 均为 8 MHz。RTC 的配置与第 7 章应用案例部分一样，采用 LSI 时钟，设置年、月、日、时、分、秒，具体可自行设置。USART 配置如图 8.13 所示。

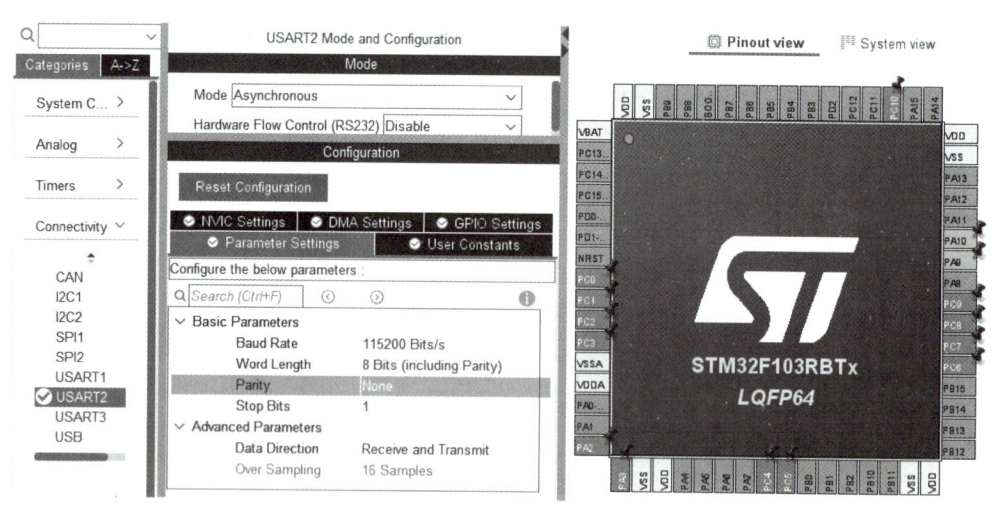

图 8.13　USART 配置

通过 STM32CubeMX 生成工程文件，分别生成 USART2 的初始化代码、GPIO 的初始化代码、RTC 的初始化代码。用户只需要完成"main.c"文件中主函数的部分代码编写，RTC 的程序参考第 7 章应用案例的代码，参考程序如下。

```c
#include "main.h"
#include "stdio.h"
#include "string.h"
#include "lcd1602.H"
char   ShowTime[] = {0};
char   ShowDate[] = {0};
RTC_HandleTypeDef hrtc;
UART_HandleTypeDef huart2;
void SystemClock_Config(void);
static void MX_GPIO_Init(void);
static void MX_RTC_Init(void);
static void MX_USART2_UART_Init(void);
static void MX_NVIC_Init(void);
static void RTC_TimeShow(char* t_time) ;
/* * * * * * * * * * * * * * * * * * * * * * * * * * * * * * * * * *
int main(void)函数功能:发送 RTC 时钟给计算机
* * * * * * * * * * * * * * * * * * * * * * * * * * * * * * * * * */
int main(void)
{
  HAL_Init();
  SystemClock_Config();
  MX_GPIO_Init();
  MX_RTC_Init();
  MX_USART2_UART_Init();
  MX_NVIC_Init();
  LCD1602_Init();
  while (1){
    RTC_TimeShow(ShowTime);              //获取 RTC 数据
    LCD_WriteString(0,0,ShowTime);       //将获取的数据通过 LCD1602 显示
    HAL_UART_Transmit(&huart2,(uint8_t* )&ShowTime,strlen(ShowTime),0xffff);
    HAL_Delay(1000);
  }
}
```

4. 仿真与调试

在 Proteus 中绘制仿真电路图，将 PC0~PC10 与 LCD1602 相连，USART2 的 TXD（PA2）和 RXD（PA3）与 Virtual Terminal（虚拟串口）的 RXD、TXD 交叉相连，加载.hex 文件到工程中，在 LCD1602 中显示时、分、秒，同时在 Virtual Terminal 中每隔一秒刷新一次显示数据，仿真电路图与调试效果如图 8.14 所示。

硬件开发板与计算机可以通过 USB 相连，计算机运行串口调试助手，配置好串口的端口、波特率、数据位、校验位、停止位，实现数据通信，串口调试助手调试图如图 8.15 所示。

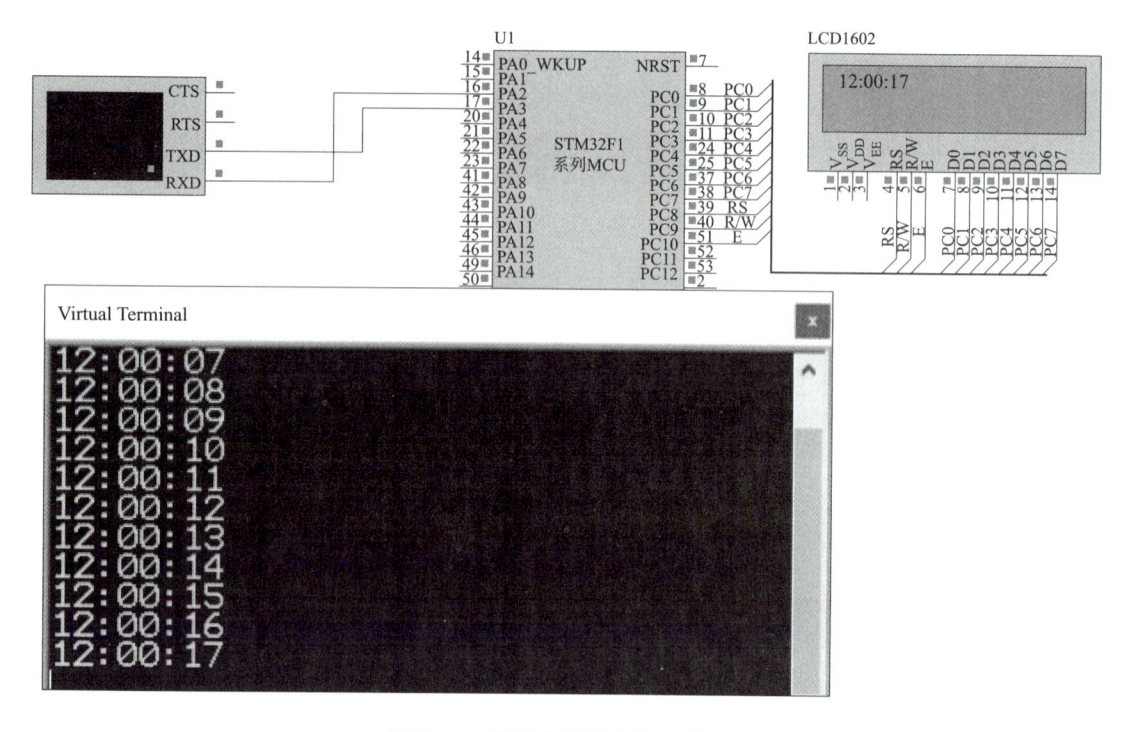

图 8.14　仿真电路图与调试效果

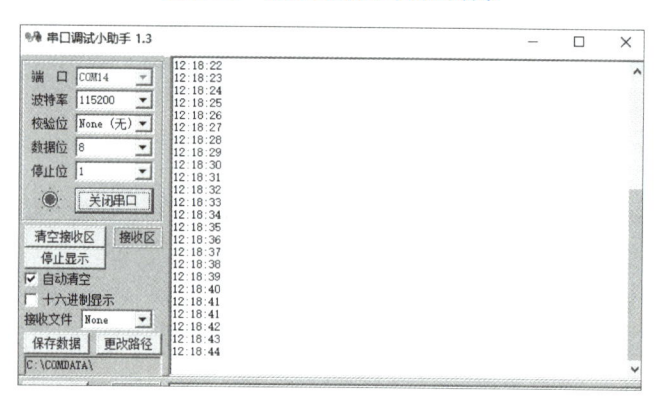

图 8.15　串口调试助手调试图

8.4.2　USART 接收应用：远程路灯控制设计

1. 任务要求

请利用计算机与 STM32 的串口实现远程通信，计算机发送指令控制 STM32 的 PB10 外接的 LED 灯亮灭，发送数字"1"使 LED 灯点亮，发送数字"0"使 LED 灯熄灭，来模拟远程路灯控制。请设计程序，并通过 Proteus 完成仿真和调试。

2. 硬件设计

远程路灯控制硬件电路如图 8.16 所示，图中 STM32 串口 1 的 TXD（PA9）和 RXD（PA10）通过转换芯片 CH340 与电路的 USB 端口相连；LCD1602 的数据端 DB0～DB7 与 PC0～PC7 相连，使能端 E、读写端 RW、寄存器选择端 RS 分别和 PC10、PC9、PC8 相连。

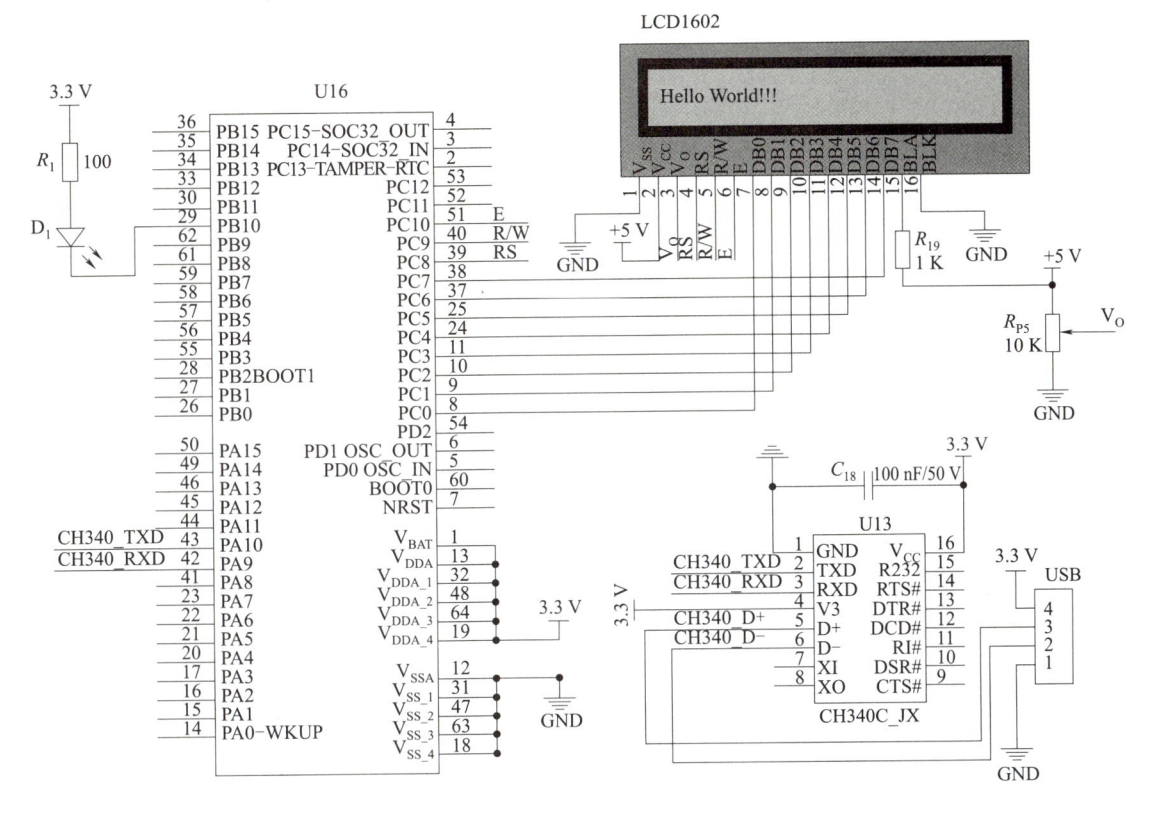

图 8.16　远程路灯控制硬件电路

3. 软件设计

设置 USART2 为异步模式，波特率为 115 200 bit/s，数据位为 8 位，无校验位，停止位为 1 位；开启中断，在中断回调函数中接收数据；系统时钟采用 8 MHz，无倍频。

在"main.c"文件中添加如下代码。

```
#include "main.h"
#include "stdio.h"
#include "string.h"
UART_HandleTypeDef huart2;
void SystemClock_Config(void);
static void MX_GPIO_Init(void);
static void MX_USART2_UART_Init(void);
static void MX_NVIC_Init(void);
#define RXBUFFERSIZE   256      //最大接收字节数
char RxBuffer[RXBUFFERSIZE];    //接收数据
uint8_t aRxBuffer;              //接收中断缓冲
uint8_t Uart1_Rx_Cnt = 0;       //接收缓冲计数
/* * * * * * * * * * * * * * * * * * * * * * * * * * * * * * * * * * * *
int main(void)函数功能:利用串口2实现远程控制
* * * * * * * * * * * * * * * * * * * * * * * * * * * * * * * * * * * */
```

```c
int main(void)
{
    HAL_Init();
    SystemClock_Config();
    MX_GPIO_Init();
    MX_USART2_UART_Init();
    MX_NVIC_Init();
    LCD_Init();
    HAL_UART_Receive_IT(&huart2, (uint8_t * )&aRxBuffer, 1);        //使能中断接收
    HAL_UART_Transmit(&huart2,(uint8_t* )"Input data:\r\n", 13, 0xffff);
                                                                     //发送数据
    while (1) {
        if(aRxBuffer = = '0') {                                      //接收数据判断
            LCD_ShowString(0,0,(char * )&aRxBuffer);
            HAL_GPIO_WritePin(GPIOB,GPIO_PIN_10,GPIO_PIN_SET);
        }
        if(aRxBuffer = = '1') {                                      //接收数据判断
            LCD_ShowString(0,0,(char * )&aRxBuffer);
            HAL_GPIO_WritePin(GPIOB,GPIO_PIN_10,GPIO_PIN_RESET);
        }
    }
}
/* * * * * * * * * * * * * * * * * * * * * * * * * * * * * * * * * * *
HAL_UART_RxCpltCallback( )函数功能:串口中断回调函数
输入参数:* huart,表示串口号
输出参数:无
* * * * * * * * * * * * * * * * * * * * * * * * * * * * * * * * * * * /
void HAL_UART_RxCpltCallback(UART_HandleTypeDef * huart)      //串口中断回调函数
{
    if(Uart1_Rx_Cnt > =255){                                         //溢出判断
        Uart1_Rx_Cnt =0;
        memset(RxBuffer,0x00,sizeof(RxBuffer));
        HAL_UART_Transmit(&huart2, (uint8_t * )"数据溢出", 10,0xFFFF);
    }
    else{
        RxBuffer[Uart1_Rx_Cnt + +] = aRxBuffer;                     //接收数据转存
        if((RxBuffer[Uart1_Rx_Cnt -1] = =0x0A)&&(RxBuffer[Uart1_Rx_Cnt -2] = =0x0D))
            {//结束
                HAL_UART_Transmit(&huart2, (uint8_t* )&RxBuffer, Uart1_Rx_Cnt,0xFFFF);
                while(HAL_UART_GetState(&huart2) = = HAL_UART_STATE_BUSY_TX);/
                Uart1_Rx_Cnt =0;
                memset(RxBuffer,0x00,sizeof(RxBuffer));              //清空数组
            }
    }
    HAL_UART_Receive_IT(&huart2, (uint8_t* )&aRxBuffer,1);    //再开启接收中断
}
```

4. 仿真与调试

在 Proteus 中绘制仿真电路图，利用 Virtual Terminal 进行仿真调试。当输入"0"时，LED 熄灭；当输入"1"时，LED 点亮。LCD1602 中显示接收到的数据，仿真电路图与调试效果如图 8.17 所示。

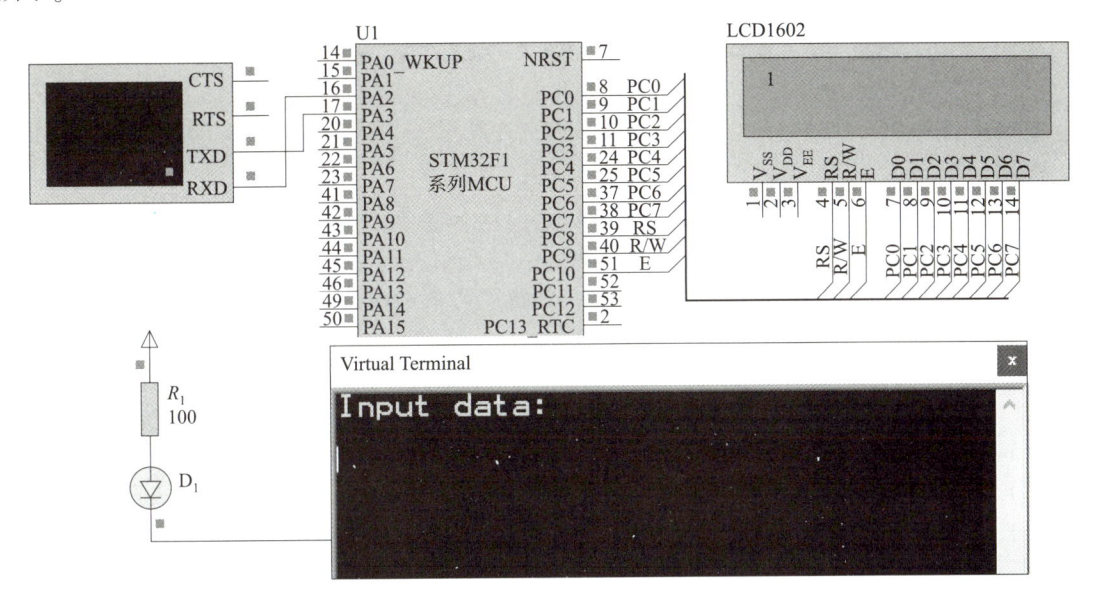

图 8.17　仿真电路图与调试效果

本章小结

嵌入式系统中信息的交换经常采用串行通信，串行通信有异步通信和同步通信两种方式。异步通信是以字符（或字节）传输的，每传输一个字符，就用起始位来进行收发双方的同步。同步通信是按一组数据传输的，在进行数据传输时，发送同步脉冲使发送端和接收端双方保持完全同步，要求接收端和发送端必须使用同一时钟。同步通信可以提高传输速率，但所用的硬件比较复杂。在串行通信中，按照数据传输方向和时间关系，可分成单工、半双工和全双工 3 种制式。

STM32F1 系列 MCU 的串行接口最多有 5 个。其中，USART1 位于高速 APB2 总线上，USART2～USART5 位于 APB1 总线上。这些 USART 支持同步单向通信和半双工单向通信，也支持 LIN、智能卡、IrDA SIR ENDEC，以及调制解调器（CTS/RTS）操作，还允许多处理器通信，可工作于轮询模式、中断模式和 DMA 模式下。

本章习题

1. 简述并行通信和串行通信的概念，并比较它们的优缺点。
2. 设计一个远程路灯控制模拟装置，要求通过串行接口实现远程模拟控制，能通过计算机超级终端发送控制指令，实现 5 路控制。

第9章 模拟/数字转换器

教学目标

【知识】

(1) 深刻理解并掌握并联比较型、逐次逼近型和双积分型模拟/数字转换器的组成结构、工作原理以及主要技术指标。

(2) 掌握STM32F1系列MCU的模拟/数字转换器的内部结构,包括输入通道、参考电压、触发源、模数转换单元、中断单元的配置等。

(3) 掌握STM32F1系列MCU的模拟/数字转换器的应用步骤和程序设计方法。

【能力】

(1) 具有分析由STM32F1系列MCU的模拟/数字转换器构成的模数转换应用系统的能力。

(2) 具有应用STM32F1系列MCU的模拟/数字转换器设计模数转换电路的能力。

(3) 具有应用STM32F1系列MCU的模拟/数字转换器设计模数转换程序的能力。

9.1 模拟/数字转换器工作原理

模拟/数字转换器(Analog – Digital Conversion,ADC)是把经过与标准量比较处理后的模拟量转换成以二进制数值表示的离散信号的转换器。任何一个ADC都需要一个参考模拟量作为转换的标准,比较常见的参考标准为最大的可转换信号大小,而输出的数字量则表示输入信号相对于参考信号的大小。

ADC的种类很多,按工作原理的不同,可分成间接ADC和直接ADC。间接ADC是先将输入的模拟电压转换成时间或频率,然后把这些中间量转换成数字量,常用的有双积分型ADC。直接ADC则将输入的模拟电压直接转换成数字量,常用的有并联比较型ADC和逐次逼近型ADC,此外还有$\sum-\triangle$型ADC。

(1) 并联比较型ADC采用各量级同时并行比较,各位输出码也是同时并行产生,所以转换速度快。并联比较型ADC的缺点是成本高、功耗大。

(2) 逐次逼近型ADC产生一系列比较电压,逐次与输入电压分别比较,以逐渐逼近的方式进行模数转换。它的转换速度比并联比较型ADC慢,比双积分型ADC快得多,属于中速ADC。

(3) 双积分型ADC先对输入的采样电压和基准电压进行两次积分,获得与采样电压平均值成正比的时间间隔,同时用计数器对标准时钟脉冲计数。它的优点是抗干扰能力强,稳定性好;缺点是转换速度慢。

(4) $\sum-\triangle$型ADC具有双积分型ADC与逐次逼近型ADC的双重功能,它对工业现场的串模干扰具有较强的抑制能力。与双积分型ADC相比,它有较快的转换速度;与逐次逼近型ADC相比,它具有更高的信噪比,且分辨率更高,线性度好。

ADC的工作原理是将模拟信号进行采样、保持、量化、编码,如图9.1所示。采样是将连续变化的模拟信号按照采样定理进行离散化处理；保持是为了给后续的量化编码过程提供一个稳定的值，在取样电路后，要求将所采样的模拟信号保持一段时间；量化是将离散化输出的电压按某种近似的方式归化到相应的离散电平上；编码是将量化后的每一个离散的电平进行数值编码。

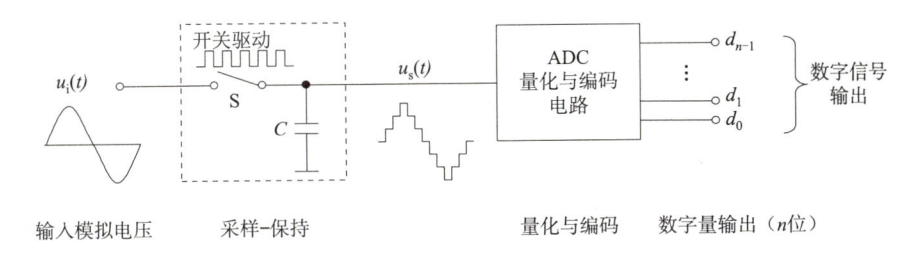

图 9.1　ADC 的工作原理

ADC 的主要技术指标有转换时间、分辨率精度。转换时间是指 ADC 完成一次转换所需的时间（其倒数也被称为转换速率），反映 ADC 的快慢。分辨率精度是衡量 ADC 能够分辨出输入模拟量最小变化程度的技术指标，取决于 ADC 的位数，一般用二进制数表示。例如，若某 ADC 为 10 位，满量程为 5 V，则分辨率为 $5\ V/2^{10} = 4.9\ mV$。

9.2　模拟/数字转换器的内部结构

9.2.1　ADC 概述

STM32F1 系列 MCU 内部的 ADC 是 12 位 ADC，它是一种逐次逼近型 ADC。它有多达 18 个通道，可测量 16 路外部模拟信号和 2 路内部信号源。各通道的模数转换可以以单次自动、连续自动、扫描或间断模式执行。模数转换的结果可以以左对齐或右对齐的方式存储在 16 位数据寄存器中。ADC 可以模拟看门狗特性，允许应用程序检测输入电压是否超出用户定义的高/低阈值。ADC 的输入时钟频率不得超过 14 MHz，它是由 PCLK2 经分频产生的，ADC 具有如下特性。

- 12 位分辨率。
- 转换结束发生模拟看门狗事件时产生中断。
- 可以以单次转换、连续转换、从通道 0 到通道 n 的自动扫描或间断模式执行，且自校准。
- 带内嵌数据一致性的数据对齐。
- 采样间隔可以按通道分别编程，规则转换和输入转换均有外部触发选项。
- 间断模式时可以以双重模式（带 2 个或以上 ADC 的器件）执行。
- ADC 转换时间可设置。
- ADC 供电要求为 2.4～3.6 V，ADC 输入电压范围为 $V_{REF-} \leq V_{IN} \leq V_{REF+}$。
- 规则通道转换期间有 DMA 请求产生。

ADC 内部结构如图 9.2 所示，可分为 5 个功能模块：输入通道、参考电压、触发源、模数转换单元以及中断单元。STM32F1 系列 MCU 内部共有 3 个 ADC 模块，分别是 ADC1、ADC2、ADC3。

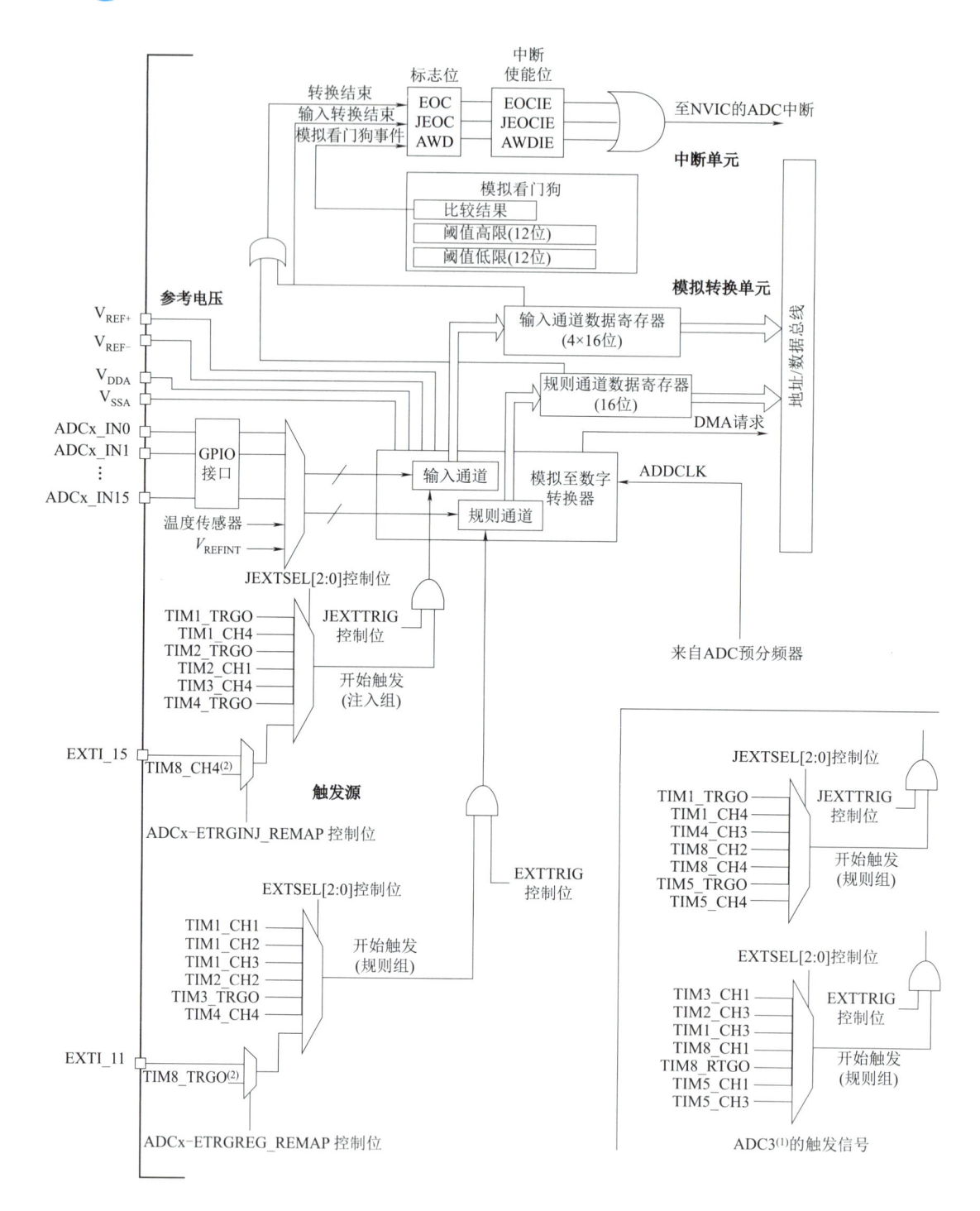

图 9.2　ADC 内部结构

9.2.2　输入通道

ADC 输入通道和 I/O 引脚表如表 9.1 所示，共计 18 个，包括 16 个外部模拟信号接口和 2 个内部信号源（芯片内部温度传感器、内部参考电源 $V_{REF}=1.2\text{ V}$）。GPIO 接口复用为 ADC 输入接口，每个接口都有一个对应编号（ADCx_IN0～ADCx_IN15）。这些通道经由一个复用器后被分为规则组和输入组，分别被送入 ADC 的规则通道和输入通道。规则组最多可以有 16 个通道，即所有通道可以全为规则通道；而输入组最多只能有 4 个通道。通过规则组或输入组来实现多通道模数转换。

表 9.1　ADC 输入通道和 I/O 引脚表

输入通道	ADC1	ADC2	ADC3
通道 0（ADC_Channel_0）	PA0	PA0	PA0
通道 1（ADC_Channel_1）	PA1	PA1	PA1
通道 2（ADC_Channel_2）	PA2	PA2	PA2
通道 3（ADC_Channel_3）	PA3	PA3	PA3
通道 4（ADC_Channel_4）	PA4	PA4	PF6
通道 5（ADC_Channel_5）	PA5	PA5	PF7
通道 6（ADC_Channel_6）	PA6	PA6	PF8
通道 7（ADC_Channel_7）	PA7	PA7	PF9
通道 8（ADC_Channel_8）	PB0	PB0	PF10
通道 9（ADC_Channel_9）	PB1	PB1	—
通道 10（ADC_Channel_10）	PC0	PC0	PC0
通道 11（ADC_Channel_11）	PC1	PC1	PC1
通道 12（ADC_Channel_12）	PC2	PC2	PC2
通道 13（ADC_Channel_13）	PC3	PC3	PC3
通道 14（ADC_Channel_14）	PC4	PC4	—
通道 15（ADC_Channel_15）	PC5	PC5	—
通道 16（ADC_Channel_16）	芯片内部温度传感器	—	—
通道 17（ADC_Channel_17）	内部参考电源	—	—

1. 规则组

规则组模式通过设置寄存器 ADC_CR1 来执行一个短序列的 n 次转换（$n \leq 8$），直到此序列所有的转换完成为止。例如 $n=3$，被转换的通道为 0、1、2、3、6、7、9、10，即每次完成 3 个通道转换。第一次触发：转换的序列为 0、1、2；第二次触发：转换的序列为 3、6、7；第三次触发：转换的序列为 9、10，并产生 EOC 事件（结束）。每个规则通道转换完成后，转换结果均保存在同一个 16 位的规则通道数据寄存器 ADC_DR 中。同时，EOC 标志位被置位，产生相应的中断或 DMA 请求。

2. 输入组

输入通道最多允许 4 个输入通道同时进行转换，并且对应的 4 个输入通道寄存器用来存放输入通道的转换结果，因此输入通道组没有 DMA 请求。若某个输入通道被转换，则转换结果保存在与之相应的 16 位输入通道寄存器 ADC_JDRx 中，并产生 ADC 输入转换结束 JEOC 事件，JEOC 标志位被置位，产生中断。

规则通道组好比程序正常执行，而输入通道组好比是正常执行程序之外的中断程序。

9.2.3　参考电压

模数转换过程需要稳定的参考电压源。ADC 参考电压源为 2.4～3.6 V，输入信号的电压范围为 $V_{REF-} \leq V_{IN} \leq V_{REF+}$。STM32F1 系列 MCU 要求 ADC 工作时必须将 V_{DDA} 与 V_{DD} 相连，V_{SSA} 与 V_{SS}

相连，即模拟地与数字地相连，模拟电源通常接 3.3 V。通过该电压和对应的数字量确定被测电压的大小，其对应关系如式（9.1）所示。

$$V_{IN} = \frac{Dn}{2^{12}} \times V_{REF} \tag{9.1}$$

式中，Dn 为模数转换的数字量；V_{IN} 为被测的模拟电压。若获取到数字量 Dn，则可通过式（9.1）计算出被测电压大小。

9.2.4 触发源

模数转换是通过触发源来启动的，触发源可以通过软件触发（控制寄存器配置）、内部定时器或外部 EXTI 触发。这些触发源分别与 ADC 内部的常规通道和输入通道相连，触发相应的通道启动模数转换。规则通道的启动有软件触发（EXTTRIG 控制位）和硬件触发（TIM1_CH1、TIM1_CH2、TIM1_CH3、TIM2_CH2、TIM3_TRGO、TIM4_CH4、EXTI_11）；输入通道的启动有软件触发（JEXTTRIG 控制位）和硬件触发（TIM1_TRGO、TIM1_CH4、TIM2_TRGO、TIM2_CH1、TIM3_CH4、TIM4_TRGO、EXTI_15）。应用中，对于直流模拟电压，常采用软件触发模数转换；对于周期模拟信号，常用定时器触发模数转换。

9.2.5 模数转换单元

当触发模数转换后，系统在 ADC 的时钟 ADCCLK 的驱动下，对输入通道的信号进行采样、保持、量化和编码，并将转换结果分别送到两个不同组的 ADC 结果寄存器中。

1. 通道采样时间配置

ADC 的时钟频率越高，其转换速度越快，STM32F1 系列芯片规定 ADC 的时钟 ADCCLK 不能超过 14 MHz，该频率由 PCLK2 经 ADC 预分频产生，预分频值有 2、4、6、8。

模数转换在采样–保持阶段需要一定时间，STM32F1 系列的 ADC 通道采样时间都可以进行配置，可配置为采样周期的 1.5 倍、7.5 倍、13.5 倍、28.5 倍、41.5 倍、55.5 倍、71.5 倍、239.5 倍。模数转换时间计算方法：T_{ADC}（总时间）= T（采样时间）+ 12.5 个 T（采样周期）。

例如，若 ADCCLK = 14 MHz，采样时间为 1.5 倍 ADC 采样周期，则通过计算可得，T_{ADC} 总时间为（1.5 + 12.5）×（1/14 MHz）= 1 μs，此值也是 ADC 采样的最短时间。

2. 数据对齐格式配置

STM32F1 系列 MCU 的模数转换结果是 12 位的二进制数，存放结果的 ADC_DR、ADC_JDRx 寄存器均是 32 位寄存器。除双 ADC 同时转换模式下 ADC_DR 用到了高 16 位外，其他模式均只用到低 16 位。12 位的转换结果放在 16 位寄存器中有两种存放方式（左对齐、右对齐），通过 ADC_CR2 寄存器来进行设置。图 9.3 所示为数据右对齐，图 9.4 所示为数据左对齐。常采用数据右对齐以方便计算。

输入组

SEXT	SEXT	SEXT	SEXT	D11	D10	D9	D8	D7	D6	D5	D4	D3	D2	D1	D0

规则组

0	0	0	0	D11	D10	D9	D8	D7	D6	D5	D4	D3	D2	D1	D0

图 9.3 数据右对齐

输入组

SEXT	D11	D10	D9	D8	D7	D6	D5	D4	D3	D2	D1	D0	0	0	0

规则组

D11	D10	D9	D8	D7	D6	D5	D4	D3	D2	D1	D0	0	0	0	0

图9.4 数据左对齐

3. ADC转换模式

（1）ADC单次转换模式。在单次转换模式下，ADC只执行一次转换，如图9.5（a）所示。

（2）ADC连续转换模式。在连续转换模式下，当前面的转换一结束，马上就启动另一次转换，如图9.5（b）所示。输入通道一般不能配置为连续转换模式，唯一的例外是当规则通道配置为连续转换模式后，输入通道可以配置为连续转换模式。

（3）ADC自动扫描模式。ADC自动扫描模式用来扫描一组模拟通道，如图9.5（c）所示。

（4）ADC间断模式。ADC间断模式即多个通道连续转换，如图9.5（d）所示。间断模式可分为规则组和输入组。

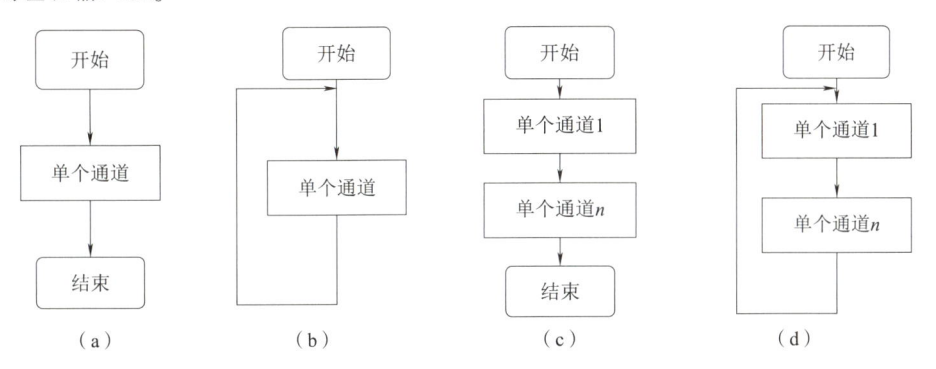

图9.5 ADC转换模式

（a）ADC单次转换模式；（b）ADC连续转换模式；（c）ADC自动扫描模式；（d）ADC间断模式

4. 内部温度传感器

内部温度传感器用于测量芯片内部的温度，温度传感器在内部与ADC1_IN16输入通道相连，此通道把温度传感器输出的电压转换成数字值。温度传感器模拟输入推荐采样时间是17.1 μs。内部温度传感器的结构如图9.6所示。

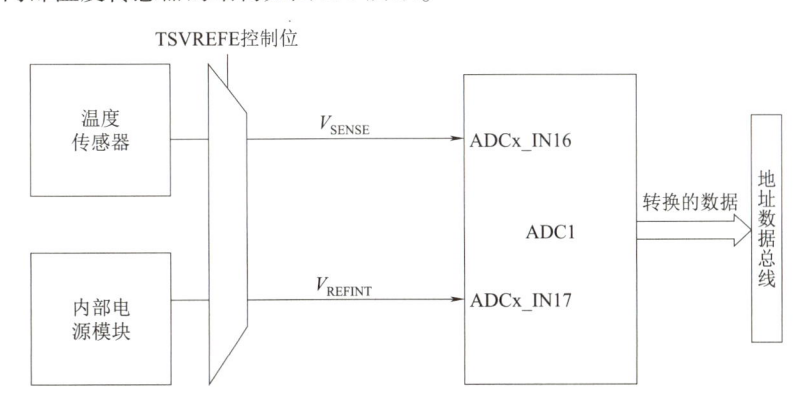

图9.6 内部温度传感器的结构

已知在内部 ADC 转换后得到的数字量,可通过转换得出电压值 V_{SENSE},利用下列公式得出温度:

$$温度(℃) = \{(V_{25} - V_{\text{SENSE}})/\text{Avg\_Slope}\} + 25$$

式中,V_{25} 表示 V_{SENSE} 在 25 ℃时的数值;Avg_Slope 表示温度与 V_{SENSE} 曲线的平均斜率(单位为 mV/℃或 μV/℃)。参考数据手册的电气特性 V_{25} = 1.43 V,Avg_Slope = 4.3 mV/℃。

5. ADC 校准

ADC 有一个内置自校准模式。校准可大幅减小因内部电容器组的变化而造成的精度误差。在校准期间,在每个电容器上都会计算出一个误差修正码(数字值),这个码用于消除在随后的转换中每个电容器上产生的误差。建议每次上电后执行一次 ADC 校准,以保证采集数据的准确性。

9.2.6 中断单元和 DMA

1. 中断单元

ADC 在每个通道转换完成后,可产生对应的中断请求。对于规则组,若 ADC_CR1 寄存器的 EOCIE 位置 1,则会产生 ADC 转换结束 EOC 中断;对于输入组,若 ADC_CR1 寄存器的 JEOCIE 位置 1,则会产生 ADC 转换结束 JEOC 中断;若 ADC_CR1 寄存器的 AWDIE 位置 1,模拟看门狗也产生中断。ADC1 和 ADC3 的规则通道转换完成后,还会产生 DMA 请求。

ADC1 和 ADC2 的中断映射在同一个中断向量上,而 ADC3 的中断有自己的中断向量。ADC 中断源如表 9.2 所示。

表 9.2 ADC 中断源

中断事件	事件标志	使能控制位
规则组转换结束(ADC_IT_EOC)	EOC	EOCIE
输入组转换结束(ADC_IT_JEOC)	JEOC	JEOCIE
设置了模拟看门狗状态位(ADC_IT_AWD)	AWD	AWDIE

2. DMA 请求

因为规则通道转换的值存储在一个仅有的数据寄存器中,所以当转换多个规则通道时,需要使用 DMA 功能,这样可以避免丢失已经存储在 ADC_DR 寄存器中的数据。

只有在规则通道的转换结束时,才产生 DMA 请求,并将转换的数据从 ADC_DR 寄存器传输到用户指定的目的地址。

注:只有 ADC1 和 ADC3 拥有 DMA 功能,由 ADC2 转换的数据可以通过双 ADC 模式,利用 ADC1 的 DMA 功能进行传输。

9.3 模拟/数字转换器相关的 HAL 库函数

STM32F1 系列 MCU 的 HAL 库中,与 ADC 相关的函数在文件"stm32f1xx_hal_adc.c"和"stm32f1xx_hal_adc_ex.c"中定义,二者相关的头文件分别为"stm32f1xx_hal_adc.h"和"stm32f1xx_hal_adc_ex.h"。前者定义 ADC 的通用 API(HAL_ADC_),而后者则是具体型号专有的 API(HAL_ADCEx_)。

ADC 相关的 HAL 库函数包括 ADC 初始化配置函数、ADC 转换启停函数、ADC 转换结果读取函数、ADC 中断及回调函数等。ADC 可通过轮询、中断和 DMA 3 种模式来操作。ADC 相关的

HAL 库函数如表 9.3 所示。

表 9.3　ADC 相关的 HAL 库函数

类型	函数及功能
ADC 初始化配置函数	HAL_ADC_Init(ADC_HandleTypeDef*hadc) 功能：ADC 初始化函数 HAL_ADC_ConfigChannel(ADC_HandleTypeDef*hadc, ADC_ChannelConfTypeDef*sConfig) 功能：ADC 通道配置函数
ADC 转换启停函数 — 轮询	HAL_ADC_Start(ADC_HandleTypeDef*hadc) 功能：启动轮询模式 ADC 转换 HAL_ADC_Stop(ADC_HandleTypeDef*hadc) 功能：停止轮询模式 ADC 转换 HAL_ADC_PollForConversion(ADC_HandleTypeDef*hadc, uint32_t Timeout) 功能：等待转换结束，采用超时管理机制
ADC 转换启停函数 — 中断	HAL_ADC_Start_IT(ADC_HandleTypeDef*hadc) HAL_ADC_Stop_IT(ADC_HandleTypeDef*hadc) 功能：中断模式启动和停止
ADC 转换启停函数 — DMA	HAL_ADC_Start_DMA(ADC_HandleTypeDef*hadc, uint32_t*pData, uint32_t Length) HAL_ADC_Stop_DMA(ADC_HandleTypeDef*hadc) 功能：DMA 模式启动和停止
ADC 转换结果读取函数	uint32_t HAL_ADC_GetValue(ADC_HandleTypeDef*hadc) 功能：获取 ADC 转换结果
ADC 中断及回调函数	HAL_ADC_IRQHandler(ADC_HandleTypeDef*hadc) 功能：ADC 中断处理函数 HAL_ADC_ConvCpltCallback(ADC_HandleTypeDef*hadc) 功能：ADC 中断回调，用户完成具体中断处理

9.3.1　ADC 的句柄

1. ADC 句柄 ADC_HandleTypeDef

ADC 句柄包含所有配置信息，是所有 ADC 外设的 API 函数需要的，ADC_HandleTypeDef 定义如下。

```
typedef struct
{   ADC_TypeDef        * Instance;    //寄存器
    ADC_InitTypeDef      Init;        //ADC 参数初始化
    DMA_HandleTypeDef  * DMA_Handle;  //DMA 句柄
    HAL_LockTypeDef      Lock;        //锁定对象
    __IO uint32_t        State;       //状态
    __IO uint32_t        ErrorCode;   //错误代码
} ADC_HandleTypeDef;
```

2. ADC 初始化结构体 ADC_InitTypeDef

ADC 初始化结构体 ADC_InitTypeDef 定义如下。

```
typedef struct
{   uint32_t DataAlign;              //①数据对齐方式
    uint32_t ScanConvMode;           //②自动扫描模式，多通道 ENABLE
    uint32_t ContinuousConvMode;     //③单一转换模式还是连续转换模式，ENABLE 为单一
    uint32_t NbrOfConversion;        //④规则通道数 n 设置
    uint32_t DiscontinuousConvMode;  //⑤断续还是连续
    uint32_t NbrOfDiscConversion;    //⑥不连续转换次数
    uint32_t ExternalTrigConv;       //⑦触发方式
} ADC_InitTypeDef;
```

主要语句功能如下。

①DataAlign：可以设置为 ADC_DATAALIGN_RIGHT、ADC_DATAALIGN_LEFT。

②ScanConvMode：扫描模式，可以设置为 ADC_SCAN_DISABLE、ADC_SCAN_ENABLE。

③ContinuousConvMode：指定在发生选定的触发（软件触发或外部触发）后，是以单一转换模式（一次转换）还是连续转换模式对常规组执行转换，该参数可以设置为 ENABLE 或 DISABLE。

④NbrOfConversion：规则通道数 n 设置，可以设置为 1~16，常和 ScanConvMode 联合使用。

⑤DiscontinuousConvMode：指定规则组的转换序列是完整序列还是不连续序列，该参数可以设置为 ENABLE 或 DISABLE。

⑥NbrOfDiscConversion：指定不连续转换的次数，数值为 1~8。

⑦ExternalTrigConv：触发方式，软件触发为 ADC_SOFTWARE_START。

3. 规则组 ADC 通道的结构体 ADC_ChannelConfTypeDef

规则组 ADC 通道的结构体 ADC_ChannelConfTypeDef 定义如下。

```
typedef struct
{   uint32_t Channel;        //①通道
    uint32_t Rank;           //②等级
    uint32_t SamplingTime;   //③采样时间
} ADC_ChannelConfTypeDef;
```

主要语句功能如下。

①Channel：ADC 通道设置，可以设置为 ADC_CHANNEL_0~ADC_CHANNEL_17。

②Rank：指定规则组序列中的等级，可以设置为 1~16，数值为 ADC_REGULAR_RANK_1~ADC_REGULAR_RANK_16。

③SamplingTime：设置所选通道的采样时间值，这些时间值可以设置为以下几种。

  1.5 个周期，ADC_SAMPLETIME_1CYCLE_5。
  7.5 个周期，ADC_SAMPLETIME_7CYCLES_5。
  13.5 个周期，ADC_SAMPLETIME_13CYCLES_5。
  28.5 个周期，ADC_SAMPLETIME_28CYCLES_5。
  41.5 个周期，ADC_SAMPLETIME_41CYCLES_5。
  55.5 个周期，ADC_SAMPLETIME_55CYCLES_5。
  71.5 个周期，ADC_SAMPLETIME_71CYCLES_5。
  239.5 个周期，ADC_SAMPLETIME_239CYCLES_5。

4. 中断标志位

ADC 的中断有规则组、输入组和模拟看门狗，发生中断后对应的标志位如下。

①规则组转换结束中断标志位：ADC_IT_EOC。

②输入组转换结束中断标志位：ADC_IT_JEOC。
③模拟看门狗转换结束中断标志位：ADC_IT_AWD。

5. ADC 转换标志位

ADC 转换标志位有规则组、输入组和模拟看门狗，在开始和结束均置位的标志位如下。
①ADC 规则组开始标志位：ADC_FLAG_STRT。
②ADC 输入组开始标志位：ADC_FLAG_JSTRT。
③ADC 规则组转换结束标志位：ADC_FLAG_EOC。
④ADC 输入组转换结束标志位：ADC_FLAG_JEOC。
⑤ADC 模拟看门狗组转换结束标志位：ADC_FLAG_AWD。
ADC 还有模拟看门狗的结构体和其他一些参数，读者可参阅相关数据手册和 HAL 库文件。

9.3.2　ADC 初始化配置函数

1. ADC 初始化函数 HAL_ADC_Init( )

ADC 的初始化包括对 ADC 模块、扫描模式、单一/连续转换、规则通道、触发方式、对齐方式等进行初始化。HAL_ADC_Init( ) 函数如表 9.4 所示。

表 9.4　HAL_ADC_Init( ) 函数

函数原型	HAL_StatusTypeDef HAL_ADC_Init(ADC_HandleTypeDef*hadc)
功能描述	ADC 初始化
输入参数	ADC_HandleTypeDef*hadc，表示 ADC 编号，hadc 有 ADC1～ADC3
输出参数	成功：HAL_OK；失败：HAL_ERROR

2. ADC 通道配置函数 HAL_ADC_ConfigChannel( )

HAL_ADC_Configchannel( ) 函数用于对 ADC 的转换通道、规则组序列中的等级、采样时间参数进行配置，如表 9.5 所示。

表 9.5　HAL_ADC_ConfigChannel( ) 函数

函数原型	HAL_StatusTypeDef HAL_ADC_ConfigChannel(ADC_HandleTypeDef * hadc, ADC_ChannelConfTypeDef*sConfig)
功能描述	对指定的 ADC，配置通道、规则组和采样时间
输入参数 1	ADC_HandleTypeDef*hadc，表示 ADC 编号，可以是 ADC1～ADC3
输入参数 2	ADC_ChannelConfTypeDef*sConfig)，规则组 ADC 通道的结构体配置
输出参数	成功：HAL_OK；失败：HAL_ERROR

9.3.3　ADC 转换启停函数

ADC 的启停方式有定时器触发、EXTI 触发和 ADC 软件触发。其中，定时器触发和 EXTI 触发 ADC 转换需要在对应的外设中使能触发功能；ADC 软件触发，即通过写寄存器的方式启动或停止 ADC 转换。ADC 软件触发有轮询模式触发、中断模式触发和 DMA 模式触发，即通过软件启动后，ADC 转换结束和数据读取的 3 种方式。对应的开启转换函数如表 9.6 所示，停止转换函数如表 9.7 所示。

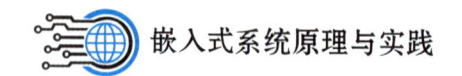

表 9.6　ADC 开启转换函数

函数原型	HAL_StatusTypeDef HAL_ADC_Start(ADC_HandleTypeDef*hadc) HAL_StatusTypeDef HAL_ADC_Start_IT(ADC_HandleTypeDef*hadc) HAL_StatusTypeDef HAL_ADC_Start_DMA(ADC_HandleTypeDef*hadc, uint32_t* pData, uint32_t Length)
功能描述	轮询模式启动、中断模式启动、DMA 模式启动
输入参数 1	ADC_HandleTypeDef*hadc，表示 ADC 编号 ADC1～ADC3
输入参数 2	只有 DMA 模式有，uint32_t*pData，表示存放 ADC 转换结果的缓冲区
输入参数 3	只有 DMA 模式有，uint32_t Length，表示缓冲区中的数据长度
输出参数	成功：HAL_OK；失败：HAL_ERROR

表 9.7　ADC 停止转换函数

函数原型	HAL_StatusTypeDef HAL_ADC_Stop(ADC_HandleTypeDef*hadc) HAL_StatusTypeDef HAL_ADC_Stop_IT(ADC_HandleTypeDef*hadc) HAL_StatusTypeDef HAL_ADC_Stop_DMA(ADC_HandleTypeDef*hadc)
功能描述	轮询模式停止、中断模式停止、DMA 模式停止
输入参数	ADC_HandleTypeDef* hadc，表示 ADC 编号，可以是 ADC1～ADC3
输出参数	成功：HAL_OK；失败：HAL_ERROR

9.3.4　ADC 转换结果读取函数

ADC 转换结果读取函数 HAL_ADC_GetValue() 用于实现对指定 ADC 的数据读取，如表 9.8 所示。

表 9.8　HAL_ADC_GetValue() 函数

函数原型	uint32_t HAL_ADC_GetValue(ADC_HandleTypeDef*hadc)
功能描述	从指定的 ADC 读取 ADC 转换结果
输入参数	ADC_HandleTypeDef*hadc，表示 ADC 编号 ADC1～ADC3
输出参数	ADC 转换结果的数据，数据类型为 32 位，长整型

9.3.5　ADC 中断及回调函数

规则组转换结束、输入组转换结束、设置了模拟看门狗状态位这些中断源将引起 ADC 中断。ADC 的中断函数是 HAL_ADC_IRQHandler()，如表 9.9 所示。ADC 中断及回调函数如下。

```
void HAL_ADC_ConvCpltCallback(ADC_HandleTypeDef*hadc);
```

表 9.9　HAL_ADC_IRQHandler() 函数

函数原型	HAL_ADC_IRQHandler(ADC_HandleTypeDef*hadc)
功能描述	中断服务
输入参数	ADC_HandleTypeDef*hadc，表示 ADC 编号 ADC1～ADC3
输出参数	无

使用 ADC 中断及回调函数可执行读取 ADC 转换结果或其他中断服务。

例如，ADC1 中断服务程序如下。

```
HAL_ADC_IRQHandler(&hadc1);
```

9.4 模拟/数字转换器应用案例

9.4.1 ADC 转换的步骤

用 ADC 采集模拟信号的基本步骤如下。
（1）配置系统时钟、ADC 时钟。
（2）初始化 GPIO：选择通道、使能时钟、配置引脚工作模式。
（3）如果使用中断或 DMA，进行相关配置。
（4）初始化 ADC：对齐方式、工作模式（扫描/连续）、常规/输入通道数量、转换顺序、触发方式。
（5）根据需要配置 AWD 或多 ADC 模式。
（6）校准 ADC，选择转换模式（轮询模式、中断模式、DMA 模式），然后启动 ADC 进行转换。
（7）编写应用代码：主函数和中断处理函数。

9.4.2 数字电压表设计

1. 任务要求

请利用滑动变阻器、ADC、USART 设计一个数字电压表，ADC 实时采集滑动变阻器上的电压，将采集到的电压值通过串口 2 上传到计算机串口调试助手，并在本地 LCD1602 上显示。请设计程序，并通过 Proteus 完成仿真和调试。

2. 硬件设计

数字电压表硬件电路如图 9.7 所示，STM32 的 PB0 外接滑动变阻器，通过调节 RV1，PB0 接口的电压将会发生变化；串口 1 对应的 PA9、PA10 通过 CH340 与上位机 USB 相连；LCD1602 的数据端和控制端分别与 PC0～PC10 相连。

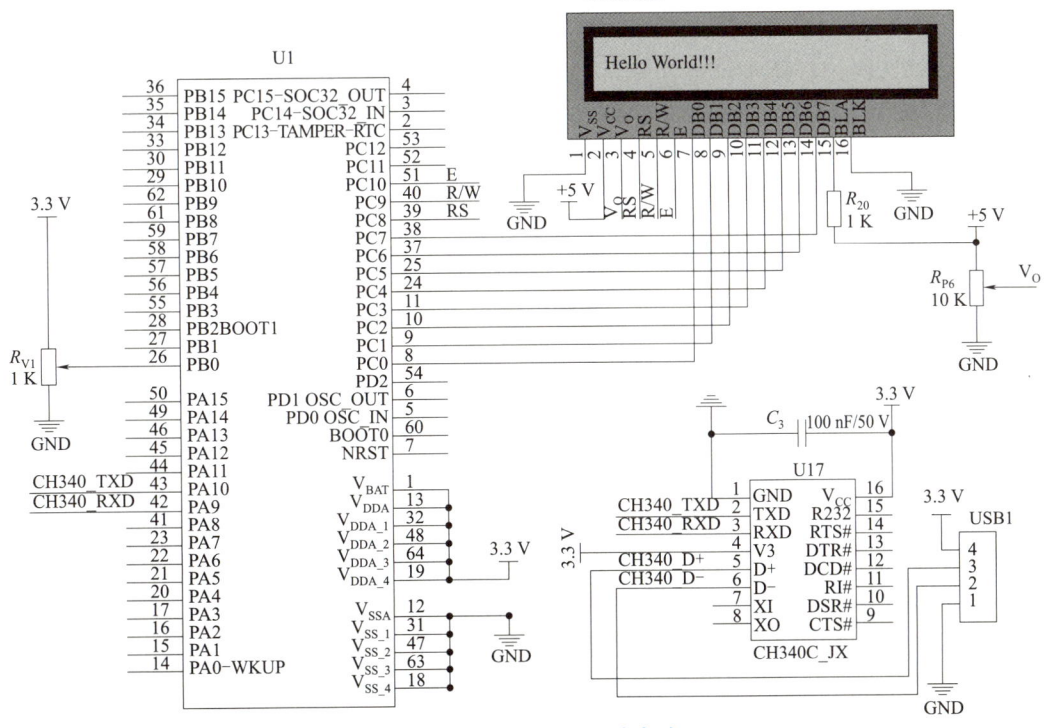

图 9.7 数字电压表硬件电路

3. 软件设计

选用 STM32F1 系列 MCU 的 ADC1，从 PB0（Channel8）外接滑动变阻器。ADC 采用规则通道，$n=1$；以软件触发方式启动 ADC 转换；采样时间设置为 1.5 个采样周期；设置 ADC 的数据格式为右对齐；采用单一转换模式；设置为 ADC 中断；系统时钟设置为 8 MHz。ADC 配置如图 9.8 所示。

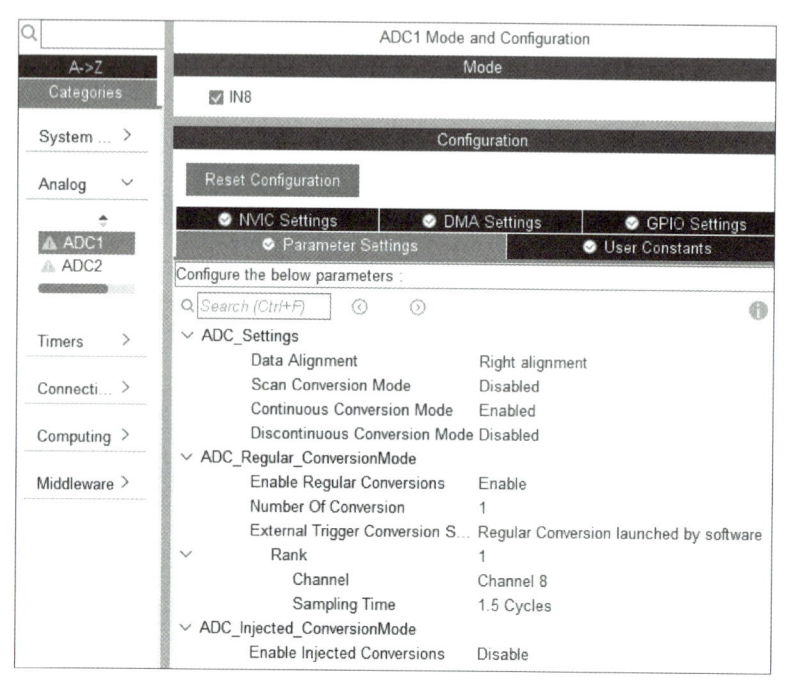

图 9.8 ADC 配置

串口采用 USART2，通过 PA2（TXD）、PA3（RXD）与计算机通信，将 ADC 采集的电压值传到串口调试助手。配置波特率为 115 200 bit/s、数据位为 8 位、停止位为 1 位、无校验位。

LCD1602 的数据端和使能端分别与 PC0～PC10 相连，PC0～PC7 与 LCD1602 的 D0～D7 相连，PC8～PC10 分别与 LCD1602 的 RS、R/W 和 E 接口相连，PC0～PC10 接口设置为输出。

将上述参数通过 STM32CubeMX 生成 MDK 工程文件，在 ADC 中断服务程序的回调函数中添加读取 ADC 结果值的程序，在 main() 函数中添加串口发送程序。ADC、USART、GPIO 和 NVIC 由软件自动生成初始化代码，无须修改。主程序和 ADC 回调函数如下。

```
#include "main.h"
#include "stdio.h"
#include "string.h"
#include "lcd1602.H"
uint16_t  Adc_Dn;          //12 位数字量
float    Adc_V;            //转换后的电压值
char    ShowAdc[] = {0};
char    Show[] = {"ADC-Test! \r\n"};
void SystemClock_Config(void);
static void MX_NVIC_Init(void);
/* * * * * * * * * * * * * * * * * * * * * * * * * * * * * * * * * * * *
```

int main()函数功能:将 ADC1 获取的电压值送至 LCD1602,通过 USART2 送至计算机
* /

```
int main(void)
{
  HAL_Init();
  SystemClock_Config();
  MX_GPIO_Init();
  MX_ADC1_Init();
  MX_USART2_UART_Init();
  MX_NVIC_Init();
  LCD1602_Init();
  LCD_WriteString(0,0,Show);
  HAL_UART_Transmit(&huart2, (uint8_t * )&Show, strlen(Show), 0xffff);
  HAL_ADC_Start_IT(&hadc1);
  while (1){
    LCD_WriteString (1,0,ShowAdc);
    HAL_UART_Transmit(&huart2, (uint8_t * )&ShowAdc, strlen(ShowAdc), 0xffff);
    HAL_Delay(1000);
  }
}
```

/* *
HAL_ADC_ConvCpltCallback()函数功能:ADC 中断回调
输入参数:ADC1 句柄
输出参数:无
* /

```
void HAL_ADC_ConvCpltCallback(ADC_HandleTypeDef* hadc)
{
  if(hadc - >Instance = =ADC1){
      Adc_Dn =HAL_ADC_GetValue(&hadc1);
      Adc_V = (3.3/4096)* Adc_Dn;
      sprintf((char* )ShowAdc,"voltage:% 02.2f\r\n",Adc_V);
      HAL_ADC_Stop_IT(&hadc1);
  }
}
```

另外,也可以采用轮询模式获取 ADC 转换值,程序如下。

```
if(HAL_ADC_PollForConversion(&hadc1,10) = =HAL_OK)   //判断转换是否结束
{    Adc_Dn =HAL_ADC_GetValue(&hadc1);
     Adc_V = (3.3/4096)* Adc_Dn;
     sprintf((char* )ShowAdc,"voltage:% 02.2f\r\n",Adc_V);
}
```

4. 仿真与调试

在 Proteus 中绘制仿真电路图,PC0～PC10 连接 LCD1602,PA2(TXD)、PA3(RXD)外接串口虚拟终端 Virtual Terminal,PB0 外接滑动变阻器,调节滑动变阻器可改变送到 ADC_CHANNEL_8

的电压值，进而通过内部ADC进行转换，并在LCD1602上显示被测的电压值，并以每秒1次的速度上传到串口2，仿真电路图与调试效果如图9.9所示。

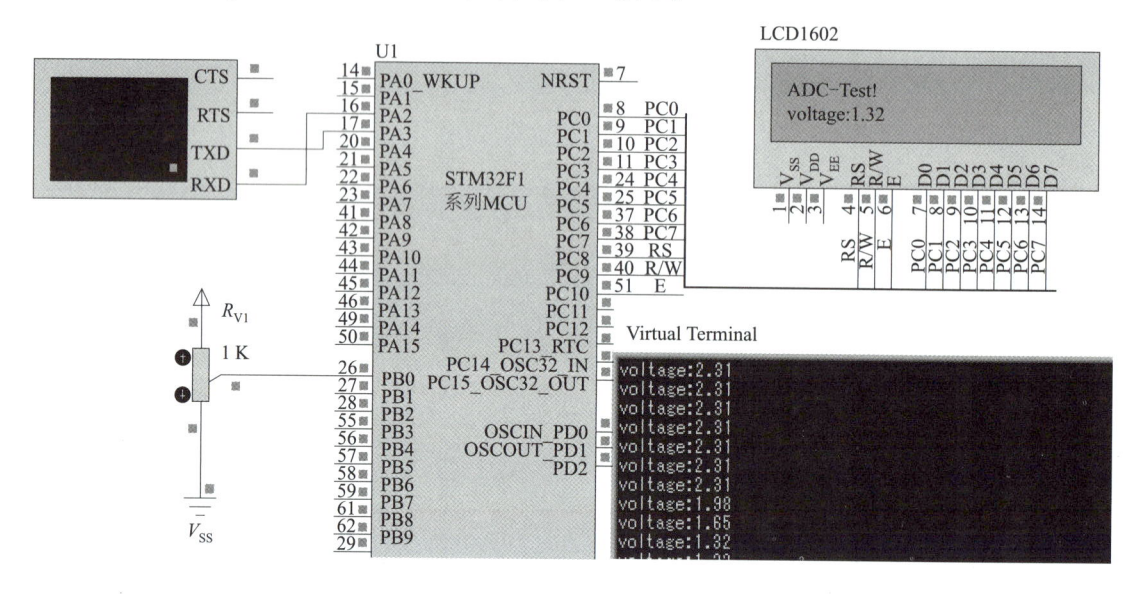

图9.9 仿真电路图与调试效果

本章小结

ADC是将模拟信号转变为数字信号的转换器。ADC的种类很多，按工作原理的不同，可分为间接ADC和直接ADC。间接ADC是先将输入模拟电压转换成时间或频率，然后把这些中间量转换成数字量，常用的有双积分型ADC。直接ADC则将输入的模拟电压直接转换成数字量，常用的有并联比较型ADC和逐次逼近型ADC，此外还有∑-△型ADC。

模/数转换有采样、保持、量化和编码4个步骤。ADC的主要技术指标有转换时间、分辨率精度。

STM32F1系列MCU有3个ADC，精度为12位，其中ADC1和ADC2都有16个外部通道，ADC3有8个外部通道，各通道的数模转换可以以单次转换、连续转换、自动扫描或间断模式执行，转换的结果可以以左对齐或右对齐方式存储在16位数据寄存器中。ADC的输入时钟频率不得超过14 MHz，其时钟频率由PCLK2分频产生。

ADC内部结构由输入通道、参考电压、触发源、模数转换单元以及中断单元这5个功能模块构成。

本章习题

1. 简述STM32F1系列MCU的模数转换的应用编程步骤。

2. 设计光照度采集器，要求能将被测照度值通过LCD1602显示，能通过串口将照度值上传到计算机，设计电路并编写程序。

第 10 章　直接存储器存取

教学目标

【知识】

(1) 深刻理解并掌握直接存储器存取方式的工作原理和应用场合。
(2) 掌握 STM32F1 系列 MCU 的直接存储器存取控制器的结构和主要特性。
(3) 掌握 STM32F1 系列 MCU 的直接存储器存取通道配置、数据传输、中断处理和应用开发步骤等知识。

【能力】

(1) 具有分析由 STM32F1 系列 MCU 的直接存储器存取控制器构成的应用系统的能力。
(2) 具有应用 STM32F1 系列 MCU 的直接存储器存取控制器设计电路的能力。
(3) 具有应用 STM32F1 系列 MCU 的直接存储器存取控制器设计程序的能力。

10.1　直接存储器存取工作原理

CPU 与外设之间的数据传输方式有程序方式、中断方式和直接存储器存取（DMA）方式，前面已经介绍了前两种方式，本章介绍最后一种方式。DMA 是计算机系统中一种高速的数据传输方式，这种方式允许计算机的外设和内存之间直接进行数据读写操作，不需要 CPU 干预。整个数据传输操作在 DMA 控制器的控制下进行。CPU 除在数据传输开始和结束时参与处理外，其他时间则不需要干预。在传输过程中，CPU 同 DMA 并行工作，这样一来，就使整个计算机系统的效率大大提高。

DMA 方式由以下 3 个要素组成。

(1) 传输源：要传输的数据源头，DMA 控制器从传输源读出数据，如存储器。
(2) 传输目标：要传输的数据目标，DMA 控制器将数据传输到传输目标，如串口。
(3) 触发信号：用于触发一次数据传输的动作，执行一个单位的传输源至传输目标的数据传输，可以用来控制传输的时机。

DMA 控制器的工作原理如图 10.1 所示。DMA 控制器可直接控制总线，在内存与外设之间建立一条数据传输通路。在数据传输开始前，DMA 控制器请求 CPU 把总线控制权转交给它，然后它在数据源地址和数据传输的目标地址之间建立通路，开始数据传输。数据传输完成后，DMA 控制器再把总线控制权交还给 CPU，完成一次数据传输。

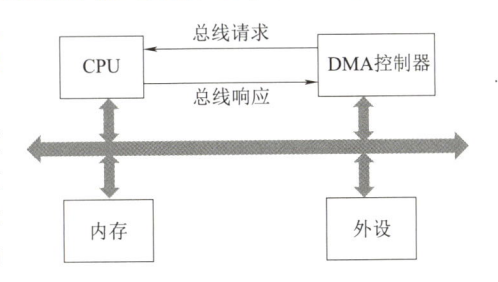

图 10.1　DMA 控制器的工作原理

一次完整的 DMA 包括 DMA 请求、DMA 响应、DMA 传输、DMA 结束 4 个步骤。

DMA 数据传输的主要优点是速度快。由于 CPU 不参加传输，就省去了 CPU 取指令、取数、送数等操作。在数据传输过程中，没有保存现场、恢复现场之类的工作。内存地址修改、传输字

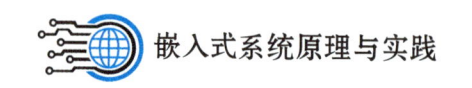

节个数的计数等，也不是由软件实现，而是由硬件线路直接实现的，所以 DMA 数据传输能满足高速 I/O 的要求，也有利于提高 CPU 效率。

10.2　STM32 的直接存储器存取控制器的结构

　　STM32F1 系列 MCU 中有两个 DMA 控制器，其中 DMA1 有 7 个通道，DMA2 有 5 个通道，每个通道用来管理来自一个或多个外设对内存访问的请求。DMA 控制器的结构如图 10.2 所示。STM32F1 系列 MCU 中还有一个仲裁器，用来协调各个 DMA 请求的优先级，优先级可配置成很高、高、中或低。数据源和目标数据区的传输宽度可配置为字节、半字、字，可编程设置传输数目最大可达 65 535 个，可以实现内存到内存、外设到内存和内存到外设的传输。每个通道有 3 个事件标志，即 DMA 数据传输一半标志、DMA 数据传输完成标志和 DMA 数据传输出错标志。可查询这些标志，以实现对传输数据的控制。

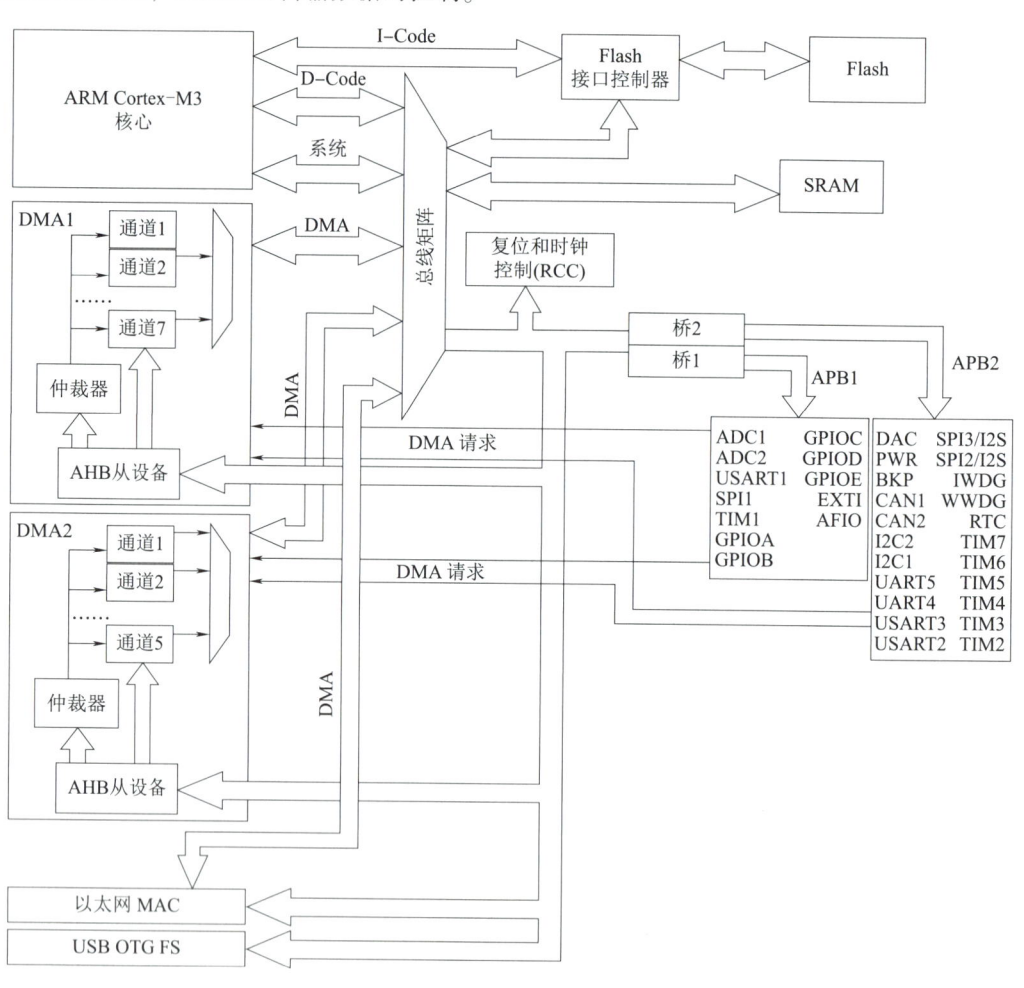

图 10.2　DMA 控制器的结构

1. 处理过程

　　在发生一个事件后，外设向 DMA 控制器发送一个请求信号，DMA 控制器根据通道的优先级处理请求。当 DMA 控制器开始访问发出请求的外设时，DMA 控制器立即发送给它一个应答信号。当从DMA控制器得到应答信号时，外设立即释放它的请求。一旦外设释放了这个请求，DMA控制器同时撤销应答信号。如果有更多的请求时，外设可以启动下一个周期的处理。

DMA每次的传输由以下3个操作组成。

（1）从外设数据寄存器或从当前外设/内存地址寄存器指示的存储器地址取数据，第一次传输时的开始地址是DMA_CPARx或DMA_CMARx寄存器指定的外设基地址或内存单元。

（2）存储数据到外设数据寄存器或当前外设/内存地址寄存器指示的存储器地址，第一次传输时的开始地址是DMA_CPARx或DMA_CMARx寄存器指定的外设基地址或内存单元。

（3）执行一次DMA_CNDTRx寄存器的递减操作，该寄存器包含未完成的操作数目。

2. 仲裁器

仲裁器根据通道请求的优先级来启动外设/内存的访问。优先级管理分为以下两个阶段。

（1）软件。每个通道的优先级可以在DMA_CCRx寄存器中设置，有最高优先级、高优先级、中优先级、低优先级4个等级。

（2）硬件。如果两个请求有相同的软件优先级，那么较低编号的通道比较高编号的通道有更高的优先级。例如，通道2优先于通道4。

3. 请求映射

DMA1对应7个通道，外设模块包括TIM1、TIM2、TIM3、TIM4、ADC1、SPI1/I2S2、USART1、USART2、USART3。DMA1各通道的DMA映射结构如图10.3所示。

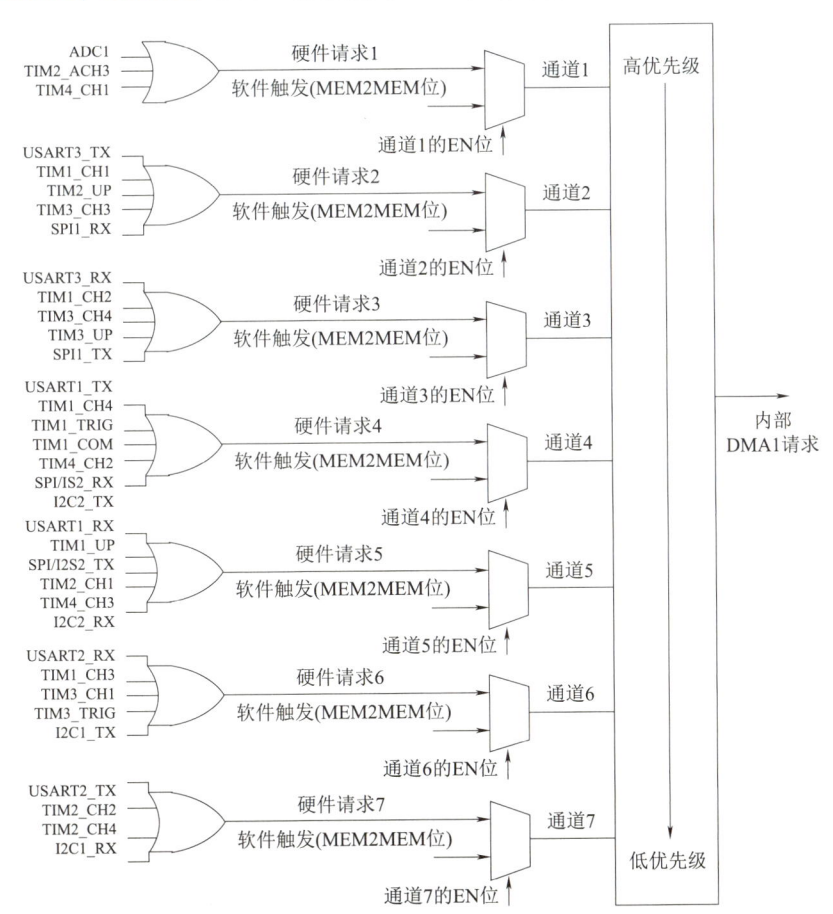

图10.3　DMA1各通道的DMA映射结构

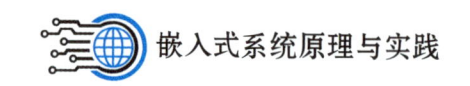

DMA2 对应 5 个通道，外设模块包括 TIM5、TIM6、TIM7、TIM8、ADC3、SPI/I2S3、UART4、DAC。DMA2 各通道的 DMA 映射结构如图 10.4 所示。

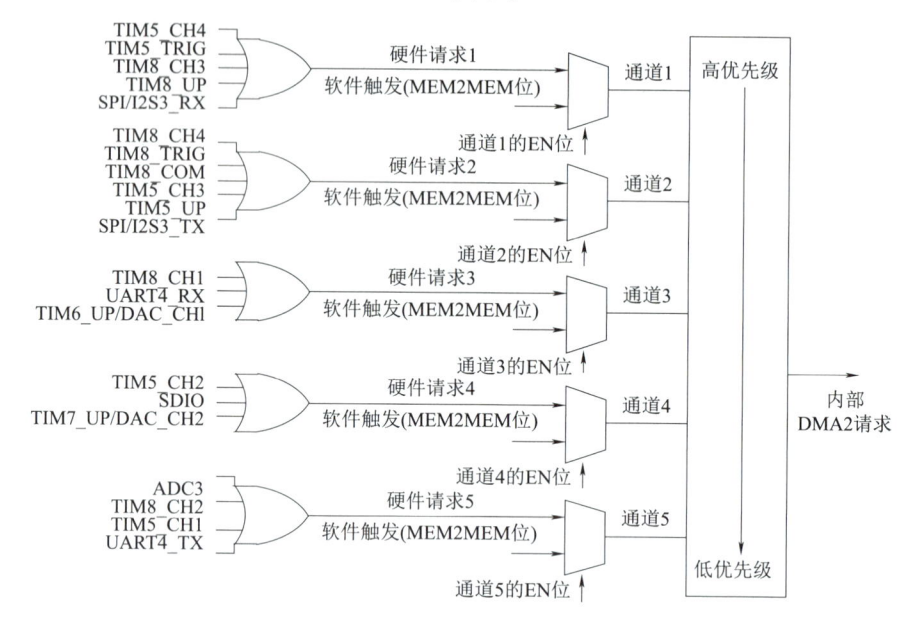

图 10.4　DMA2 各通道的 DAM 映射结构

由图 10.3 和图 10.4 可知，每一个通道均对应多个外设请求源，同一个时刻只能有一个请求有效。如 DMA1 的通道 1 的 ADC1、TIM2_CH3、TIM4_CH1 的 DMA 请求复用同一个通道，它们不能同时有效。

4. 传输模式

DMA 控制器的传输模式有循环模式和普通模式两种。循环模式用于处理循环缓冲区和连续的数据传输。每轮传输结束时，数据传输的配置会自动地更新为初始状态，DMA 数据传输会连续不断地进行。普通模式是指在 DMA 数据传输结束时，DMA 通道被自动关闭，进一步的 DMA 请求将不被响应。

DMA 数据传输有 3 种方式，即内存到内存、内存到外设、外设到内存，分别如图 10.5、图 10.6、图 10.7 所示。

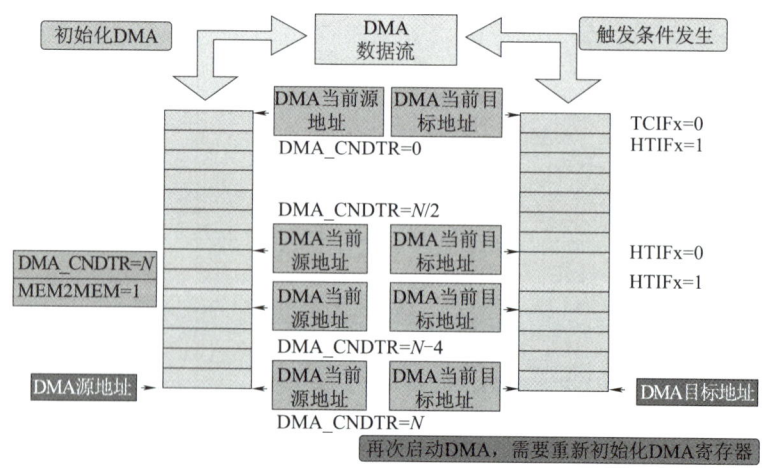

图 10.5　内存到内存数据传输

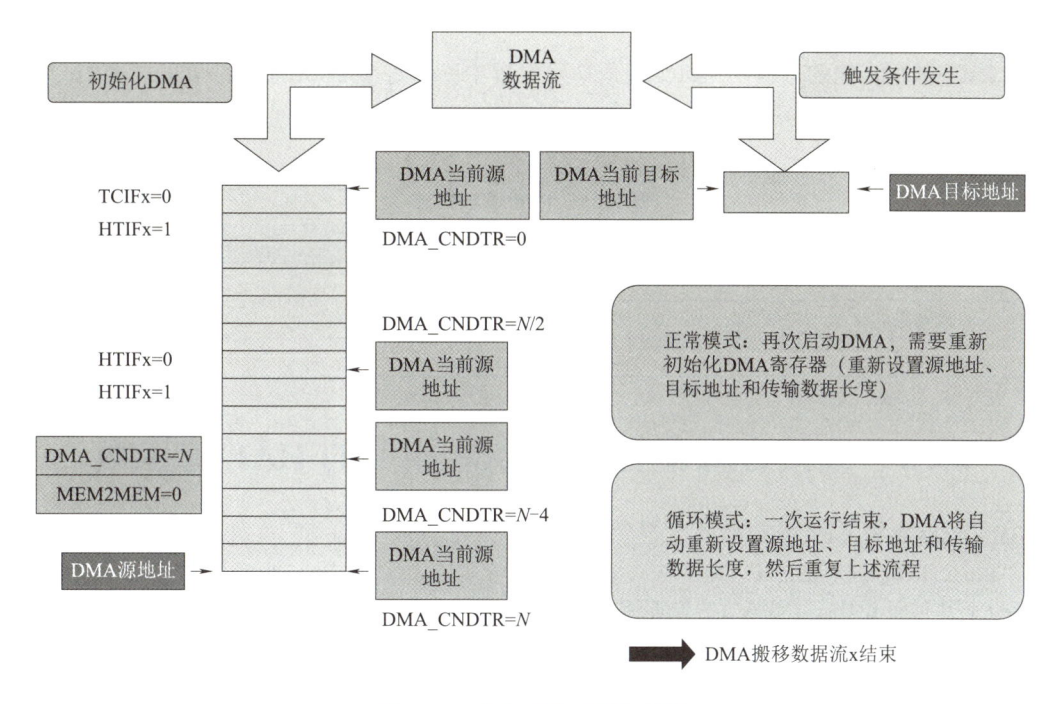

图 10.6 内存到外设数据传输

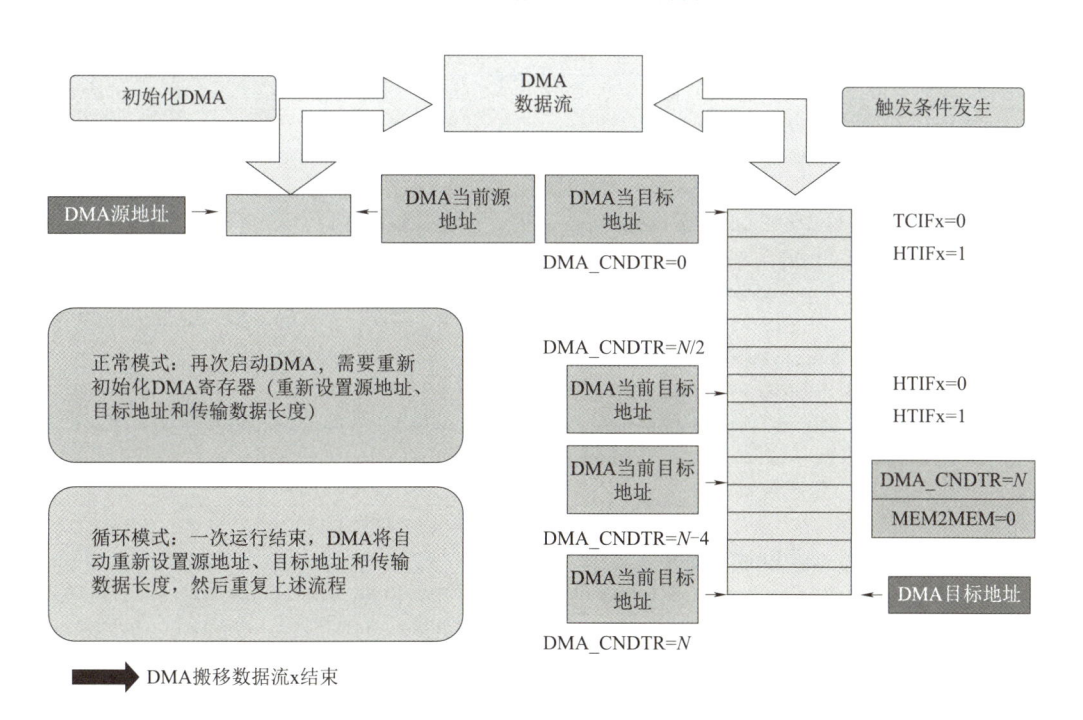

图 10.7 外设到内存数据传输

DMA 首先要初始化，建立源地址和目标地址，设置数据宽度和数据量大小。启动触发后，DMA 开始传输。每完成一次传输，计数器 DMA_CNDTR 执行减计数操作，直到完成所有传输。

5. 中断请求

在 DMA 数据传输的过程中，每个通道均可配置中断。每个 DMA 通道都可以在 DMA 数据传输过半、传输完成和传输错误时产生中断，可以通过设置寄存器的不同位来打开这些中断，中断请求标志如表 10.1 所示。

表 10.1 中断请求标志

中断事件	事件标志位	使能控制位
传输过半	HTIF	HTIE
传输完成	TCIF	TCIE
传输错误	TEIF	TEIE

10.3 直接存储器存取控制器相关的 HAL 库函数

DMA 控制器相关的 HAL 库函数定义在 "stm32f1xx_hal_dma.c" 文件中，对应的头文件定义在 "stm32f1xx_hal_dma.h" 文件中。这些函数分为初始化函数、外设操作函数和中断函数（一般位于其他外设中），如表 10.2 所示。

表 10.2 DMA 控制器相关的 HAL 库函数

类型	函数及功能
初始化函数	HAL_StatusTypeDef HAL_DMA_Init(DMA_HandleTypeDef* hdma) 功能：DMA 初始化函数
外设操作函数	HAL_StatusTypeDef HAL_DMA_Start(DMA_HandleTypeDef* hdma, uint32_t SrcAddress, uint32_t DstAddress, uint32_t DataLength) 功能：启动 DMA HAL_StatusTypeDef HAL_DMA_Start_IT(DMA_HandleTypeDef* hdma, uint32_t SrcAddress, uint32_t DstAddress, uint32_t DataLength) 功能：中断模式启动 DMA HAL_StatusTypeDef HAL_DMA_Abort(DMA_HandleTypeDef* hdma) 功能：中止 DMA HAL_StatusTypeDef HAL_DMA_Abort_IT(DMA_HandleTypeDef* hdma) 功能：中断模式中止 DMA HAL_StatusTypeDef HAL_DMA_PollForTransfer(DMA_HandleTypeDef* hdma, uint32_t CompleteLevel, uint32_t Timeout) 功能：轮询模式传输
中断函数	void HAL_DMA_IRQHandler(DMA_HandleTypeDef* hdma) 功能：DMA 中断处理函数 HAL_StatusTypeDef HAL_DMA_RegisterCallback(DMA_HandleTypeDef* hdma, HAL_DMA_CallbackIDTypeDef CallbackID, void (* pCallback)(DMA_HandleTypeDef* _hdma)) 功能：回调函数 HAL_StatusTypeDef HAL_DMA_UnRegisterCallback(DMA_HandleTypeDef* hdma, HAL_DMA_CallbackIDTypeDef CallbackID) 功能：回调函数

DMA 控制器与定时器 TIMx、USART、ADC、DAC、SPI 等外设模块和内存一起控制数据的传输，因此数据的传输函数均分布在各外设模块中。例如，串口的 DMA 传输函数有 HAL_UART_Transmit_DMA( )。

10.3.1 DMA 句柄及初始化

1. DMA 句柄定义

DMA 的句柄是用结构体 DMA_HandleTypeDef 定义的，用于对 DMA 控制器进行配置，定义如下。

```
typedef struct __DMA_HandleTypeDef{
  DMA_Channel_TypeDef    * Instance;                              //DMA 通道地址
  DMA_InitTypeDef          Init;                                  //参数初始化配置
  HAL_LockTypeDef          Lock;                                  //锁定对象
  HAL_DMA_StateTypeDef     State;                                 //状态
  void                    * Parent;                               //父对象状态
  void(* XferCpltCallback)(struct __DMA_HandleTypeDef* hdma);     //传输完回调
  void(* XferHalfCpltCallback)(struct __DMA_HandleTypeDef* hdma); //传输过半回调
  void(* XferErrorCallback)(struct __DMA_HandleTypeDef* hdma);    //传输错误回调
  void(* XferAbortCallback)(struct __DMA_HandleTypeDef* hdma);    //传输中止回调
  __IO uint32_t            ErrorCode;                             //DMA 错误代码
  DMA_TypeDef             * DmaBaseAddress;                       //DMA 通道地址
  uint32_t                 ChannelIndex;                          //DMA 通道索引
} DMA_HandleTypeDef;
```

句柄 DMA_HandleTypeDef 提供给所有 DMA 相关库函数使用，因此在应用相关函数之前，要先用句柄对 DMA 进行配置。

2. DMA 初始化

DMA 初始化是用一个结构体 DMA_InitTypeDef 完成的，包括初始化 DMA 传输方式、外设内存的地址是否递增、外设及内存数据宽度、工作模式和优先配置等参数。DMA_InitTypeDef 结构体定义如下。

```
typedef struct {
  uint32_t Direction;              //①DMA 数据传输方式
  uint32_t PeriphInc;              //②指定外设地址寄存器是否应该递增
  uint32_t MemInc;                 //③指定存储器地址寄存器是否应该递增
  uint32_t PeriphDataAlignment;    //④指定外设数据宽度
  uint32_t MemDataAlignment;       //⑤指定内存数据宽度
  uint32_t Mode;                   //⑥指定 DMA 通道 x 的工作模式
  uint32_t Priority;               //⑦指定 DMA 通道 x 的软件优先级
} DMA_InitTypeDef;
```

各语句功能如下。

①Direction：指定 DMA 数据传输方式，有以下 3 种传输方式可以选择。
- DMA_PERIPH_TO_MEMORY：外设到内存。
- DMA_MEMORY_TO_PERIPH：内存到外设。
- DMA_MEMORY_TO_MEMORY：内存到内存。

②PeriphInc 和③MemInc：指定外设和内存的地址是否递增，其分别有以下两种选择方式。
- DMA_PINC_ENABLE：外设使能递增；DMA_PINC_DISABLE：外设禁止递增。
- DMA_MINC_ENABLE：内存使能递增；DMA_MINC_DISABLE：内存禁止递增。

④PeriphDataAlignment 和⑤MemDataAlignment：指定外设数据宽度和内存数据宽度，有 3 种设置选择，即字节、半字、字。
- DMA_PDATAALIGN_BYTE：外设字节。
- DMA_PDATAALIGN_HALFWORD：外设半字。
- DMA_PDATAALIGN_WORD：外设字。
- DMA_MDATAALIGN_BYTE：内存字节。
- DMA_MDATAALIGN_HALFWORD：内存半字。
- DMA_MDATAALIGN_WORD：内存字。

⑥Mode：指定 DMA 通道 x 的工作模式，有普通模式和循环模式。
注：若在所选通道上配置了内存到内存的数据传输，则不能使用循环模式。
- DMA_NORMAL：普通模式。
- DMA_CIRCULAR：循环模式。

⑦Priority：指定 DMA 通道 x 的软件优先级，有以下 4 种优先级设置。
- DMA_PRIORITY_LOW：低级。
- DMA_PRIORITY_MEDIUM：中等。
- DMA_PRIORITY_HIGH：高级。
- DMA_PRIORITY_VERY_HIGH：最高。

例如，要定义一个外设串口 1 用于 DMA 数据传输，程序如下。

```
DMA_HandleTypeDef hdma_usart1_tx;                              //定义串口 1 的 DMA
void MX_DMA_Init(void){
    hdma_usart1_tx.Instance=DMA1_Channel4;                      //通道 4
    hdma_usart1_tx.Init.Direction=DMA_MEMORY_TO_PERIPH;         //内存到外设
    hdma_usart1_tx.Init.PeriphInc=DMA_PINC_DISABLE;             //禁止
    hdma_usart1_tx.Init.MemInc=DMA_MINC_ENABLE;                 //禁止
    hdma_usart1_tx.Init.PeriphDataAlignment=DMA_PDATAALIGN_BYTE; //字节
    hdma_usart1_tx.Init.MemDataAlignment=DMA_MDATAALIGN_BYTE;   //字节
    hdma_usart1_tx.Init.Mode=DMA_CIRCULAR;                      //循环
    hdma_usart1_tx.Init.Priority=DMA_PRIORITY_LOW;              //低优先级
    HAL_DMA_Init(&hdma_usart1_tx)
}
```

该程序实现的功能是通过 DMA 的第 4 通道，通过外设串口 1 将内存的数据发送出去，按照字节传输，采用循环模式，优先级为最低。

10.3.2　DMA 中断使能及事件标志

1. 中断使能标志

DMA 中断源分为传输完成中断源、传输过半中断源和传输出错中断源。在设置中断源时，可通过 DMA 中断使能位进行设置，定义如下。
- DMA_IT_TC：DMA 传输完成中断使能。
- DMA_IT_HT：DMA 传输过半中断使能。
- DMA_IT_TE：DMA 传输出错中断使能。

2. 事件标志

DMA 事件标志有全局事件标志、传输完成标志、传输过半标志、传输错误标志，共计 7 组（因为 DMA1 有 7 个通道）。在中断回调函数中，可通过这些标志位查询发生的事件。下面以通道 1 为例进行说明，其他 6 个通道也是一样。
- DMA_FLAG_GL1：全局事件标志。
- DMA_FLAG_TC1：传输完成标志。
- DMA_FLAG_HT1：传输过半标志。
- DMA_FLAG_TE1：传输错误标志。

用户可以通过中断方式或事件标志方式查询 DMA 数据传输的情况。

10.4　直接存储器存取控制器应用案例

10.4.1　内存到外设 USART 数据传输设计

1. 任务要求

现 STM32F1 的内存中存放有一数据：uint8_t SendBuff[ ] = {"＊＊＊Principle and application of embedded system＊＊＊\r\n＊＊＊USART Output Message By DMA！\r\n"}，请利用 DMA 控制器将数据通过外设串口 2 传输到计算机，计算机利用串口调试助手接收。请设计硬件电路、软件程序代码，并通过 Proteus 完成仿真和调试。

2. 硬件设计

USART 的 DMA 通信图如图 10.8 所示。STM32F1 系列 MCU 通过 USART2 与外接的串口转 USB 接口芯片 CH340 相连，引脚分别是 PA2 和 PA3。CH340 再与计算机的 USB 接口相连。计算机需安装上串口调试助手。

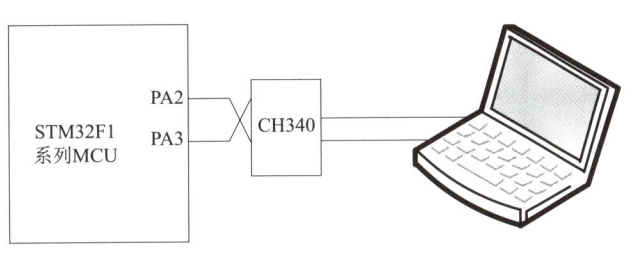

图 10.8　USART 的 DMA 通信图

3. 软件设计

软件部分一方面需要配置 DMA，另一方面需要配置串口 2。系统时钟采用 8 MHz 的内部振荡器。

在 STMCubeMX 中，进入"Pinout&Configuration"配置界面，展开"Connectivity"（通信）列表，勾选"USART2"选项，分别配置基本参数和 DMA 参数，串口的基础参数配置方法和前面一样，设置波特率为 115 200 bit/s，数据位为 8 位，停止位为 1 位，无校验位。DMA 参数配置如图 10.9 所示。

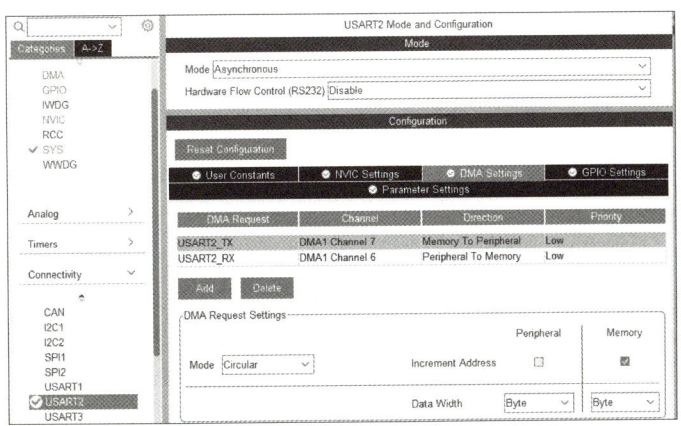

图 10.9　DMA 参数配置

配置好参数后，生成 MDK 工程文件。DMA 的初始化程序在"usart.c"文件中，无须修改，在"dma.c"文件中只是对 DMA 的中断进行了配置。

内存数据到外设串口的程序在"main.c"中实现，定义一个数组用于存放内存数据，在主程序中通过串口发送程序将数据发出，代码如下。

```
#include "main.h"
#include "dma.h"
#include "usart.h"
#include "gpio.h"
uint8_t SendBuff[] ={"* * * Principle and application of embedded system* * * \r\n* * * USART Output Message By DMA! \r\n"};    //要发送的数据存放在数组中
/* * * * * * * * * * * * * * * * * * * * * * * * * * * * * * * * * * *
函数功能：int main(void)，定义串口2 的 DMA
* * * * * * * * * * * * * * * * * * * * * * * * * * * * * * * * * * */
int main(void)
{
  HAL_Init();
  SystemClock_Config();
  MX_GPIO_Init();
  MX_DMA_Init();
  MX_USART2_UART_Init();
  while (1){
    HAL_UART_Transmit_DMA(&huart2, (uint8_t* )SendBuff, sizeof(SendBuff));
    HAL_Delay(1000);
  }
}
```

程序中，用数组 SendBuff[ ] 定义数据，串口的 DMA 发送函数 HAL_UART_Transmit_DMA( ) 用于发送数据，延时函数 HAL_Delay(1000) 用于延时 1 秒钟发送一次数据。

4. 仿真与调试

在 Proteus 中绘制仿真电路图，把编译的 .hex 文件加载到工程中，内存 SendBuff[ ] 中的批量数据能够通过串口 2 的 DMA 方式快速发出，仿真电路图与调试效果如图 10.10 所示。

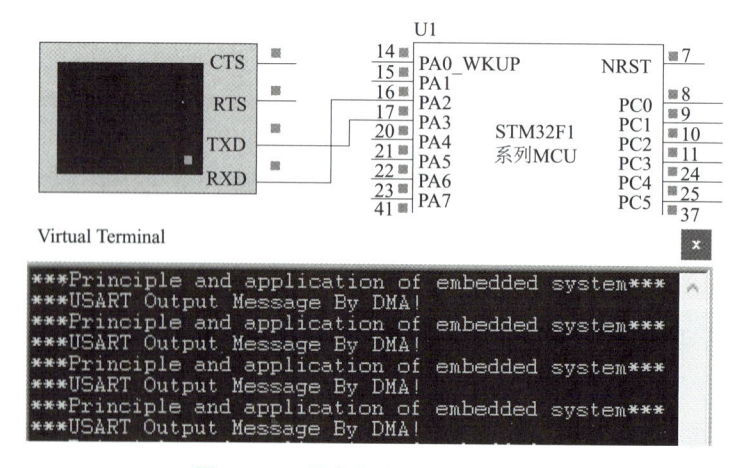

图 10.10　仿真电路图与调试效果

在接收数据的时候，串口 DMA 在初始化的时候就处于开启状态，一直等待数据的到来。无须做任何事情，只要在初始化配置的时候设置好配置就可以了。等到接收到数据的时候，通知 CPU 去处理即可。问题是，STM32F1 如何知道数据是否接收完成呢？

对于定长的数据，只需要判断数据的接收个数，就可知道数据是否接收完成。

对于不定长的数据，可以采用串口的空闲中断和 DMA 结合的方式实现。串口的空闲中断（IDLE）规定产生的条件是当清除 IDLE 标志位后，必须接收到第一个数据后，才开始触发空闲中断，一旦接收的数据断流，没有接收到数据，就产生 IDLE 中断，切记不是串口无数据接收就产生空闲中断。对 IDLE 中断的处理步骤如下。

(1) 暂时关闭串口接收 DMA 通道，有两个原因：其一是防止后面又有数据被接收，产生干扰；其二是 DMA 需要重新配置。

(2) 清除 DMA 标志位。

(3) 从 DMA 寄存器中获取接收到的数据字节数（如 DMA1_Channel5 -> CNDTR，每次 DMA 传输后递减，如该值为 65 530，表示接收了 5 个字节数据，该值为 0 时，不会发生任何数据传输）。

(4) 重新设置 DMA 下次要接收的数据字节数。注意，数据传输数量范围为 0 ~ 65 535。

(5) 开启 DMA 通道，等待下一次的数据接收。注意，对 DMA 的相关寄存器配置写入，如重置 DMA 接收数据长度，必须要在关闭 DMA 的条件下进行，否则操作无效。

串口 1 空闲中断的 DMA 接收程序如下。

```
HAL_UARTEx_ReceiveToIdle_DMA(&huart1,usart_rxbuf,512);   //使能空闲中断DMA接收
void HAL_UARTEx_RxEventCallback(UART_HandleTypeDef* huart, uint16_t Size)
{   BaseType_t xStatus;
    static BaseType_t xHPTaskWoken = pdTRUE;
    if(huart -> Instance == USART1)
    {   HAL_UART_DMAStop(&huart1);                          //关闭串口DMA传输
        printf("DMA:% d:% s\r\n",Size,usart_rxbuf);         //打印接收长度和数据
        DMA1_Channel5 -> CNDTR = 0;                         //复位DMA指针
        HAL_UARTEx_ReceiveToIdle_DMA(&huart1,usart_rxbuf,512);
                                                            //开启空闲中断
    }
}
```

10.4.2 外设 ADC 到内存数据传输设计

1. 任务要求

利用 DMA 控制器、ADC 和 USART 设计一个正弦波数据采集器，被测信号的频率最大为 5 kHz，幅度为 0 ~ 3 V。利用外设 ADC 采集正弦波数据，然后通过 DMA 将数据传输到内存指定的存储空间，并将采集到的数据通过串口的 DMA 方式传输到计算机。请完成程序设计，并通过 Proteus 完成仿真和调试。

2. 硬件设计

外设 ADC 到内存数据传输设计硬件电路如图 10.11 所示，STM32 微控制器的模拟端口 PB0 外接运算放大器以实现阻抗和增益匹配；通过 USART2 与外接的串口转 USB 接口芯片 CH340 相连，管脚分别是 PA2 和 PA3，CH340 再与 PC 机的 USB 接口相连，PC 机端利用超级终端或串口助手实现数据收发。

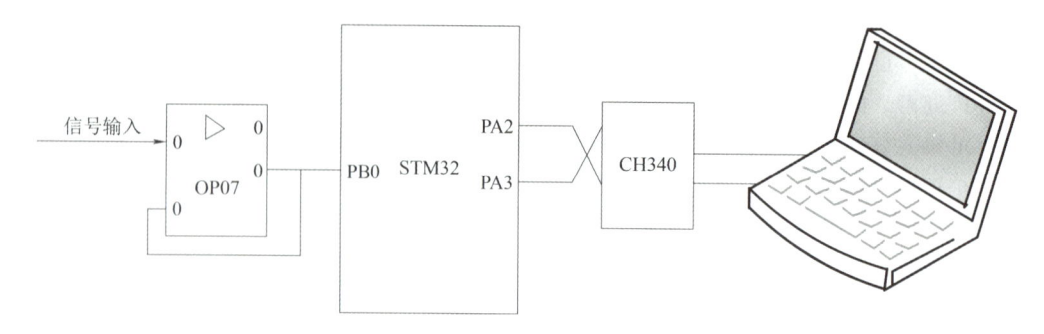

图 10.11 外设 ADC 到内存数据传输硬件电路

3. 软件设计

（1）ADC 采样用 TIM3 触发方式配置。

ADC 的数据采集配置成定时器 TIM3 周期触发的方式，触发周期为 100 kHz，即 ADC 的采集频率为 100 kHz。系统时钟为 8 MHz，定时器的分频值配置为 8，可计算出计数次数 N 为 10，计算方法如下。

$$\frac{1}{100\ \text{kHz}} = \frac{1}{8\ \text{MHz}/8} \times N$$

式中，N 为 TIM3 计数次数。设计 TIM3 为减计数器，因此初始值为 10 − 1。

在 STM32CubeMX 中配置 TIM3。"Clock Source" 选用内部时钟，"Trigger Output（TRGO）Parameters" 选用周期更新触发方式。TIM3 触发 ADC 的配置如图 10.12 所示。

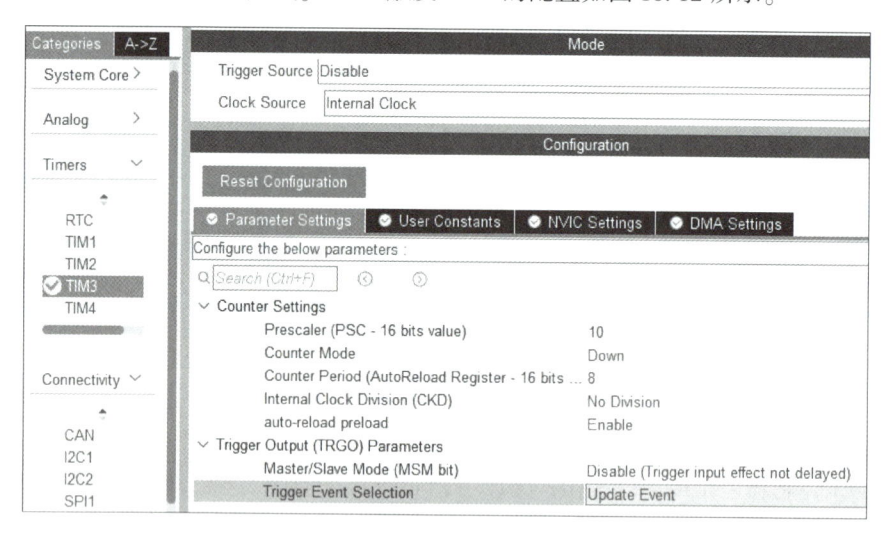

图 10.12　TIM3 触发 ADC 的配置

（2）ADC1 的 DMA 配置。

ADC 选用 ADC1，采用通道 8 将数据送入 ADC，对应 PB0 接口，用规则方式进行模数转换。ADC 的规则通道触发方式配置成 "Timer 3 Trigger Out Event"，ADC 的其他参数选用默认方式。在 "DMA Settings" 选项卡中单击 "Add" 按钮添加 ADC1，"Channel" 选项选择 "DMA1 Channel 1"。ADC1 的 DMA 配置如图 10.13 所示。

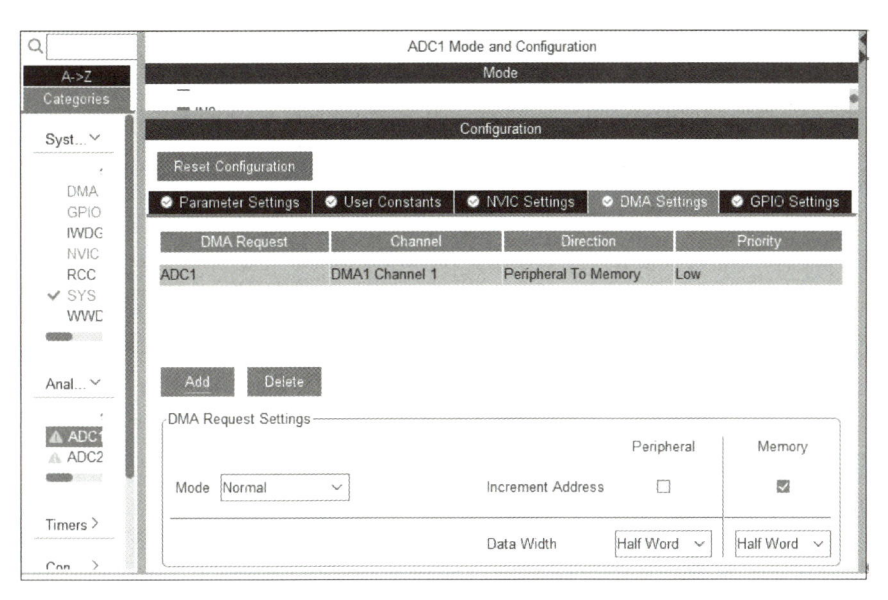

图 10.13　ADC1 的 DMA 配置

USART 的配置和 10.4.1 小节一样，然后生成 MDK 工程文件。在"main.c"文件中添加代码，程序如下。

```c
#include "main.h"
#include "adc.h"
#include "dma.h"
#include "tim.h"
#include "usart.h"
uint16_t adcValue[100];
uint8_t SendBuff[] = {0};
uint8_t x,i;
/* * * * * * * * * * * * * * * * * * * * * * * * * * * * * * * * * * * * * *
函数功能:int main(void),ADC 的 DMA 转换,并通过串口 2 以 MDA 方式上传
* * * * * * * * * * * * * * * * * * * * * * * * * * * * * * * * * * * * * * /
int main(void)
{
  HAL_Init();
  SystemClock_Config();
  MX_GPIO_Init();
  MX_DMA_Init();
  MX_ADC1_Init();
  MX_USART2_UART_Init();
  MX_TIM3_Init();
  HAL_TIM_Base_Start(&htim3);
  HAL_ADC_Start_DMA(&hadc1,(uint32_t* )adcValue,20);   //启动 ADC 的 DMA 转换
  while (1){
    for(i = 0;i < 20;i + +){
```

```
        x + = sprintf((uint8_t*)(SendBuff + x),"ADC = %d\r\n",adcValue[i]);
        }
        HAL_UART_Transmit_DMA(&huart2, SendBuff, sizeof(SendBuff) );
        HAL_Delay(1000);
        x = 0;
    }
}
```

函数 HAL_ADC_Start_DMA(&hadc1,(uint32_t*)adcValue,20)将外设 ADC1 模块的数据通过 DMA 通道传输到内存定义的数组 adcValue[] 中，一次存放 20 个采样数据。

4. 仿真与调试

在 Proteus 中绘制仿真电路图，用信号发生器产生 5 kHz 的正弦波，幅度设置为 3 V，仿真电路图与调试效果如图 10.14 所示。ADC 采集配置是 100 kHz，所以一次 ADC 采集可以采集 20 个点。将采集的数据以 DMA 方式通过串口发送出去。

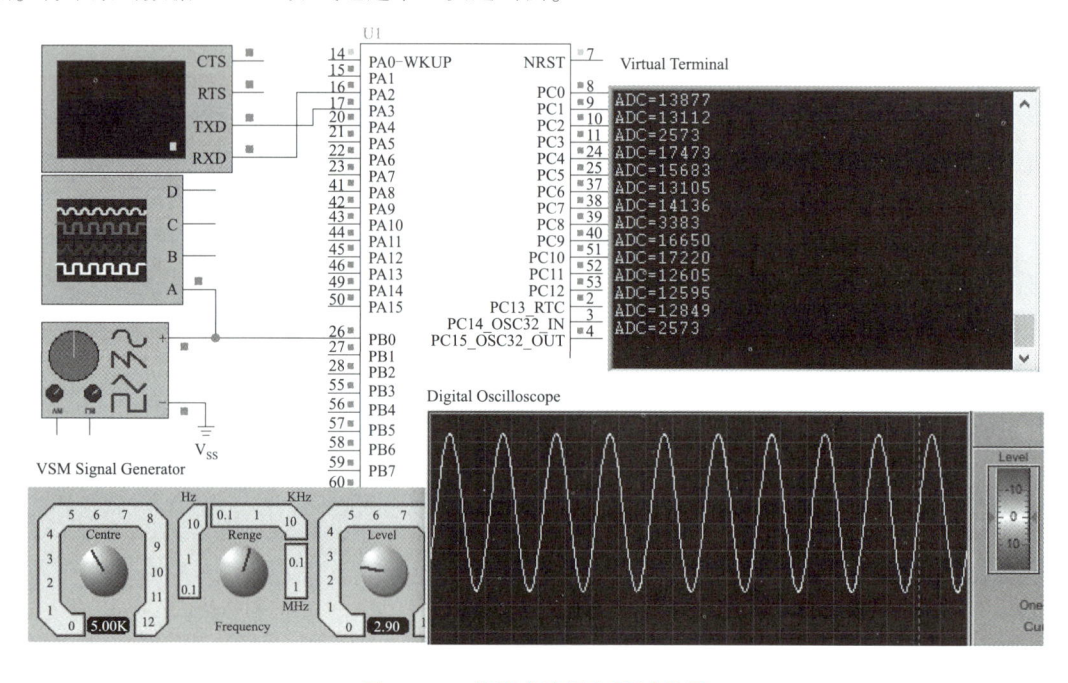

图 10.14　仿真电路图与调试效果

本章小结

CPU 与外设之间的数据传输方式有程序方式、中断方式和 DMA 方式。DMA 是计算机系统中一种高速的数据传输方式，这种方式允许计算机的外设和内存之间直接进行数据读写操作，不需要 CPU 干预。DMA 的主要优点是速度快。

DMA 方式由 3 个要素组成：传输源、传输目标和触发信号。

一次完整的 DMA 包括 4 个步骤：DMA 请求、DMA 响应、DMA 传输、DMA 结束。

STM32F1 系列 MCU 中有两个 DMA 控制器，其中 DMA1 有 7 个通道，DMA2 有 5 个通道，每个通道专门用来管理来自一个或多个外设对内存访问的请求，可以是内存到内存、外设到内存和内存到外设的传输。每个通道有 3 个事件标志,即 DMA 传输过半、DMA 传输完成和 DMA 传输出错。DMA 首先要初始化,建立源地址和目标地址,设置数据宽度和数据量大小。启动触发后,DMA 开始传输。每完成一次传输,计数器 DMA_CNDTR 执行减计数操作,直到完成所有传输。

本章习题

1. 什么是 DMA?简述其工作原理。
2. STM32F1 系列 MCU 有多少个 DMA 通道?简述各 DMA 通道的请求映射关系。
3. STM32F1 系列 MCU 的 DMA 支持哪几种 DMA 传输方式?
4. 请设计定时器捕获脉冲,通过 DMA 方式将数据传输到内存。

第 11 章　同步串行外设接口

教学目标

【知识】

（1）深刻理解并掌握同步串行外设接口的工作原理和应用。

（2）掌握 STM32F1 系列 MCU 的同步串行外设接口的结构和主要特性，掌握配置、数据传输和中断处理等知识。

（3）掌握 STM32F1 系列 MCU 的同步串行外设接口的应用步骤和程序设计方法。

【能力】

（1）具有分析由 STM32F1 系列 MCU 的同步串行外设接口构成的应用系统的能力。

（2）具有应用 STM32F1 系列 MCU 的同步串行外设接口设计电路的能力。

（3）具有应用 STM32F1 系列 MCU 的同步串行外设接口设计程序的能力。

11.1　串行外设接口的工作原理

11.1.1　串行外设接口的结构

串行外设接口（Serial Peripheral Interface，SPI）是 Motorola 公司推出的一种同步串行接口，是一种高速、全双工、同步的串行通信总线，常用于单片机与 EEPROM、Flash、RTC、ADC、网络控制器、MCU、DSP 以及数字信号解码器之间的高速通信。

SPI 以主从模式工作，这种模式通常有一个主设备和一个（或多个）从设备，至少需要 4 个接口：主输入从输出（Master Input Slave Output，MISO）、主输出从输入（Master Output Slave Input，MOSI）、时钟（Serial Clock，SCK）、片选（Chip Select，$\overline{\text{CS}}$）。SPI 的结构如图 11.1 所示。

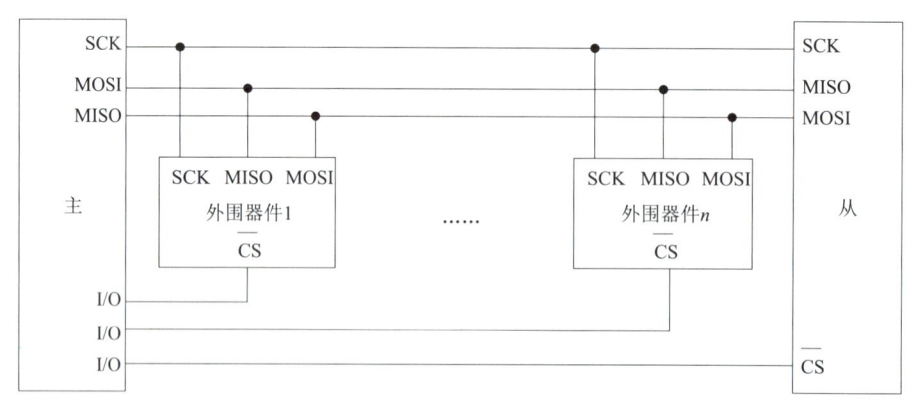

图 11.1　SPI 的结构

（1）MOSI：主设备数据输出，从设备数据输入。

（2）MISO：主设备数据输入，从设备数据输出。

（3）SCK：时钟信号，由主设备产生。

（4）$\overline{\text{CS}}$：从设备使能信号，由主设备控制。当有多个从设备的时候，因为每个从设备上都有一个片选引脚接入主设备中，所以当主设备和某个从设备通信时，需要将从设备对应的片选引脚电平拉低或拉高。

主设备提供同步时钟信号，主/从设备在时钟作用下实现读写功能。主设备的 MOSI 与从设备的 MISO 相连，主设备的 MISO 与从设备的 MOSI 相连，实现数据的双向通信。

11.1.2 SPI 通信协议

SPI 通信协议有 4 种不同的模式，通信双方必须工作在同一模式下，因此必须对主设备的 SPI 模式进行配置。通过时钟极性（Clock Polarity，CPOL）和时钟相位（Clock Phase，CPHA）来控制主设备的通信模式，CPOL 用来配置 SCK 在空闲状态下的逻辑电平，CPHA 用来配置数据在第几个边沿采样。SPI 通信协议时序如图 11.2 所示。

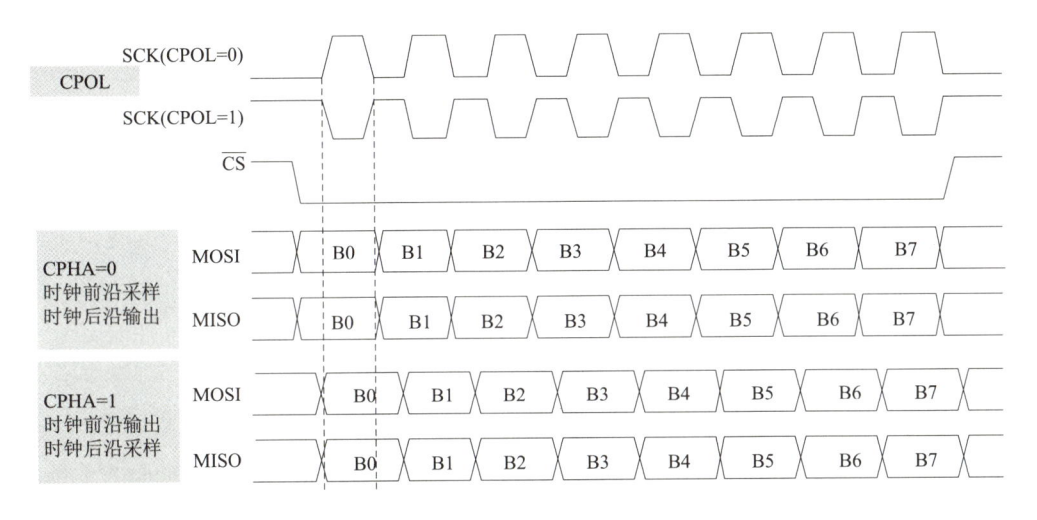

图 11.2 SPI 通信协议时序

SPI 的 4 种模式分别为模式 0、模式 1、模式 2、模式 3，具体如下。

（1）模式 0（CPOL=0，CPHA=0）。在模式 0 下，SCK 处于低电平，数据采样是在第 1 个边沿，也就是 SCK 由低电平到高电平的跳变，所以数据采样是在上升沿，数据发送是在下降沿。

（2）模式 1（CPOL=0，CPHA=1）。在模式 1 下，SCK 处于低电平，数据发送是在第 1 个边沿，也就是 SCK 由低电平到高电平的跳变，所以数据采样是在下降沿，数据发送是在上升沿。

（3）模式 2（CPOL=1，CPHA=0）。在模式 2 下，SCK 处于高电平，数据采样是在第 1 个边沿，也就是 SCK 由高电平到低电平的跳变，所以数据采样是在下降沿，数据发送是在上升沿。

（4）模式 3（CPOL=1，CPHA=1）。在模式 3 下，SCK 处于高电平，数据发送是在第 1 个边沿，也就是 SCK 由高电平到低电平的跳变，所以数据采样是在上升沿，数据发送是在下降沿。

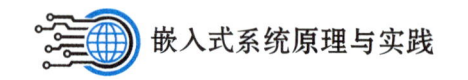

11.2 STM32 的串行外设接口的结构

11.2.1 SPI 概述

STM32F1 系列芯片上最多有 3 个 SPI，工作在主或从模式下，全双工和半双工的通信速率可达 18 Mbit/s。3 位的预分频器可产生 8 种主模式频率，可配置成每帧 8 位或 16 位数据帧格式。硬件的 CRC 产生/校验支持基本的 SD 卡和 MMC 模式。所有的 SPI 都可以使用 DMA 模式操作。

这些 SPI 支持 SPI 协议，也支持 I2S 音频协议。SPI 默认工作在 SPI 模式下，可以通过软件从 SPI 模式切换到 I2S（Inter-IC Sound）模式。在小容量和中容量产品上，SPI 不支持 I2S 音频协议。

I2S 也是一种 3 引脚的同步串行接口通信协议，它支持 4 种音频标准，包括飞利浦 I2S 标准、左对齐和右对齐标准，以及 PCM 标准。它在半双工通信中，可以工作在主和从两种模式下。当它作为主设备时，通过接口向外部的从设备提供时钟信号。

11.2.2 SPI 内部结构

STM32F1 系列 MCU 的 SPI 由波特率发生器、数据发送缓冲器、数据接收缓冲器和主控制电路、通信电路、移位寄存器构成，内部结构如图 11.3 所示。

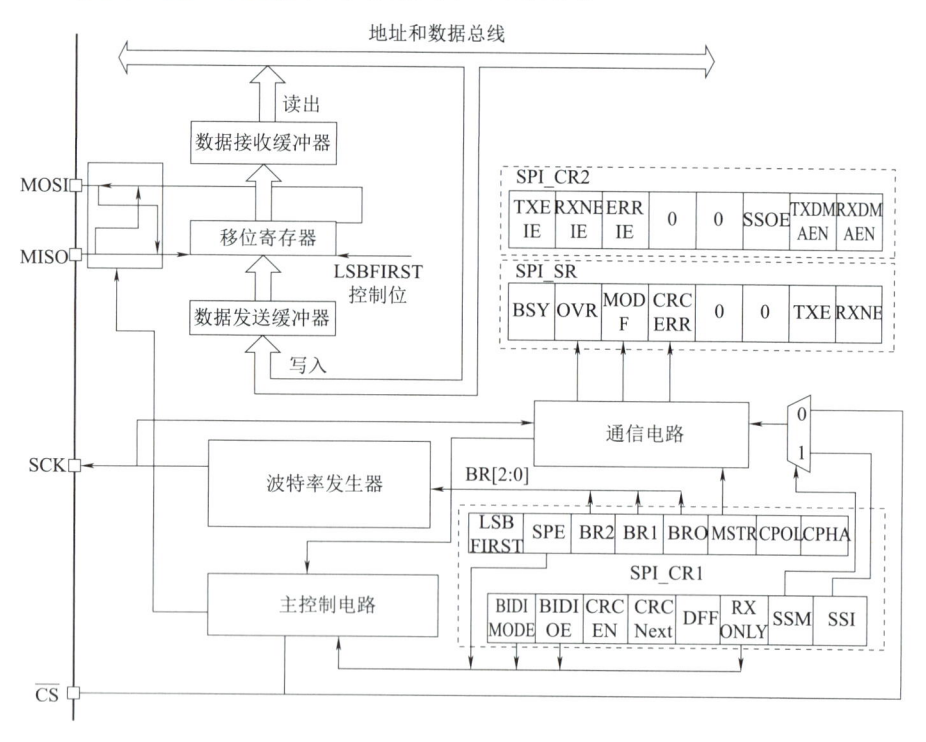

图 11.3 SPI 内部结构

SPI 提供 4 个接口与外部器件相连：MOSI、MISO、SCK 和 $\overline{CS}$。

11.2.3 SPI 配置

1. 波特率发生器配置

SPI 如果作为主设备，需要产生同步 SCK 信号，给从设备提供同步时钟。这个时钟可通过控制寄存器 SPI_CR1[5:3] 位进行设置。波特率发生器配置如表 11.1 所示。

表 11.1 波特率发生器配置

分频数		HAL 库设置	分频数		HAL 库设置
000	$f_{PCLK}/2$	SPI_BAUDRATEPRESCALER_2	100	$f_{PCLK}/32$	SPI_BAUDRATEPRESCALER_32
001	$f_{PCLK}/4$	SPI_BAUDRATEPRESCALER_4	101	$f_{PCLK}/64$	SPI_BAUDRATEPRESCALER_64
010	$f_{PCLK}/8$	SPI_BAUDRATEPRESCALER_8	110	$f_{PCLK}/128$	SPI_BAUDRATEPRESCALER_128
011	$f_{PCLK}/16$	SPI_BAUDRATEPRESCALER_16	111	$f_{PCLK}/256$	SPI_BAUDRATEPRESCALER_256

例如，系统时钟为 8 MHz，若设为 256 分频，则 SPI 的波特率为 31.25 Kbit/s。

CPOL 配置是指空闲状态下，SCK 可设置为高电平或低电平。

CPHA 配置是指数据采样从第一个时钟边沿开始，还是从第二个时钟边沿开始。

2. 数据帧格式配置

根据 SPI_CR1 寄存器中的 LSBFIRST 位，输出数据位时可配置为 MSB 在先，也可以配置为 LSB 在先。根据 SPI_CR1 寄存器的 DFF 位，每个数据帧可以是 8 位或是 16 位。所选择的数据帧格式对发送和接收都有效。

3. 数据传输模式配置

SPI 数据传输的模式可以配置为主模式和从模式，可以配置成发送模式和接收模式，可以配置成全双工和单工模式，有 7 种组合应用。

（1）全双工主模式：主模式下既可以发送，也可以接收。
（2）全双工从模式：从模式下既可以发送，也可以接收。
（3）单工主模式：单线主模式下既可以发送，也可以接收。
（4）单工从模式：单线从模式下既可以发送，也可以接收。
（5）只发送主模式：只能在主模式下发送数据。
（6）只接收主模式：只能在主模式下接收数据。
（7）只接收从模式：只能在从模式下接收数据。

4. DMA 配置

为了达到最大通信速度，需要及时往 SPI 数据发送缓冲器中填写数据。同样，数据接收缓冲器中的数据也必须及时读走以防止溢出。为了方便进行高速率的数据传输，SPI 实现了一种采用简单的请求/应答的 DMA 机制，以实现快速的批量数据传输，同时可以配置带 CRC 的 DMA 功能，在通信结束时，自动完成 CRC 校验。可由 SPI_SR 寄存器的 CRCERR 标志位检测数据是否正确，若为 1，表示在传输期间发生错误；若为 0，表示数据正确。

5. CRC 校验配置

CRC 校验用于保证全双工通信的可靠性。数据发送和数据接收分别使用单独的 CRC 计算器，通过对每一个接收位进行可编程的多项式运算来计算 CRC。CRC 的计算是在由 SPI_CR1 寄存器中 CPHA 和 CPOL 位定义的采样时钟边沿进行的。系统提供了两种 CRC 计算方法：8 位数据帧采用 CRC8；16 位数据帧采用 CRC16。

6. 状态标志及中断配置

SPI 中的应用程序通过 3 个状态标志来监控 SPI 总线的状态。

（1）数据发送缓冲器空标志（TXE）：此标志为 1 时表明数据发送缓冲器为空，可以写下一个待发送的数据进入缓冲器中。当写入发送寄存器时，TXE 标志被清除。

（2）数据接收缓冲器非空标志（RXNE）：此标志为 1 时表明在数据接收缓冲器中包含有效的接收数据。读 SPI 数据寄存器可以清除此标志。

（3）数据忙（Busy）标志：当它被设置为 1 时，表明 SPI 正忙于通信。

SPI 的中断也有数据发送缓冲器空标志、数据接收缓冲器非空标志、主模式失效事件、溢出错误、CRC 错误标志，SPI 中断请求及使能如表 11.2 所示。

表 11.2　SPI 中断请求及使能

中断事件	事件标志	使能控制位
数据发送缓冲器空标志	TXE	TXEIE
数据接收缓冲器非空标志	RXNE	RXNEIE
主模式失效事件	MODF	ERRIE
溢出错误	OVR	
CRC 错误标志	CRCERR	

7. SPI 引脚分布

SPI 引脚涉及片选$\overline{\text{CS}}$、SCK、MISO、MOSI，每个 SPI 均有 4 个对应的引脚，这些引脚与通用 I/O 接口复用。SPI 引脚分布如表 11.3 所示。

表 11.3　SPI 引脚分布

SPI	$\overline{\text{CS}}$	SCK	MISO	MOSI
SPI1	PA4	PA5	PA6	PA7
SPI2	PB12	PB13	PB14	PB15
SPI3	PA15 PA4 重映射	PB3 PC10 重映射	PB4 PC11 重映射	PB5 PC12 重映射

11.3　串行外设接口相关的 HAL 库函数

SPI 相关的 HAL 库函数定义在 "stm32f1xx_hal_spi.c" 文件中，对应的头文件定义在 "stm32f1xx_hal_spi.h" 文件中。这些函数分为初始化函数、外设操作函数和中断函数，如表 11.4 所示。

表 11.4　SPI 相关的 HAL 库函数

类型	函数及功能
初始化函数	HAL_StatusTypeDef HAL_SPI_Init(SPI_HandleTypeDef* hspi) 功能：SPI 初始化函数

续表

类型	函数及功能
外设操作函数	HAL_StatusTypeDef HAL_SPI_Transmit(SPI_HandleTypeDef*hspi, uint8_t* pData, uint16_t Size, uint32_t Timeout) HAL_StatusTypeDef HAL_SPI_Receive(SPI_HandleTypeDef*hspi, uint8_t* pData, uint16_t Size, uint32_t Timeout) HAL_StatusTypeDef HAL_SPI_TransmitReceive(SPI_HandleTypeDef*hspi, uint8_t* pTxData, uint8_t*pRxData, uint16_t Size, uint32_t Timeout) 功能：轮询模式下从指定的SPI发送和接收数据 HAL_StatusTypeDef HAL_SPI_Transmit_IT(SPI_HandleTypeDef*hspi, uint8_t*pData, uint16_t Size) HAL_StatusTypeDef HAL_SPI_Receive_IT(SPI_HandleTypeDef*hspi, uint8_t*pData, uint16_t Size) HAL_StatusTypeDef HAL_SPI_TransmitReceive_IT(SPI_HandleTypeDef*hspi, uint8_t* pTxData, uint8_t*pRxData, uint16_t Size) 功能：中断模式下从指定的SPI发送和接收数据 HAL_StatusTypeDef HAL_SPI_Transmit_DMA(SPI_HandleTypeDef*hspi, uint8_t* pData, uint16_t Size) HAL_StatusTypeDef HAL_SPI_Receive_DMA(SPI_HandleTypeDef*hspi, uint8_t* pData, uint16_t Size) HAL_StatusTypeDef HAL_SPI_TransmitReceive_DMA(SPI_HandleTypeDef*hspi, uint8_t* pTxData, uint8_t*pRxData, uint16_t Size) 功能：DMA模式下从指定的SPI采用发送和接收数据 HAL_StatusTypeDef HAL_SPI_DMAPause(SPI_HandleTypeDef* hspi) HAL_StatusTypeDef HAL_SPI_DMAResume(SPI_HandleTypeDef* hspi) HAL_StatusTypeDef HAL_SPI_DMAStop(SPI_HandleTypeDef* hspi) 功能：指定的SPI下的DMA传输暂停、恢复、停止
中断函数	void HAL_SPI_IRQHandler(SPI_HandleTypeDef*hspi) 功能：SPI中断服务程序 void HAL_SPI_TxCpltCallback(SPI_HandleTypeDef*hspi) void HAL_SPI_RxCpltCallback(SPI_HandleTypeDef*hspi) void HAL_SPI_TxRxCpltCallback(SPI_HandleTypeDef*hspi) 功能：SPI全双工中断回调函数 void HAL_SPI_TxHalfCpltCallback(SPI_HandleTypeDef*hspi) void HAL_SPI_RxHalfCpltCallback(SPI_HandleTypeDef*hspi) void HAL_SPI_TxRxHalfCpltCallback(SPI_HandleTypeDef*hspi) 功能：SPI单工中断回调函数 void HAL_SPI_ErrorCallback(SPI_HandleTypeDef*hspi) void HAL_SPI_AbortCpltCallback(SPI_HandleTypeDef*hspi) 功能：SPI中断错误回调和中止回调函数

11.3.1 SPI句柄和初始化

1. SPI句柄定义

SPI的句柄用SPI_HandleTypeDef定义，用于对SPI的配置。该结构体定义如下。

```
typedef struct __SPI_HandleTypeDef {
  SPI_TypeDef              *Instance;         //SPI寄存器
```

```
    SPI_InitTypeDef              Init;                        //SPI 初始化
    uint8_t                      *pTxBuffPtr;                 //数据发送缓冲器
    uint16_t                     TxXferSize;                  //发送数据宽度
    __IO uint16_t                TxXferCount;                 //发送数据计数器
    uint8_t                      *pRxBuffPtr;                 //数据接收缓冲器
    uint16_t                     RxXferSize;                  //接收数据宽度
    __IO uint16_t                RxXferCount;                 //接收数据计数器
    void(* RxISR)(struct __SPI_HandleTypeDef* hspi);          //指向接收中断
    void(* TxISR)(struct __SPI_HandleTypeDef* hspi);          //指向发送中断
    DMA_HandleTypeDef            *hdmatx;                     //SPI 发送 DMA 参数配置
    DMA_HandleTypeDef            *hdmarx;                     //SPI 接收 DMA 参数配置
    HAL_LockTypeDef              Lock;                        //锁定对象
    __IO HAL_SPI_StateTypeDef    State;                       //SPI 通信状态
    __IO uint32_t                ErrorCode;                   //SPI 错误
} SPI_HandleTypeDef;
```

SPI 的句柄 SPI_HandleTypeDef 在所有 SPI 相关的 HAL 库函数中均有使用，因此在应用相关函数之前，要先用句柄对 SPI 进行配置。

2. SPI 初始化

SPI 模块的初始化是通过结构体 SPI_InitTypeDef 来完成的，包括定义 SPI 的工作模式、数据帧格式、时钟极性、时钟相位、片选、波特率、数据传输开始位、CRC 校验和数据宽度设置，定义如下：

```
typedef struct {
    uint32_t Mode;                  //①SPI 操作模式
    uint32_t Direction;             //②双向模式状态
    uint32_t DataSize;              //③数据宽度
    uint32_t CLKPolarity;           //④时钟极性
    uint32_t CLKPhase;              //⑤时钟相位
    uint32_t CS;                    //⑥片选引脚方式
    uint32_t BaudRatePrescaler;     //⑦波特率
    uint32_t FirstBit;              //⑧首位传输
    uint32_t TIMode;                //指定是否启用 TI 模式
    uint32_t CRCCalculation;        //⑨CRC 使能与禁止
    uint32_t CRCPolynomial;         //⑩指定用于 CRC 计算的多项式
} SPI_InitTypeDef;
```

主要语句功能如下。

①Mode：SPI 操作模式，有主、从两种模式。

主模式：SPI_MODE_MASTER。
从模式：SPI_MODE_SLAVE。

②Direction：双向模式状态，有以下 3 种配置。

双线传输：SPI_DIRECTION_2LINES。
双线只接收：SPI_DIRECTION_2LINES_RXONLY。
单线传输：SPI_DIRECTION_1LINE。

③DataSize：数据宽度，有以下两种设置。

8 位数据：SPI_DATASIZE_8BIT。
16 位数据：SPI_DATASIZE_16BIT。

④CLKPolarity：时钟极性，有低电平和高电平两种极性设置。

低电平：SPI_POLARITY_LOW。
高电平：SPI_POLARITY_HIGH。

⑤CLKPhase：时钟相位，有两个时钟相位设置。

第一个时钟沿：SPI_PHASE_1EDGE。
第二个时钟沿：SPI_PHASE_2EDGE。

⑥CS：片选引脚配置，有以下3种配置方式。

软件片选：SPI_CS_SOFT。
硬件输入：SPI_CS_HARD_INPUT。
硬件输出：SPI_CS_HARD_OUTPUT。

⑦BaudRatePrescaler：波特率，根据系统时钟分频，有以下8种波特率可设置。

2分频：SPI_BAUDRATEPRESCALER_2。
4分频：SPI_BAUDRATEPRESCALER_4。
8分频：SPI_BAUDRATEPRESCALER_8。
16分频：SPI_BAUDRATEPRESCALER_16。
32分频：SPI_BAUDRATEPRESCALER_32。
64分频：SPI_BAUDRATEPRESCALER_64。
128分频：SPI_BAUDRATEPRESCALER_128。
256分频：SPI_BAUDRATEPRESCALER_256。

⑧FirstBit：首位传输，有以下两种设置方式。

低位在前：SPI_FIRSTBIT_LSB。
高位在前：SPI_FIRSTBIT_MSB。

⑨CRCCalculation：CRC配置，使能和禁止。

CRC使能：SPI_CRCCALCULATION_DISABLE。
CRC禁止：SPI_CRCCALCULATION_ELEBLE。

⑩CRCPolynomial：指定CRC多项式项数，可设置为1~65 535。

11.3.2　SPI数据的发送与接收函数

SPI数据的发送和接收函数有3种模式，分别是轮询模式、中断模式和DMA模式。轮询模式即发送和接收完成后通过查询标志位的方式判断，中断模式即发送和接收完成后通过中断的方式判断，DMA模式即发送和接收完成后通过DMA的方式判断。SPI数据发送函数如表11.5所示，SPI接收数据函数如表11.6所示，SPI全双工数据收发函数如表11.7所示。

表11.5　SPI数据发送函数

函数原型	HAL_StatusTypeDef HAL_SPI_Transmit(SPI_HandleTypeDef*hspi, uint8_t*pData, uint16_t Size, uint32_t Timeout) HAL_StatusTypeDef HAL_SPI_Transmit_IT(SPI_HandleTypeDef*hspi, uint8_t*pData, uint16_t Size) HAL_StatusTypeDef HAL_SPI_Transmit_DMA(SPI_HandleTypeDef*hspi, uint8_t*pData, uint16_t Size)

续表

功能描述	轮询模式发送、中断模式发送、DMA 模式发送
输入参数 1	SPI_HandleTypeDef*hspi，SPI 编号 SPI1～SPI3
输入参数 2	uint8_t*pData，发送数据缓冲区
输入参数 3	uint16_t Size，数据宽度
输入参数 4	只有轮询模式有。uint32_t Timeout，阻塞时间
输出参数	成功：HAL_OK；失败：HAL_ERROR

表 11.6　SPI 接收数据函数

函数原型	HAL_StatusTypeDef HAL_SPI_Receive(SPI_HandleTypeDef*hspi, uint8_t* pData, uint16_t Size, uint32_t Timeout) HAL_StatusTypeDef HAL_SPI_Receive_IT(SPI_HandleTypeDef*hspi, uint8_t* pData, uint16_t Size) HAL_StatusTypeDef HAL_SPI_Receive_DMA(SPI_HandleTypeDef*hspi, uint8_t* pData, uint16_t Size)
功能描述	轮询模式接收、中断模式接收、DMA 模式接收
输入参数 1	SPI_HandleTypeDef*hspi，SPI 编号 SPI1～SPI3
输入参数 2	uint8_t*pData，接收数据缓冲区
输入参数 3	uint16_t Size，数据宽度
输入参数 4	只有轮询模式有。uint32_t Timeout，阻塞时间
输出参数	成功：HAL_OK；失败：HAL_ERROR

表 11.7　SPI 全双工数据收发函数

函数原型	HAL_StatusTypeDef HAL_SPI_TransmitReceive(SPI_HandleTypeDef* hspi, uint8_t* pTxData, uint8_t*pRxData, uint16_t Size, uint32_t Timeout) HAL_StatusTypeDef HAL_SPI_TransmitReceive_IT(SPI_HandleTypeDef*hspi, uint8_t* pTxData, uint8_t*pRxData, uint16_t Size) HAL_StatusTypeDef HAL_SPI_TransmitReceive_DMA(SPI_HandleTypeDef*hspi, uint8_t* pTxData, uint8_t*pRxData, uint16_t Size)
功能描述	轮询模式收发、中断模式收发、DMA 模式收发
输入参数 1	SPI_HandleTypeDef*hspi，SPI 编号 SPI1～SPI3
输入参数 2	uint8_t*pData，发送数据缓冲区
输入参数 3	uint8_t*pRxData，接收数据缓冲区
输入参数 4	uint16_t Size，数据宽度
输入参数 5	只有轮询模式有。uint32_t Timeout，阻塞时间
输出参数	成功：HAL_OK；失败：HAL_ERROR

11.3.3　SPI 中断使能及事件标志

1. 中断使能标志

SPI 中断源包括数据发送完成中断、数据接收完成中断、数据出错中断。在中断回调函数中，可以通过 SPI 中断标志查询中断源。各标志定义如下：

SPI_IT_TXE：SPI 数据发送完成中断使能。
SPI_IT_RXNE：SPI 数据接收完成中断使能。
SPI_IT_ERR：SPI 数据出错中断使能。

2. 事件标志

SPI 事件标志有数据接收完成标志、数据发送完成标志、判忙标志、CRC 出错标志、模式故障标志、溢出标志、屏蔽标志。在中断回调函数中，可以通过这些标志查询发生中断的事件。各标志定义如下。

```
SPI_FLAG_RXNE：数据接收完成标志。
SPI_FLAG_TXE：数据发送完成标志。
SPI_FLAG_BSY：判忙标志。
SPI_FLAG_CRCERR：CRC 出错标志。
SPI_FLAG_MODF：模式故障标志。
SPI_FLAG_OVR：溢出标志。
SPI_FLAG_MASK：屏蔽标志。
```

3. 中断函数及回调函数

SPI 中断的服务函数为 HAL_SPI_IRQHandler()，中断的回调函数如下。

```
void HAL_SPI_TxCpltCallback(SPI_HandleTypeDef*hspi);
void HAL_SPI_RxCpltCallback(SPI_HandleTypeDef*hspi);
void HAL_SPI_TxRxCpltCallback(SPI_HandleTypeDef*hspi);
void HAL_SPI_TxHalfCpltCallback(SPI_HandleTypeDef*hspi);
void HAL_SPI_RxHalfCpltCallback(SPI_HandleTypeDef*hspi);
void HAL_SPI_TxRxHalfCpltCallback(SPI_HandleTypeDef*hspi);
void HAL_SPI_ErrorCallback(SPI_HandleTypeDef*hspi);
void HAL_SPI_AbortCpltCallback(SPI_HandleTypeDef*hspi);
```

SPI 若采用中断模式发送和接收，则对应的中断服务应通过中断回调函数来具体实现。

11.4 串行外设接口应用案例

11.4.1 TC72 温度计设计

1. 任务要求

利用 STM32F1 的 SPI 和数字温度传感器 TC72 设计一个温度计，要求精度为 0.5 ℃，能将温度值通过串口上传到计算机串口调试助手。设计电路、设计软件，并通过 Proteus 完成仿真和调试。

2. 硬件设计

（1）TC72 简介。

TC72 是美国 MicroChip 公司出品的串行温度传感芯片，兼容 SPI，温度测量范围为 −55 ~ +125 ℃，分辨率为 10 位（0.25 ℃/bit）。TC72 的工作电压为 2.65 ~ 5.5 V，能适应目前市面上主流的 3.3 V 和 5.0 V 工作电压的 MCU。TC72 芯片引脚排列及实物如图 11.4 所示。

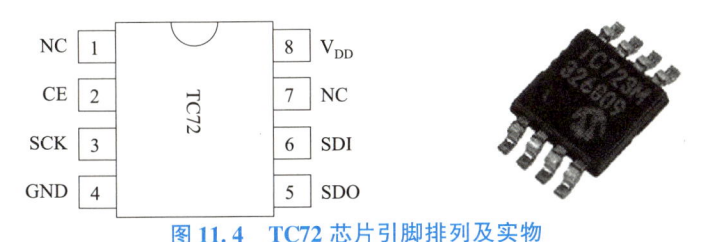

图 11.4 TC72 芯片引脚排列及实物

TC72 芯片 8 个引脚的功能如表 11.8 所示。

表 11.8　TC72 芯片 8 个引脚的功能

引脚序号	名称	功能	引脚序号	名称	功能
1	NC	空引脚	5	SDO	数据输出线
2	CE	片选线（高电平有效）	6	SDI	数据输入线
3	SCK	时钟输入线	7	NC	空引脚
4	GND	电源负极	8	V_{DD}	电源正极

TC72 芯片寄存器格式如表 11.9 所示。

表 11.9　TC72 芯片寄存器格式

寄存器名	读地址	写地址	B7	B6	B5	B4	B3	B2	B1	B0
控制	0x00	0x80	0	0	0	单次	0	1	0	关断
温度 LSB	0x01	N/A	T1	T0	0	0	0	0	0	0
温度 MSB	0x02	N/A	T9	T8	T7	T6	T5	T4	T3	T2
制造商 ID	0x03	N/A	0	1	0	1	0	1	0	0

TC72 有以下两种工作模式。

（1）连续转换模式：每隔约 150 ms 进行一次温度转换，向控制寄存器的第 4 位写 0 可以启动连续转换模式（即 0x05）。

（2）单次转换模式：转换一次后就进入省电模式，向控制寄存器的第 4 位写 1 可以启动单次转换模式（即 0x15）。

温度数据格式采用 10 位二进制补码数字，分辨率为 0.25 ℃/bit。温度数据以二进制补码的格式存储在温度寄存器中。

例如，温度为 41.5 ℃，则温度寄存器高 8 位 MSB 和低 2 位 LSB 的值如下。

- MSB 寄存器 = 00101001b = $2^5 + 2^3 + 2^0$ = 32 + 8 + 1 = 41。
- LSB 寄存器 = 10000000b = 2^{-1} = 0.5。

TC72 的寄存器读操作如下：芯片使能 CE 引脚变为高电平启动通信，SDO 引脚保持为输出 LSB 位状态，当 CE 引脚变为逻辑低电平时，该引脚变为三态，如图 11.5（a）所示，图中 CP 为 SPI 的时钟极性。

TC72 的寄存器写操作如下：芯片使能 CE 引脚变为高电平启动通信，数据通过 SDI 引脚移入控制寄存器，如图 11.5（b）所示。注意，TC72 的片选信号为高电平期间才能对其寄存器进行读写操作。

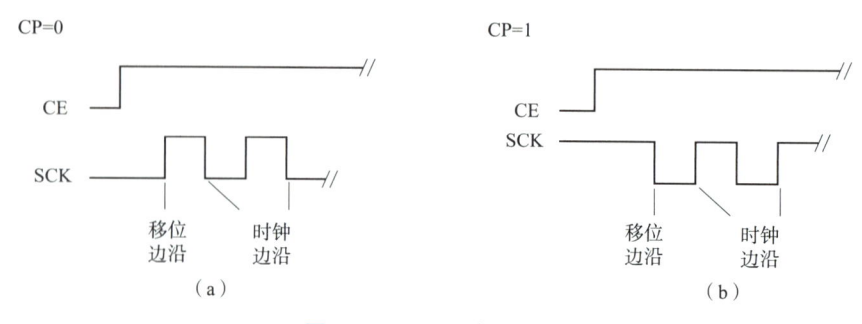

图 11.5　TC72 读写时序

根据 TC72 的引脚和 STM32F1 系列 MCU 的 SPI 接口引脚分布，SPI1 的时钟引脚 PA5（SCK）与 TC72 的 SCK 引脚相连，PA6（MISO）与 TC72 的 SDO 引脚相连，PA7（MOSI）与 TC72 的 SDI 引脚相连，PA15 与 TC72 的片选 CE 引脚相连，硬件电路图如图 11.6 所示。

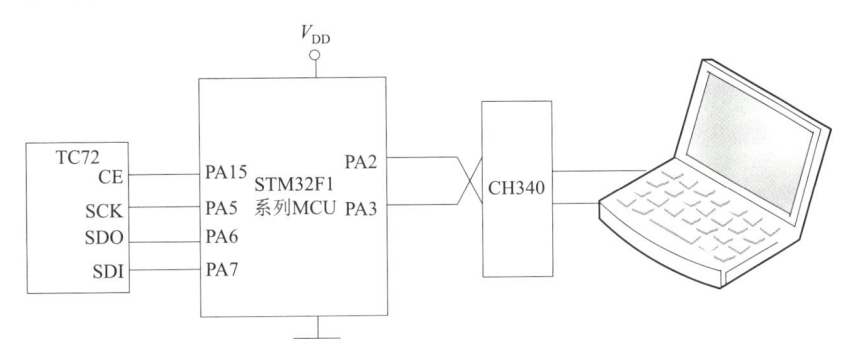

图 11.6　硬件电路图

3. 软件设计

软件设计主要是对 SPI1 模块进行配置，本项目中系统时钟采用内部 8 MHz。设置 SPI1 为主模式，双向全双工通信，数据帧为 8 位，CPOL 为高电平，CPHA 为数据采样从第二个时钟边沿开始，NSS 配置为软件模式，波特率为 64 分频，数据发送为高位先发。在 STM32CubeMX 中进行配置，SPI 配置如图 11.7 所示，串口配置参见 8.4 节。

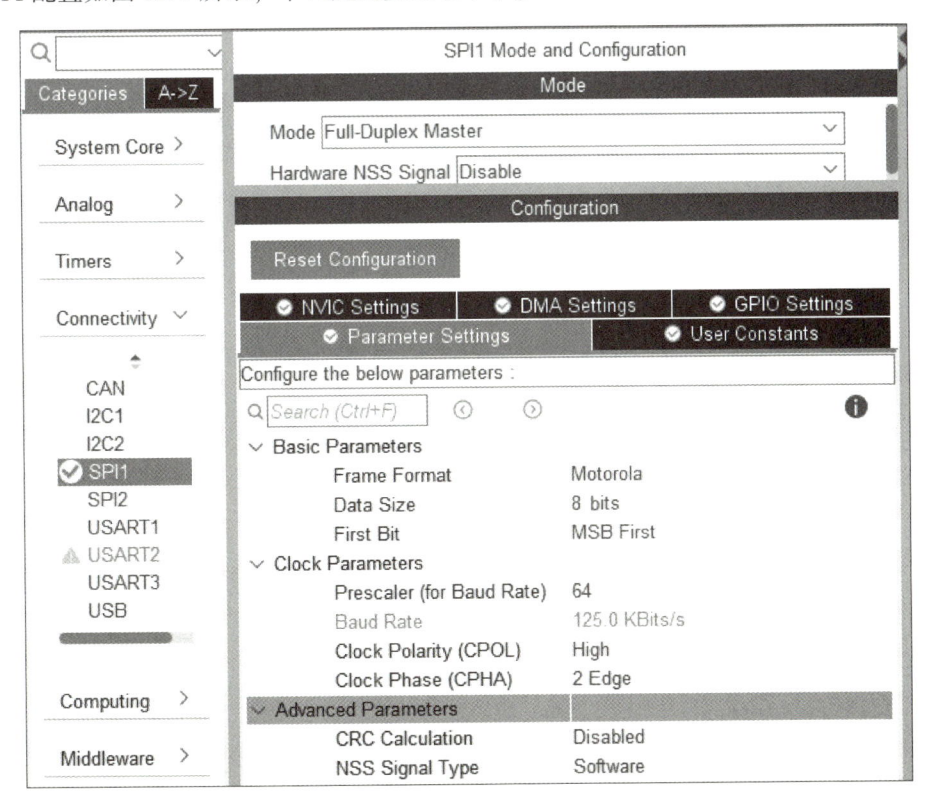

图 11.7　SPI 配置

通过 STM32CubeMX 生成 MDK 工程文件，编写 SPI1 的应用程序，"main.c" 文件中的程序如下。

```c
/* * * * * * * * * * * * * * * * * * 头文件* * * * * * * * * * * * * * * * * * /
#include "main.h"
#include "spi.h"
#include "usart.h"
#include "gpio.h"
#include "stdio.h"
/* * * * * * * * * * * * * * * * * * TC72 寄存器* * * * * * * * * * * * * * * * /
#define TC72_CTRL_R         0x00        //控制寄存器地址(读)
#define TC72_CTRL_W         0x80        //控制寄存器地址(写)
#define TC72_Dat_LSB        0x01        //温度低字节地址(读)
#define TC72_Dat_MSB        0x02        //温度高字节地址(读)
#define TC72_ID             0x03        //制造商 ID(读)
#define TC72_OnceCnv        0x15        //单次转换指令
#define TC72_ContinueCnv    0x05        //连续转换指令
uint16_t SPI_TxBuff1[2];                //发送缓冲区
uint16_t SPI_TxBuff2[2];                //发送缓冲区
uint16_t SPI_RxBuff1[2];                //接收缓冲区
/* * * * * * * * * * * * * * * * * * * * * * * * * * * * * * * * * * * * * * *
int main(void)函数功能:SPI 双向通信读取 TC72 温度值,并通过串口发出
* * * * * * * * * * * * * * * * * * * * * * * * * * * * * * * * * * * * * * * /
int main(void)
{
    HAL_Init();
    SystemClock_Config();
    MX_GPIO_Init();
    MX_SPI1_Init();
    MX_USART2_UART_Init();
    printf("Temperature:\r\n");
    SPI_TxBuff1[0] = TC72_CTRL_W;
    SPI_TxBuff1[1] = TC72_ContinueCnv;
    SPI_TxBuff2[0] = TC72_Dat_MSB;
    SPI_TxBuff2[1] = TC72_Dat_LSB;
/* * * * * * * * * * * * * * * * TC72 发控制连续转换* * * * * * * * * * * * * * /
    HAL_GPIO_WritePin(GPIOA, GPIO_PIN_15,1);                                //CE 置高
    HAL_SPI_Transmit(&hspi1,(uint8_t*)SPI_TxBuff1,2,100);                   //发控制指令
    HAL_GPIO_WritePin(GPIOA, GPIO_PIN_15,0);                                //CE 置低
    HAL_Delay(300);                                                         //大于150 ms 才转换结束
    while (1){
        HAL_GPIO_WritePin(GPIOA, GPIO_PIN_15,1);                            //CE 置高
        HAL_SPI_TransmitReceive(&hspi1,(uint8_t*)SPI_TxBuff2,(uint8_t*)SPI_RxBuff1,2,100);
        HAL_GPIO_WritePin(GPIOA, GPIO_PIN_15,0);                            //CE 置高
        printf("T = % d.% d C\r\n" SPI_RxBuff2[0]/256, SPI_RxBuff2[1]% 256);
        HAL_Delay(500);
    }
}
```

4. 仿真与调试

在 Proteus 中绘制仿真电路图，选择 TC72 芯片与 STM32F1 系列 MCU 的 SPI1 引脚相连，绘制虚拟串口，并加载.hex 文件，在串口中每隔 500 ms 输出 TC72 芯片的温度值，仿真电路图与调试效果如图 11.8 所示。

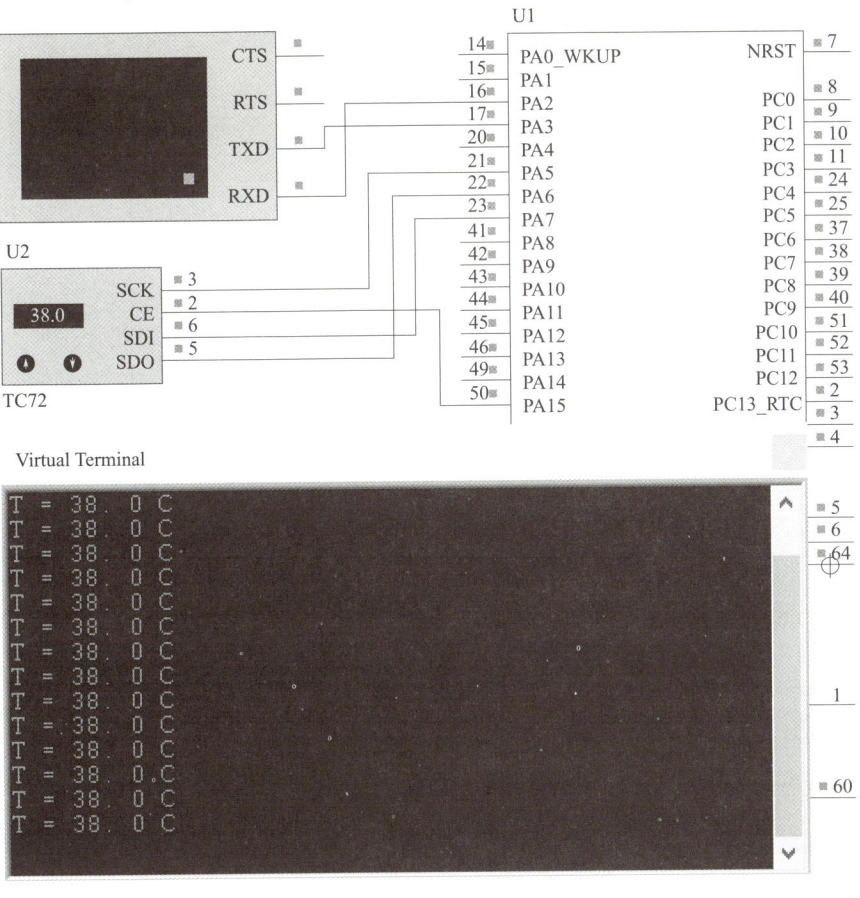

图 11.8　仿真电路图与调试效果

11.4.2　SPI 接口显示器设计

1. 任务要求

请利用 STM32F1 的 SPI1 模块、74LS595 芯片和 8 位 LED 数码管设计一个显示器，要求显示器能显示数字 3210。请设计硬件电路、软件程序，并通用 Proteus 完成仿真和调试。

2. 硬件设计

硬件电路图如图 11.9 所示，两片 74LS595 芯片与 STM32F1 系列 MCU 的 SPI1 接口相连，SPI1 的 SCK（PA5）分别与两片 74LS595 的时钟 SCK 相连；SPI1 的 MOSI（PA7）与第一片 74LS595 的数据端 SER 相连，第一片 74LS595 的 Q7′与第二片的数据端 SER 相连，这样就形成两片 74LS595 级联；SPI1 的片选$\overline{\text{CS}}$（PA4）与 74LS595 的 RCK 相连。第一片 74LS595 的输出端 Q1～Q7 与 LED 数码管段码端一一相连，数码管为共阴极结构；第二片 74LS595 的 Q1～Q7 与 LED 位码端相连。

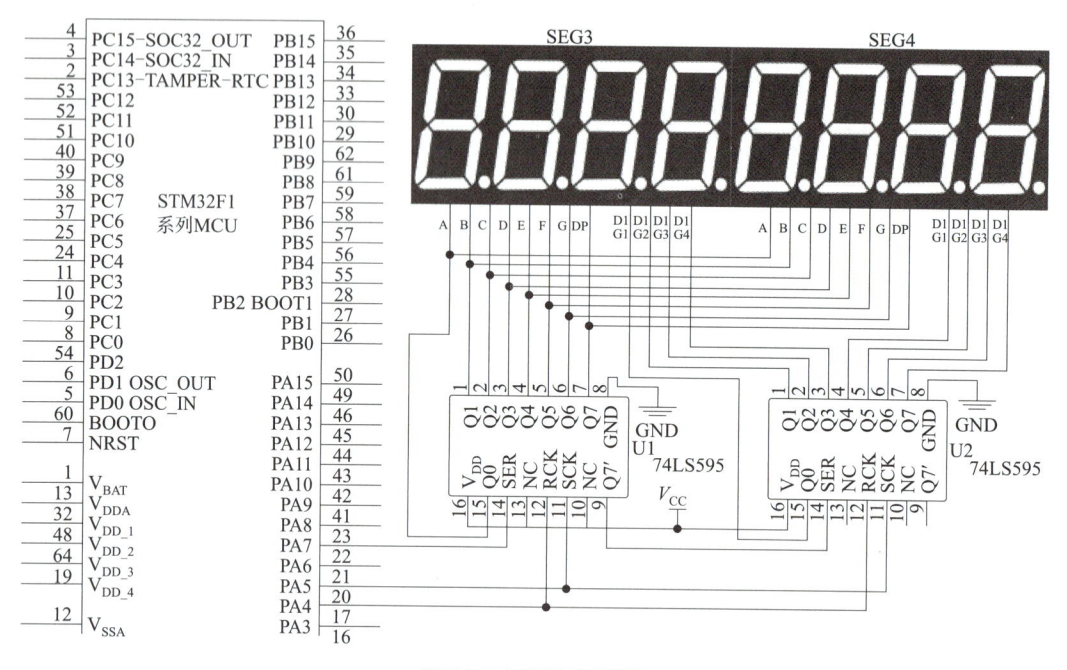

图 11.9　硬件电路图

3. 软件设计

该项目采用 SPI1 模块，设置 SPI1 为主模式且只输出，数据位选用 16 位（高 8 位为 LED 显示器的位码，低 8 位为 LED 显示器的字形码），采用低位先发；系统时钟配置为 8 MHz，波特率设置为 4 Mbit/s，系统时钟 2 分频；时钟的极性为高，时钟相位设置为第二边沿采样；片选设置为软件方式，无 CRC 校验。在 STM32CubeMX 中进行配置，SPI1 配置如图 11.10 所示。

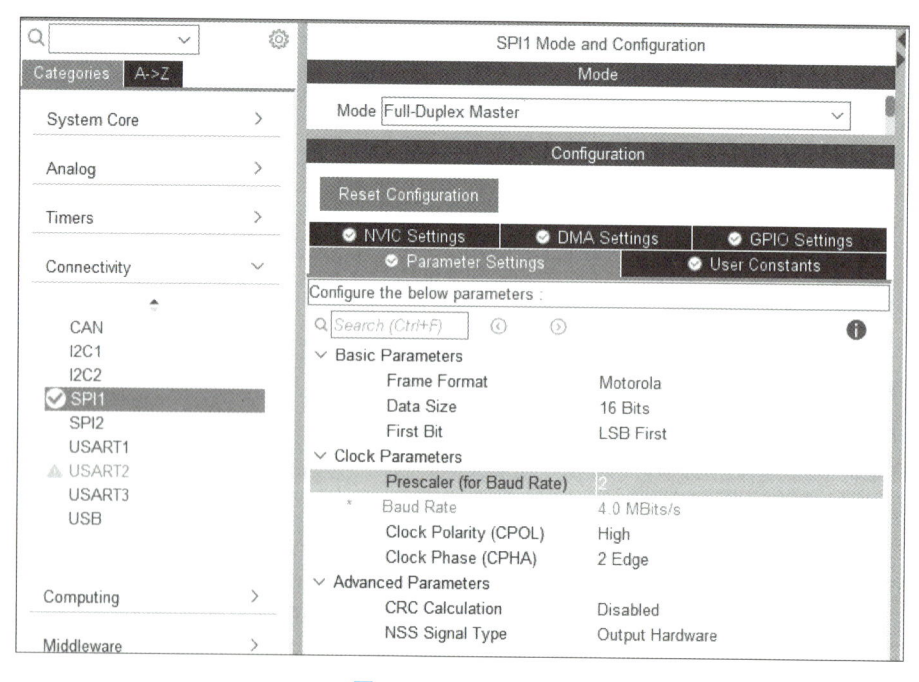

图 11.10　SPI1 配置

在 STM32CubeMX 中配置好文件后，生成 MDK 工程文件。在"main.c"文件中添加如下程序。

```c
#include "main.h"
#include "spi.h"
#include "gpio.h"
uint8_t SegCode[12]={0xc0,0xf9,0xa4,0xb0,0x99,0x92,0x82,0xf8,0x80,0x90,0xff,0xbf};
uint8_t BitCode[8]={0x01,0x02,0x04,0x08,0x10,0x20,0x40,0x80};    //定义数码管位选数据
uint8_t dispBuf[8];                                               //定义显示缓冲区
/************************************************
dispDataPut()函数功能:通过 SPI1 在 LED 上显示数据,第 ucX 位,显示 ucData
输入参数:ucX 表示位数;ucData 表示显示的数据 0~9;point 为 0 表示不带小数点,为 1 表示带
小数点
输出参数:无
*************************************************/
void dispDataPut(uint8_t ucX, uint8_t ucData,uint8_t point)
{
    uint16_t Txdata,Rxdata,x;
    dispBuf[ucX & 0x07] = ucData;
    if(point == 1)
    {Txdata = ((SegCode[dispBuf[ucX & 0x07]]-0x80)<<8)+BitCode[ucX];}    //带小数点
    else {Txdata = (SegCode[dispBuf[ucX & 0x07]]<<8)+BitCode[ucX];}      //不带小数点
    HAL_GPIO_WritePin(GPIOA,GPIO_PIN_4,GPIO_PIN_RESET);                  //硬件片选
    if(HAL_SPI_Transmit(&hspi1,(uint8_t*)&Txdata,1,10)!=HAL_OK);         //SPI 发送
    HAL_GPIO_WritePin(GPIOA,GPIO_PIN_4,GPIO_PIN_SET);                    //硬件片选
}
/*********************延时程序***********************/
void DelayMs(int n)
{   unsigned int i,j;
    for (i=0;i<n;++i)
        for(j=0;j<6000;++j);
}
/************************************************
int main(void)函数功能:在 LED 上显示数字 3210
输入参数:无
输出参数:无
*************************************************/
int main(void)
{
    HAL_Init();
    SystemClock_Config();
    MX_GPIO_Init();
    MX_SPI1_Init();
    while (1){
        for (uint8_t n=0; n<=3; n++) {
            dispDataPut(n,n,0);
            DelayMs(2);
        }
    }
}
```

4. 仿真与调试

在 Proteus 中绘制仿真电路图，LED 数码管选用共阳极 7SEG-MPX8-CA-BLUE，将 A、B、C、D、E、F、G、DP 字形码接口与 U1(74LS595) 的数据输出接口相连，将数码管 1、2、3、4、5、6、7、8 位接口与 U2(74LS595) 的数据输出接口相连，加载 .hex 文件，仿真电路图与调试效果如图 11.11 所示。

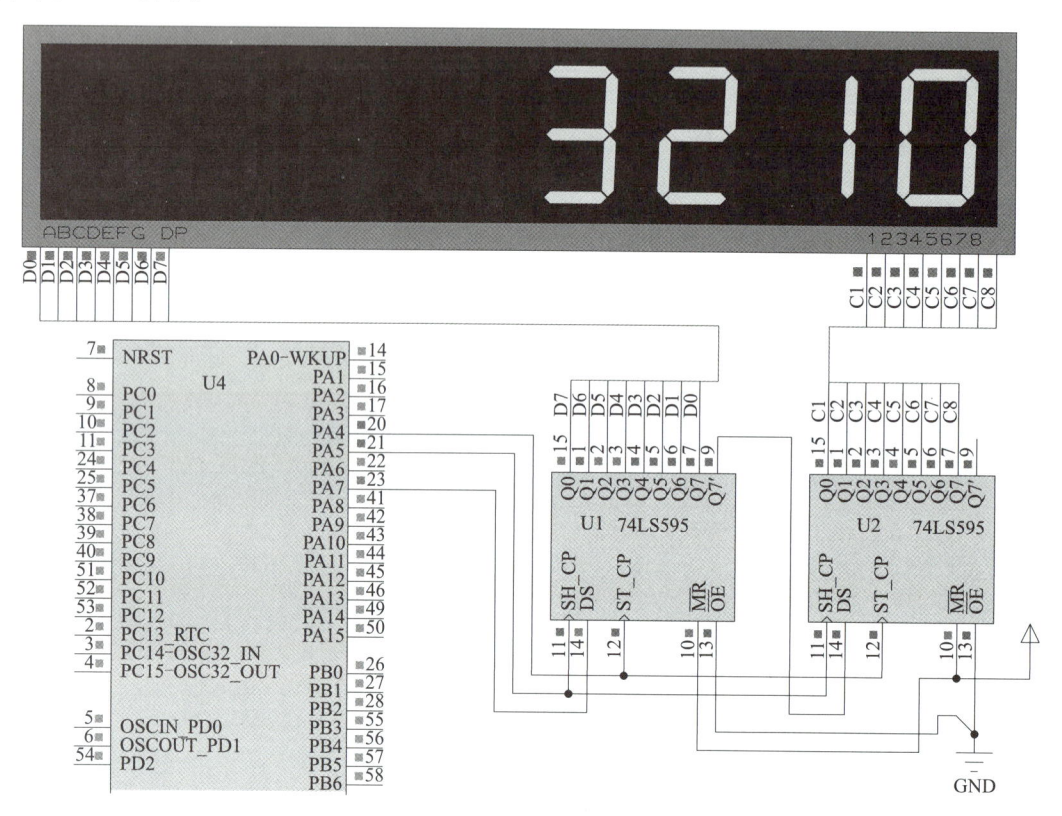

图 11.11　仿真电路图与调试效果

本章小结

通过 SPI，单片机不仅可与 EEPROM、Flash、RTC、ADC、网络控制器、MCU、DSP 通信，还可以与具有 SPI 兼容接口的器件（如数字信号解码器）通信。

SPI 以主从模式工作，这种模式通常有一个主设备和一个（或多个）从设备，至少需要 4 个接口：MISO、MOSI、SCK、$\overline{CS}$。根据 CPOL 和 CPHA 的不同，SPI 可分为 4 种模式。

STM32F1 系列芯片上最多有 3 个 SPI 接口，工作在主或从模式下，全双工和半双工的通信速率可达 18 Mbit/s。3 位的预分频器可产生 8 种主模式频率，可配置成每帧 8 位或 16 位数据帧格式。硬件的 CRC 产生/校验支持基本的 SD 卡和 MMC 模式。所有的 SPI 都可以使用 DMA 模式操作。

SPI 的初始化配置主要包括波特率发生器配置、数据帧格式配置、数据传输模式配置、DMA 配置、CRC 校验配置、状态标志和中断配置。

本章习题

1. 简述 SPI 的组成结构。
2. 简述 STM32F1 系列 MCU 的 SPI 的特点。
3. 利用 STM32F1 系列 MCU 的 SPI 和 DAC 芯片 MCP4921 设计信号源,实现正弦波输出。

第 12 章　FreeRTOS 基础

教学目标

【知识】

（1）深刻理解并掌握前后台系统和实时内核系统的概念，以及它们在应用项目中的优缺点。理解可剥夺型内核、不可剥夺型内核、时间片轮转调度算法的原理，理解同步与互斥在实时系统中的重要性，理解 RTOS 的时钟节拍，了解 RTOS 对存储器的需求。

（2）了解 FreeRTOS 的特点。掌握 FreeRTOS 的文件结构，包括与处理器无关的代码、与应用配置有关的代码、与处理器有关的代码。理解文件代码的结构和在 ERTOS 中软硬件间的结构关系。

（3）了解 FreeRTOS 中的 API 函数，掌握任务、队列、信号量、事件标志组等相关函数。

【能力】

（1）具有在 ERTOS 中选择前后台系统和实时内核系统的能力。

（2）具有分析 FreeRTOS 特点和文件结构的能力。

（3）具有识别 FreeRTOS 中的 API 函数的能力。

12.1　ERTOS 概述

12.1.1　认识 ERTOS

实时操作系统（Real–Time Operating System，RTOS）在嵌入式系统中广泛使用。RTOS 是指那些对处理结果的正确性和处理过程的及时性都有严格要求的系统。RTOS 分为硬实时系统和软实时系统。软实时系统的宗旨是使各个任务运行得越快越好，并不要求限定某一任务必须在多长时间内完成。在硬实时系统中，各个任务不仅要执行无误，而且要做到准时。一般情况下，RTOS 是二者的结合。

RTOS 有着广泛的应用，而多数 RTOS 又是嵌入式的，因此称之为嵌入式实时操作系统（Embedded Real-Time Operating System，ERTOS）。该系统是将计算机集成在应用系统内部的专用计算机系统，用于完成特定的功能，过程控制、汽车电子、机器人、家用电器、移动通信等均是 ERTOS 的应用实例。

12.1.2　ERTOS 基础知识

1. 前后台系统

在 MPU 应用中，常把一些不复杂的应用项目设计成图 12.1 所示的结构，这种结构的系统可被称为前后台系统，它包含一个后台（应用程序）和多个前台（中断服务程序）。应用程序是一个无限的循环程序，循环中调用相应的函数完成相应的操作，被称为后台行为；中断服务程序处理紧急事件，被称为前台行为；时间相关性很强的关键操作是由中断服务来完成的。这种系统的任务响应时间较长，因为中断服务提供的信息要等到后台程序处理这个信息时才能得到处理。

很多小型的 MCU 产品采用前后台系统设计，如电饭锅、电风扇、电话、玩具等。

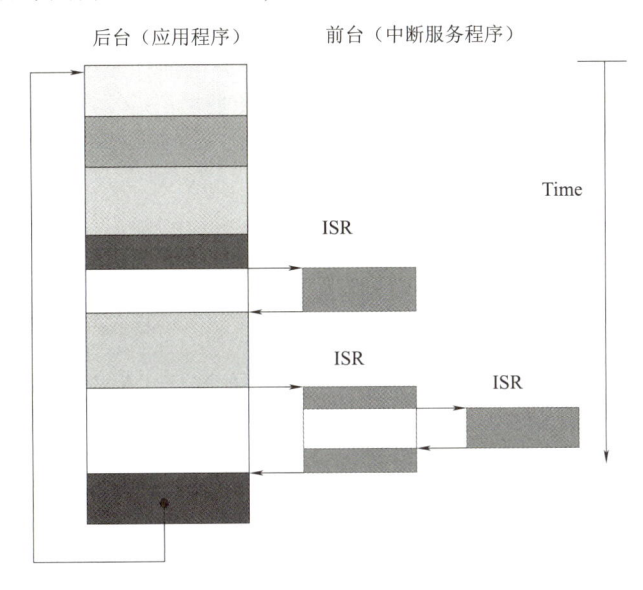

图 12.1　前后台系统

2. 实时内核系统

实时内核系统是用于实时管理微型计算机的硬件资源和软件算法的软件系统。在实时多任务系统中，内核负责管理各个任务，为每个任务分配获得 CPU 运行的时间，并且负责任务之间的通信。内核对于各任务提供的基本服务是任务切换，让优先级高或最需要处理的任务优先执行。实时内核允许将应用分成若干个任务，由实时内核来管理它们，使用实时内核可以大大简化应用系统。

应注意的是，实时内核本身也增加了应用程序的额外负荷，代码空间增加了 ROM 的用量，内核本身的数据结构和每个任务的栈空间增加了 RAM 的用量，所以对于具体的应用项目要根据实际情况取舍。

3. 调度器

调度器是实时操作系统的主要部件之一，其作用是决定哪个任务运行。实时内核的调度算法有基于优先级调度算法和时间片轮转调度算法。

（1）基于优先级调度算法是根据每个任务重要程度的不同，赋予其一定的优先级。CPU 总是让处在就绪态的优先级最高的任务先运行。然而，究竟何时让高优先级任务掌握 CPU 的使用权，还要看用的是不可剥夺型内核还是可剥夺型内核。

①不可剥夺型内核。不可剥夺型内核允许每个任务运行，直到该任务自愿放弃 CPU 的控制权，中断运行着的任务。不可剥夺型内核的优点是响应中断的速度快，不需要使用信号量保护共享数据，任务级响应时间远快于前后台系统，但响应时间仍是不可知的，因此商业软件一般不采用不可剥夺型内核。

②可剥夺型内核。可剥夺型内核的系统响应时间快，最高优先级的任务一旦就绪，总能获得 CPU 的使用权。当一个运行着的任务使一个比它优先级高的任务进入了就绪态时，当前任务的 CPU 使用权就被剥夺了（或者说被挂起了），高优先级的任务立刻得到了 CPU 的控制权。如果是中断服务子程序使一个高优先级的任务进入就绪态，中断完成时，中断了的任务被挂起，高优先级的任务开始运行。

采用可剥夺型内核时，最高优先级的任务什么时候可以执行、可以得到 CPU 的控制权是可知的，使用可剥夺型内核使任务级响应时间得以最优化。FreeRTOS 属于可剥夺型内核。

（2）时间片轮转调度算法。当两个或两个以上任务有同样优先级，内核允许一个任务运行事先确定的一段时间（这段时间叫作时间额度），然后切换给另一个任务。内核在满足以下条件时，把 CPU 控制权交给下一个处于就绪态的任务。

①当前任务时间片时间已到。

②当前任务在时间片还没结束时已经完成了。

FreeRTOS 支持时间片轮转调度算法，如果应用程序中各任务对时间的要求不高，可以将优先级设为相同。

4. 任务及状态

任务是指一段相对独立的程序，也称作一个线程，这段程序认为 CPU 完全只属于它。实时应用程序的设计包括如何把问题分割成多个任务，每个任务都是整个应用的一部分，每个任务被赋予一定的优先级，有一套独立的 CPU 寄存器和栈空间。

无论是用户任务还是系统任务，在某一个时候，每个任务至少处于就绪、运行和阻塞这 3 种状态中的一种，如图 12.2 所示。就绪是指任务被创建或准备运行的状态，运行是指任务正在被 CPU 执行的状态，阻塞是指任务在等待一个资源变为可用时的状态。

任务在就绪且优先级为最高的状态下，就可以被调度器调度，获得 CPU 运行。运行状态下的任务由于某种原因，比如延时等待，可进入阻塞状态。当阻塞的条件满足要求，任务又可以进入就绪状态。如果该任务的优先级最高，就又可以被调度执行。

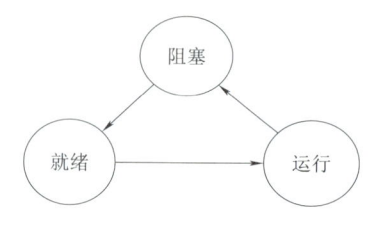

图 12.2　任务运行状态

5. 资源

在 RTOS 中，任务的资源是指任务所占用的实体。资源可以是输入/输出设备，如打印机、键盘、显示器，资源也可以是一个变量、一个结构或一个数组等。

共享资源是指可以被一个以上任务使用的资源。为了防止数据被破坏，每个任务在与共享资源打交道时，必须独占该资源。

代码的临界段也被称为临界区，指处理时不可分割的代码。一旦这部分代码开始执行就不允许中断。为确保临界段代码的执行，在进入临界段之前要关闭中断，而临界段代码执行完以后要立即打开中断。例如，任务调度时就需要进行保护，要关闭中断。

FreeRTOS 中的 taskENTER_CRITICAL( ) 函数的作用就是关闭中断，taskEXIT_CRITICAL( ) 函数的作用是打开中断，它们之间的代码被称为临界段代码。

6. 任务的同步与互斥

在前后台系统中，程序间的数据通信一般采用全局变量。但在实时系统中，一般不采用全局变量，其原因是各任务被 CPU 调度运行的次数不一致，全局变量的修改不可预知，因此要采用同步与互斥的方式实现任务间通信。

任务同步是指多个任务中发生的事件存在某种时序关系，必须协同完成一个任务，因此同步是一种协作关系。例如，工厂的流水线，每道工序都有自己特定的任务，前一道工序没有完成或不合格，后一道工序就不能进行。

任务互斥是指多个任务在运行过程中都需要某一个资源，当某个任务获取资源时，其他任务只能在该任务释放资源之后才能去访问该资源。互斥是一种竞争关系。例如，多个任务同时申请一台打印机，先申请打印机的任务先使用打印机，当它用完后释放打印机，在打印机被任务使用期间，其他任务必须等待。

在 FreeRTOS 中，通过信号量、消息队列、事件标志组、任务通信来实现任务间的同步与互斥。

7. 时钟节拍

RTOS 中的时钟节拍是特定的周期性中断，这个中断相当于该系统的"心脏"跳动。中断时间间隔取决于不同的应用，一般在 1 ms 到 200 ms 之间。时钟的节拍式中断使内核可以将任务延时若干个整数时钟节拍，当任务等待事件发生时，它还可以提供等待超时的依据。时钟节拍越快，系统的额外开销就越大。

时钟节拍在 RTOS 中起着重要的作用，一般采用定时器中断方式来实现。在定时中断服务程序中，要调用 RTOS 的节拍处理函数，该函数遍历所有优先级任务，检查任务由于阻塞而等待的条件是否满足。若满足条件，则让任务就绪，否则继续等待。

例如，ARM Cortex – M3 内核有一个 24 位的节拍定时器 SysTick，就是用来实现时钟节拍的。

8. 存储器需求

RTOS 的存储器需求包括程序存储器和数据存储器：程序存储器存放程序和 RTOS 代码，数据存储器存放变量和任务的堆栈。

根据任务要求，程序存储器一般需要几 KB 以上的空间。内核本身需要代码空间（ROM），内核的大小取决于多种因素，1~100 KB 都是可能的。例如，若 8 位 CPU 使用的最小内核只提供任务调度、任务切换、信号量处理、延时及超时服务，则需要 1~3 KB 代码空间。代码空间总需求量 = 应用程序代码空间 + 内核代码空间。

至于对数据存储器的需求，因为每个任务都是独立运行的，必须给每个任务提供单独的栈空间（RAM）。栈空间不仅包括任务本身的需求（局部变量、函数调用等），还包括最多中断嵌套层数（保存寄存器、中断服务程序中的局部变量等）的需求。根据不同的 MPU 和内核类型，任务栈和系统栈可以分开，分别设置不同任务的栈空间大小来减小对 RAM 的需求。

下面将以开源、免费的 FreeRTOS 为例，分析操作系统的内核运行机制。

12.2　FreeRTOS 简介

12.2.1　FreeRTOS 的特点

FreeRTOS 是一个轻量级的 ERTOS，具有源码公开、可移植、可裁剪、调度策略灵活等特点，可以方便地移植到各种嵌入式控制器上实现满足用户需求的应用。

FreeRTOS 作为一个轻量级的 ERTOS，提供了高层次的可信任代码，其源代码用 C 语言开发，系统实现的任务没有数量的限制。

FreeRTOS 内核支持优先级调度算法，每个任务根据重要程度的不同被赋予一定的优先级，CPU 总是让处于就绪态、优先级最高的任务先运行。FreeRTOS 内核同时也支持时间片轮转调度算法，系统允许不同的任务使用相同的优先级，在没有更高优先级任务就绪的情况下，同一优先级的任务共享 CPU 使用时间。

FreeRTOS 提供的功能还包括任务管理、时间管理、信号量、消息队列、内存管理、记录功能等，可基本满足较小系统的需要。

FreeRTOS 支持高效的软件定时器，具有强大的执行跟踪功能，还有栈溢出检测选项。

FreeRTOS 可创建的任务数无软件限制，可使用的优先级数无软件限制，优先级指定无限制，可为多个任务指定同一优先级。

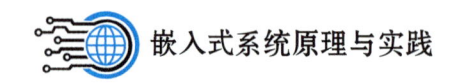

FreeRTOS 具有免费的嵌入式软件源代码，免版税，可从标准的 Windows 主机交叉开发；无论是商业应用还是个人学习，都无须商业授权，是完全免费的操作系统。

12.2.2　FreeRTOS 的文件结构

从官网下载 FreeRTOS 文件，其结构如图 12.3 所示，"FreeRTOS"和"FreeRTOS – Plus"这两个文件夹中就是 FreeRTOS 的源码。其中，"FreeRTOS"中的是核心源码，"FreeRTOS – Plus"中的为附加组件，如 TCP/UDP、MQTT（Message Queuing Telemetry Transport，消息队列遥测传输）等。下面以 FreeRTOS Kernel V10.0.1 版本为例进行介绍。

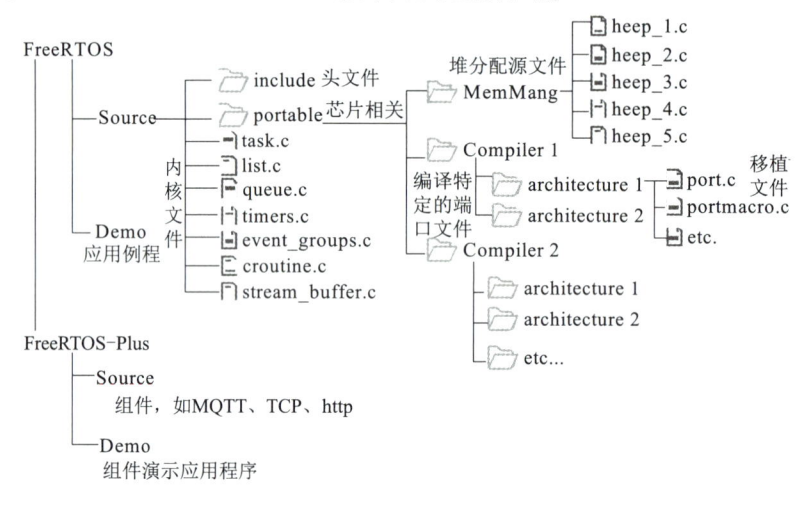

图 12.3　FreeRTOS 文件结构

FreeRTOS 源码分成 3 个部分，分别是与处理器无关的代码、与应用配置有关的代码和与处理器有关的代码，如图 12.4 所示。与处理器有关的文件有"port.c""heap_1.c ~ heap_5.c""portmacro.c"。其中，"port.c"文件主要针对不同 CPU 提供任务切换、时钟节拍、堆栈初始化等的程序，"portmacro.c"文件主要定义了内核代码用到的数据类型和 CPU 架构相关的定义、内核调度、临界区管理、任务优化等函数，"heap_1.c ~ heap_5.c"文件提供以下 5 种内存管理方式。

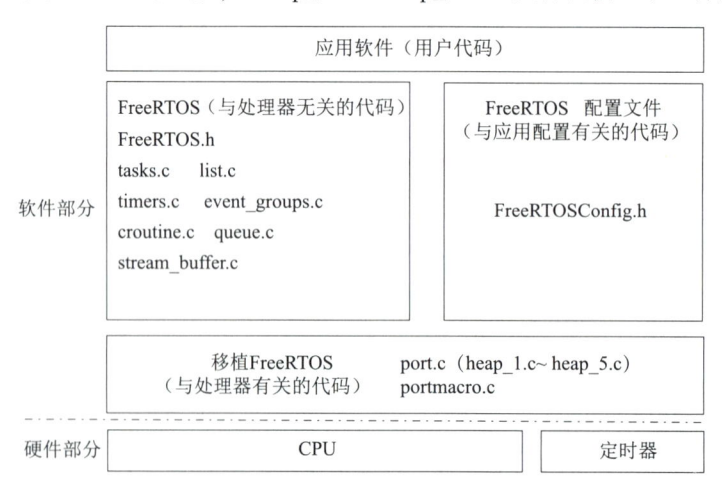

图 12.4　FreeRTOS 源码结构

heap_1.c：任务执行之前先分配内存，一次分配永久使用，不再改变。
heap_2.c：允许内存释放，适用于需要频繁创建和删除需要分配固定栈内存的任务。
heap_3.c：malloc( ) 和 free( ) 函数的抽象层，增加了线程安全措施。
heap_4.c：将相邻未分配的内存结合成整个大内存来减少碎片内存。
heap_5.c：在"heap_4.c"文件的基础上增加了块内存段操作。

其中，与处理器无关的代码中包含许多函数，部分函数需要在应用程序中调用；与应用配置有关的代码通常在与应用程序有关的配置文件中，FreeRTOS属于可裁剪的系统，要用的代码就使能，不用的就禁止，FreeRTOSConfig.h即用户配置文件；系统要运行在不同的处理器平台上，因此还必须要有与处理器有关的代码，包括CPU内核调度、任务切换、压栈、出栈、内存分配以及为操作系统提供心跳时钟的定时器有关的代码。

FreeRTOS的与处理器无关的文件有"tasks.c""list.c""timers.c""event_groups.c""croutine.c""queue.c""stream_buffer.c"，如表12.1所示。

表12.1 FreeRTOS的与处理器无关的文件

序号	文件名	功能
1	tasks.c	任务创建、挂起、恢复、调度
2	list.c	列表，FreeRTOS的一种基础数据结构
3	timers.c	软件定时器
4	event_groups.c	事件标志组
5	croutine.c	协线程（又称协程）文件，和任务类似，在系统资源比较匮乏时使用
6	queue.c	队列，任务和任务之间的通信处理
7	stream_buffer.c	流缓冲区相关函数

12.3 FreeRTOS 常用的 API 函数

12.3.1 任务相关函数

FreeRTOS中与任务相关的函数如表12.2所示。这些函数在"task.c"文件中，头文件在"task.h"文件中。与任务相关的函数包括任务创建和删除函数、任务挂起和恢复函数、任务切换函数、任务统计函数、任务调度函数、任务延时函数。

表12.2 FreeRTOS中与任务相关的函数

分类	函数	功能
任务创建和删除函数	xTaskCreate()	任务创建
	xTaskDelete()	任务删除，通过传入NULL值来删除自己
任务挂起和恢复函数	vTaskSuspend()	挂起一个任务
	vTaskSuspendAll()	暂停调度程序
	vTaskResume()	恢复一个挂起的任务
	xTaskResumeFromISR()	恢复暂停的任务，从中断调用vTaskResume()函数
	xTaskResumeAll()	仅恢复调度程序，不会恢复暂停的任务

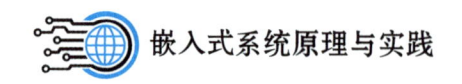

续表

分类	函数	功能
任务切换函数	taskYIELD()	普通任务强制切换
	portYIELD_FROM_ISR()	中断服务程序中任务切换
任务统计函数	vTaskGetRunTimeStats()	统计每个任务使用CPU时间及所用时间占总时间的比例
任务调度函数	vTaskStartScheduler()	开启任务调度器
	prvStartFirstTask()	启动第一个任务
任务延时函数	vTaskDelay()	任务相对延时函数
	vTaskDelayUntil()	任务绝对延时函数

12.3.2 软件定时器相关函数

FreeRTOS中的软件定时器有单次软件定时器和周期软件定时器，与软件定时器相关的函数在"timers.c"文件中，头文件在"timers.h"文件中，相关函数如表12.3所示。这些函数包括创建软件定时器函数、复位软件定时器函数、开启软件定时器函数、停止软件定时器函数。

表12.3 FreeRTOS中软件定时器相关函数

分类	函数	功能
创建软件定时器函数	xTimerCreate()	动态方法创建软件定时器
	xTimerCreateStatic()	静态方法创建软件定时器
复位软件定时器函数	xTimerReset()	复位软件定时器，用于任务中
	xTimerResetFromISR()	复位软件定时器，用于中断服务函数
开启软件定时器函数	xTimerStart()	开启软件定时器，用于任务中
	xTimerStartFromISR()	开启软件定时器，用于中断服务函数
停止软件定时器函数	xTimerStop()	停止软件定时器，用于任务中
	xTimerStopFromISR()	停止软件定时器，用于中断服务函数

12.3.3 队列相关函数

FreeRTOS中队列相关函数如表12.4所示。这些函数在"queue.c"文件中，头文件在"queue.h"文件中。这些函数包括队列创建函数、队列入队函数、队列出队函数。队列又称消息队列，用于任务与任务之间的通信。

表12.4 FreeRTOS中队列相关函数

分类	函数	功能
队列创建函数	xQueueCreate()	创建队列（动态方法）
	xQueueCreateStatic()	创建队列（静态方法）
	xQueueGenericCreate()	通用队列创建函数（动态方法，系统使用）
	xQueueGenericCreateStatic()	通用队列创建函数（静态方法，系统使用）

续表

分类	函数	功能
队列入队函数	xQueueSend()	发送消息到队列尾部（后向入队）
	xqueueSendToBack()	发送消息到队列尾部（后向入队）
	xQueueSendToFront()	发送消息到队列头（前向入队）
	xQueueOverwrite()	发送消息到队列，当队列满了以后自动覆盖掉旧的消息（覆写入队）
	xQueueSendFromISR()	发送消息到队列尾部（后向入队），用于中断服务函数
	xQueueSendToBackFromISR()	发送消息到队列尾部（后向入队），用于中断服务函数
	xQueueSendToFrontFromISR()	发送消息到队列头（前向入队），用于中断服务函数
	xQueueOverwriteFromISR()	发送消息到队列，队列满了以后自动覆盖（覆写入队）旧消息，用于中断服务函数
队列出队函数	xQueueReceive()	从队列中读取队列项（消息），读取完后删除队列项
	xQueuePeek()	从队列中读取队列项（消息），读取完后不删除队列项
	xQueueReceiveFromISR()	从队列中读取队列项（消息），读取完后删除队列项，用于中断服务函数
	xQueuePeekFromISR()	从队列中读取队列项（消息），读取完后不删除队列项，用于中断服务函数

12.3.4 信号量相关函数

FreeRTOS 中信号量相关函数如表 12.5 所示，这些函数在"queue.c"文件中，头文件在"semphr.h"文件中。这些函数包括创建二值信号量函数、创建计数信号量函数、创建互斥信号量函数、创建递归互斥信号量函数、释放信号量函数、获取信号量函数、删除信号量函数。信号量用于任务与任务之间的同步与互斥。

表 12.5 FreeRTOS 中信号量相关函数

分类	函数	功能
创建二值信号量函数	xSemaphoreCreateBinary()	动态方法创建二值信号量（新版本）
	xSemaphoreCreateBinaryStatic()	静态方法创建二值信号量
创建计数信号量函数	xSemaphoreCreateCounting()	动态方法创建计数信号量
	xSemaphoreCreateCountingStatic()	静态方法创建计数信号量
创建互斥信号量函数	xSemaphoreCreateMutex()	动态方法创建互斥信号量
	xSemaphoreCreateMutexStatic()	静态方法创建互斥信号量

续表

分类	函数	功能
创建递归互斥信号量函数	xSemaphoreCreateRecursiveMute()	创建递归互斥信号量
释放信号量函数	xSemaphoreGive()	释放任务级信号量
	xSemaphoreGiveFromISR()	释放中断级信号量
	xSemaphoreGiveRecursive()	释放递归互斥信号量
获取信号量函数	xSemaphoreTake()	获取任务级信号量
	xSemaphoreTakeFromISR()	获取中断级信号量
	xSemaphoreTakeRecursive()	获取递归互斥信号量
	uxSemaphoreGetCount()	获取递归互斥信号量
删除信号量函数	vSemaphoreDelete()	删除信号量

12.3.5 事件标志组相关函数

FreeRTOS 中事件标志组相关函数如表 12.6 所示。这些函数在 "event_groups.c" 文件中，头文件在 "event_groups.h" 文件中。事件标志组相关函数用于多任务之间的通信，用事件位来表明某个事件是否发生，一个事件标志组就是一组的事件位，事件标志组中的事件位通过位编号来访问。

表 12.6 FreeRTOS 中事件标志组相关函数

分类	函数	功能
创建事件标志组函数	xEventGroupCreate()	动态方法创建事件标志组
	xEventGroupCreateStatic()	静态方法创建事件标志组
设置事件位函数	xEventGroupClearBits()	将指定的事件位清零，用在任务中
	xEventGroupClearBitsFromISR()	将指定的事件位清零，用在中断服务函数中
	xEventGroupSetBits()	将指定的事件位置1，用在任务中
	xEventGroupSetBitsFromISR()	将指定的事件位置1，用在中断服务函数中
获取事件标志组函数	xEventGroupGetBits()	获取当前时间标志组的值，用在任务中
	xEventGroupGetBitsFromISR()	获取当前事件标志组的值，用于中断服务函数
等待指定的事件位函数	xEventGroupWaitBits()	等待指定的事件位，阻塞时间单位为节拍数

12.3.6 任务通知相关函数

FreeRTOS 中任务通知相关函数如表 12.7 所示。这些函数在 "task.c" 文件中，头文件在 "task.h" 文件中。任务通知相关函数包括发送任务通知函数、获取任务通知函数。任务通知是一个事件，在应用项目中灵活、合理地使用任务通知相关函数，可以替代队列、二值信号量、计数信号量和事件标志组等功能。

表 12.7　FreeRTOS 中任务通知相关函数

分类	函数	功能
发送任务通知函数	xTaskNotify()	任务级发送通知，带有通知值并且不保留接收任务原通知值
	xTaskNotifyFromISR()	中断级发送通知，带有通知值并且不保留接收任务原通知值
	xTaskNotifyGive()	任务级发送通知，不带通知值并且不保留接收任务的通知值。作为二值信号量和计数信号量的一种轻量实现
	xTaskNotifyGiveFromISR()	中断级发送通知，不带通知值并且不保留接收任务的通知值。作为二值信号量和计数信号量的一种轻量实现
	xTaskNotifyAndQuery()	任务级发送通知，带有通知值并且保留接收任务的原通知值
	xTaskNotifyAndQueryFromISR()	中断级发送通知，带有通知值并且保留接收任务的原通知值
获取任务通知函数	ulTaskNotifyTake()	获取任务通知，可设置退出此函数时，将任务通知值清零或减 1
	xTaskNotifyWait()	等待任务通知，全功能版任务通知获取函数

12.4　FreeRTOS 配置

ERTOS 是可裁剪的系统，根系统需要配置 FreeRTOS 的服务，不同架构的 CPU 在使用的时候配置也不同。FreeRTOS 的配置文件为 "FreeRTOSConfig.h"。下面以在 STM32F1 系列 MCU 上运行 FreeRTOS 所需的配置为例进行介绍。如果应用 STMCubeMX，按相应的需求使能 FreeRTOS，软件会自动配置好相关的应用。

12.4.1　configXX 相关配置

configXX 相关的配置用来完成 FreeRTOS 对应功能的使能，实现对操作系统的裁剪，这一组配置是用 #define 宏来实现的，相关配置如下：

```
#define configUSE_PREEMPTION 1              //为1 使用抢先式内核;为0 为合作轮转内核
#define configUSE_TIME_SLICING 1            //1 使能时间片调度(默认是使能的)
#define configUSE_PORT_OPTIMISED_TASK_SELECTION0
                                            //为1 采用硬件优先级计算(前导0 指令),为
0 采用软件计算
#define configSUPPORT_DYNAMIC_ALLOCATION 1  //支持动态内存申请
#define configSUPPORT_STATIC_ALLOCATION 0   //支持静态内存申请
#define configUSE_IDLE_HOOK 0               //为1 使用空闲钩子,为0 不使用空闲钩子
#define configUSE_TICK_HOOK 0               //为1 使用时间片钩子,为0 不使用时间片钩子
```

```c
#define configCPU_CLOCK_HZ (SystemCoreClock)
                                      //CPU执行的频率,这个值需要正确配置外围定时器
#define configTICK_RATE_HZ (1000)     //RTOS时间片中断的频率,如1 000表示1 000 Hz
#define configMAX_PRIORITIES 5        //应用程序任务中可用优先级的数目
#define configMINIMAL_STACK_SIZE 64   //空闲任务使用的堆栈大小
#define configTOTAL_HEAP_SIZE 10240   //内核总共可用的RAM数量
#define configMAX_TASK_NAME_LEN 16    //任务名称的最大容许长度
#define configUSE_TRACE_FACILITY 0    //使用可视化追踪功能,为1使用,为0不使用
#define configUSE_16_BIT_TICKS 0      //为1将使portTickType定义为16位无符号类
型,为0是32位
#define configIDLE_SHOULD_YIELD 1     //为1阻止空闲任务让出执行时间,直到它的时间片
用完
#define configUSE_QUEUE_SETS 1        //为1启用队列,为0禁止队列
#define configUSE_MUTEXES 0           //为1使用互斥功能,为0不使用互斥功能
#define configUSE_RECURSIVE_MUTEXES 0 //为1使用递归互斥功能,为0将不使用递归互斥功能
#define configUSE_COUNTING_SEMAPHORES 0
                                      //为1使用计数信号量,为0不使用计数信号量
#define configUSE_ALTERNATIVE_API 0   //为1包含替代队列函数,为0不包含该函数
#define configQUEUE_REGISTRY_SIZE 10  //定义了可以记录的队列和信号量的最大数目
#define configUSE_CO_ROUTINES 0       //为1使用协程合作轮转式程序,为0不使用该程序
#define configMAX_CO_ROUTINE_PRIORITIES 1
                                      //协程程序中可用的优先级数目
#define configUSE_TIMERS 1            //为1启用软件定时器
#define configTIMER_TASK_PRIORITY (configMAX_PRIORITIES-1)
                                      //软件定时器优先级
#define configTIMER_QUEUE_LENGTH 5    //软件定时器队列长度
#define configTIMER_TASK_STACK_DEPTH (configMINIMAL_STACK_SIZE*2)
                                      //软件定时器任务堆栈大小
#define configUSE_TICKLESS_IDLE 0     //为1启用低功耗tickless模式
```

12.4.2 INCLUDE_ 相关配置

使用INCLUDE_开头的宏用来表示使能或禁止FreeRTOS中相应的API函数,配置如下。

```c
#define INCLUDE_vTaskPrioritySet            1   //使能优先级设置函数
#define INCLUDE_uxTaskPriorityGet           1   //使能优先级获取函数
#define INCLUDE_vTaskDelete                 1   //使能任务删除函数
#define INCLUDE_vTaskCleanUpResources       1   //使能清除资源函数
#define INCLUDE_vTaskSuspend                1   //使能任务挂起函数
#define INCLUDE_vTaskResume                 1   //使能任务解挂函数
#define INCLUDE_vResumeFromISR              1   //使能从中断恢复任务函数
#define INCLUDE_vTaskDelayUntil             1   //使能绝对延时函数
#define INCLUDE_vTaskDelay                  1   //使能相对延时函数
#define INCLUDE_xTaskGetSchedulerState      1   //使能获取调度状态函数
#define INCLUDE_xTaskGetCurrentTaskHandle   1   //使能获取当前任务句柄函数
```

12.4.3　与中断服务函数有关的配置

在基于 ARM Cortex – M3 内核的 STM32F1 系列 MCU 中，任务的切换是通过软件中断实现的。在 STM32F1 的启动文件"startup_ stm32f103xb. s"中定义了这些中断函数名，在 FreeRTOS 中也定义了这些函数名且和前面的名称不一样。因此要使两边的函数名重新统一起来，统一方法用下面的宏定义。

```
#define xPortPendSVHandler      PendSV_Handler      //PendSV 中断
#define vPortSVCHandler         SVC_Handler         //SVC 中断
#define xPortSysTickHandler     SysTick_Handler     //SysTick 中断
```

本章小结

RTOS 的使用使实时应用程序的设计和扩展变得容易，不需要大的改动就可以增加新的功能。通过将应用程序分割成若干独立的任务，RTOS 使应用程序的设计过程大为减化。使用可剥夺型内核时，所有时间要求苛刻的事件都得到了尽可能快捷、有效的处理。通过有效的服务，如信号量、队列、延时等，RTOS 使资源得到更好的利用。

FreeRTOS 是一个轻量级 ERTOS，也是免费的 RTOS，具有源码公开、可移植、可裁剪、调度策略灵活的特点，现已移植到 30 种架构的 CPU 上。

FreeRTOS 源码分成 3 个部分，分别是与处理器无关的代码、与应用配置有关的代码和与处理器有关的代码。

FreeRTOS 常用的 API 函数分为 6 类，分别是任务相关函数、软件定时器相关函数、队列相关函数、信号量相关函数、事件标志组相关函数和任务通知相关函数。

FreeRTOS 为可裁剪的操作系统，通过"FreeRTOSConfig. h"文件可以配置哪些功能要使用，哪些功能不使用，从而适应具体的应用项目。

本章习题

1. 什么是前后台系统？什么是实时内核系统？
2. 实时内核的调度算法有哪些？实时内核中任务的状态有哪些？
3. 简述任务的同步与互斥的概念。
4. 简述 FreeRTOS 的特点。
5. 简述 FreeRTOS 的文件结构。

第 13 章　FreeRTOS 内核工作原理分析与应用

教学目标

【知识】

（1）深刻理解并掌握 FreeRTOS 中的列表和列表项的作用，列表和列表项的数据结构，列表和列表项的创建方法，列表项的初始化、插入与删除操作。

（2）掌握 FreeRTOS 任务的就绪、运行、阻塞、挂起等状态。

（3）掌握 FreeRTOS 任务代码、任务控制块、任务堆栈的功能及应用。

（4）掌握 FreeRTOS 任务的创建、删除、挂起等操作。

（5）掌握 FreeRTOS 任务调度及状态切换的原理。

【能力】

（1）具有分析含有 FreeRTOS 的应用项目工作原理的能力。

（2）具有应用 FreeRTOS 创建任务、删除任务、挂起任务的能力。

（3）具有应用 FreeRTOS 开发应用项目的能力。

13.1　FreeRTOS 列表和列表项

在 FreeRTOS 应用中，对所有任务的管理是通过列表和列表项来进行的。列表和列表项是 FreeRTOS 的一个数据结构，FreeRTOS 中用列表和列表项管理任务的就绪、运行、阻塞和挂起等状态。与列表有关的函数存放在文件 "list.c" 和 "list.h" 中。

13.1.1　列表

1. 列表的数据结构

列表是 FreeRTOS 的数据结构，在概念上与链表类似，可以用列表来跟踪 FreeRTOS 中的任务运行状态。在 "list.h" 文件中定义了一个 List_t 结构体表示列表，其定义如下。

```
typedef struct xLIST {
    listFIRST_LIST_INTEGRITY_CHECK_VALUE                //①
    configLIST_VOLATILE UBaseType_t uxNumberOfItems;    //②
    ListItem_t* configLIST_VOLATILE  pxIndex;           //③
    MiniListItem_t                   xListEnd;          //④
    listSECOND_LIST_INTEGRITY_CHECK_VALUE               //⑤
} List_t;
```

各语句功能如下。

①和⑤用来检查列表完整性。

②uxNumberOfItems：用来记录列表中列表项的数量。

③pxIndex：用来记录当前列表项的索引号，用于遍历列表。

④xListEnd：用来表示列表结束，并指向迷你列表项。

列表结构示意图如图 13.1 所示。

一个任务通常有 4 种状态，即运行态、阻塞态、就绪态和挂起态。4 个状态也就形成了 4 个列表，每个列表中存放着不同状态的任务。不同列表之间的切换就构成了一个任务在不同状态之间的切换，同一个列表内的不同列表项的排列，就构成了同一种状态中不同优先级的任务之间的排列顺序，即谁先运行、谁后运行。

uxNumberOfItems
pxIndex
xListEnd

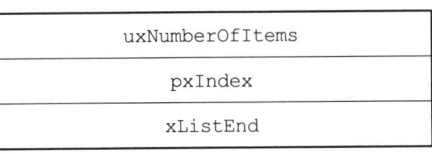

图 13.1　列表结构示意图

2. FreeRTOS 中重要的列表

在"task.c"文件中定义了几个重要的全局性列表，其定义如下。

```
List_t pxReadyTasksLists[configMAX_PRIORITIES] //①
List_t * volatile pxDelayedTaskList              //②
List_t xPendingReadyList                         //③
```

各列表的功能如下。

①pxReadyTasksLists[configMAX_PRIORITIES]：基于优先级的就绪任务列表。

②pxDelayedTaskList：任务阻塞列表。

③xPendingReadyList：任务挂起列表。

13.1.2　列表项

列表项就是存放在列表中的项目，FreeRTOS 中共有两类列表项：列表项（ListItem_t）和迷你列表项（MiniListItem_t）。

1. 列表项结构体

列表项结构体 ListItem_t 的定义如下。

```
struct xLIST_ITEM {
    listFIRST_LIST_ITEM_INTEGRITY_CHECK_VALUE          //①
    configLIST_VOLATILE TickType_t    xItemValue;      //②
    struct xLIST_ITEM* configLIST_VOLATILE   pxNext;   //③
    struct xLIST_ITEM* configLIST_VOLATILE pxPrevious; //④
    void* pvOwner;                                     //⑤
    void* configLIST_VOLATILE pvContainer;             //⑥
    listSECOND_LIST_ITEM_INTEGRITY_CHECK_VALUE         //⑦
};
typedef struct xLIST_ITEM ListItem_t;
```

各语句功能如下。

①和⑦用来检查列表项完整性。

②xItemValue：列表项的值。

③pxNext：指向下一个列表项。

④pxPrevious：指向前一个列表项。

⑤pvOwner：记录此列表归谁所有，指向任务控制块。

⑥pvContainer：记录此列表项属于哪个列表。

列表项的结构示意图如图 13.2 所示。

xItemValue
pxNext
pxPrevious
pvOwner
pvContainer

图 13.2　列表项的结构示意图

2. 迷你列表项结构体

迷你列表项结构体为 MiniListItem_t。在有些情况下，不需要列表项这么全的功能，为了避免造成内存浪费，系统定义了迷你列表项。迷你列表项定义如下。

```
struct xMINI_LIST_ITEM {
    listFIRST_LIST_ITEM_INTEGRITY_CHECK_VALUE         //①
    configLIST_VOLATILE TickType_t        xItemValue; //②
    struct xLIST_ITEM* configLIST_VOLATILE pxNext;    //③
    struct xLIST_ITEM* configLIST_VOLATILE pxPrevious;//④
};
    typedef struct xMINI_LIST_ITEM MiniListItem_t;
```

各语句功能如下。
①用于检查迷你列表项的完整性。
②xItemValue：列表项的值，该值一般为优先级数值。
③pxNext：指向下一个列表项。
④pxPrevious：指向上一个列表项。

迷你列表项一般作为一个列表的最后一个列表项，即成员变量 xListEnd，迷你列表项的结构示意图如图 13.3 所示。

| xItemValue |
| pxNext |
| pxPrevious |

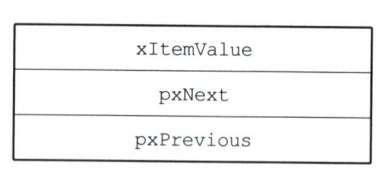

图 13.3 迷你列表项的结构示意图

13.1.3 列表和列表项初始化函数

1. 列表初始化函数 vListInitialise( )

在创建任务时，需要对该任务所在的列表进行初始化，实际上就是对列表结构体中的成员进行初始化。列表初始化函数 vListInitialise( ) 位于"list.c"文件中，程序如下。

```
void vListInitialise(List_t* const pxList)
{
    pxList->pxIndex = (ListItem_t*)&(pxList->xListEnd);                    //①
    pxList->xListEnd.xItemValue = portMAX_DELAY;                           //②
    pxList->xListEnd.pxNext = (ListItem_t*)&(pxList->xListEnd);            //③
    pxList->xListEnd.pxPrevious = (ListItem_t*)&(pxList->xListEnd);        //④
    pxList->uxNumberOfItems = (UBaseType_t) 0U;                            //⑤
    listSET_LIST_INTEGRITY_CHECK_1_VALUE(pxList);                          //⑥
    listSET_LIST_INTEGRITY_CHECK_2_VALUE(pxList);                          //⑦
}
```

各语句功能如下。
①将尾列表项作为列表的当前列表项。xListEnd 用来表示列表的末尾，而 pxIndex 表示列表项的索引号，此时列表只有一个列表项，那就是 xListEnd，所以 pxIndex 指向 xListEnd。
②给列表的尾列表项的 xItemValue 赋值 portMAX_DELAY，在文件"portmacro.h"中被定义为 0xffffffffUL。
③初始化列表项 xListEnd 的 pxNext 变量，因为此时列表只有一个列表项 xListEnd，所以 pxNext 只能指向自身。
④让尾列表项指向的前一个列表项和后一个列表项均为尾列表项自身。
⑤标记此时列表项个数为 0，说明尾列表项不计入列表项总数。
⑥和⑦用来写入校验数。

任务的列表初始化完成以后，结构如图 13.4 所示。

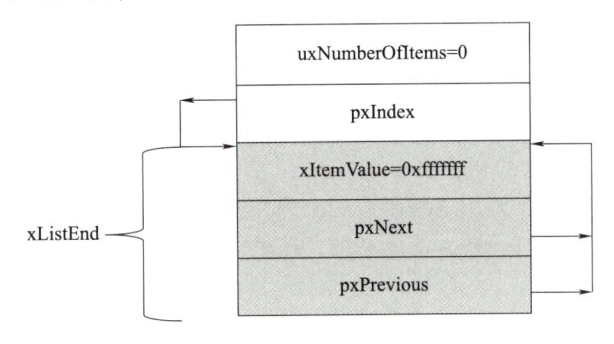

图 13.4　列表初始化结构图

列表初始化函数将基于优先级任务的列表索引号 pxIndex 指向其列表项的 xListEnd。列表结束 xListEnd 的 xItemValue 设置为 portMAX_DELAY，因为列表中的列表项都是按照大小进行排序的，这样可以保证 xListEnd 在最后，xListEnd 的 pxNext 和 pxPrevious 都指向自身。列表项 uxNumberOfItems 置 0。

2. 列表项初始化函数 vListInitialiseItem( )

列表项初始化函数 vListInitialiseItem( ) 在 "list.c" 文件中，程序如下。

```
void vListInitialiseItem(ListItem_t* const pxItem)
{
    pxItem - >pvContainer = NULL;
    listSET_FIRST_LIST_ITEM_INTEGRITY_CHECK_VALUE(pxItem);
    listSET_SECOND_LIST_ITEM_INTEGRITY_CHECK_VALUE(pxItem);
}
```

列表项的初始化主要是将其 pvContainer 指针置 NULL，表示不在任何一个列表中。列表项的所有成员是在任务运行过程中进行赋值的，如任务创建函数 xTaskCreate( ) 会对任务堆栈中的 xStateListItem 和 xEventListItem 这两个列表项中的其他成员变量进行初始化。

13.1.4　列表项插入和删除函数

1. 列表项插入函数 vListInsert( )

将指定列表项插入列表中的操作通过函数 vListInsert( ) 来完成，函数定义如下。

```
void vListInsert(List_t* const pxList, ListItem_t* const pxNewListItem);
```

参数功能如下。
①pxList：列表项要插入的列表。
②pxNewListItem：要插入的列表项。

2. 列表项末尾插入函数 vListInsertEnd( )

列表末尾插入列表项的操作通过函数 vListInsertEnd( ) 来完成，函数定义如下。

```
void vListInsertEnd(List_t* const pxList, ListItem_t* const pxNewListItem);
```

参数功能如下。
①pxList：列表项要插入的列表。
②pxNewListItem：要插入的列表项。

3. 列表项删除函数 uxListRemove( )

从列表中删除指定的列表项的操作通过函数 uxListRemove( ) 来完成，函数定义如下。

```
UBaseType_t uxListRemove(ListItem_t* const pxItemToRemove);
```

参数功能如下。

pxItemToRemove：要删除的列表项。

综上所述，用户是不需要调用这些函数的，只在操作系统内核运行过程中使用。后续讲解就绪、阻塞、挂起时会用到这些函数，请读者结合这里的介绍理解。

13.2 FreeRTOS 任务运行状态分析

下面将通过一个应用案例分析 FreeRTOS 的任务运行状态，介绍任务创建、任务启动和运行、任务切换、任务阻塞、任务挂起等，以及关键的 API 函数。

13.2.1 FreeRTOS 应用案例

1. 任务要求

利用 FreeRTOS 建立 3 个任务 Task1_led、Task2_led 和 Task3_led，分别控制 3 个 LED，控制其轮流亮灭，示意图如图 13.5 所示。LED1 间隔 100 ms 亮和熄灭一次，LED2 间隔 200 ms 亮和熄灭一次，LED3 间隔 500 ms 亮和熄灭一次。

2. 硬件和软件设计

在 STM32CubeMX 中建立工程，在中间件中选择操作系统 FreeRTOS，相关参数采用默认值即可。在"System Core"下拉列表中选择"GPIO"选项，配置 PB10、PB11、PB12 为输出；选择"SYS"选项，配置"Timebase Source"为"TIM2"，这是因为 FreeRTOS 用到了节拍定时器 SysTick。生成 MDK 工程文件，在"main.c"文件中添加任务，参考程序如下。

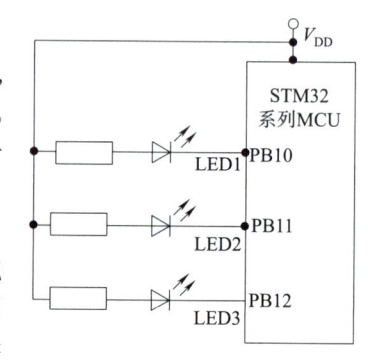

图 13.5 应用案例示意图

```
#include "main.h"
#include "usart.h"
#include "gpio.h"
#include "FreeRTOS.h"
#include "FreeRTOSConfig.h"
#include "task.h"
#include "stdio.h"
void SystemClock_Config(void);
void MX_FREERTOS_Init(void);
void Task1_led(void * argument);
void Task2_led(void * argument);
void Task3_led(void * argument);
/* * * * * * * * * * * * * * * * * * * * * * * * * * * * * * * * * * * * *
函数名称:main()
函数功能:初始化外设,创建3个任务,并开启调度
 * * * * * * * * * * * * * * * * * * * * * * * * * * * * * * * * * * * * /
```

```c
int main(void)
{
    HAL_Init();
    SystemClock_Config();
    MX_GPIO_Init();
    MX_USART2_UART_Init();
    printf("The LED1 - LED3 is Running ! \r\n");
    xTaskCreate(Task1_led,"Task1",64,NULL,1,NULL);  //创建任务 Task1_led
    xTaskCreate(Task2_led,"Task2",64,NULL,2,NULL);  //创建任务 Task2_led
    xTaskCreate(Task3_led,"Task3",64,NULL,2,NULL);  //创建任务 Task3_led
    vTaskStartScheduler();              //任务调度,高优先级任务先运行
    while (1) {;}                       //程序不会执行到此处
}
/*******************************************************
函数名称:Task1_led()
函数功能:任务无限循环,LED1 间隔 100 ms 闪烁
*******************************************************/
void Task1_led(void* argument)
{   while(1){
    LED_On(1);    printf("The LED1 is ON ! \r\n");
    vTaskDelay(100);
    LED_Off(1);   printf("The LED1 is OFF! \r\n");
    vTaskDelay(100);
    }
}
/*******************************************************
函数名称:Task2_led()
函数功能:任务无限循环,LED2 间隔 200 ms 闪烁
*******************************************************/
void Task2_led(void* argument)
{   while(1){
    LED_On(2);    printf("The LED2 is ON! \r\n");
    vTaskDelay(200);
    LED_Off(2);   printf("The LED2 is OFF! \r\n");
    vTaskDelay(200);
    }
}
/*******************************************************
函数名称:void Task3_led(void* argument)
函数功能:任务无限循环,LED3 间隔 500 ms 闪烁
*******************************************************/
void Task3_led(void* argument)
{   while(1){
    LED_On(3);    printf("The LED3 is ON ! \r\n");
    vTaskDelay(500);
    LED_Off(3);   printf("The LED3 is OFF! \r\n");
    vTaskDelay(500);
    }
}
```

这 3 个任务均无限循环，并通过 FreeRTOS 管理，按优先级高低运行。Task1_led 中的 LED1 间隔 100 ms 亮一次、熄灭一次；Task2_led 中的 LED2 间隔 200 ms 亮一次、熄灭一次；Task3_led 中的 LED3 间隔 500 ms 亮一次、熄灭一次。在串口调试助手上可观察 3 个任务的执行情况，在 Keil-MDK 的"Logic Analyzer"窗口中可以观察波形，如图 13.6 所示。按照 3 个任务优先级的顺序，依次执行 Task3_led、Task2_led、Task1_led 任务。

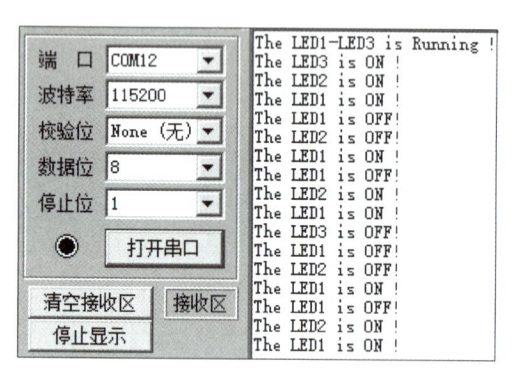

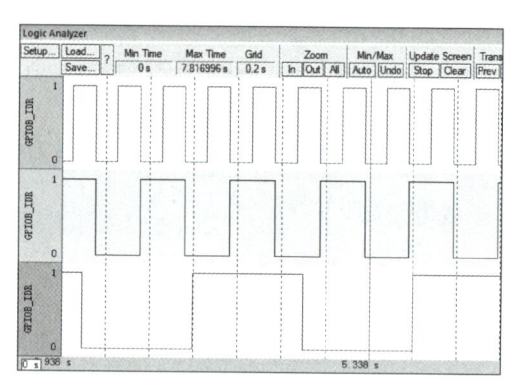

图 13.6 任务执行情况和波形

首先 FreeRTOS 通过调整计算机，使处于就绪态的高优先级任务 Task3_led 执行，"LED_On(3); printf("The LED3 is ON ! \r\n");"语句执行后，遇到"vTaskDelay(500);"语句，任务会被阻塞，等待 500 ms 后再执行。轮到同优先级的任务 Task2_led 执行，遇到"vTaskDelay(200);"语句时，任务被阻塞。

其次，低优先级 Task1_led 任务再执行，"LED_On(1); printf("The LED1 is ON ! \r\n");"语句执行后，遇到"vTaskDelay(100);"语句时任务会被阻塞，等 100 ms 后再执行。

最后，3 个任务都阻塞，CPU 运行优先级最低的空闲任务。如果 Task1_led 的延时时间到，调度器会调度 Task1_led 剩下的程序继续执行"LED_Off(1); printf("The LED1 is OFF ! \r\n");"语句，执行完后，Task3_led 还在阻塞，因此继续执行前面的语句。当 Task2_led 的 200 ms 延时时间到时，退出阻塞，执行"LED_Off(2); printf("The LED2 is OFF ! \r\n");"语句。

综上所述，该案例的执行过程引出以下几个问题，请读者带着这些问题来认识 FreeRTOS。
（1）什么是任务、任务堆栈、任务控制块、任务运行状态？
（2）任务是怎样就绪的？怎样进行多任务调度的？任务是怎样切换的？
（3）怎样写中断服务子程序？
（4）什么是时钟节拍？FreeRTOS 是怎样处理时钟节拍的？
（5）任务与任务之间是如何进行同步与互斥通信的？

13.2.2　任务运行状态

在 FreeRTOS 的管理任务运行时，每一个任务均可运行在睡眠态、就绪态、运行态、阻塞态和挂起态，如图 13.7 所示。在任一给定的时刻，任务的状态一定是这 5 种状态之一。

（1）睡眠态。睡眠态是指任务驻留在程序空间之中，还没有交给 FreeRTOS 管理。就绪态和运行态的任务可以通过 xTaskDelete() 函数回到睡眠态。

（2）就绪态。

①睡眠态→就绪态。通过 xTaskCreate() 或 xTaskCreateStatic() 函数创建完成后进入就绪态。当任务一旦建立，这个任务就进入就绪态准备运行。任务的建立可以是在多任务运行开始之前，

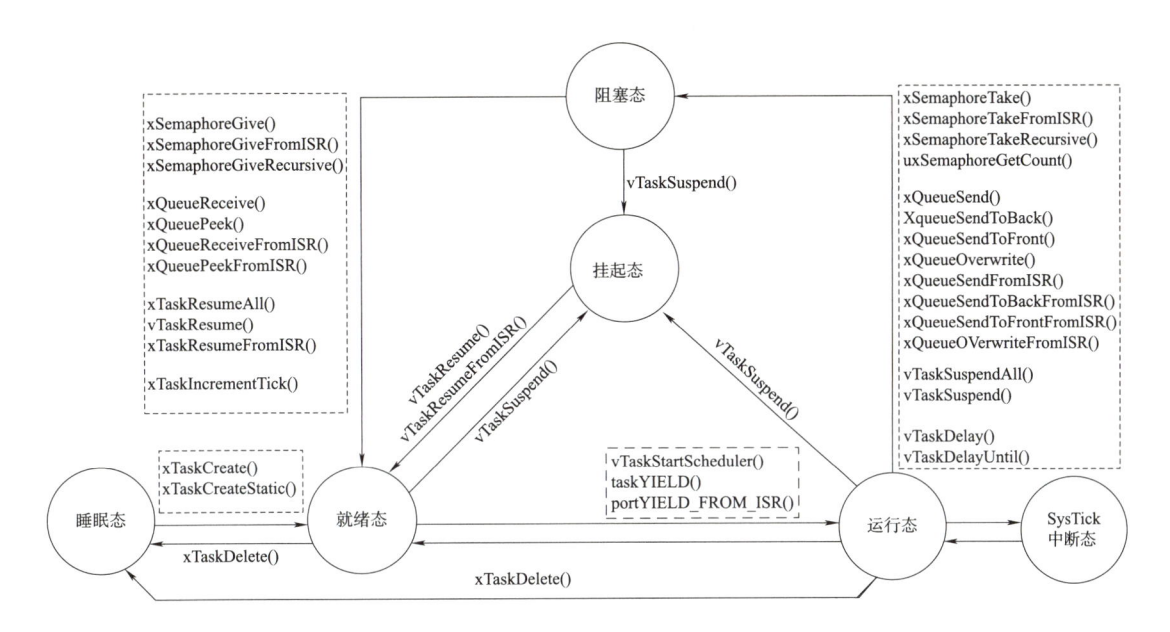

第13章　FreeRTOS 内核工作原理分析与应用

图 13.7　任务运行状态

也可以是动态地被一个运行着的任务建立。

②阻塞态→就绪态。阻塞的任务被恢复后（任务恢复、延时时间超时、读信号量超时或读到信号量等），会加入就绪列表，从而由阻塞态变成就绪态。若此时被恢复任务的优先级高于正在运行任务的优先级，则会发生任务切换，该任务将再次转换状态，由就绪态变成运行态。

③运行态→就绪态。正处于运行态的任务，若有更高优先级任务创建或恢复后，会发生任务调度，此时就绪列表中最高优先级任务变为运行态，那么原先运行的任务由运行态变为就绪态，进入就绪列表中，等待最高优先级的任务运行完毕再继续运行原来的任务。

④挂起态→就绪态。把一个处于挂起态的任务恢复的唯一途径就是通过调用任务恢复函数 vTaskResume() 或 vTaskResumeFromISR()，若此时被恢复任务的优先级高于正在运行任务的优先级，则会发生任务切换，该任务将再次转换状态，由就绪态变成运行态。

（3）运行态。发生任务切换时，就绪列表中最高优先级的任务被执行，从而进入运行态。有 3 种方式可让任务从就绪态进入运行态：第一次启动 vTaskStartScheduler()，正常任务调度 taskYIELD() 和中断级任务调度 portYIELD_FROM_ISR()。

（4）阻塞态。正在运行的任务发生阻塞（挂起、延时、读信号量等待）时，该任务会从就绪列表中删除，任务状态由运行态变成阻塞态，然后发生任务切换，运行就绪列表中当前最高优先级任务。

（5）就绪态、阻塞态、运行态→挂起态。系统可以通过调用 vTaskSuspend() 函数将处于任何状态的任务挂起，被挂起的任务得不到 CPU 的使用权，也不会参与调度，除非它从挂起态中解除。

可通过图 13.7 所示的任务运行状态分析 13.2.1 小节的应用案例任务运行的过程。下面将按照任务状态运行，从创建任务开始，围绕状态切换过程讲解和分析任务运行过程。

13.3　FreeRTOS 任务创建

在 ERTOS 中，常把那些相对独立、具有特定功能的程序代码以任务的形式封装起来。在完成一个较复杂的应用项目时，通常把项目分解成多个任务，然后通过嵌入式 MPU 运行这些任务，

225

最终完成整个项目。ERTOS 的功能就是及时、有效地分配 CPU 完成这些任务。每个任务都有任务代码、任务控制块、任务堆栈、任务列表和列表项。任务列表和列表项前面已经介绍了，下面介绍其他部分。

13.3.1　任务代码

任务通常是一个无限循环程序，也是一个相对独立的程序。一般情况下，任务都和具体的处理器有关，如进行模数转换、总线通信、设备控制等。任务代码的一般结构如下。

```
void Task(void * pvParameters)
    {
        for (;;) {
        /* 用户代码 */
        调用 FreeRTOS 的某种系统服务：
        vTaskDelay();
        vTaskDelayUntil();
        xQueueSend()  ;
        xSemaphoreGive();
        xTimerStart()  ;
        /* 用户代码 */
        }
    }
```

任务代码除操作具体的芯片外设外（GPIO、TIMER、USART、ADC、DAC、USB 等），还调用 FreeRTOS 的一些服务，如延时、队列、信号量、软件定时器等。

13.3.2　任务控制块

任务控制块用来记录堆栈指针、任务的当前状态、任务的优先级等一些与任务运行管理有关的属性。FreeRTOS 的任务控制块 TCB_t 的主要代码如下。

```
typedef struct tskTaskControlBlock
{
  volatile StackType_t  * pxTopOfStack;                      //①
  ListItem_t            xStateListItem;                      //②
  ListItem_t            xEventListItem;                      //③
  UBaseType_t           uxPriority;                          //④
  StackType_t           * pxStack;                           //⑤
  char                  pcTaskName[configMAX_TASK_NAME_LEN]; //⑥
  ……
} tskTCB;
typedef tskTCB TCB_t;
```

主要语句功能如下。

①* pxTopOfStack：任务的堆栈栈顶，在任务切换中使用。

②xStateListItem：标记任务状态的列表项，有 Ready（就绪）、Blocked（阻塞）、Suspended（挂起）3 种状态。

③xEventListItem：事件列表项。

④uxPriority：任务优先级，其数值范围为 0 ~（configMAX_PRIORITIES − 1），数值大小在

文件"FreeRTOSConfig.h"中设置；FreeRTOS 规定优先级数值越低表示任务的优先级越低，0 的优先级最低，configMAX_PRIORITIES-1 的优先级最高。空闲任务的优先级最低，为 0。当宏 configUSE_TIME_SLICING 设置为 1 的时候，多个任务可以共用一个优先级，数量不限。

⑤ * pxStack：任务堆栈起始地址。

⑥ pcTaskName：任务名称。

例如，xTaskCreate(Task1_led,"Task1", 64，NULL，1，NULL) 创建任务后的任务控制块结构如图 13.8 所示。

Name	Value	Type
pxNewTCB	\<not in scope\>	struct tskTaskControlBlock *
pxTopOfStack	0x20000320	uint *
xStateListItem	0x20000374	struct xLIST_ITEM
xEventListItem	0x20000388	struct xLIST_ITEM
uxPriority	0x00000001	uint
pxStack	0x20000268	uint *
pcTaskName	0x200003A4 "Task1"	uchar[16]
uxTCBNumber	0x00000001	uint
uxTaskNumber	0x00000000	uint
uxBasePriority	0x00000001	uint
uxMutexesHeld	0x00000000	uint
ulNotifiedValue	0x00000000	uint
ucNotifyState	0x00	uchar

图 13.8　任务控制块结构

13.3.3　任务堆栈

所谓堆栈就是在 RAM 中按数据后进先出的原则组织的连续存储空间。每个任务都应配有自己的堆栈，其功能有两个：一是任务切换时保护 CPU 内核寄存器中的数据（相当于在堆栈中虚拟了一个 CPU），任务调度器在进行任务切换的时候会将当前任务的现场（CPU 寄存器值等）保存在此任务的任务堆栈中，等到此任务下次运行的时候就会先用堆栈中保存的值来恢复现场，恢复现场以后任务就会接着从上次中断的地方开始运行；二是保存用户应用程序中的数据。

FreeRTOS 中堆栈有静态分配和动态分配两种。如果使用函数 xTaskCreateStatic() 创建任务（静态分配），就需要程序员自行定义任务堆栈。如果使用函数 xTaskCreate() 创建任务（动态分配），那么任务堆栈就会由函数 xTaskCreate() 自动创建。

FreeRTOS 的 xTaskCreate() 函数规定了堆栈的生长方向（portSTACK_GROWTH）。如果栈地址向上生长，先申请 TCB 结构体对象所占用内存，再申请任务栈所需的内存。如果栈地址向下生长，先申请任务栈所占用内存，再申请 TCB 结构体对象所需的内存。xTaskCreate() 函数中通过 pvPortMalloc() 函数申请内存，该函数位于"heep_4.c"文件中（也可以由其他内存管理），并将内存位置存储在任务的 TCB 结构体对象中。内存申请方式如下。

```
pxStack = (StackType_t* )pvPortMalloc((((size_t) usStackDepth)* sizeof(StackType_t)));
pxNewTCB = (TCB_t* )pvPortMalloc(sizeof(TCB_t));
```

13.3.4 任务创建

1. 动态任务创建函数 xTaskCreate( )

FreeRTOS 中动态任务创建函数为 xTaskCreate( )，创建任务即把一个任务代码、任务堆栈和任务控制块联系在一起。xTaskCreate( ) 函数形式如下。

```
BaseType_t xTaskCreate(TaskFunction_t pxTaskCode,              //①
                const char* const pcName,                       //②
                const configSTACK_DEPTH_TYPE usStackDepth,      //③
                void* const pvParameters,                       //④
                UBaseType_t uxPriority,                         //⑤
                TaskHandle_t* const pxCreatedTask)              //⑥
```

参数功能如下。
①pxTaskCode：创建的任务函数名称。
②pcName：任务的名字，字符串型，由用户自定义。
③usStackDepth：任务堆栈大小，设得太小任务可能无法运行。
④pvParameters：任务函数的参数，如果不需要传参，设为 NULL 即可。
⑤uxPriority：任务优先级，范围为 0 ~ (configMAX_PRIORITIES - 1)。
⑥pxCreatedTask：任务句柄，实际是一个指针，也是任务的任务堆栈。
返回参数功能如下。
- pdPASS：数值为 1，表示任务创建成功，且被添加到就绪列表。
- pdFAIL：数值为 0，表示任务创建失败。

例如，xTaskCreate(Task1_led,"Task1", 64, NULL, 1, NULL) 表示任务函数为 Task1_led，设置的任务名字为 Task1，任务堆栈大小为 64 字节，无任务参数，优先级为 1，任务堆栈自动分配。

任务创建函数 xTaskCreate( ) 的原型如下。

```
BaseType_t xTaskCreate (TaskFunction_t pxTaskCode,const char* const pcName,
                    const uint16_t usStackDepth,void* const pvParameters,
                    UBaseType_t uxPriority,TaskHandle_t* const pxCreatedTask)
{
TCB_t* pxNewTCB;
BaseType_t xReturn;
/* * * * * * * * * * * * * * * * 堆栈向下生长的代码* * * * * * * * * * * * * * * * */
StackType_t* pxStack;
pxStack = (StackType_t* )pvPortMalloc(((usStackDepth) sizeof(StackType_t)));   //①
  if(pxStack! = NULL) {                                                        //②
      pxNewTCB = (TCB_t* )pvPortMalloc(sizeof(TCB_t));
      if(pxNewTCB!=NULL)   pxNewTCB - >pxStack =pxStack;
      else{vPortFree(pxStack);}
  }                                                                            //③
  else {pxNewTCB = NULL;}
  if(pxNewTCB!=NULL){
    #if(tskSTATIC_AND_DYNAMIC_ALLOCATION_POSSIBLE!=0){
      pxNewTCB - >ucStaticallyAllocated =
              tskDYNAMICALLY_ALLOCATED_STACK_AND_TCB;                          //④
    }
```

第 13 章　FreeRTOS 内核工作原理分析与应用

```
        #endif/* configSUPPORT_STATIC_ALLOCATION* /
        prvInitialiseNewTask(pxTaskCode, pcName,(uint32_t)usStackDepth,
                    pvParameters, uxPriority, pxCreatedTask, pxNewTCB, NULL); //⑤
        prvAddNewTaskToReadyList(pxNewTCB);                                 //⑥
        xReturn = pdPASS;
        }
        else {xReturn = errCOULD_NOT_ALLOCATE_REQUIRED_MEMORY;}
    return xReturn;
    }
```

主要语句功能如下。

①使用函数 pvPortMalloc( ) 给任务的任务堆栈申请内存。

②和③为堆栈的内存申请。如果堆栈的内存申请成功，就给任务控制块申请内存，并将任务控制块成员任务堆栈初始化（任务控制块有 6 个重要的成员，已初始化 1 个）。

④标记任务堆栈和任务控制块是使用动态分配方法得到的。

⑤通过函数 prvInitialiseNewTask( ) 初始化任务，这个函数完成对任务控制块中各个字段的初始化。

⑥通过函数 prvAddNewTaskToReadyList( ) 将新创建的任务加入就绪列表中。

2. 任务控制块初始化函数

prvInitialiseNewTask( ) 函数内容较多，下面将主要部分的功能进行介绍，完整函数请读者参见官网代码。

```
    static void prvInitialiseNewTask(TaskFunction_t pxTaskCode,const char* const pcName,
                    const uint32_t ulStackDepth,void* const pvParameters,
                    UBaseType_t uxPriority,TaskHandle_t* const pxCreatedTask,
                    TCB_t* pxNewTCB,const MemoryRegion_t* const xRegions )
    {
    StackType_t * pxTopOfStack;
    UBaseType_t x;
    /* * * * * * * * * * * * * * * * * * * * * * * * * * * * * * * * * * *
    省略使能了堆栈溢出检测功能或追踪功能
    * * * * * * * * * * * * * * * * * * * * * * * * * * * * * * * * * * * /
    /* * * * * * * * * * * * * * * pxTopOfStack 初始化* * * * * * * * * * * * * * * * /
    pxTopOfStack = pxNewTCB - >pxStack + (ulStackDepth - (uint32_t)1);            //①
    pxTopOfStack = (StackType_t* )(((portPOINTER_SIZE_TYPE) pxTopOfStack) &
        ( ~((portPOINTER_SIZE_TYPE ) portBYTE_ALIGNMENT_MASK)));
    /* * * * * * * * * * * * * * * pcTaskName 初始化* * * * * * * * * * * * * * * * /
    for(x = (UBaseType_t) 0; x < (UBaseType_t) configMAX_TASK_NAME_LEN; x + +)
    {
        pxNewTCB - >pcTaskName[x] = pcName[x];                                  //②
        if(pcName[x] = = 0x00)   {break;}
        else {mtCOVERAGE_TEST_MARKER();}
    }
    pxNewTCB - >pcTaskName[configMAX_TASK_NAME_LEN -1] = '\0';
    /* * * * * * * * * * * * * * * uxPriority 初始化* * * * * * * * * * * * * * * * /
    if(uxPriority > = (UBaseType_t) configMAX_PRIORITIES)
```

```
{
    uxPriority = (UBaseType_t) configMAX_PRIORITIES - (UBaseType_t) 1U;
}
else{ mtCOVERAGE_TEST_MARKER();}
pxNewTCB - >uxPriority = uxPriority;                                        //③
/* * * * * * * * * * * * xStateListItem 列表项初始化* * * * * * * * * * * * */
vListInitialiseItem(&(pxNewTCB - >xStateListItem));                         //④
vListInitialiseItem(&(pxNewTCB - >xEventListItem));                         //⑤
/* * * * * * * * * * * * * 设置列表项和列表项值初始化* * * * * * * * * * * * */
listSET_LIST_ITEM_OWNER(&(pxNewTCB - >xStateListItem), pxNewTCB );          //⑥
listSET_LIST_ITEM_VALUE(&(pxNewTCB - >xEventListItem),                      //⑦
            (TickType_t) configMAX_PRIORITIES - (TickType_t) uxPriority);
listSET_LIST_ITEM_OWNER(&(pxNewTCB - >xEventListItem), pxNewTCB);           //⑧
/* * * * * * * * * * * * * * * * * * * * * * * * * * * * * * * * * * * * *
省略一些需要使能的功能
* * * * * * * * * * * * * * * * * * * * * * * * * * * * * * * * * * * * */
/* * * * * * * * * * * * * * 堆栈栈顶初始化* * * * * * * * * * * * * * * */
pxNewTCB ->pxTopOfStack = pxPortInitialiseStack (pxTopOfStack, pxTaskCode, //⑨
                                            pvParameters);
/* * * * * * * * * * * * * 生成 TaskHandle_t 句柄* * * * * * * * * * * * * */
if((void* ) pxCreatedTask! = NULL){
    * pxCreatedTask = (TaskHandle_t) pxNewTCB;                              //⑩
}
else{ mtCOVERAGE_TEST_MARKER(); }
}
```

主要语句功能如下。

①pxTopOfStack：计算堆栈栈顶 pxTopOfStack。

②pxNewTCB - >pcTaskName：将任务名存储起来，并添加字符串结束符′\0′。

③pxNewTCB - >uxPriority：初始化任务控制块的优先级字段 uxPriority。

④pxNewTCB - >xStateListItem：初始化任务控制块的状态列表项，这一句很重要。

⑤pxNewTCB - >xEventListItem：初始化任务控制块的事件列表项。

⑥和⑧设置状态列表项 xStateListItem 和事件列表项 xEventListItem 属于当前任务的任务控制块，设置这两个列表项的字段 pvOwner 为新创建的任务的任务控制块，即 pvOwner 指向的是该任务的任务控制块，这两句也很重要。

⑦设置列表项 xEventListItem 的字段 xItemValue = configMAX_ PRIORITIES – uxPriority，如果当前任务优先级为 3，最大优先级为 32，那么 xItemValue 就为 32 – 3 = 29，这就意味着 xItemValue 值越大，优先级就越小。

⑨pxNewTCB – >pxTopOfStack：计算堆栈栈顶，调用函数 pxPortInitialiseStack( )，该函数和具体 CPU 有关，CPU 不同，该函数就不同，需要在移植时编写。

⑩生成任务句柄，返回给参数 pxCreatedTask，从这里可以看出任务句柄就是任务控制块。

3. 堆栈初始化函数 pxPortInitialiseStack( )

任务堆栈的初始化通过 pxPortInitialiseStack( ) 函数完成。不同的 CPU，其内核寄存器组织不一样，该函数需要在移植时修改，函数原型位于 "prot. c" 文件中，ARM Cortex – M3 的堆栈初始化函数原型如下。

第13章　FreeRTOS 内核工作原理分析与应用

```
    StackType_t* pxPortInitialiseStack(StackType_t* pxTopOfStack, TaskFunction_t
pxCode, void* pvParameters)
    {
        pxTopOfStack - -;
        * pxTopOfStack = portINITIAL_XPSR;//R13(xPSR)
        pxTopOfStack - -;
        * pxTopOfStack = ((StackType_t) pxCode)&portSTART_ADDRESS_MASK; //R15
        pxTopOfStack - -;
        * pxTopOfStack = (StackType_t) prvTaskExitError;// R14(LR)
        pxTopOfStack - =5;                //R12、R3、R2、R1
        * pxTopOfStack = (StackType_t) pvParameters;//R0
        pxTopOfStack - =8;                //R11、R10、R9、R8、R7、R6、R5、R4
        return pxTopOfStack;
    }
```

ARM Cortex – M3 的任务切换是通过 PendSV 的中断来实现的，发生中断后，8个寄存器自动入栈。这8个寄存器为 R13（xPSR）、R15（PC）、R14（LR）、R12、R3 ~ R0，其他的 R11 ~ R4 寄存器需要手动压栈。因此，在堆栈初始化时，要明确寄存器的位置，初始化后的 ARM Cortex – M3 在堆栈中的结构如图 13.9 所示。

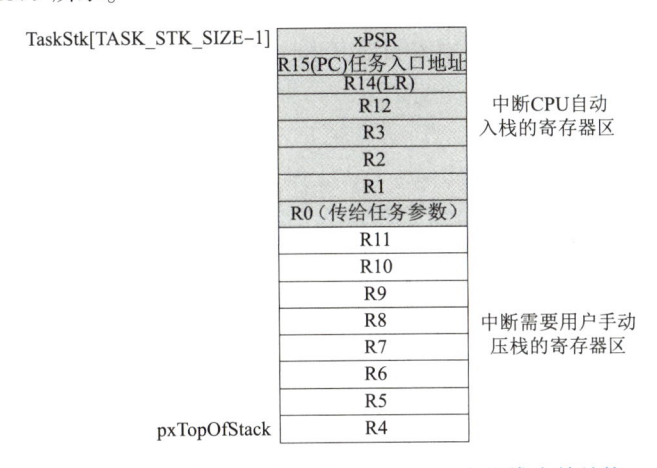

TaskStk[TASK_STK_SIZE-1]	xPSR	
	R15(PC)任务入口地址	
	R14(LR)	
	R12	中断CPU自动
	R3	入栈的寄存器区
	R2	
	R1	
	R0（传给任务参数）	
	R11	
	R10	
	R9	
	R8	中断需要用户手动
	R7	压栈的寄存器区
	R6	
	R5	
pxTopOfStack	R4	

图 13.9　初始化后的 ARM Cortex – M3 在堆栈中的结构

通过 xTaskCreate() 函数创建任务后，就把任务三要素（任务控制块、任务堆栈和任务代码）联系在一起，如图 13.10 所示，以方便后续的管理。

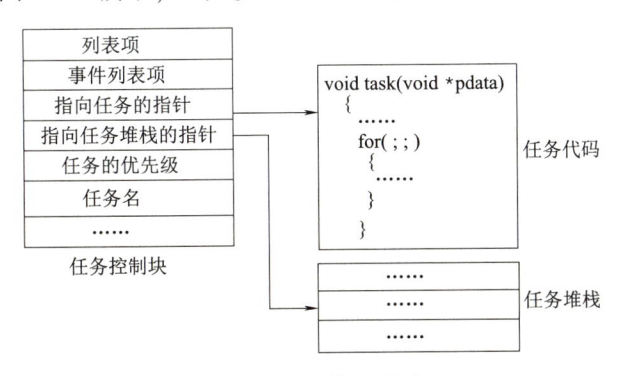

图 13.10　任务三要素

13.3.5 任务就绪

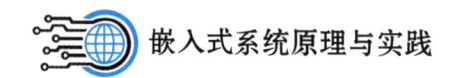

1. 就绪列表的定义

任务创建完成以后就会被添加到就绪列表中，FreeRTOS 使用不同的列表表示任务的不同状态，在文件"tasks.c"中就定义了 6 个全局列表来表示不同的任务状态，这些列表如下。

```
PRIVILEGED_DATA static List_t pxReadyTasksLists[configMAX_PRIORITIES];    //①
PRIVILEGED_DATA static List_t xDelayedTaskList1;                          //②
PRIVILEGED_DATA static List_t xDelayedTaskList2;                          //③
PRIVILEGED_DATA static List_t*volatile pxDelayedTaskList;                 //④
PRIVILEGED_DATA static List_t*volatile pxOverflowDelayedTaskList;         //⑤
PRIVILEGED_DATA static List_t xPendingReadyList;                          //⑥
```

列表功能如下。

①pxReadyTasksLists[configMAX_PRIORITIES]：就绪列表，这是一个基于优先级的列表数组，大小由最大任务优先级的宏 configMAX_PRIORITIES 决定，在"FreeRTOSConfig.h"文件中定义，可以修改配置。数组的下标对应了任务的优先级，同一优先级的任务统一插入就绪列表的同一条列表中。

②和③是延时任务列表。

④和⑤是基于优先级的延时任务列表和溢出延时列表。

⑥是挂起列表。

2. 就绪列表初始化函数 prvInitialiseTaskLists( )

就绪列表初始化是通过函数 prvInitialiseTaskLists( ) 实现的，该函数原型如下。

```
static void prvInitialiseTaskLists( void )
{
  UBaseType_t uxPriority;
  for(uxPriority = (0U; uxPriority < configMAX_PRIORITIES; uxPriority + +){
  vListInitialise(&(pxReadyTasksLists[uxPriority]));}                       //①
  vListInitialise(&xDelayedTaskList1);                                      //②
  vListInitialise(&xDelayedTaskList2);                                      //③
  vListInitialise(&xPendingReadyList);
  #if(INCLUDE_vTaskDelete = =1)   vListInitialise(&xTasksWaitingTermination);
                                                                            //④
  #endif/* INCLUDE_vTaskDelete* /
  #if (INCLUDE_vTaskSuspend = =1)   vListInitialise(&xSuspendedTaskList); //⑤
  #endif/* INCLUDE_vTaskSuspend* /
  /* 使用 list1 用 pxDelayedTaskList,list2 用 pxOverflowDelayedTaskList 开始* /
  pxDelayedTaskList = &xDelayedTaskList1;                                   //⑥
  pxOverflowDelayedTaskList = &xDelayedTaskList2;                           //⑦
}
```

主要语句功能如下。

①初始化列表，pxReadyTasksLists[uxPriority] 表示该函数基于优先级建立一个就绪列表，若 configMAX_PRIORITIES =6，则建立的就绪列表如图 13.11 所示，每个列表是独立的。

②和③初始化 DelayedTaskList1、DelayedTaskList2。

④和⑤初始化 TasksWaitingTermination、xSuspendedTaskList。

⑥和⑦分别将延时列表传给 pxDelayedTaskList 和 pxOverflowDelayedTaskList 列表。

图 13.11　就绪列表

3. 任务插入就绪列表函数 prvAddNewTaskToReadyList( )

任务插入就绪列表即将任务的列表项插入就绪列表。任务的列表项是在 xTaskCreate( ) 函数里的 prvInitialiseNewTask( ) 函数里完成初始化的，是通过初始化任务控制块完成的。任务控制块里面有一个 xStateListItem 列表项，将任务插入就绪列表里面，就是通过任务控制块的 xStateListItem 这个节点将该任务的列表项插入就绪列表中来实现的。在创建静态任务时，也可以通过 vListInsertEnd( ) 函数将任务插入就绪列表中。

任务插入就绪列表函数 prvAddNewTaskToReadyList( ) 原型如下。

```
static void prvAddNewTaskToReadyList(TCB_t* pxNewTCB)
{   taskENTER_CRITICAL();
    {
        uxCurrentNumberOfTasks + + ;                                       //①
/* * * * * * * * * * * * * * * * 初始化任务就绪列表* * * * * * * * * * * * * * * * */
        if(pxCurrentTCB = =NULL) {
            pxCurrentTCB =pxNewTCB;
             if(uxCurrentNumberOfTasks = =(UBaseType_t)1)
                prvInitialiseTaskLists();                                  //②
             else{ mtCOVERAGE_TEST_MARKER(); }
        }
/* * * * * * * * * * * * * * * * * * * * * * * * * * * * * * * * * * * * * * */
        else{
            if(xSchedulerRunning = =pdFALSE) {/* 调度器没有开启*/
             if(pxCurrentTCB - >uxPriority < =pxNewTCB - >uxPriority)    //③
                pxCurrentTCB =pxNewTCB;
             else{ mtCOVERAGE_TEST_MARKER();}
             }
             else{ mtCOVERAGE_TEST_MARKER();}
        }
        uxTaskNumber + + ;
        #if (configUSE_TRACE_FACILITY = =1)
            pxNewTCB - >uxTCBNumber =uxTaskNumber;
        #endif
        traceTASK_CREATE(pxNewTCB);
        prvAddTaskToReadyList(pxNewTCB);                                   //④
        portSETUP_TCB(pxNewTCB);
    }
    taskEXIT_CRITICAL();
```

```
/* * * * * * * * * * * * * * * * * * * * * * * * * * * * * * * * * * * * /
    if(xSchedulerRunning! =pdFALSE) {/* 如果调度器已经开启* /
        if(pxCurrentTCB - >uxPriority<pxNewTCB - >uxPriority)              //⑤
            taskYIELD_IF_USING_PREEMPTION();
        else{mtCOVERAGE_TEST_MARKER();}
    }
    else{mtCOVERAGE_TEST_MARKER();}
}
```

主要语句功能如下。

①变量 uxCurrentNumberOfTasks 为全局变量，用来统计任务数量。

②如果 uxCurrentNumberOfTasks 为 1，说明为第一个任务，prvInitialiseTaskLists() 函数进行列表初始化。

③新创建的任务优先级比正在运行的任务优先级高，调整任务控制块 pxCurrentTCB 为新建任务的任务控制块。

④调用函数 prvAddTaskToReadyList() 将任务添加到就绪列表中，通过多个宏来实现，语句如下。

```
#define prvAddTaskToReadyList(pxTCB)
        traceMOVED_TASK_TO_READY_STATE(pxTCB);
        taskRECORD_READY_PRIORITY((pxTCB) - >uxPriority);              //a
        vListInsertEnd(&(pxReadyTasksLists[(pxTCB) - >uxPriority]),    //b
                        &((pxTCB) - >xStateListItem));
        tracePOST_MOVED_TASK_TO_READY_STATE(pxTCB)
```

语句 a 宏 taskRECORD_ READY_ PRIORITY((pxTCB) - >uxPriority) 用来记录处于就绪态的任务，具体通过操作全局变量 uxTopReadyPriority 来实现。这个变量用来查找处于就绪态的优先级最高任务，查找算法语句如下。

```
#define taskRECORD_READY_PRIORITY(uxPriority)
        portRECORD_READY_PRIORITY(uxPriority, uxTopReadyPriority)
#define  portRECORD_READY_PRIORITY(uxPriority, uxReadyPriorities)
                            (uxReadyPriorities) | = (1UL < < (uxPriority))
```

语句 b 用函数 vListInsertEnd() 将任务添加到就绪列表末尾。

⑤如果调度器已开启，并且新任务的任务优先级最高，那么就进行一次任务切换，通过函数 taskYIELD_ IF_ USING_ PREEMPTION() 实现，该函数实际就是在调用 portYIELD() 函数触发一次 PendSV 中断，以进行任务切换。

13.3.6　任务创建应用实例

例如，13.2.1 小节应用案例中创建的 3 个任务自创建后就处于就绪态。这 3 个任务的创建语句如下。

```
xTaskCreate(Task1_led," Task1", 64, NULL, 1, NULL);
xTaskCreate(Task2_led," Task2", 64, NULL, 2, NULL);
xTaskCreate(Task3_led," Task3", 64, NULL, 2, NULL);
```

在这 3 个任务中，Task1_led 的优先级为 1，Task2_led 和 Task3_led 的优先级为 2。Task1_led 的列

表项插入列表 pxReadyTasksLists[1] 中，Task2_led 和 Task3_led 插入列表 pxReadyTasksLists[2] 中。任务结构示意图如图 13.12 所示，其他未被创建的列表则为空。读者也可以结合 Keil-MDK 在模拟调试状态下观察任务就绪列表。

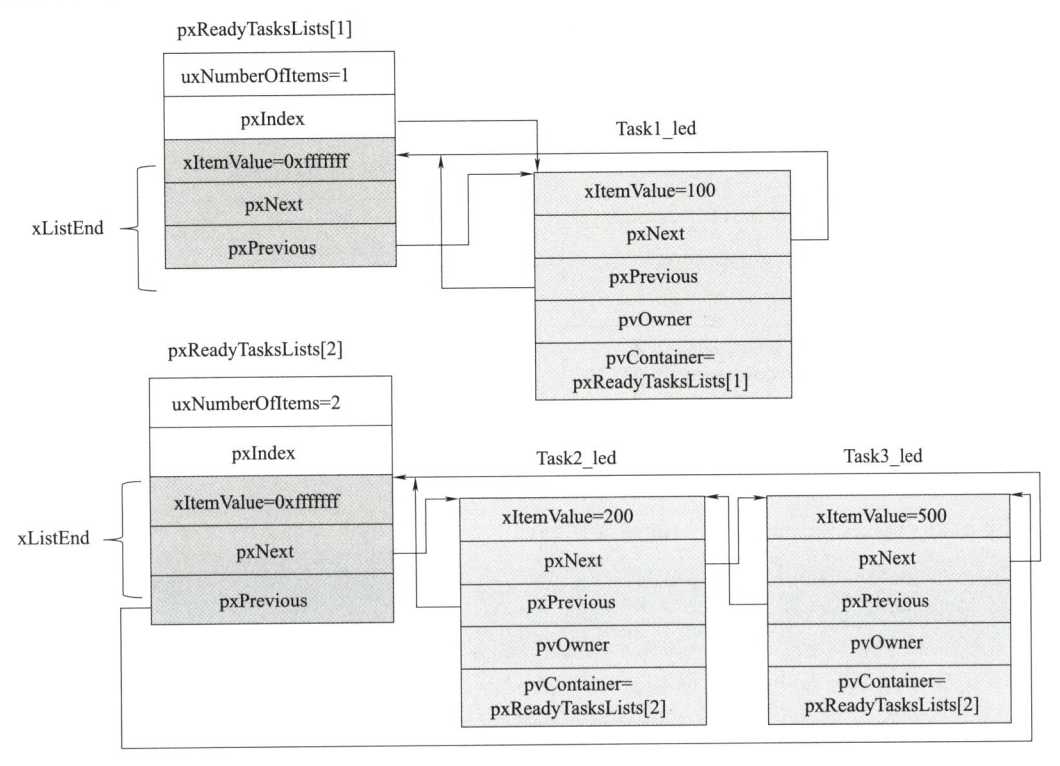

图 13.12　任务结构示意图

另外，全局变量就绪态最高优先级数值 uxTopReadyPriority = 0x0000 0006。

当前任务控制块 pxCurrentTCB->Task3_led，因此，接下来 FreeRTOS 调度器会将 CPU 分配给 Task3_led 任务运行。

13.4　FreeRTOS 任务调度

上一节通过 xTaskCreate() 函数创建任务后，分别对任务堆栈、任务控制块、任务代码进行了初始化。案例中创建的 3 个任务均处于就绪态。由 13.2.2 小节的图 13.7 可知，通过开启调度器函数 vTaskStartScheduler()，可使处于就绪态的最高优先级任务（如案例中的 Task3_led）获得 CPU，开始运行。

13.4.1　开启调度

在 FreeRTOS 中，任务调度的开启是通过 vTaskStartScheduler() 函数实现的，FreeRTOS 调度器启动流程如图 13.13 所示。

FreeRTOS 在任务调度器的启动阶段，会默认自动创建空闲任务 prvIdleTask，空闲任务优先级默认为最低优先级。若设置了软件定时器，则创建软件定时器，然后设置调度器运行状态。通过 xPortStartScheduler() 函数完成对调度器的硬件初始化。第一次启动触发 SVC 异常，将第一个运行的任务的数据从堆栈中弹给 CPU。

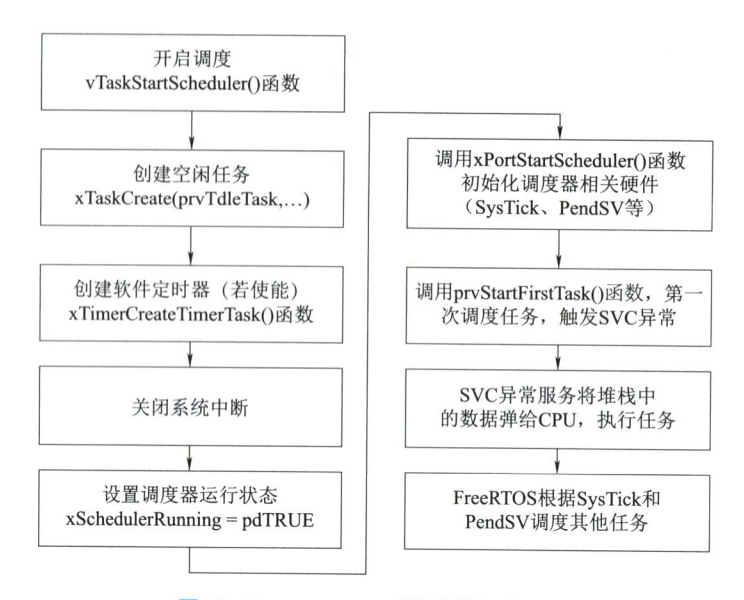

图 13.13　FreeRTOS 调度器启动流程

调度函数 vTaskStartScheduler( ) 的主要代码如下。

```
void vTaskStartScheduler(void)
{    BaseType_t xReturn;
/* * * * * * * * * * * * * * * * 创建空闲任务* * * * * * * * * * * * * * * * * /
    xReturn =xTaskCreate(prvIdleTask,configIDLE_TASK_NAME,
                    configMINIMAL_STACK_SIZE,(void* )NULL,
                    (tskIDLE_PRIORITY |portPRIVILEGE_BIT),
                    &xIdleTaskHandle);                                    //①
/* * * * * * * * * * * * * * * * 软件定时器* * * * * * * * * * * * * * * * * /
    #if(configUSE_TIMERS = =1){
        if(xReturn = =pdPASS) xReturn =xTimerCreateTimerTask();    //②
        else{ mtCOVERAGE_TEST_MARKER(); }
    }
    #endif/* configUSE_TIMERS* /
/* * * * * * * * * * * * * * * * 软件定时器* * * * * * * * * * * * * * * * * /
    if(xReturn = =pdPASS) {
        xNextTaskUnblockTime =portMAX_DELAY;
        xSchedulerRunning =pdTRUE;                                       //③
        xTickCount = (TickType_t) 0U;                                    //④
        portCONFIGURE_TIMER_FOR_RUN_TIME_STATS();                        //⑤
/* * * * * * * * * * * * * * * * 开始调度* * * * * * * * * * * * * * * * * /
        if(xPortStartScheduler()!=pdFALSE) {;}                           //⑥
        else{;}
    }
    else configASSERT(xReturn!=errCOULD_NOT_ALLOCATE_REQUIRED_MEMORY);
    (void) xIdleTaskHandle;
}
```

主要语句功能如下。
①创建空闲任务，优先级 tskIDLE_PRIORITY=0，优先级最低。
②如果使用软件定时器，还需要通过函数 xTimerCreateTimerTask() 来创建定时器服务任务。
③变量 xSchedulerRunning 设置为 pdTRUE，表示调度器开始运行。
④节拍定时器 SysTick 的计数值设为0。
⑤当宏 configGENERATE_RUN_TIME_STATS 为1时，使能时间统计功能，此时需要用户实现宏 portCONFIGURE_TIMER_FOR_RUN_TIME_STATS，此宏用来配置一个定时器或计数器。
⑥调用 xPortStartScheduler() 函数来触发一次 PendSV 中断，并开启节拍定时器 SysTick。

13.4.2 触发 PendSV 中断和开启节拍定时器 SysTick

FreeRTOS 在 ARM Cortex-M3 内核的处理器上运行，任务切换是通过内核的一种软件中断 PendSV 来实现的，要理解任务切换，这是重要的知识。

为什么会开启节拍定时器 SysTick 呢？因为 RTOS 通过节拍定时器 SysTick 的中断服务来实时检测各任务的运行情况，让任务在就绪、运行、阻塞和挂起间切换。FreeRTOS 在节拍定时器 SysTick 中断过程中调用 xTaskIncrementTick() 函数，节拍定时器 SysTick 就好比人的心脏，在不停地发生跳动。

触发 PendSV 中断和开启节拍定时器 SysTick 是通过 xPortStartScheduler() 函数来实现的，该函数位于"port.c"文件中，主要的内容如下。

```
BaseType_t xPortStartScheduler(void)
    {
        portNVIC_SYSPRI2_REG |=portNVIC_PENDSV_PRI;   //①
        portNVIC_SYSPRI2_REG |=portNVIC_SYSTICK_PRI;  //②
        vPortSetupTimerInterrupt();                   //③
        uxCriticalNesting=0;                          //④
        prvStartFirstTask();                          //⑤
        return 0;
    }
```

主要语句功能如下。
①设置 PendSV 优先级为最低。
②设置 SysTick 优先级为最低。
③初始化节拍定时器 SysTick，此处是直接采用寄存器的方式配置初值，代码如下。

```
void vPortSetupTimerInterrupt(void){
portNVIC_SYSTICK_LOAD_REG = (configSYSTICK_CLOCK_HZ
                    /configTICK_RATE_HZ)-1UL;
portNVIC_SYSTICK_CTRL_REG = (portNVIC_SYSTICK_CLK_BIT
        |portNVIC_SYSTICK_INT_BIT|portNVIC_SYSTICK_ENABLE_BIT);
}
```

以上程序中的 configSYSTICK_CLOCK_HZ 是 STM32F1 系列 MCU 的系统时钟，应用时要特别注意，它是通过一个宏来定义的，与 CPU 的系统时钟对应。configTICK_RATE_HZ 是节拍值，在配置文件中定义，可以修改。第一条语句是装载初值，第二条语句是开启节拍定时器 SysTick。
④初始化临界区嵌套计数器，也就是中断的嵌套层数。
⑤调用 prvStartFirstTask() 函数开启第一个任务，第一次启动调用。

13.4.3 SVC 任务切换

1. 开启 SVC 中断

FreeRTOS 中第一次启动任务切换是触发一次 SVC 中断来实现的，只用进行这一次，以后的任务切换就是通过 PendSV 来实现（其实第一次也可以采用 PendSV 中断）的。prvStartFirstTask( ) 函数触发一次 SVC 中断的程序如下。

```
__asm void prvStartFirstTask(void)
{
    PRESERVE8
    LDR R0, = 0XE000ED08        ;NVIC 中的向量偏移寄存器
    LDR R0,[R0]
    LDR R0,[R0]
    MSR MSP,R0
    CPSIE I
    CPSIE F
    DSB
    ISB
    SVC 0                       ;触发一个 SVC 中断
    NOP
    NOP
}
```

2. SVC 软件中断的服务程序

由于第一次调度不需要保护现场，不需要压栈，直接从堆栈中将第一个任务（如 13.2.1 小节中应用案例的 task3_led）的初始化数据弹给 CPU，程序如下。

```
__asm void vPortSVCHandler(void)
{
    PRESERVE8
    LDR R3, = pxCurrentTCB      ;R3 = pxCurrentTCB 的地址
    LDR R1,[R3]                 ;取 R3 所保存的地址处的值赋给 R1
    LDR R0,[R1]                 ;取 R1 所保存的地址处的值赋给 R0
    LDMIA R0!,{R4 - R11}        ;把堆栈中栈顶指向的数据 R4 ~ R11 弹给 CPU
    MSR PSP,R0                  ;进程栈指针 PSP 设置为任务的堆栈
    ISB                         ;指令同步屏障
    MOV R0,#0                   ;R0 = 0
    MSR    BASEPRI,R0           ;寄存器 basepri = 0,开启中断
    ORR R14, #0XD               ;程序连接寄存器
    BX R14                      ;返回,自动将 R3 ~ R0、R12、R14、PC、xPSR 弹给 CPU
}
```

SVC 任务切换示意图如图 13.14 所示。

首先把当前任务控制块 pxCurrentTCB 的地址赋给 R3，然后把当前任务控制块 pxCurrentTCB 所指向的地址赋给 R1，然后把任务控制块 pxCurrentTCB 地址里的值赋给 R0（这个值即任务控制块的第一个成员 pxTopOfStack），然后用批量出栈指令 LDMIA 把 R0 指向的堆栈地址中的连续 8 个地址里的值赋给 CPU 的 R4 ~ R11，然后调整进程堆栈指针让 PSP = R0，指向 A 位置，最后中

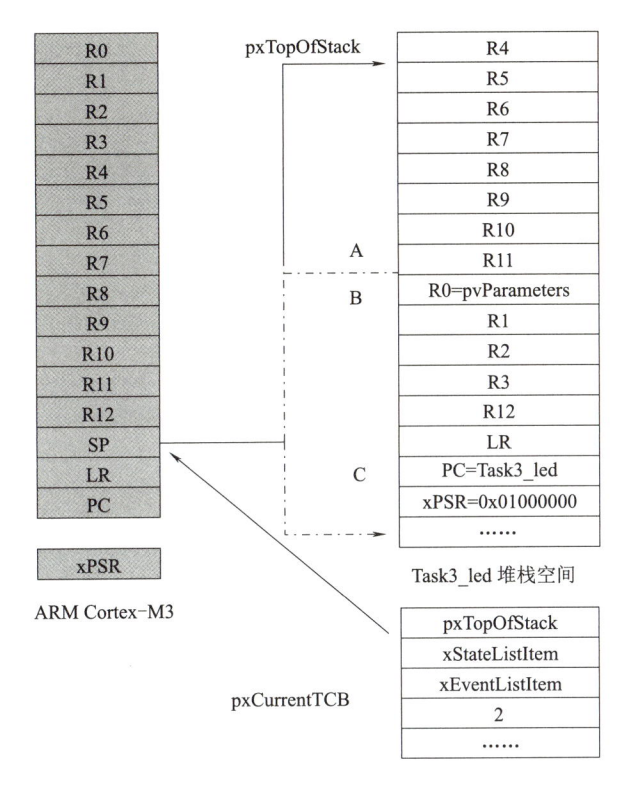

图 13.14　SVC 任务切换示意图

断返回，系统自动将剩下的自动出栈的寄存器 R3～R0、R12、LR、PC、xPSR 弹给对应的 CPU 寄存器。

在堆栈 C 处是之前 xTaskCreate() 函数创建任务时初始化的堆栈，该处保存的是指向任务代码（Task3_led），即出栈后 CPU 的 PC = Task3_led，所以 CPU 就自然转向 Task3_led 任务执行。

13.4.4　PendSV 任务切换

在 FreeRTOS 中，若任务不是第一次切换，则采用 PendSV 中断实现。由 13.2.2 小节可知，从就绪态到运行态一定要通过调度才能实现任务切换。那么，如果现有多个任务处于就绪态，FreeRTOS 如何进行任务切换？下面将详细讨论。

1. 任务调度的步骤

假设 13.2.1 小节中的第 3 个任务 Task3_led 已处于阻塞态，现 Task1_led 和 Task2_led 均处于就绪态，任务调度步骤如图 13.15 所示。先对正在运行的低优先级的任务压栈，然后在就绪列表中查找最高优先级 2，再根据优先级数值找到就绪列表 pxReadyTasksLists[2]，再在列表中查找列表项，找到该任务的任务控制块，最后根据任务控制块，找到堆栈地址并执行出栈操作，把堆栈中的数据弹给 CPU，完成任务 Task2_led 的调度。

2. 任务切换的场合

FreeRTOS 任务切换有如下 3 种情况。

（1）任务级调度。

任务在运行过程中，由于等待某种条件而暂停的情况下，发生任务级调度。任务级调度就是用 taskYIELD() 函数触发一次 PendSV 中断，通过一个宏实现，定义如下。

```
                  低优先级的任务压栈                         根据列表，找到列表项中的
                                                            pvOwner，即找到任务控制块


                  查找高优先级数值                           根据任务控制块，找到堆栈地址，
                  uxTopReadyPriority=2                      把堆栈中的数据弹给CPU


                  根据优先级数值查找列表                     完成任务调度
                  pxReadyTasksLists[2]
```

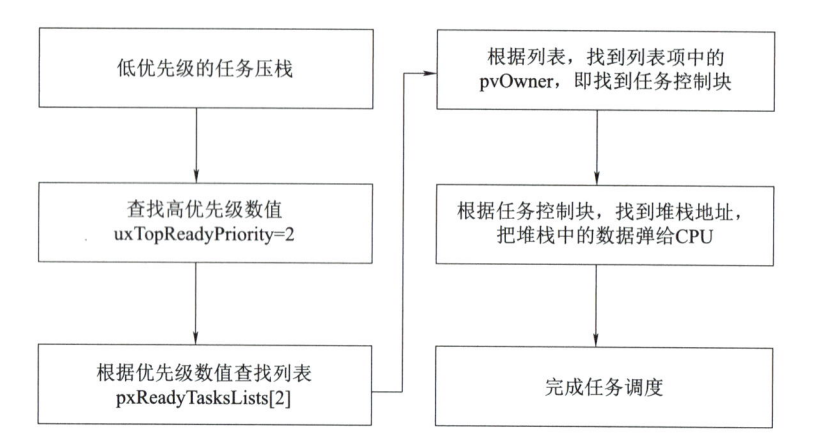

图 13.15　任务调度步骤

```
#define taskYIELD()    portYIELD()
```

函数 portYIELD() 也是个宏，在文件"portmacro.h"中有如下定义。

```
#define portYIELD()
{
portNVIC_INT_CTRL_REG=portNVIC_PENDSVSET_BIT;  //触发一次 PendSV 中断
__dsb(portSY_FULL_READ_WRITE);
__isb(portSY_FULL_READ_WRITE);
}
```

（2）中断级调度。

在中断服务程序执行完成，可调用相应函数执行一次中断级任务调度。中断级的任务切换函数为 portYIELD_FROM_ISR()，定义如下。

```
#define portEND_SWITCHING_ISR(xSwitchRequired)
        if(xSwitchRequired!=pdFALSE)   portYIELD()
#define portYIELD_FROM_ISR(x)   portEND_SWITCHING_ISR(x)
```

可以看出，portYIELD_FROM_ISR() 函数最终也是通过调用函数 portYIELD() 来完成任务切换的。

（3）时间片轮转调度。

若优先级相同，则用时间片轮转调度。要使用时间片轮转调度，宏 configUSE_PREEMPTION 和宏 configUSE_TIME_SLICING 必须为 1。时间片的长度由宏 configTICK_RATE_HZ 来确定，一个时间片的长度就是 SysTick 的中断周期，如果 configTICK_RATE_HZ 为 1000，那么一个时间片的长度就是 1 ms。

在 FreeRTOS 中，SysTick 的中断服务函数如下。

```
void SysTick_Handler(void)
{
   if(xTaskGetSchedulerState()!=taskSCHEDULER_NOT_STARTED)
       xPortSysTickHandler();
}
```

在节拍定时器 SysTick 中断服务函数中调用了 FreeRTOS 的 API 函数 xPortSysTickHandler()，

此函数源码如下。

```c
void xPortSysTickHandler(void)
{
   vPortRaiseBASEPRI();
    {
     if(xTaskIncrementTick()!=pdFALSE)                //时钟计数器 xTickCount 的值
         portNVIC_INT_CTRL_REG=portNVIC_PENDSVSET_BIT; //触发一次 PendSV 中断
    }
   vPortClearBASEPRIFromISR();
}
```

3. PendSV 中断服务函数

PendSV 中断服务函数 xPortPendSVHandler( ) 是用汇编语言编写的压栈、出栈操作的函数，该函数的原型如下。

```
__asm void xPortPendSVHandler(void)
{
    extern uxCriticalNesting;
    extern pxCurrentTCB;
    extern vTaskSwitchContext;
    PRESERVE8
    MRS R0, PSP              ;读取进程栈指针,保存在寄存器 R0 中
    ISB
    LDR   R3,=pxCurrentTCB;  R3=pxCurrentTCB
    LDR   R2,[R3]            ;R2 存储任务控制块的地址
    STMDB R0!,{R4-R11}       ;正在运行的任务 R4~R11 压入堆栈
    STR R0,[R2]              ;R0 指向新的任务的堆栈栈顶
    STMDB SP!,{R3,R14}       ;将 R3、R14 临时压栈
    MOV R0, #configMAX_SYSCALL_INTERRUPT_PRIORITY
    MSR BASEPRI, R0
    DSB
    ISB
    BL vTaskSwitchContext    ;调用该函数,更新 pxCurrentTCB
    MOV R0, #0
    MSR BASEPRI, R0
    LDMIA SP!,{R3, R14}      ;恢复 R3、R14
    LDR R1, [R3]
    LDR R0, [R1]             ;获取新的要运行的任务的任务堆栈栈顶
    LDMIA R0!,{R4-R11}       ;R4~R11 出栈
    MSR PSP, R0              ;调整 PSP 堆栈指针,以便后续自动出栈
    ISB
    BX R14                   ;中断返回,自动出栈 R0~R3、R12、LR、PC、xPSR
    NOP
}
```

PendSV 中断服务程序任务切换示意如图 13.16 所示。

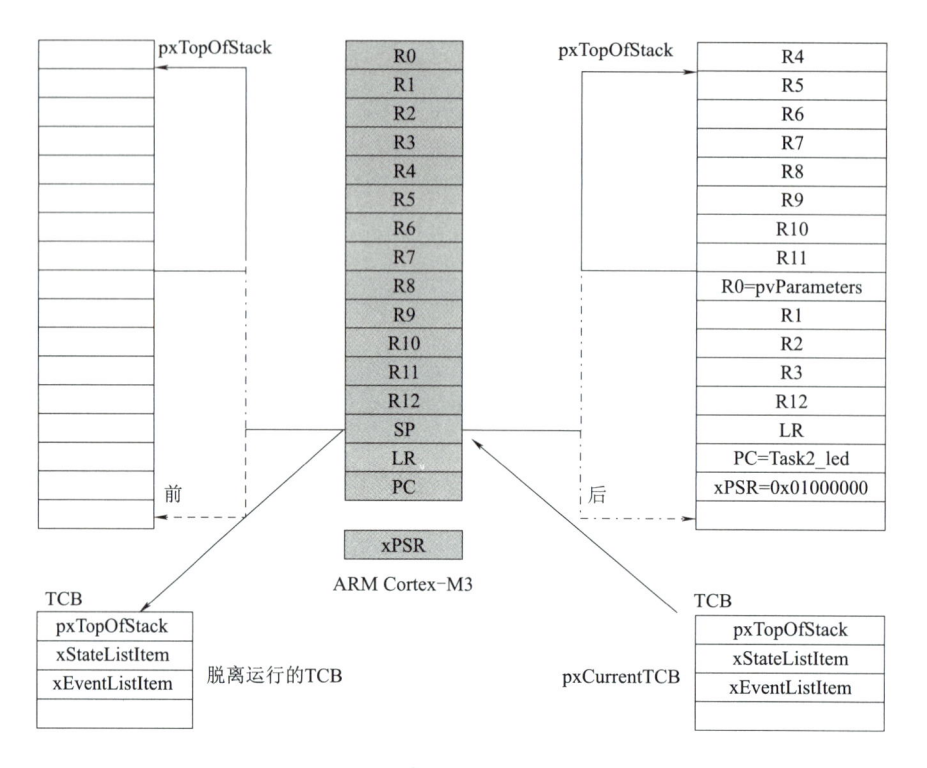

图 13.16　PendSV 中断服务程序任务切换示意图

首先，将正在运行的低优先级任务压到自己的堆栈中，R4～R11 需要手动压栈，R0～R3、R12、LR、PC、xPSR 已经自动压入堆栈；紧接着调整指针，指向新的任务控制块中的栈顶指针 pxTopOfStack，最后使 R4～R11 寄存器从堆栈中把数据弹给 CPU，中断返回后，自动将 R0～R3、R12、LR、PC、xPSR 出栈。注意，这里发生 PendSV 中断自动压栈和自动出栈分别对应处于阻塞态的低优先级任务和即将运行的高优先级任务。

13.4.5　高优先级查找

1. 函数 vTaskSwitchContext( )

PendSV 中断服务程序调用函数 vTaskSwitchContext( ) 来获取下一个要运行的任务，也就是查找已经就绪的优先级最高的任务，函数主要源码如下。

```
void vTaskSwitchContext(void)
{
    if(uxSchedulerSuspended!=(UBaseType_t)pdFALSE) xYieldPending=pdTRUE;   //①
    else{
        xYieldPending=pdFALSE;
        traceTASK_SWITCHED_OUT();
        taskCHECK_FOR_STACK_OVERFLOW();
        taskSELECT_HIGHEST_PRIORITY_TASK();                                 //②
        traceTASK_SWITCHED_IN();
    }
}
```

主要语句功能如下。

①如果调度器挂起，那么就不能进行任务切换。

②查找高优先级函数，从就绪列表中查找优先级最高的优先级数值。

2. 高优先级查找算法

在 FreeRTOS 中，查找下一个要运行的任务有两种方法：一种是软件实现法，另一种是硬件实现法。选择哪种方法是通过宏 configUSE_PORT_OPTIMISED_TASK_SELECTION 来决定的，当这个宏为 1 的时候，就使用硬件实现法，否则就使用软件实现法。

（1）软件实现法。

每一个任务均按优先级数值对应一个自己所属的任务列表，列表中的列表项代表任务，如果有列表项存在，表示任务就绪（运行态也存在），每一次任务就绪后都会进行比较，把最大的优先级数值存放在变量 uxTopReadyPriority 中，因此该变量中始终存放的是优先级最高的数值。

软件实现法的定义如下。

```
#define taskSELECT_HIGHEST_PRIORITY_TASK()
{
    UBaseType_t uxTopPriority = uxTopReadyPriority;
    while(listLIST_IS_EMPTY(&(pxReadyTasksLists[uxTopPriority]))){      //①
        configASSERT(uxTopPriority);
        - -uxTopPriority;
    }
    listGET_OWNER_OF_NEXT_ENTRY(pxCurrentTCB,
                        &(pxReadyTasksLists[uxTopPriority]));            //②
    uxTopReadyPriority = uxTopPriority;
}
```

主要语句功能如下。

①pxReadyTasksLists[ ] 为就绪任务列表数组，一个优先级对应一个列表，同优先级的就绪任务都挂到相应的列表中。uxTopReadyPriority 代表处于就绪态的最高优先级数值，每次创建任务的时候，都会判断新任务的优先级数值是否大于 uxTopReadyPriority，如果大于，就将这个新任务的优先级赋值给变量 uxTopReadyPriority。函数 prvAddTaskToReadyList( ) 也会修改这个值，将某个任务添加到就绪列表中的时候都会用 uxTopReadyPriority 来记录就绪列表中的最高优先级。这里就从这个最高优先级开始判断，看看哪个列表不为空就说明哪个优先级有就绪的任务。函数 listLIST_IS_EMPTY( ) 用于判断某个列表是否为空，变量 uxTopPriority 用来记录这个有就绪任务的优先级。

②找到了高优先级数值 uxTopPriority，接下来就用函数 listGET_OWNER_OF_NEXT_ENTRY( ) 来获取 pxReadyTasksLists[uxTopPriority] 列表中的下一个列表项，列表项中的 pvOwner 就指向该任务的任务控制块。把任务控制块赋值给 pxCurrentTCB，至此就确定了要运行的任务，开始任务调度。

（2）硬件实现法。

硬件实现法是利用某些 CPU 中的一些高级指令来加速查找高优先级任务的一种方法，如 ARM Cortex-M3 的指令集中，指令 CLZ 可实现高优先级数值查找，该指令功能是计算源操作数（二进制）前导零的个数。

硬件实现法的定义如下。

```
#define taskSELECT_HIGHEST_PRIORITY_TASK()
{
UBaseType_t uxTopPriority;
portGET_HIGHEST_PRIORITY(uxTopPriority, uxTopReadyPriority);            //①
configASSERT(listCURRENT_LIST_LENGTH(&
                        (pxReadyTasksLists[uxTopPriority])) >0);
listGET_OWNER_OF_NEXT_ENTRY(pxCurrentTCB,
                        &(pxReadyTasksLists[uxTopPriority]));            //②
    }
```

主要语句功能如下。

①portGET_HIGHEST_PRIORITY()函数获取处于就绪态的最高优先级。该宏定义如下。

```
#define portGET_HIGHEST_PRIORITY(uxTopPriority, uxReadyPriorities)uxTopPriority =
(31UL - (uint32_t)__clz((uxReadyPriorities)))
```

例如，13.2.1 小节应用案例中的 3 个任务的优先级分别为 1、2 和 2，调用 xTaskCreate() 函数后，3 个任务均就绪，就绪列表的全局变量 uxTopReadyPriority = 0x0000 0006。高优先级数据的查找方法如下。

第一步：CLZ(0x0000 0006) = 29。0x0000 0006 转换成 32 位二进制，最高位 1 前导 0 的个数为 29 个。

第二步：31 – 29 = 2，因此找到了高优先级数值 2。

用这种方法查找高优先级数值是最快的，建议用户使用此方法。

②根据优先级数值找到列表，把任务控制块传给当前任务控制块 pxCurrentTCB。

13.5　FreeRTOS 任务阻塞

前面已经分析出 13.2.1 小节应用案例中的 Task3_led 任务已经处于运行状态，下面分析程序的执行情况。CPU 依次执行 Task3_led 的任务代码如下。

```
LED_On(3);
printf(" The LED3 is ON ! \r\n");
vTaskDelay(500);
```

程序先通过 LED_On(3) 点亮 LED，再通过 Printf() 语句输出，接着执行系统服务，延时 500 ms 以使 LED 闪烁，vTaskDelay(500) 来实现延时。这里的延时是通过 SysTick 实现的，延时 500 ms。此时 CPU 处于空闲状态，可以执行一次调度。

在嵌入式应用开发中，像这种 CPU 不工作、外设工作的情况，就可以进行一次调度，如串口发送数据、模数转换、SPI 发送数据等。下面介绍 FreeRTOS 延时函数的功能。

13.5.1　FreeRTOS 延时函数

1. 延时函数 vTaskDelay()

延时函数在应用中非常重要，当执行延时函数的时候，就会进行任务切换，并且此任务就会进入阻塞态，直到延时完成，任务重新进入就绪态。在应用程序中适当引入延时函数可以实现任务间的切换。若使用此函数，则宏 INCLUDE_vTaskDelay 必须为 1。函数代码如下。

第 13 章　FreeRTOS 内核工作原理分析与应用

```
void vTaskDelay(const TickType_t xTicksToDelay)
{
    BaseType_t xAlreadyYielded=pdFALSE;
    if(xTicksToDelay > (TickType_t)0U) {                              //①
        configASSERT(uxSchedulerSuspended = = 0);
        vTaskSuspendAll();                                            //②
         {traceTASK_DELAY();
            prvAddCurrentTaskToDelayedList(xTicksToDelay, pdFALSE);   //③
         }
        xAlreadyYielded = xTaskResumeAll();                           //④
     }
    else{mtCOVERAGE_TEST_MARKER(); }
    if(xAlreadyYielded = =pdFALSE)   portYIELD_WITHIN_API();          //⑤
    else{mtCOVERAGE_TEST_MARKER();
}
```

主要语句功能如下。
①延时节拍判断，如本例中 TicksToDelay = 500。
②调用函数 vTaskSuspendAll( ) 挂起任务调度器。
③将当前延时的任务添加到延时列表中。
④调用函数 xTaskResumeAll( ) 恢复任务调度器。
⑤如果函数 xTaskResumeAll( ) 没有进行任务调度，那么在这里就得进行任务调度。调用函数 portYIELD_ WITHIN_ API( ) 进行一次任务调度。此时在就绪列表中还有 Task1_ led 和 Task2_ led 两个任务，根据调度算法，Task2_ led 的优先级最高，因此获得 CPU 使用权。

2. 添加到延时列表函数 prvAddCurrentTaskToDelayedList( )

函数 prvAddCurrentTaskToDelayedList( ) 用于将当前任务添加到等待列表中，函数的主要代码如下。

```
static void prvAddCurrentTaskToDelayedList(TickType_t xTicksToWait,
                    const BaseType_t xCanBlockIndefinitely)
{
    TickType_t xTimeToWake;
    const TickType_t xConstTickCount=xTickCount;                      //①
    if(uxListRemove(&(pxCurrentTCB->xStateListItem)) = = (UBaseType_t)0){  //②
      portRESET_READY_PRIORITY(pxCurrentTCB->uxPriority,uxTopReadyPriority);
     }                                                                //③
    else{mtCOVERAGE_TEST_MARKER();}
    #if (INCLUDE_vTaskSuspend = =1) {
    if((xTicksToWait = =portMAX_DELAY) && (xCanBlockIndefinitely!=pdFALSE))
        vListInsertEnd(&xSuspendedTaskList,&(pxCurrentTCB->xStateListItem));
                                                                      //④
    else{
      xTimeToWake = xConstTickCount + xTicksToWait;                   //⑤
      listSET_LIST_ITEM_VALUE(&(pxCurrentTCB->xStateListItem), xTimeToWake);
                                                                      //⑥
```

```
            if(xTimeToWake＜xConstTickCount)                                    //⑦
            vListInsert(pxOverflowDelayedTaskList,&(pxCurrentTCB－>xStateListItem));
              else{
              vListInsert(pxDelayedTaskList,&(pxCurrentTCB－>xStateListItem));
                                                                                //⑧
              if(xTimeToWake＜xNextTaskUnblockTime)
                  xNextTaskUnblockTime=xTimeToWake;                             //⑨
               else{mtCOVERAGE_TEST_MARKER();}
            }
          }
       }
   }
```

主要语句功能如下。

①xConstTickCount=xTickCount：保存当前时钟节拍，xTickCount 是全局变量，SysTick 节拍定时器每中断一次，变量 xTickCount 加 1。

②调用 uxListRemove() 函数将当前任务的列表项从就绪列表中移除。如果从就绪列表中删除列表项后，返回值 uxNumberOfItems=0，就还从就绪列表 uxTopReadyPriority 中脱离就绪，同时添加到延时列表 pxDelayedTaskList 中。

③将当前任务从就绪列表中移除，uxTopReadyPriority 中对应位清零，即脱离就绪。portRESET_READY_ PRIORITY() 函数原型如下。

```
#define portRESET_READY_PRIORITY(uxPriority,uxReadyPriorities)
                        (uxReadyPriorities)&=~(1UL＜＜(uxPriority))
```

例如，有 3 个任务的 uxTopReadyPriority=0x0000 0006，要将当前优先级 uxPriority=2 的任务脱离就绪，计算过程如下。

uxReadyPriorities&=~（1UL＜＜uxPriority）

uxReadyPriorities=0x0000 0006&~（1＜＜0x0000 0002）

uxReadyPriorities=0x0000 0006 & 0xFFFF FFFB

uxReadyPriorities=0x0000 0002

所以，脱离就绪后，uxTopReadyPriority=0x0000 0002。

注意，本例中由于列表 pxReadyTasksLists[2] 中有两个列表项，虽然 Task3_led 的列表项已移出，但优先级为 2 的列表中还有 Task2_led 的列表项在 pxReadyTasksLists[2] 中，所以就绪列表仍不变，uxTopReadyPriority=6。

④延时时间为最大值 portMAX_DELAY，并且如果 xCanBlockIndefinitely 不等于 pdFALSE，直接将当前任务添加到挂起列表 xSuspendedTaskList 中，任务就不用添加到延时列表中。

⑤当前节拍数 xConstTickCount 加上延时时间值 xTicksToWait。

⑥xTimeToWake 写入任务列表项 xItemValue 中。这一项非常重要，优先级的列表项就是通过此值升序排列的，参见图 13.12。

⑦和⑧如果 xTimeToWake 小于 xConstTickCount，说明发生了溢出。全局变量 xTickCount 是 32 位的数据类型，因此在用 xTickCount 计算任务唤醒时间点 xTimeToWake 的时候，肯定会出现溢出的现象。FreeRTOS 针对此现象专门做了处理，在 FreeROTS 中定义了两个延时列表 xDelayedTaskList1 和 xDelayedTaskList2，并且也定义了两个指针 pxDelayedTaskList 和 pxOverflowDelayedTaskList 来访问这两个列表。在初始化列表函数 prvInitialiseTaskLists() 中，指针 pxDelayedTaskList 指向列表

xDelayedTaskList1，指针 pxOverflowDelayedTaskList 指向列表 xDelayedTaskList2。这样一来，如果发生溢出，就将任务添加到 pxOverflowDelayedTaskList 所指向的列表中，如果发生溢出，就将任务添加到 pxDelayedTaskList 所指向的列表中。

⑨xNextTaskUnblockTime 是个全局变量，保存着距离下一个要取消阻塞态的任务的最小时间点值。如果 xTimeToWake 小于 xNextTaskUnblockTime，说明有个更小的时间点来了。

综上所述，FreeRTOS 通过延时函数 vTaskDelay() 来实现任务的切换，这是一种相对延时模式。还有一种绝对延时函数 vTaskDelayUntil()，阻塞时间是一个绝对时间，那些需要按照一定的频率运行的任务可以使用绝对延时函数 vTaskDelayUntil()。

函数 vTaskDelayUntil() 的原型请读者自行分析，使用方法参考如下代码。

```
void TestTask(void* pvParameters)
{
    TickType_t PreviousWakeTime;
    const TickType_t TimeIncrement =pdMS_TO_TICKS(100);
    /* vTaskDelayUntil()的参数需要设置的是延时的节拍数,需要用函数 pdMS_TO_TICKS()将
时间转换为节拍数,如100ms。* /
    PreviousWakeTime = xTaskGetTickCount();  //获取当前的系统节拍值
    for( ;; ){
                                              //任务代码
        vTaskDelayUntil(&PreviousWakeTime, TimeIncrement);
    }
}
```

综上所述，根据 13.2.1 小节应用案例 3 个任务代码可知，任务 Task3_led 由于调用系统服务 vTaskDelay(500) 被阻塞起来，现在 FreeRTOS 调度优先级更高的任务 Task2_led 运行，若执行到 vTaskDelay(200) 处，该任务也会被阻塞起来。由于执行代码的时间很短，所以调度器很快再一次调度任务 Task1_led 执行，执行到 vTaskDelay(100) 处，该任务也会被阻塞起来。此时 CPU 完全空闲，FreeRTOS 安排空闲任务 prvIdleTask 运行。

13.5.2 其他让任务阻塞的服务

在 FreeRTOS 中，还有一些任务同步与互斥操作也会让任务从运行态转变到阻塞态，如队列、信号量，这些内容将在后续章节中介绍。

13.6 FreeRTOS 任务从阻塞态到就绪态

在 13.2.1 小节的应用案例中，任务 Task3_led 由于调用系统服务 vTaskDelay(500) 被阻塞起来，等待 500 个节拍的延时。此时 FreeRTOS 中的延时列表 pxDelayedTaskList 中有 Task3_led 列表项，就绪列表 uxTopReadyPriority = 6，本节将介绍 FreeRTOS 任务从阻塞态到就绪态的过程。

13.6.1 时钟节拍

FreeRTOS 需要提供周期性信号源，用于实现时间延时和确认超时。节拍为 10～1 000 次/s，或者说频率为 10～1 000 Hz。时钟频率越高，系统的额外负荷越重。时钟节拍的实际频率取决于应用程序的精度。时钟节拍源可以是专门的硬件定时器，也可以是来自交流电源的信号。

使用时应特别注意，必须在多任务系统启动以后，也就是调用 vTaskStartScheduler() 函数之

后,再开启 SysTick。换句话说,调用 vTaskStartScheduler() 函数之后应做的第一件事是初始化 SysTick 中断。通常容易犯的错误是允许将 SysTick 中断放在系统初始化函数之后,在多任务系统启动函数之前,这样就可能导致任务还没有创建就已开始调度工作。

FreeRTOS 中的时钟节拍服务是通过在节拍定时中断服务子程序(通常是 10~1 000 ms 之间定时)中调用 xTaskIncrementTick() 函数实现的,FreeRTOS 中的时钟节拍示意图如图 13.17 所示。xTaskIncrementTick() 函数跟踪所有任务的定时器以及超时时限。在 ARM Cortex – M3 中有一个 24 位的节拍定时器 SysTick 用于该服务,其中断服务程序中调用 xTaskIncrementTick() 函数。当定时时间到时,就调用一次 xTaskIncrementTick() 函数和进行一次时间片轮转调度。

1. 时钟节拍初始化函数

在 FreeRTOS 中将 SysTick 初始化,采用基于寄存器的配置方式以适应于不同的应用,比如可用 STM32F1 系列 MCU 的标准库函数,也可以用 HAL 库函数。读者也可以根据其他应用库函数修改,如 HAL_SYSTICK_Config() 函数。

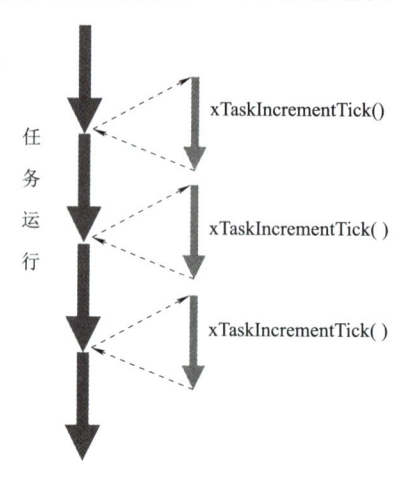

图 13.17 FreeRTOS 中的时钟节拍示意图

初始化程序如下。

```
void vPortSetupTimerInterrupt(void)
{
portNVIC_SYSTICK_LOAD_REG = (configSYSTICK_CLOCK_HZ
                             /configTICK_RATE_HZ) -1UL;
portNVIC_SYSTICK_CTRL_REG = (portNVIC_SYSTICK_CLK_BIT
         | portNVIC_SYSTICK_INT_BIT | portNVIC_SYSTICK_ENABLE_BIT);
}
```

参数 configSYSTICK_CLOCK_HZ 表示系统时钟频率,HAL 库函数中可以用函数获取,例如,SystemCoreClock = HAL_RCC_GetSysClockFreq()。参数 configTICK_RATE_HZ 表示节拍数。

例如,要定时 T 秒,系统时钟为 configSYSTICK_CLOCK_HZ,计数次数为 N,则有:

$T = (1/\text{configSYSTICK\_CLOCK\_HZ}) * N$

$1/\text{configTICK\_RATE\_HZ} = (1/\text{configSYSTICK\_CLOCK\_HZ}) * N$

$N = \text{configSYSTICK\_CLOCK\_HZ}/\text{configTICK\_RATE\_HZ}$

所以,SysTick 的初值 = configSYSTICK_CLOCK_HZ/configTICK_RATE_HZ – 1。

如应用中设置时钟节拍数 configTICK_RATE_HZ = 1 000,即时钟周期为 1 ms。

2. 时钟节拍中断服务程序

时钟节拍中断服务程序源码如下。

```
void xPortSysTickHandler(void)
{   vPortRaiseBASEPRI();
    {
        if(xTaskIncrementTick()!=pdFALSE)
            portNVIC_INT_CTRL_REG = portNVIC_PENDSVSET_BIT;
    }
    vPortClearBASEPRIFromISR();
}
```

该段程序通过调用 xTaskIncrementTick() 函数检查任务的延时节拍，调整就绪列表。若有高优先级任务从阻塞态到就绪态，则执行一次调度。

13.6.2 时钟节拍的服务

1. 节拍函数 xTaskIncrementTick( )

SysTick 的中断服务通过调用 xTaskIncrementTick() 函数，来实现对所有处于阻塞态的任务节拍数 xTickCount 进行加 1 操作，并检查延时节拍是否已到。函数源码如下。

```
BaseType_t xTaskIncrementTick(void)
{
TCB_t* pxTCB;
TickType_t xItemValue;
BaseType_t xSwitchRequired = pdFALSE;
traceTASK_INCREMENT_TICK(xTickCount);
/ * * * * * * * * * * * * * * * * * * * * * * * * * * * * * * * * *
如果调度器没有被挂起,首先将节拍数加 1,xTickCount +1。如果 xTickCount = 0,说明溢出了,
使用函数 taskSWITCH_DELAYED_LISTS()将延时列表指针 pxDelayedTaskList 和溢出列表指针
pxOverflowDelayedTaskList 所指向的列表进行交换,将这两个指针所指向的列表交换以后,还需要
更新 xNextTaskUnblockTime 的值
    * * * * * * * * * * * * * * * * * * * * * * * * * * * * * * * * /
    if(uxSchedulerSuspended = = (UBaseType_t) pdFALSE){
        const TickType_t xConstTickCount = xTickCount + (TickType_t)1;
        xTickCount = xConstTickCount;
        if(xConstTickCount = = (TickType_t)0U)taskSWITCH_DELAYED_LISTS();
        else{   mtCOVERAGE_TEST_MARKER(); }
    / * * * * * * * * * * * * * * * * * * * * * * * * * * * * * * * *
变量 xNextTaskUnblockTime 保存着下一个要解除阻塞态的任务的时间点值,如果
xConstTickCount 大于 xNextTaskUnblockTime,就说明有任务需要解除阻塞态了。for(;;)是遍历
延时列表 pxDelayedTaskList 中所有列表项,检查延时节拍
        * * * * * * * * * * * * * * * * * * * * * * * * * * * * * * * /
        if(xConstTickCount > = xNextTaskUnblockTime){
          for(;;){
            if(listLIST_IS_EMPTY(pxDelayedTaskList)!=pdFALSE){
            xNextTaskUnblockTime = portMAX_DELAY;
            break;
            }
        else {
    / * * * * * * * * * * * * * * * * * * * * * * * * * * * * * * * *
延时列表不为空,获取延时列表第一个列表项对应的任务控制块 pxTCB,获取到的任务控制块中的状
态列表项值 xItemValue 是延时节拍(重要)
        * * * * * * * * * * * * * * * * * * * * * * * * * * * * * * * /
        pxTCB = (TCB_t* )listGET_OWNER_OF_HEAD_ENTRY(pxDelayedTaskList);
        xItemValue = listGET_LIST_ITEM_VALUE(&(pxTCB - >xStateListItem));
    / * * * * * * * * * * * * * * * * * * * * * * * * * * * * * * * *
如果当前的时钟节拍数 xConstTickCount < xItemValue 任务的延时时间,就把 xItemValue 的值
赋给 xNextTaskUnblockTime
```

```c
    * * * * * * * * * * * * * * * * * * * * * * * * * * * * * * * * * * * * * /
        if(xConstTickCount < xItemValue){
            xNextTaskUnblockTime = xItemValue;
            break;
        }
        else{ mtCOVERAGE_TEST_MARKER(); }
/* * * * * * * * * * * * * * * * * * * * * * * * * * * * * * * * * * * * * *
删除时间到的任务列表项或事件列表项,重新加到就绪列表
* * * * * * * * * * * * * * * * * * * * * * * * * * * * * * * * * * * * * * /
        (void) uxListRemove(&(pxTCB->xStateListItem));
        if(listLIST_ITEM_CONTAINER(&(pxTCB->xEventListItem))!=NULL)
            (void) uxListRemove(&(pxTCB->xEventListItem));
        else{ mtCOVERAGE_TEST_MARKER(); }
        prvAddTaskToReadyList(pxTCB);
/* * * * * * * * * * * * * * * * * * * * * * * * * * * * * * * * * * * * *
延时时间到的任务优先级高于正在运行的任务优先级,xSwitchRequired 使能并切换
* * * * * * * * * * * * * * * * * * * * * * * * * * * * * * * * * * * * * /
        #if ( configUSE_PREEMPTION = =1){
            if(pxTCB->uxPriority >=pxCurrentTCB->uxPriority){
                xSwitchRequired=pdTRUE;
            }
            else {mtCOVERAGE_TEST_MARKER();}
        }
    }
}
#if ((configUSE_PREEMPTION = =1) && (configUSE_TIME_SLICING = =1)){
    if(listCURRENT_LIST_LENGTH (&(pxReadyTasksLists[pxCurrentTCB->uxPriority]))
                        > (UBaseType_t)1){
        xSwitchRequired=pdTRUE;
    }
else{mtCOVERAGE_TEST_MARKER();  }
}
 #endif
 #if (configUSE_TICK_HOOK = =1){
    if(uxPendedTicks = = (UBaseType_t) 0U)   vApplicationTickHook();
    else{ mtCOVERAGE_TEST_MARKER();}
    }
 }
/* * * * * * * * * * * * * * * * * * * * * * * * * * * * * * * * * * * * *
如果调用函数 vTaskSuspendAll()挂起了任务,用 uxPendedTicks 来记录调度器挂起过程中的
时钟节拍数
* * * * * * * * * * * * * * * * * * * * * * * * * * * * * * * * * * * * * /
else{
```

```
+ +uxPendedTicks;
#if (configUSE_TICK_HOOK = =1)   vApplicationTickHook();
  #endif
}
/* * * * * * * * * * * * * * * * * * * * * * * * * * * * * * * * * * *
其他调度标志修改 xYieldPending 来标记是否需要进行上下文切换
* * * * * * * * * * * * * * * * * * * * * * * * * * * * * * * * * * */
#if (configUSE_PREEMPTION = =1){
    if(xYieldPending!=pdFALSE)    xSwitchRequired=pdTRUE;
    else{   mtCOVERAGE_TEST_MARKER();}
    }
#endif
return xSwitchRequired;
}
```

通过以上分析可知，xTaskIncrementTick() 函数在每一个节拍期间完成了如下功能。

（1）首先判断调度器是否被挂起了，如果没被挂起，xTickCount 表示一共发生了多少次 SysTick 中断，每次都加 1。

（2）检查 xNextTaskUnblockTime 以确认有没有任务使用了延时函数而被阻塞，如果有并且延时时间已到，就把阻塞的任务从列表项中移除，并使用 prvAddTaskToReadyList() 函数把任务通过尾插方式添加到就绪列表 pxReadyTasksLists[ ] 中，然后设置下一个因延时而阻塞的任务的 xNextTaskUnblockTime。

（3）若是时间片轮转调度，还会使用 listCURRENT_LIST_LENGTH 来进行当前列表调整。

（4）返回 xSwitchRequired 的值，如果是 pdTRUE，就需要进行任务切换。

2. 就绪情况分析

13.2.1 小节应用案例中，Task3_led 任务调用 vTaskDelay(500)，即需要 SysTick 中断 500 次后，延时时间到。FreeRTOS 通过 xTaskIncrementTick() 函数从延时列表 pxDelayedTaskList[ ] 中把该任务的列表项 xStateListItem 删除，然后通过 prvAddTaskToReadyList() 函数把任务列表项加到就绪列表 pxReadyTasksLists[ ] 中。如果 CPU 空闲，该任务优先级又是最高的，那么 FreeRTOS 重新调度该任务运行后面的程序，任务 Task3_led 的语句如下。

```
LED_Off(3);
printf("The LED3 is OFF! \r\n");
vTaskDelay(500);
```

至此，Task3_led 任务从睡眠态、就绪态、运行态、阻塞态再到就绪态，然后运行，只要没有删除任务，它将永远在就绪态、运行态、阻塞态中运行。

其他两个任务也一样，在就绪态、运行态、阻塞态中运行，这就是 FreeRTOS 的工作原理。

13.7 其他状态转换分析

13.7.1 挂起任务

在任务执行的过程中，有些时候系统需要等待某种条件而暂停，当某些条件满足后又恢复到运行状态，这时候就需要将任务挂起或解挂。FreeRTOS 提供了 vTaskSuspend() 函数来挂起一个任务，vTaskResume()函数来恢复一个任务。

由图13.7可知，可以让任务从就绪态挂起，也可以让任务从运行态挂起。任务挂起函数vTaskSuspend()的输出参数为任务句柄。该函数的代码如下。

```
/************************************************
输入参数为任务的句柄,如果为NULL,就表示挂起自己
************************************************/
void vTaskSuspend(TaskHandle_t xTaskToSuspend)
{
TCB_t* pxTCB;
/************************************************
根据句柄获取pxTCB,依次脱离就绪,从就绪列表移出,添加到挂起列表
************************************************/
taskENTER_CRITICAL();
    {
     pxTCB = prvGetTCBFromHandle(xTaskToSuspend);
     traceTASK_SUSPEND(pxTCB);
     if(uxListRemove(&(pxTCB->xStateListItem)) == (UBaseType_t)0)
        taskRESET_READY_PRIORITY(pxTCB->uxPriority);         //脱离就绪
     else{    mtCOVERAGE_TEST_MARKER(); }
     if(listLIST_ITEM_CONTAINER(&(pxTCB->xEventListItem))!=NULL)
         (void)uxListRemove(&(pxTCB->xEventListItem));      //从就绪列表移出
     else{    mtCOVERAGE_TEST_MARKER();}
     vListInsertEnd(&xSuspendedTaskList,&(pxTCB->xStateListItem));
                                                            //加入挂起列表
      #if(configUSE_TASK_NOTIFICATIONS ==1){
          if(pxTCB->ucNotifyState == taskWAITING_NOTIFICATION)
             pxTCB->ucNotifyState = taskNOT_WAITING_NOTIFICATION;
         }#endif
     }
    taskEXIT_CRITICAL();
/************************************************
重置下一个预期的解除锁定时间,以防它引用现在处于挂起状态的任务
************************************************/
     if(xSchedulerRunning!=pdFALSE){
        taskENTER_CRITICAL();{
           prvResetNextTaskUnblockTime();
          }
        taskEXIT_CRITICAL();
         }
       else{mtCOVERAGE_TEST_MARKER();}
/************************************************
如果挂起的任务就是当前任务,且调度器处于运行状态,就进行任务调度;否则必须调整
pxCurrentTCB以指向不同的任务
************************************************/
```

```
    if(pxTCB = =pxCurrentTCB){
        if(xSchedulerRunning!=pdFALSE){
            configASSERT(uxSchedulerSuspended = =0);
            portYIELD_WITHIN_API();
        }
      else{
   if(listCURRENT_LIST_LENGTH(&xSuspendedTaskList) = =uxCurrentNumberOfTasks)
         pxCurrentTCB = NULL;
     else{   vTaskSwitchContext();}
       }
 }
 else{   mtCOVERAGE_TEST_MARKER();}
 }
```

任务挂起函数 vTaskSuspend() 的功能就是使要挂起的任务从就绪列表 uxTopReadyPriority[ ] 中脱离，然后把挂起任务的列表项从就绪列表中移出，并添加挂起任务的列表项到 xSuspendedTaskList[ ] 列表中，最后开启一次任务调度。

13.7.2 解挂任务

当任务处于挂起状态，如果条件满足，就需要解挂。任务恢复函数为 vTaskResume()，其输入参数为要解挂的任务句柄，其代码如下。

```
void vTaskResume(TaskHandle_t xTaskToResume)
{
TCB_t* const pxTCB = (TCB_t* ) xTaskToResume;
configASSERT(xTaskToResume);
if((pxTCB!=NULL)&&(pxTCB!=pxCurrentTCB)){
     taskENTER_CRITICAL();
        {
         if(prvTaskIsTaskSuspended(pxTCB)!=pdFALSE){
            traceTASK_RESUME(pxTCB);
              (void)uxListRemove(&(pxTCB->xStateListItem));
            prvAddTaskToReadyList(pxTCB);
            if(pxTCB→uxPriority > =pxCurrentTCB->uxPriority) {
                taskYIELD_IF_USING_PREEMPTION();
              }
            else{mtCOVERAGE_TEST_MARKER();}
          }
          else{mtCOVERAGE_TEST_MARKER();}
        }
        taskEXIT_CRITICAL();
    }
   else{ mtCOVERAGE_TEST_MARKER(); }
 }
```

任务恢复函数的功能就是把处于挂起状态的任务列表项从挂起列表 xSuspendedTaskList[ ] 中

删除，并将该列表项添加到就绪列表中，让任务处于就绪态。这样任务就再一次满足了调度的条件，可以获得 CPU 的使用权。

另外，也可以采用中断级的任务恢复函数 xTaskResumeFromISR()，这样是从一个中断服务函数中恢复暂停的任务。这个函数有一个返回值，即 pdTRUE 或 pdFALSE。如果是 pdTRUE，就意味着唤醒的任务的优先级高于当前任务的优先级，此时的中断服务函数就会被打断。该函数的代码请读者自行分析。

13.7.3　删除任务

当任务处于就绪态和运行态时，可通过 vTaskDelete() 函数将任务删除，此时该任务不可被调度，只有重新创建任务才会有响应。vTaskDelete() 函数的输入参数为任务句柄。该函数的代码如下。

```
void vTaskDelete(TaskHandle_t xTaskToDelete)
{
TCB_t* pxTCB;
taskENTER_CRITICAL();
{
/* * * * * * * * * * * * * * * * * * * * * * * * * * * * * * * * * * * * *
如果参数为 NULL,说明调用函数 vTaskDelete()的任务要删除自身
* * * * * * * * * * * * * * * * * * * * * * * * * * * * * * * * * * * * /
    pxTCB = prvGetTCBFromHandle(xTaskToDelete);
    if(uxListRemove(&(pxTCB - >xStateListItem)) = = (UBaseType_t)0){
        taskRESET_READY_PRIORITY(pxTCB - >uxPriority);  //将任务从就绪列表中删除
    }
else{mtCOVERAGE_TEST_MARKER();}
/* * * * * * * * * * * * * * * * * * * * * * * * * * * * * * * * * * * * *
任务是否在等待某个事件,也将删除事件
* * * * * * * * * * * * * * * * * * * * * * * * * * * * * * * * * * * * /
if(listLIST_ITEM_CONTAINER(&(pxTCB - >xEventListItem))! = NULL)
    (void) uxListRemove(&(pxTCB - >xEventListItem));
else{mtCOVERAGE_TEST_MARKER();}
uxTaskNumber + + ;
if(pxTCB = = pxCurrentTCB){
    vListInsertEnd(&xTasksWaitingTermination,&(pxTCB - >xStateListItem));
     + +uxDeletedTasksWaitingCleanUp;
    portPRE_TASK_DELETE_HOOK(pxTCB,&xYieldPending);
    }
else{
    - -uxCurrentNumberOfTasks;
    prvDeleteTCB(pxTCB);
    prvResetNextTaskUnblockTime();
    }
traceTASK_DELETE(pxTCB);
}
```

```
taskEXIT_CRITICAL();
/* * * * * * * * * * * * * * * * * * * * * * * * * * * * * * * * * * * *
如果删除的是正在运行的任务,那么就需要强制进行一次任务切换
* * * * * * * * * * * * * * * * * * * * * * * * * * * * * * * * * * * */
if(xSchedulerRunning!=pdFALSE){
    if(pxTCB==pxCurrentTCB){
        configASSERT(uxSchedulerSuspended==0);
        portYIELD_WITHIN_API(); (11)
    }
    else{ mtCOVERAGE_TEST_MARKER();}
  }
}
```

另外,还有暂停调度器函数 vTaskSuspendAll() 和恢复调度器函数 xTaskResumeAll(),这些函数请读者根据代码自行分析。

13.8　FreeRTOS 多任务应用案例

1. 任务要求

利用 FreeRTOS 中的任务创建函数 xTaskCreate()、任务挂起函数 vTaskSuspend()、任务恢复函数 vTaskResume() 和任务删除函数 vTaskDelete() 设计一个多任务系统,要求如下。

(1) 任务 Task1:该任务优先级最高,驱动 LED1 间隔 800 ms 闪烁,执行两次后自行删除。
(2) 任务 Task2:驱动 LED2 间隔 400 ms 闪烁,执行 3 次后挂起。
(3) 任务 Task3:驱动 LED3 间隔 400 ms 闪烁,执行 5 次后解挂 Task2。
(4) Task2 和 Task3 的优先级设置为一样,采用时间片轮转调度。
(5) 通过串口将执行信息打印出来,通过串口调试助手观察任务执行情况。

2. 硬件设计

LED1、LED2、LED3 分别对应 PB10、PB11、PB12,均为推挽输出;串口采用 USART2,波特率为 115 200 bit/s,数据位为 8 位,停止位为 1 位,无校验位;系统时钟为 HSI,无倍频,8 MHz,基准时钟源用 TIM2 实现。

3. 软件设计

任务 Task1 的优先级设置为 3,堆栈大小为 128 字节,句柄为 Task1_Handle。
任务 Task2 的优先级设置为 2,堆栈大小为 128 字节,句柄为 Task2_Handle。
任务 Task3 的优先级设置为 2,堆栈大小为 128 字节,句柄为 Task3_Handle。
在 STM32CubeMX 中分配任务,配置 GPIOB、USART 硬件参数以及系统时钟等,生成 MDK 工程文件,在 "main.c" 文件中添加如下代码。

```
#include "main.h"
#include "usart.h"
#include "gpio.h"
#include "FreeRTOS.h"
#include "task.h"
#include "stdio.h"
void Task1(void* argument);
```

```c
void Task2(void* argument);
void Task3(void* argument);
TaskHandle_t Task1_Handle,Task2_Handle,Task3_Handle;
/* * * * * * * * * * * * * * * * * * * * * * * * * * * * * * * * * * * * *
int main()函数功能:初始化外设,创建3个任务并开启调度
* * * * * * * * * * * * * * * * * * * * * * * * * * * * * * * * * * * * */
int main(void)
{
  HAL_Init();
  SystemClock_Config();
  MX_GPIO_Init();
  MX_USART2_UART_Init();
  printf("The FreeRTOS is Running! \r\n");
  xTaskCreate(Task1,"Task1",128,NULL,3,&Task1_Handle);
  xTaskCreate(Task2,"Task2",128,NULL,2,&Task2_Handle);
  xTaskCreate(Task3,"Task3",128,NULL,2,&Task3_Handle);
  vTaskStartScheduler();
}
/* * * * * * * * * * * * * * * * * * * * * * * * * * * * * * * * * * * * *
void Task1()函数功能:LED1 间隔800 ms 闪烁,执行两次后删除
输入参数:void * argument,传递给任务的参数,由 xTaskCreate 传入
输出参数:无
* * * * * * * * * * * * * * * * * * * * * * * * * * * * * * * * * * * * */
void Task1(void * argument)
{  uint8_t count=0;
   while(1){
     LED_On(0);   printf("The LED1 is ON !% d \r\n",count);
     vTaskDelay(800);
     LED_Off(0);  printf("The LED1 is OFF!% d \r\n",count);
     vTaskDelay(800);
     if(count= =1){
       printf("Task1 Delete! \r\n");
       vTaskDelete(Task1_Handle);
     }
     count++;
   }
}
/* * * * * * * * * * * * * * * * * * * * * * * * * * * * * * * * * * * * *
void Task2()函数功能:LED2 间隔400 ms 闪烁,执行3 次后挂起
输入参数:void * argument,传递给任务的参数,由 xTaskCreate 传入
输出参数:无
* * * * * * * * * * * * * * * * * * * * * * * * * * * * * * * * * * * * */
void Task2(void * argument)
```

```c
{  uint8_t count=0;
   while(1){
     LED_On(1);    printf("The LED2 is ON !% d \r\n",count);
     HAL_Delay(400);
     LED_Off(1);   printf("The LED2 is OFF!% d \r\n",count);
     HAL_Delay(400);
     if(count= =2){
        printf("Task2 Suspend! \r\n");
        vTaskSuspend(NULL);
     }
     count++;
   }
}
/*******************************************
void Task3()函数功能:LED3 间隔400 ms 闪烁,执行5 次后解挂Task2
输入参数:void* argument,传递给任务的参数,由xTaskCreate 传入
输出参数:无
*******************************************/
void Task3(void* argument)
{
   uint8_t count=0;
   while(1){
     LED_On(2);    printf("The LED3 is ON !% d \r\n",count);
     HAL_Delay(400);
     LED_Off(2);   printf("The LED3 is OFF!% d \r\n",count);
     HAL_Delay(400);
     if(count= =4){
       printf("Task2 Resume! \r\n");
       vTaskResume(Task2_Handle);
     }
     count++;
   }
}
```

在 main() 函数中主要完成硬件的初始化,硬件初始化完成以后创建了3个任务,并且开启了 FreeRTOS 的任务调度。按照优先级的高低,依次执行 Task1,遇到延时函数 vTaskDelay() 进入阻塞态;任务 Task2 和 Task3 按照时间片轮转执行;3个任务如此循环,当 Task1 执行两次后删除。

4. 仿真与调试

设计好程序后,编译并下载程序到开发板中,在计算机上打开串口调试助手进行调试,多任务运行调试效果如图 13.18 所示。

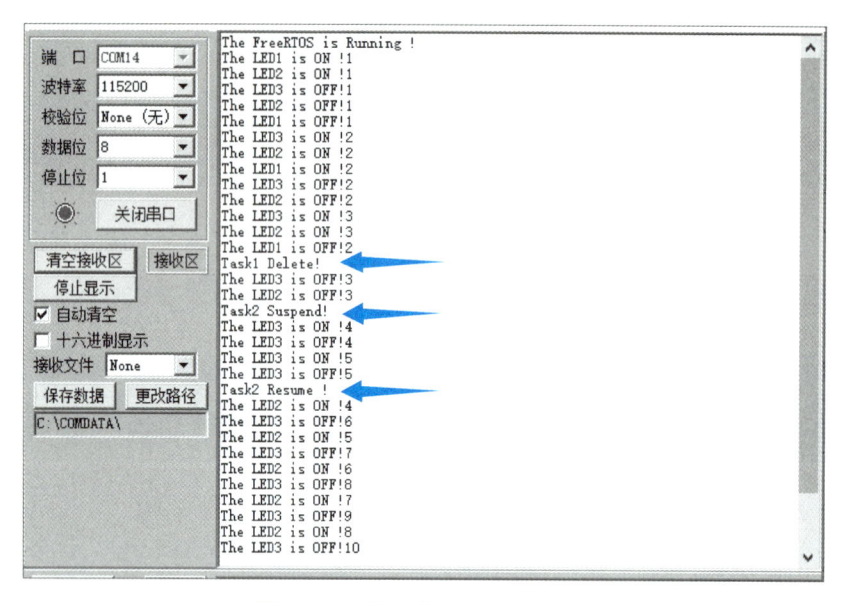

图 13.18　多任务运行调试效果

由图 13.18 可看出，3 个任务一开始按任务级高低顺序依次执行，任务 Task1 延时时间较长，在其阻塞期间，任务 Task2 和任务 Task3 采用时间片轮转调度执行；任务 Task1 执行两次后删除；任务 Task2 执行 3 次后挂起，这期间任务 Task2 不再执行；任务 Task3 执行 5 次后，将任务 Task2 解挂，然后再继续执行。

本章小结

FreeRTOS 通过列表和列表项来管理任务，每个任务创建后，即属于一个基于优先级的任务列表 pxReadyTasksLists[ ]。每个列表中有多个列表项，每个列表项代表一个任务，一个列表中可以有多个列表项（即多个优先级相同的任务）。列表项对应任务的优先级、列表项值（延时节拍数）、指向任务控制块指针和所属列表。

在 FreeRTOS 中，任务的状态有就绪态、运行态、阻塞态、挂起态，另外还有睡眠态和中断态。

FreeRTOS 对任务的操作通过任务创建与任务删除、任务挂起与恢复、任务切换、任务统计、任务调度、任务延时等函数来实现。任务创建即将任务代码、任务控制块、任务堆栈通过该任务列表和列表项联系在一起。

在 ARM Crotex－M3 中，FreeRTOS 的任务调度实际是通过触发一次 PendSV 中断实现的，调度算法一般通过汇编程序实现。查找高优先级任务的算法有软件实现法和硬件实现法。

RTOS 中的节拍定时器 SysTick 相当于人的心脏，在 ARM Crotex－M3 中通过 SysTick 中断来实现时钟节拍服务。可以以 10 Hz～1 kHz 对 SysTick 进行设置，频率越高功耗越大。

本章习题

1. 简述 FreeRTOS 任务在就绪态、运行态、阻塞态、挂起态之间是如何转换并运行的。
2. 利用 FreeRTOS 设计一个数字时钟，能通过 LCD1602 显示时钟，能通过按键修改时间参数。
3. 利用 FreeRTOS 设计一个数字电压表，要求能将被测电压值通过 LCD1602 显示，能通过串行接口将模拟电压值上传到计算机，设计电路，编写程序，并完成仿真与调试。

第 14 章　FreeRTOS 任务通信解析与应用

教学目标

【知识】
(1) 深刻理解并掌握任务同步、任务互斥的概念及应用场景。
(2) 掌握 FreeRTOS 的消息队列的工作原理及其应用。
(3) 掌握 FreeRTOS 的信号量（二值信号量、计数信号量、互斥信号量、递归互斥信号量）的工作原理及其应用。
(4) 掌握 FreeRTOS 的事件标志组的工作原理及其应用。
(5) 掌握 FreeRTOS 的软件定时器的工作原理及其应用。

【能力】
(1) 具有分析 FreeRTOS 应用系统中的消息队列、信号量、事件标志组的能力。
(2) 具有将 FreeRTOS 的消息队列、信号量、事件标志组应用在嵌入式系统中的能力。
(3) 具有将 FreeRTOS 的软件定时器应用在嵌入式系统中的能力。

FreeRTOS 中任务间通信、任务同步与互斥的方式有队列、信号量（二值信号量、计数信号量、互斥信号量、递归互斥信号量）、事件标志组和任务通知。

14.1　FreeRTOS 队列解析与应用

队列是为了实现任务与任务、任务与中断之间通信的一种 RTOS 重要机制。在 RTOS 应用中，队列可以较方便地实现任务与任务、任务与中断之间的消息传递。在非操作系统的程序中，任务之间传递消息通过全局变量实现，能够保证需求双方的数据安全；在有操作系统的程序中，任务之间传递消息不能采用全局变量，其原因是一个任务可能执行了多次，另一个任务才执行一次，这样无法确保数据的安全。队列为在 RTOS 中的消息传递提供了一种确保数据安全的机制。

14.1.1　队列基础知识

在 FreeRTOS 中，队列可以存储有限的、大小固定的数据项目。队列所能保存的最大数据项目的数量叫作队列的长度，创建队列的时候会指定数据项目的大小和队列的长度。队列是用来实现任务间消息传递的，所以也被称为消息队列。

1. 队列的数据存储

在 FreeRTOS 中，队列采用先进先出（First Input First Output，FIFO）的存储缓冲机制。往队列中存放数据叫入队，从队列中取数据叫出队。队列也可以使用后进先出（Last Input First Output，LIFO）的存储缓冲机制。

数据存放到队列中会导致值复制，也就是存放数据到队列中，而不是采用数据指针（这种方法叫值传递）。采用值传递，当消息存放到队列中后，就可以删除原始的数据缓冲区，缓冲区就可以重复使用。FreeRTOS 使用的是值复制，也可以采用值传递，直接往队列中放入发送消息缓冲区的地址的指针。

创建队列时，FreeRTOS 会先给队列分配一块内存空间，这块内存的大小等于队列控制块大小加上单个队列空间大小与队列长度的乘积，再初始化消息队列，此时消息队列为空。

2. 队列访问

在 FreeRTOS 中，队列不属于某个特定的任务，任何任务或中断都可以向队列发送消息，或者从队列中提取消息。

3. 队列阻塞机制发送消息

队列是一种公共资源，任何任务或中断都可以对其进行读写操作，某个任务对它进行读写操作的时候，必须保证该任务能正常完成读写操作，而不受后来的任务干扰。FreeRTOS 的阻塞机制可以用来实现这一过程。

（1）当任务或中断发送消息时，如果队列未满或允许覆盖入队，FreeRTOS 会将消息复制到队列队尾，否则会根据用户指定的阻塞超时时间进行阻塞。在这段时间中，如果队列一直不允许入队，该任务将保持阻塞态以等待队列允许入队。

（2）当其他任务从其等待的队列中读取出了数据（队列未满）时，该任务将自动由阻塞态转换为就绪态。

（3）当等待的时间超过了指定的阻塞时间时，即使队列中还不允许入队，任务也会自动从阻塞态转换为就绪态，此时发送消息的任务或中断程序会收到一个错误码 errQUEUE_FULL。

（4）发送紧急消息的过程与发送消息几乎一样，唯一的不同是当发送紧急消息时，发送的位置是队列队头而非队尾，这样接收者就能够优先接收到紧急消息，从而及时处理消息。

（5）假如有多个任务阻塞在一个队列中，那么这些阻塞的任务将按照任务优先级进行排序，优先级高的任务进入就绪态。若优先级相同，则等待时间最久的任务进入就绪态。

4. 队列阻塞机制接收消息

（1）队列接收消息就是从队列中提取消息。当任务读队列时，若队列有数据，则依次读取；若队列没有数据，则该任务可以进入阻塞态，还可以指定阻塞时间。若在阻塞时间内队列有数据，则该阻塞的任务会转换为就绪态。若队列一直都没有数据，则阻塞时间到了后，该阻塞任务也会进入就绪态。

（2）读取队列的任务个数没有限制，当多个任务读取空队列时，这些任务都会进入阻塞状态。当队列中有数据时，优先级最高的任务先获得数据；如果优先级相同，那么等待时间最久的任务会进入就绪态。

5. 队列操作过程

（1）创建一个队列，如图 14.1 所示。任务 TaskA 和任务 TaskB 之间进行通信，队列数据项目的长度为 5，数据类型为整型。

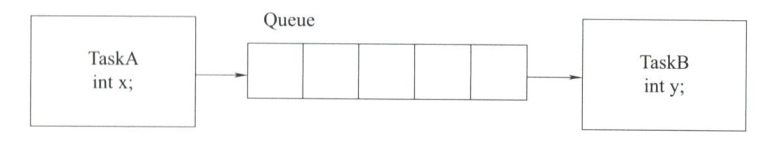

图 14.1 创建队列

（2）任务 TaskA 往队列中发送第一个消息，值为 10。任务 TaskA 往队列中再发送一个消息，值为 50，这时队列剩余空间大小为 3。写数据到队列过程如图 14.2 所示。

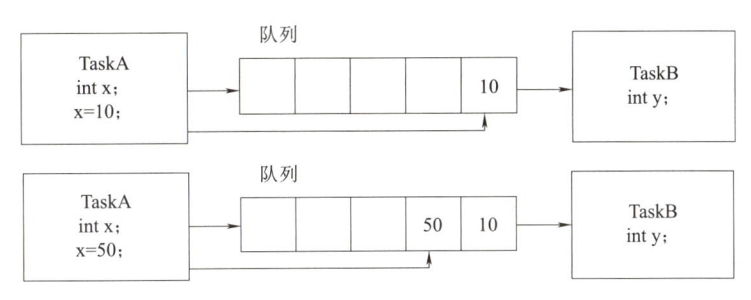

第 14 章 FreeRTOS 任务通信解析与应用

图 14.2 写数据到队列过程

(3) 从队列中取一个消息。任务 TaskB 从队列中取一个消息，从队列头开始取（值为 10），队列中剩下一个消息，剩余空间大小为 4。从队列读数据过程如图 14.3 所示。

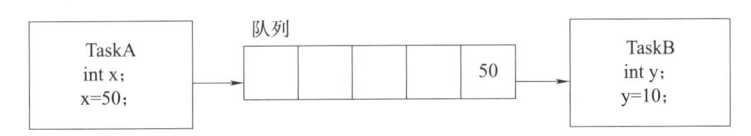

图 14.3 从队列读数据过程

14.1.2 队列的函数解析

1. 队列结构体

队列采用队列结构体来进行管理，包括消息的存储位置、头指针 pcHead、尾指针 pcTail、消息大小 uxItemSize，以及队列长度 uxLength 等。每个队列都与消息空间在同一段连续的内存空间中，在创建成功的时候，这些内存就被占用了，只有删除队列，这段内存才会被释放掉。每个消息空间可以存放不大于消息大小 uxItemSize 的任意类型的数据，所有队列中的消息空间总数即队列的长度，这个长度可在队列创建时指定。

FreeRTOS 队列的控制块为 Queue_t，该结构体在文件"queue.c"中定义，原型如下。

```
typedef struct QueueDefinition
{
 int8_t* pcHead;                          //指向队列存储区开始地址
 int8_t* pcTail;                          //指向队列存储区最后一个字节
 int8_t* pcWriteTo;                       //指向存储区中下一个空闲区域
 union
   {
   int8_t* pcReadFrom;                    //当用于队列时,指向出队空间的最后一个
   UBaseType_t uxRecursiveCallCount;      //递归互斥信号量,记录递归互斥信号量被调用
                                          的次数
   }u;
 List_t xTasksWaitingToSend;//发送消息的阻塞列表,保存阻塞在此队列的任务按照优先级进
                             行排序
 List_t xTasksWaitingToReceive;//接收消息的阻塞列表,那些因为队列空导致出队失败而进
                                入阻塞态的任务就会挂到此列表上
 volatile UBaseType_t uxMessagesWaiting;//队列中当前队列项数量,也就是消息数
 UBaseType_t uxLength;                    //创建队列时指定的队列长度
```

```
        UBaseType_t uxItemSize;//每个队列项(消息)最大宽度,单位为字节
        volatile int8_t cRxLock;//队列上锁后,存储从队列收到的列表项数目,也就是出队的数量,若
                                 队列没有上锁,则设置为 queueUNLOCKED
        volatile int8_t cTxLock;//队列上锁后,存储发送到队列的列表项数目,也就是入队的数量,若
                                 队列没有上锁,则设置为 queueUNLOCKED
        #if((configSUPPORT_STATIC_ALLOCATION == 1)
              &&(configSUPPORT_DYNAMIC_ALLOCATION == 1))
              uint8_t ucStaticallyAllocated;//如果使用静态存储,此字段就设置为 pdTURE
        #endif
        #if (configUSE_QUEUE_SETS == 1)         //队列集
              struct QueueDefinition* pxQueueSetContainer;
        #endif
        #if (configUSE_TRACE_FACILITY == 1)   //跟踪调试
              UBaseType_t uxQueueNumber;
              uint8_t ucQueueType;
        #endif
        } xQUEUE;
        typedef xQUEUE   Queue_t;              //旧版本使用 xQUEUE,新版本使用 Queue_t
```

2. 队列创建

在应用队列之前,要先创建一个队列。创建队列有动态创建和静态创建两种方法,其对应的函数为 xQueueCreate() 和 xQueueCreateStatic()。这两个函数本质上都是宏,真正完成队列创建的函数是 xQueueGenericCreate() 和 xQueueGenericCreateStatic(),这两个函数在文件 "queue.c" 中定义。下面以 xQueueGenericCreate() 函数为例进行分析。

函数 xQueueGenericCreate()

函数 xQueueGenericCreate() 在文件 "queue.c" 中定义,函数原型如下。

```
QueueHandle_t xQueueGenericCreate(const UBaseType_t uxQueueLength,
                                   const UBaseType_t uxItemSize,
                                   const uint8_t ucQueueType)
```

函数的输入参数如下。

① uxQueueLength:要创建的队列长度。
② uxItemSize:单个队列项的大小,单位为字节。
③ ucQueueType:类型,可以为以下值。
- queueQUEUE_TYPE_BASE:表示队列。
- queueQUEUE_TYPE_SET:表示队列集合。
- queueQUEUE_TYPE_MUTEX:表示互斥信号量。
- queueQUEUE_TYPE_COUNTING_SEMAPHORE:表示计数信号量。
- queueQUEUE_TYPE_BINARY_SEMAPHORE:表示二值信号量。
- queueQUEUE_TYPE_RECURSIVE_MUTEX:表示递归互斥信号量。

函数的返回值如下。

pxNewQueue:消息队列控制块,一个结构体指针(QueueHandle_t 句柄,实际是 void *),即队列在内存中的地址。

队列初始化函数 prvInitialiseNewQueue() 的代码

函数 xQueueGenericCreate() 最主要的作用就是给队列分配内存，当内存分配成功以后，调用函数 prvInitialiseNewQueue() 来初始化队列。

队列初始化函数 prvInitialiseNewQueue() 在文件"queue.c"中定义，函数原型如下。

```
static void prvInitialiseNewQueue(const UBaseType_t uxQueueLength,//队列的长度
                                  const UBaseType_t uxItemSize,//单个消息的大小
                                  uint8_t* pucQueueStorage,//实际存放消息的地址
                                  const uint8_t ucQueueType,//队列的类型
                                  Queue_t* pxNewQueue)//消息队列控制块
```

队列初始化完成后，还要调用队列复位函数 xQueueGenericReset() 来完成最终的初始化工作，该函数会调用 vListInitialise() 函数构建列表结构。函数原型如下。

```
BaseType_t xQueueGenericReset(QueueHandle_t xQueue,//队列控制块
                              BaseType_t xNewQueue)//是否为新的队列
```

队列复位函数 xQueueGenericReset() 的代码

以创建一个有 4 个队列项、每个队列项长度为 32 个字节的队列 TestQueue 为例，创建成功的初始队列结构如图 14.4 所示。

图 14.4 初始队列结构

3. 队列发送消息

创建好队列以后，就可以向队列发送消息了，这一过程被称为入队。FreeRTOS 提供了 8 个

向队列发送消息的 API 函数（队列入队函数），分为任务级队列的发送函数和中断级队列的发送函数，相关函数请读者参见第 12 章的表 12.4。

任务级队列的发送函数有前向入队、后向入队、覆写入队等函数，可以适应不同的应用需求，它们均是使用 xQueueGenericSend() 函数来实现的。

中断级队列的发送函数有前向入队、后向入队、覆写入队等函数，可以适应不同的应用需求，它们均是使用 xQueueGenericSendFromISR() 函数来实现的。

下面以任务级队列的发送函数 xQueueSend() 和中断级队列的发送函数 xQueueSendFromISR() 为例进行分析，均是发到队列尾部，其他函数请读者自行分析。

函数xQueueGenericSend()的代码

(1) 任务级队列发送函数 xQueueSend()。

任务级队列发送函数 xQueueSend() 的原型如下。

```
BaseType_t xQueueSend(QueueHandle_t xQueue,     //队列句柄，指向要发送的队列
const void * pvItemToQueue,                     //指向要发送的消息
TickType_t xTicksToWait);                       //阻塞时间为 0~portMAX_DELAY
```

该函数返回 pdPASS 表示向队列发送消息成功，否则表示不成功。

xQueueSend() 函数实际是通过 xQueueGenericSend() 函数完成发送的，该函数的原型如下。

```
BaseType_t xQueueGenericSend(QueueHandle_t xQueue,           //队列句柄
                             const void* const pvItemToQueue, //发送的消息
                             TickType_t xTicksToWait,         //阻塞时间
                             const BaseType_t xCopyPosition)  //复制位置
```

(2) 中断级队列发送函数 xQueueSendFromISR()。

中断级队列发送函数 xQueueSendFromISR() 的原型如下。

```
xQueueSendFromISR(xQueue, pvItemToQueue, pxHigherPriorityTaskWoken)
```

①输入参数如下。
- xQueue：队列句柄，表明要向哪个队列发送数据。
- pvItemToQueue：指向要发送的消息，发送的过程中会将这个消息复制到队列中。
- pxHigherPriorityTaskWoken：标记退出此函数后是否进行任务切换，为 pdTRUE 表示切换。

②返回参数。该函数无返回参数。

该函数宏定义如下。

```
#define xQueueSendFromISR(xQueue, pvItemToQueue, pxHigherPriorityTaskWoken)
        xQueueGenericSendFromISR((xQueue),                        //句柄
                                 (pvItemToQueue),                 //要发送的数据
                                 (pxHigherPriorityTaskWoken),     //退出是否任务切换
                                 queueSEND_TO_BACK)               //入队方式
```

4. 队列接收消息

队列接收消息即从消息队列中接收一组数据，这一过程被称为出队。FreeRTOS 有 4 个队列接收函数（队列出队函数），参见第 12 章的表 12.4，分为任务级队列接收函数和中断级队列接收函数。

任务级队列接收函数有读取完后删除函数 xQueueReceive()，读取完后不删除函数

xQueuePeek()两种。

中断级队列接收函数有读取完后删除函数 xQueueReceiveFromISR()，读取完后不删除函数 xQueuePeekFromISR()两种。

下面主要分析函数 xQueueReceive() 和 xQueueReceiveFromISR()，其他函数请读者自行分析。

（1）任务级队列接收函数。

xQueueReceive()函数用于从队列中读取一条（请求）消息，读取成功以后就会将队列中的这条数据删除，此函数的本质是一个宏，真正执行的函数是 xQueueGenericReceive()。此函数在读取消息的时候是采用复制方式的，所以用户需要提供一个数组或缓冲区来保存读取到的数据，所读取的数据长度是创建队列的时候所设定的每个队列项长度，函数原型如下：

```
BaseType_t xQueueReceive(QueueHandle_t xQueue,      //队列句柄
                         void* pvBuffer,             //保存数据的缓冲区
                         TickType_t xTicksToWait);   //阻塞时间
```

该函数返回 pdTRUE 表示从队列中读取数据成功，返回 pdFALSE 表示从队列中读取数据失败。

（2）中断级队列接收函数。

xQueueReceiveFromISR()函数原型如下。

```
BaseType_t xQueueReceiveFromISR(QueueHandle_t xQueue,              //队列句柄
                                void* const pvBuffer,               //保存数据的缓冲区
                                BaseType_t* const pxHigherPriorityTaskWoken);  //标记任务切换
```

综上所述，任务获取队列中的消息采用 xQueueReceive() 函数，在中断服程序中获取队列中的消息采用 xQueueReceiveFromISR() 函数。这两个函数不能混合使用，注意应用场合。

14.1.3　消息队列应用：传感器数据融合设计

1. 任务要求

有两个传感器数据采集任务：一个光照度采集任务，一个温度采集任务。一个数据处理任务：当采集的光照度小于 30 lx 时，LED0 指示灯亮，反之熄灭；当采集的温度小于 15 ℃时，LED1 指示灯亮，反之熄灭。将处理信息通过串口传输到计算机。请利用消息队列机制设计系统，完成软硬件设计。

2. 硬件设计

硬件电路图如图 14.5 所示。电路由 STM32F1 系列 MCU、CH340 串口转 USB 芯片、LED 0 和 LED 1 指示灯、数据采集模块构成，ADC 数据采集可参考第 9 章相关内容。

3. 软件设计

该应用项目采用消息队列的方式传输两个任务的数据，此处数据采集部分的程序省略，读者可自行添加。设消息队列长度为 2，单个数据大小为 4 个字节。

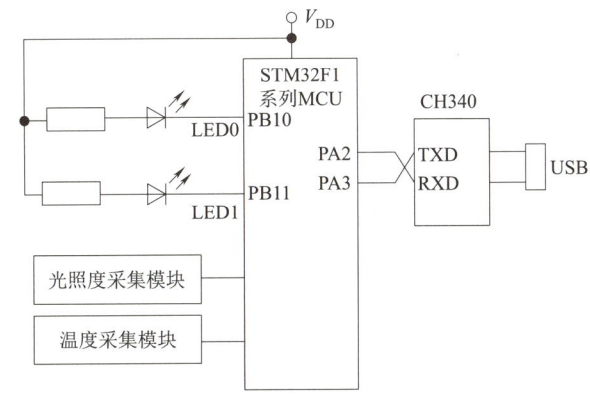

图 14.5　硬件电路图

两个发送任务的优先级设成一样,轮流发送(若是有条件发送,则可设置成不同的优先级)。接收的数据分别通过串口显示出来,并根据数值的不同进行相应的控制。

参考程序如下。

```c
/* * * * * * * * * * * * * * STM32 的相关头文件 * * * * * * * * * * * * * * */
#include "main.h"
#include "usart.h"
#include "gpio.h"
#include "stdio.h"
/* * * * * * * * * * * * * * FreeRTOS 的相关头文件 * * * * * * * * * * * * * */
#include "FreeRTOS.h"
#include "FreeRTOSConfig.h"
#include "task.h"
#include "queue.h"
/* * * * * * * * * * * * * * 函数原型申明 * * * * * * * * * * * * * * * * * */
void SystemClock_Config(void);
void MX_FREERTOS_Init(void);
void Task1_Adc(void* argument);
void Task2_Temp(void* argument);
void Task3_Receiver(void* argument);
/* * * * * * * * * * * * * * 定义发送数据的结构体 * * * * * * * * * * * * * */
typedef enum {
    Adc_Data,
    Temp_Data
}Type_t;
typedef struct{
    Type_t  xDataType;
    int32_t xDataValue;
}Data_t;
/* * * * * * * * * * * * * * * * * * * * * * * * * * * * * * * * * * * * * *
int main(void)函数功能:创建消息队列,创建3个任务
* * * * * * * * * * * * * * * * * * * * * * * * * * * * * * * * * * * * * */
int main(void)
{
  HAL_Init();
  SystemClock_Config();
  MX_GPIO_Init();
  MX_USART2_UART_Init();
  printf("The xQueue is Running ! \r\n");
  xQueue = xQueueCreate(2, sizeof( Data_t ));           //创建消息队列
  if(xQueue!=NULL ){
   xTaskCreate(Task1_Adc,     "Task1",64,NULL,3,NULL);   //创建ADC发送数据任务
   xTaskCreate(Task2_Temp,    "Task2",64,NULL,3,NULL);   //创建温度发送数据任务
   xTaskCreate(Task3_Receiver,"Task3",64,NULL,1,NULL);   //创建接收数据任务
   }
   vTaskStartScheduler();
  while (1) {;}
}
```

```c
/************************************************************
void Task1_Adc(void* argument)函数功能:光照度采集,并发送消息队列到 xQueue
输入参数:void* argument,传递给任务的参数
输出参数:无
************************************************************/
void Task1_Adc(void* argument)
{
    static const Data_t xAdcStructs[1] = {Adc_Data, 40};        //光照度数据
    BaseType_t xStatus;
    const TickType_t xTicksToWait = pdMS_TO_TICKS(100UL);
    for(;;){
        xStatus = xQueueSendToBack(xQueue, &xAdcStructs[0], xTicksToWait);
                                                                //写队列
        if(xStatus!=pdPASS){
            printf("Could not send to the queue. \r\n");
        }
    }
}
/************************************************************
void Task2_Temp(void* argument)函数功能:温度采集,并发送给队列 xQueue
输入参数:void* argument,传递给任务的参数
输出参数:无
************************************************************/
void Task2_Temp(void * argument)
{
    static const Data_t xTempStructs[1] = {Temp_Data, 70};      //温度数据
    BaseType_t xStatus;
    const TickType_t xTicksToWait = pdMS_TO_TICKS( 100UL );
    for(;;){
        xStatus = xQueueSendToBack(xQueue, &xTempStructs[0], xTicksToWait);
                                                                //写队列
        if(xStatus!=pdPASS){
            printf("Could not send to the queue. \r\n");
        }
    }
}
/************************************************************
void Task3_Receiver(void * argument)函数功能:从队列接收消息并处理
输入参数:void* argument,传递给任务的参数
输出参数:无
************************************************************/
static void Task3_Receiver(void * pvParameters)
```

```
{
    Data_t xReceivedStructure;
    BaseType_t xStatus;
    for(;;) {
        xStatus = xQueueReceive(xQueue, &xReceivedStructure, 0);
        if(xStatus = = pdPASS)  {                            //读到了数据,进行数据处理
            if(xReceivedStructure.xDataType = = Adc_Data){
                printf("Adc_Data = % d\r\n", xReceivedStructure.xDataValue);
                if(xReceivedStructure.xDataValue>30)   LED_Off(0);    //关 LED0
                else                                   LED_On(0);     //开 LED0
            }
            else if(xReceivedStructure.xDataType = = Temp_Data) {
                printf( "Adc_Data = % d\r\n", xReceivedStructure.xDataValue);
                if(xReceivedStructure.xDataValue>150)  LED_Off(1);    //关 LED1
                else                                   LED_On(1);     //开 LED1
            }
        }
        else{                                                //未读到数据,发送信息
            printf("Could not receive from the queue. \r\n");
        }
    }
}
```

4. 仿真与调试

在 Keil – MDK 中进行仿真，也可以下载到硬件，通过串口调试助手观察，队列运行效果如图 14.6 所示。

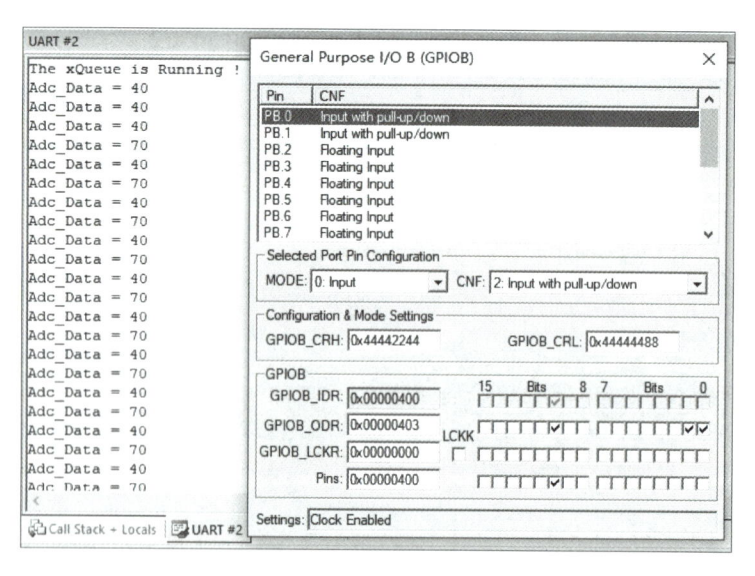

图 14.6　队列运行效果

Task1_Adc 任务是最高优先级任务，它先执行，向队列 xQueue 写入两个数据"40"，把队列

写满了。Task1_Adc 任务再发起第 3 次写 xQueue 操作时，进入阻塞态。

FreeRTOS 调度器进行调度，此时 Task2_Temp 任务是最高优先级的就绪态任务，它开始执行。但此时队列已满，因此进入阻塞态。

FreeRTOS 调度器又开始调度，此时 Task3_Receiver 任务为最高优先级的就绪态任务，它从队列中读取一个数据"40"。此时队列未满，任务 Task1_Adc 和 Task2_Temp 均处于等待状态，FreeRTOS 规定优先级高的任务先执行，如果优先级一样，那么等待时间越久的任务越先执行。这时 Task2_Temp 任务已经阻塞很久了，向队列 xQueue 写数据"70"，然后队列又满了，进入阻塞态。

Task3_Receiver 任务变为最高优先级的就绪态任务，它从队列中读取一个数据。此时 Task1_Adc 任务等待时间较久，因此它向队列写入一个数据，由于队列又满了，所以进入阻塞态，Task3_Receiver 任务又运行，就这样实现任务通信。

在接收任务中，若接收到的数据大于设定的阈值，则对相应的 LED 进行操作。

14.2 FreeRTOS 信号量解析与应用

14.2.1 信号量的基础知识

在操作系统的运行过程中，任务与任务之间有时需要共享资源。为了保证执行结果的正确性，操作系统必须为这种协作的任务提供一种通信机制，这种机制就是同步与互斥。

FreeRTOS 用信号量来实现任务间对共享资源的同步与互斥。FreeRTOS 中信号量类型分为二值信号量、计数信号量、互斥信号量和递归互斥信号量。不同的信号量，其应用场景也不同，但有些应用场景是可以互换使用的。

所有的信号量函数的使用方法与队列函数的使用方法相同，只是功能不一样，其步骤如下。

（1）创建信号量，如创建二值信号量 vSemaphoreCreateBinary()。

（2）释放信号量，使用任务和中断信号量释放函数 xSemaphoreGive()、xSemaphoreGiveFromISR()。

（3）获取信号量，使用任务和中断信号量获取函数 xSemaphoreTake()、xSemaphoreTakeFromISR()。

1. 二值信号量

二值信号量其实就是一个只有一个队列项的队列，这个特殊的队列要么是满的，要么是空的，只有两个值，所以被称为二值信号量。使用队列的任务和中断不关心队列包含什么信息，只需要知道队列是空还是满。二值信号量通信示意图如图 14.7 所示。

图 14.7　二值信号量通信示意图

创建二值信号量后，计数值为空；TaskB 通过 xSemaphoreTake() 函数获取信号量，因此 TaskB 无法完成计数值减 1，从而被阻塞。当 TaskA 满足某条件，运行 xSemaphoreGive() 函数释放信号量，此时计数值加 1，表示队列已满；由于信号量已经有效，所以任务 TaskB 获取信号量成功，任务从阻塞态解除，开始执行相关的处理过程。如此反复，实现 TaskA 和 TaskB 两个任务同步运行。

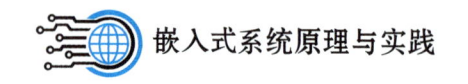

2. 计数信号量

计数信号量相当于只有一个队列项的队列，且队列项的值可以计数。同二值信号量一样，用户不需要关心队列中存储了什么数据，只需要关心队列是否为空和满即可。计数信号量通常用于如下两个场景。

（1）事件计数。

在事件计数场景中，每次事件发生的时候就在事件处理函数中释放信号量（信号量的计数值加1），其他任务会获取信号量（信号量的计数值减1，信号量值（计数值）就是队列结构体成员变量 uxMessagesWaiting）来处理事件。在这种场景中创建的计数信号量初始计数值为0。

（2）资源管理。

在资源管理场景中，信号量值代表当前资源的可用数量，如停车场当前剩余的停车位数量。一个任务要想获得资源的使用权，首先必须获取信号量，信号量获取成功以后，信号量值就会减一。当信号量值为0的时候，说明没有资源了。当一个任务使用完资源以后，一定要释放信号量。释放信号量以后，信号量值会加1。在这个场景中创建的计数信号量初始值应该是资源的数量，例如，如停车场一共有10个停车位，那么创建信号量的时候，信号量值就应该初始化为10。计数信号量示意图如图14.8所示。

图 14.8　计数信号量示意图

3. 互斥信号量

互斥信号量的主要作用是对资源实现互斥访问，它与二值信号量的区别是可以解决优先级翻转问题。在使用二值信号量时会出现优先级翻转，即低优先级任务长时间占用高优先级资源，让高优先级任务无法运行。优先级翻转示意图如图14.9所示。

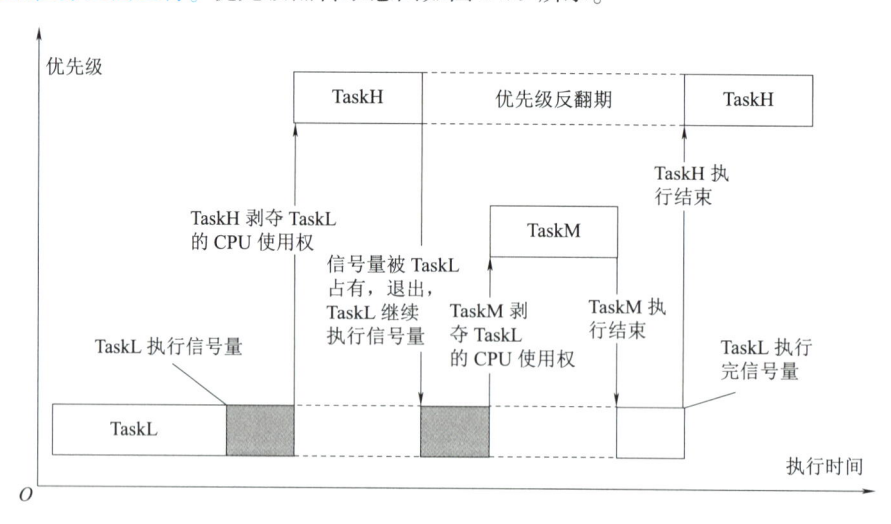

图 14.9　优先级翻转示意图

在图14.9中，TaskL 执行到某处需使用信号量处理共享资源，但是它还没有执行完，就被高优先级任务 TaskH 剥夺了 CPU 使用权；此时，TaskH 也需要马上处理共享资源，由于共享资源上锁而无法执行，被迫释放，TaskL 续继执行；此时，它又被优先级更高的 TaskM 剥夺了 CPU 使用权，TaskM 执行完后再继续执行 TaskL 剩下的部分，TaskL 执行完后释放信号量，此时 TaskH 才继续执行。这样就出现了高优先级任务始终被低优先级任务剥夺 CPU 使用权的情况，造成优先级翻转。在可剥夺实时系统中不允许出现这种现象，这样会破坏任务的预期顺序，可能会导致严重的后果。

在互斥信号量中，要解决优先级翻转问题，应采用优先级继承的方式，其示意图如图 14.10 所示。

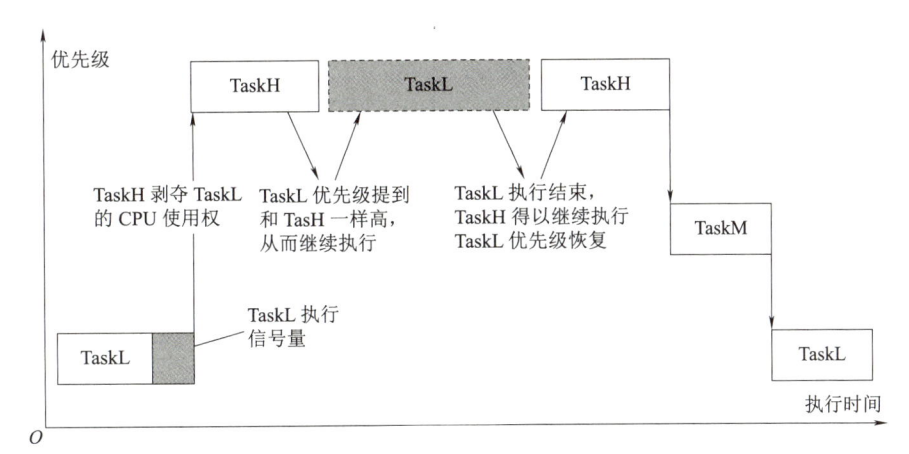

图 14.10　优先级继承示意图

低优先级任务 TaskL 执行过程中先获得互斥资源，执行一段时间后，任务 TaskH 抢占了 CPU，任务 TaskL 被挂起，任务 TaskH 得到执行。

任务 TaskH 执行时也需要调用互斥资源，但是发现任务 TaskL 正在访问此资源，此时任务 TaskL 的优先级会被提升到与 TaskH 同样的等级，这就是所谓的优先级继承，这样就有效地防止了优先级翻转问题。任务 TaskH 被挂起，任务 TaskL 因为有新的优先级所以继续执行。

任务 TaskL 执行完毕并释放互斥资源后，优先级恢复到原来的水平。由于互斥资源可以使用，任务 TaskH 获得互斥资源后开始执行。TaskH 执行完毕，再执行其他任务，如 TaskM。

综上所述，互斥信号量可以有效解决优先级翻转问题。

4. 递归互斥信号量

（1）死锁。

在互斥信号量的应用中会出现死锁现象，即多个任务各自获得共享资源不释放，但相互又需要对方的共享资源。死锁示意图如图 14.11 所示。

设有两个互斥信号量 Mutex1 和 Mutex2，两个任务 TaskA、TaskB。

第一步，TaskA 获得了互斥信号量 Mutex1。
第二步，TaskB 获得了互斥信号量 Mutex2。
第三步，TaskA 还要获得互斥信号量 Mutex2 才能运行，结果 TaskA 被阻塞了。

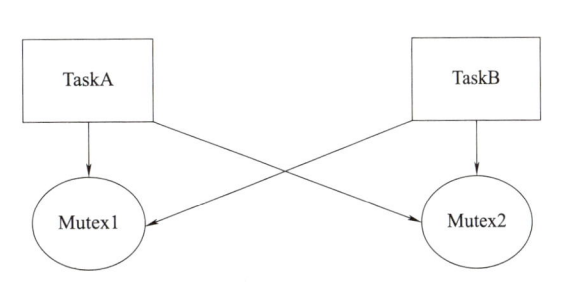

图 14.11　死锁示意图

第四步，TaskB 还要获得互斥信号量 Mutex1 才能运行，结果 TaskB 被阻塞了。

现在 TaskA、TaskB 都被阻塞，无法释放它们持有的互斥信号量，这时就发生了死锁现象。要解决这一问题，就需要用到递归互斥信号量。

（2）递归互斥信号量的使用。

递归互斥信号量是一个特殊的互斥信号量。由前文可知，已经获取互斥信号量的任务就不能再次获取这个互斥信号量，但是递归互斥信号量不同，已经获取递归互斥信号量的任务可以再次获取这个递归互斥信号量，且次数不限。

任务使用函数 xSemaphoreTakeRecursive() 成功地获取了多少次递归互斥信号量，就得使用函数 xSemaphoreGiveRecursive() 释放多少次递归互斥信号量。比如某个任务成功地获取了 3 次递归互斥信号量，那么这个任务也得释放 3 次递归互斥信号量。

递归互斥信号量也有优先级继承的机制，当任务使用完递归互斥信号量以后，一定要记得释放。同互斥信号量一样，递归互斥信号量不能用在中断服务函数中。这是因为优先级继承的存在就限定了递归互斥信号量只能用在任务中，中断服务函数中没有优先级。另外，在中断服务函数中也不能因为要等待互斥信号量，而设置阻塞时间来进入阻塞态。

若要使用递归互斥信号量，宏 configUSE_ RECURSIVE_ MUTEXES 必须为 1。

14.2.2　FreeRTOS 信号量的函数解析

信号量相关的函数头文件定义在"semphr.h"文件中，原函数均定义在"queue.c"文件中，一些函数直接调用队列相关的函数。下面只分析信号量创建函数、信号量释放函数和信号量获取函数，其他函数请读者自己分析。

1. 信号量创建函数

二值信号量创建函数：xSemaphoreCreateBinary()、xSemaphoreCreateBinaryStatic()。

计数信号量创建函数：xSemaphoreCreateCounting()、xSemaphoreCreateCountingStatic()。

互斥信号量创建函数：xSemaphoreCreateMutex()、xSemaphoreCreateMutexStatic()。

递归互斥信号量创建函数：xSemaphoreCreateRecursiveMute()。

其中，二值信号量、计数信号量、互斥信号量有动态和静态两种创建方法。这些函数均是调用队列的通用创建函数 xQueueGenericCreate() 和 xQueueGenericCreateStatic() 实现的，函数原型参见 14.1.2 小节。如果创建函数返回 NULL，说明创建失败，反之则说明创建成功。下面以二值信号量创建函数为例进行分析。

二值信号量创建函数 xSemaphoreCreateBinary() 的代码如下。

```
#if(configSUPPORT_DYNAMIC_ALLOCATION = =1)
    #define xSemaphoreCreateBinary()xQueueGenericCreate((UBaseType_t) 1,
                            semSEMAPHORE_QUEUE_ITEM_LENGTH,
                            queueQUEUE_TYPE_BINARY_SEMAPHORE)
#endif
```

由以上代码可知，二值信号量创建函数 xSemaphoreCreateBinary() 使用函数 xQueueGenericCreate() 来创建一个类型为 queueQUEUE_ TYPE_ BINARY_ SEMAPHORE、长度为 1、队列项长度为 0 的队列。

要创建一个二值信号量，方法如下。

```
SemaphoreHandle_t BinSem_Handle=NULL;
BinSem_Handle=xSemaphoreCreateBinary();
```

要创建一个计数信号量，方法如下。

```
SemaphoreHandle_t CountSem_Handl = NULL;
CountSem_Handl = xSemaphoreCreateCounting(10, 10); //前面10表示最大值，后面的为
初值
```

要创建一个互斥信号量，方法如下。

```
SemaphoreHandle_t MutexSem_Handl = NULL;
MutexSem_Handl = xSemaphoreCreateMutex();
```

要创建一个递归互斥信号量，方法如下。

```
SemaphoreHandle_t RecursiveMutexSem_Handl = NULL;
RecursiveMutexSem_Handl = xSemaphoreCreateRecursiveMutex();
```

2. 信号量释放函数

信号量释放函数有两个：一个是任务级信号量释放函数 xSemaphoreGive( )，另一个是中断级信号量释放函数 xSemaphoreGiveFromISR( )。二值信号量、计数信号量和互斥信号量均使用这两个函数。

递归互斥信号量的释放函数是 xSemaphoreGiveRecursive( )。

(1) 任务级信号量释放函数。

xSemaphoreGive( ) 函数用于释放二值信号量、计数信号量和互斥信号量。此函数是一个宏，真正释放信号量的过程是由函数 xQueueGenericSend( ) 来完成的，函数原型如下。

```
BaseType_t xSemaphoreGive( xSemaphore )
```

①输入参数 xSemaphore 表示要释放的信号量句柄。
②返回参数：pdPASS 表示成功，errQUEUE_FULL 表示失败。
函数 xSemaphoreGive( ) 在文件"semphr.h"中有如下定义。

```
#define xSemaphoreGive( xSemaphore )
                xQueueGenericSend((QueueHandle_t)(xSemaphore),
                NULL,
                semGIVE_BLOCK_TIME,
                queueSEND_TO_BACK )
```

该函数调用队列中的 xQueueGenericSend( ) 函数，可以看出任务级释放信号量的过程就是向队列发送消息的过程，只是这里并没有发送具体的消息，阻塞时间 semGIVE_BLOCK_TIME = 0，入队方式采用后向入队。入队的时候，队列结构体成员变量 uxMessagesWaiting 会加1。对于二值信号量，通过判断 uxMessagesWaiting 就能知道信号量是否有效：uxMessagesWaiting = 1，说明二值信号量有效，为0就无效。如果队列已满就返回错误值 errQUEUE_FULL，提示入队失败。

(2) 中断级信号量释放函数。

xSemaphoreGiveFromISR( ) 函数用于在中断中释放信号量。此函数用来释放二值信号量和计数信号量，但不能在中断服务函数中释放互斥信号量。此函数是一个宏，真正执行的是函数 xQueueGiveFromISR( )，此函数原型如下。

```
BaseType_t xSemaphoreGiveFromISR(SemaphoreHandle_t xSemaphore,
                                BaseType_t *pxHigherPriorityTaskWoken)
```

①输入参数 xSemaphore 表示要释放的信号量句柄。

②输入参数 pxHigherPriorityTaskWoken 用于标记退出此函数以后是否进行任务切换。当此值为 pdTRUE 的时候，在退出中断服务函数之前一定要进行一次任务切换，否则应将此值设为 NULL。

③返回参数：pdPASS 表示成功，errQUEUE_FULL 表示失败。

（3）递归互斥信号量的释放函数。

xSemaphoreGiveRecursive() 函数是一个宏，真正执行的是函数 xQueueGiveMutexRecursive()，语句如下。

函数 xQueueGiveMutexRecursive() 的代码

```
#if(configUSE_RECURSIVE_MUTEXES = =1)
    #define xSemaphoreGiveRecursive(xMutex)xQueueGiveMutexRecursive((xMutex))
    #endif
```

3. 信号量获取函数

信号量获取函数和信号量释放函数一一对应，任务级信号量获取函数为 xSemaphoreTake()，中断级信号量获取函数为 xSemaphoreGiveFromISR()，二值信号量、计数信号量、互斥信号量均使用这两个函数。

递归互斥信号量的获取函数是 xSemaphoreTakeRecursive()。

（1）任务级信号量获取函数。

xSemaphoreTake() 函数用于获取二值信号量、计数信号量和互斥信号量。此函数是一个宏，真正获取信号量的过程是由通用队列接收函数 xQueueGenericReceive() 来完成的，函数原型如下。

```
BaseType_t xSemaphoreTake(SemaphoreHandle_t xSemaphore,
                          TickType_t xBlockTime)
```

①输入参数 xSemaphore 表示要获取的信号量句柄。
②输入参数 xBlockTime 表示阻塞时间。
③返回参数：pdPASS 表示成功，errQUEUE_FULL 表示失败。
该函数的宏定义如下。

```
#define xSemaphoreTake(xSemaphore, xBlockTime)
                xQueueGenericReceive((QueueHandle_t) (xSemaphore),
                                     NULL,
                                     (xBlockTime),
                                     pdFALSE)
```

获取信号量的过程即读取队列的过程，但这里并不是为了读取队列中的消息。在 14.1.2 小节介绍的函数 xQueueGenericReceive() 中，如果队列为空并且阻塞时间为 0，就立即返回 errQUEUE_EMPTY，表示队列满；如果队列为空并且阻塞时间不为 0，就将任务添加到延时列表中。数据读取完成以后，还需要将队列结构体成员变量 uxMessagesWaiting 减 1，然后解除某些因为入队而阻塞的任务，最后返回 pdPASS 表示出队成功。

（2）中断级信号量获取函数 xSemaphoreTakeFromISR()。

在中断服务函数中获取信号量用函数 xSemaphoreTakeFromISR()。该函数适用于获取二值信号量和计数信号量，不适用于获取互斥信号量。

xSemaphoreTakeFromISR() 函数是通过 xQueueReceiveFromISR() 宏定义的，此函数原型如下。

```
BaseType_t xSemaphoreTakeFromISR(SemaphoreHandle_t xSemaphore,
                                 BaseType_t*pxHigherPriorityTaskWoken)
```

① 输入参数 xSemaphore 表示要获取的信号量句柄。

② 输入参数 pxHigherPriorityTaskWoken 用于标记退出此函数以后是否进行任务切换。当此值为 pdTRUE 的时候，在退出中断服务函数之前一定要进行一次任务切换。

③ 返回参数：pdPASS 表示获取信号量成功，pdFALSE 表示获取信号量失败。

在中断中获取信号量真正使用的是函数 xQueueReceiveFromISR()，这个函数就是中断级出队函数。当队列不为空的时候，就复制队列中的数据（用于信号量的时候不需要数据），同时将队列结构体中的成员变量 uxMessagesWaiting 减 1。如果有任务因为入队而阻塞，就解除阻塞。如果解除阻塞的任务拥有更高优先级，就将参数 pxHigherPriorityTaskWoken 设置为 pdTRUE，最后返回 pdPASS 表示出队成功，如果队列为空就直接返回 pdFAIL 表示出队失败。

（3）递归互斥信号量获取函数 xSemaphoreTakeRecursive()。

递归互斥信号量的获取使用函数 xSemaphoreTakeRecursive()，其定义如下。

```
xSemaphoreTakeRecursive( xMutex, xBlockTime )
```

① 输入参数 xMutex 表示获取的递归互斥信号量句柄。
② 输入参数 xBlockTime 表示阻塞时间。
③ 该函数无返回参数。

该函数采用宏定义，实现函数是 xQueueTakeMutexRecursive()，宏定义如下。

函数 xQueueTakeMutexRecursive() 的代码

```
#define xSemaphoreTakeRecursive(xMutex, xBlockTime)
        xQueueTakeMutexRecursive((xMutex), (xBlockTime))
```

14.2.3 二值信号量应用：键控 LED 灯设计

1. 任务要求

利用 STM32F1 和 FreeRTOS 结合二值信号量设计一个键控 LED 灯的应用实验，要求能根据按键状态控制 LED 灯的亮灭，并将按键状态和 LED 灯的状态通过串口发送到计算机。设计硬件电路，并完成程序设计。

2. 硬件设计

硬件电路图如图 14.12 所示，按键与 STM32F1 系列 MCU 的 PB0 相连，LED 灯与 STM32F1 系列 MCU 的 PB10 相连，串口采用 UART2，对应 PA2 和 PA3。

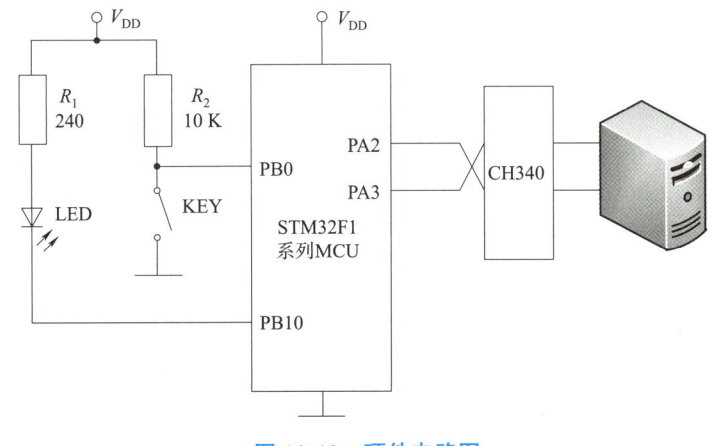

图 14.12　硬件电路图

3. 软件设计

设计两个任务：一个任务 Task1_Send 用于检测 KEY 的状态，若有按下按键的操作，则通过二值信号量释放函数 xSemaphoreGive() 进行操作，相当于将队列中的值写满，并向串口发送操作情况；另一个任务 Task2_Receive 用于获取二值信号量，只有当队列中的值是满的时候才获取信号量，并发送状态，控制 LED 灯。这样实现两个任务的同步。

BinSem_Handle = xSemaphoreCreateBinary()：二值信号量，有两种状态（空和满）。

Task1_Send 为发送任务，根据按键状态释放信号量，按键状态由 PB0 中断实现，相当于写满队列。

Task2_Receive 为接收任务，只有成功获取信号量，才执行 LED 灯操作。

在 STM32CubeMX 中创建工程文件，设置"SYS"的"Timbase Source"为 TIM2；配置 GPIO 引脚 PB0、PB10、PA2、PA3；配置 Middleware，设置 FreeRTOS，使能信号量，其他内核参数、存储器管理等采用默认设置即可。"main.c"文件参考程序如下。

```
/************************头文件*********************/
#include "main.h"
#include "usart.h"
#include "gpio.h"
#include "FreeRTOS.h"
#include "task.h"
#include "stdio.h"
#include "semphr.h"
/*******************函数原型申明********************/
void SystemClock_Config(void);
void MX_FREERTOS_Init(void);
void Task1_Send(void* argument);
void Task2_Receive(void* argument);
uint8_t KEY=1;
SemaphoreHandle_t BinSem_Handle=NULL;            //定义一个二值信号量句柄
/*************************************************
int main(void)函数功能:创建一个二值信号量,创建收发任务
**************************************************/
int main(void)
{
  HAL_Init();
  SystemClock_Config();
  MX_GPIO_Init();
  MX_USART2_UART_Init();
  printf("The BinarySem is Running ! \r\n");
  BinSem_Handle=xSemaphoreCreateBinary();        //创建一个二值信号量
  if(BinSem_Handle!=NULL){
      printf("BinarySem created successfully! \r\n");
   }
  xTaskCreate(Task1_Send,"Task1",64,NULL,3,NULL);    //创建发送任务
  xTaskCreate(Task2_Receive,"Task2",64,NULL,1,NULL); //创建接收任务
  vTaskStartScheduler();
```

```c
  while (1) {}
}
/* * * * * * * * * * * * * * * * * * * * * * * * * * * * * * * * * * * * * *
void Task1_Send(void* argument)函数功能:释放一个二值信号量
输入参数:void* argument,传递给任务的参数
输出参数:无
* * * * * * * * * * * * * * * * * * * * * * * * * * * * * * * * * * * * * */
void Task1_Send(void* argument)
{
  BaseType_t xStatus;
  while(1){
    if(KEY = =0){
      xStatus = xSemaphoreGive(BinSem_Handle);    //释放二值信号量,相当于队列值满
      if(xStatus = =pdPASS)   printf("Release BinarySem succeeded! \r\n");
      else                    printf("Release BinarySem Failed! \r\n");
      KEY =1;
      }
      vTaskDelay(20);
    }
}
/* * * * * * * * * * * * * * * * * * * * * * * * * * * * * * * * * * * * * *
static void Task2_Receive(void* pvParameters)函数功能:获取一个二值信号量
输入参数:void * argument,传递给任务的参数
输出参数:无
* * * * * * * * * * * * * * * * * * * * * * * * * * * * * * * * * * * * * */
static void Task2_Receive(void * pvParameters )
{
   BaseType_t xStatus;
   while(1){                              //获取一个二值信号量,若没有则一直等待
     xStatus = xSemaphoreTake(BinSem_Handle,portMAX_DELAY);
     if(xStatus = =pdPASS){
        printf("Getting BinarySem succeeded! \r\n");
        LED_Toggle(0);
      }
     vTaskDelay(1000);
     }
}
/* * * * * * * * * * * * * * * * * * * * * * * * * * * * * * * * * * * * * *
HAL_GPIO_EXTI_Callback()函数功能:中断服务程序
输入参数:无
输出参数:无
* * * * * * * * * * * * * * * * * * * * * * * * * * * * * * * * * * * * * */
void HAL_GPIO_EXTI_Callback(uint16_t GPIO_Pin)
{
  if(GPIO_Pin = =GPIO_PIN_0)   KEY =0;
}
```

4. 仿真与调试

通过 Keil – MDK 或硬件开发板，可观察程序运行效果，仿真与调试效果如图 14.13 所示。当按下按键，引起中断，在回调函数中让 KEY = 0，Task1_Send 释放信号量，Task2_Receive 获取信号量，并将 P10 外接的 LED 状态取反，每按一次按键，做一次 LED 取反操作，从而达到任务间同步的目的。

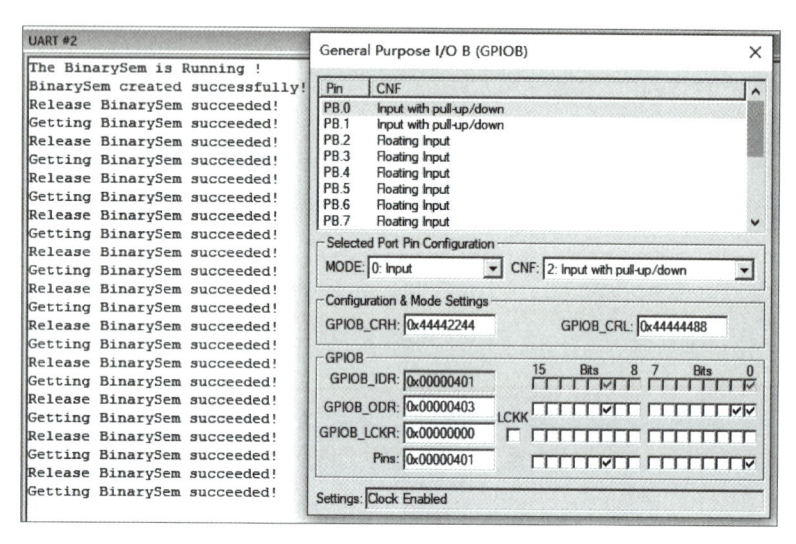

图 14.13 仿真与调试效果

14.2.4 计数信号量应用：停车场车辆流量统计

1. 任务要求

利用 STM32F1 和 FreeRTOS 设计一个停车场车辆流量统计应用，要求能够实时统计停车场车辆信息，用 LED 灯模拟车辆进出，用按键模拟道闸检测，并将信息通过串口发送到计算机。要求用计数信号量进行设计。

2. 硬件设计

硬件电路图参考图 14.12。LED 灯表示车辆进出指示，如灯亮表示车进入停车场，反之表示停车场已满。KEY 表示停车场道闸，KEY = 0，表示车辆可进入。

3. 软件设计

设一个停车场最多能停 10 辆车，设计一个任务 Task1_Take 模拟车辆出场，另一个任务 Task2_Give 模拟车辆进场；用计数信号量来实现两任务之间的通信，实时统计当前停车场信息，若计数信号量的值满（即 10 辆车已停满）则不能进入，否则可以进入。

CountSem_Handle = xSemaphoreCreateCounting(10, 10)，创建一个最多能容纳 10 辆车的停车场，第一个 10 为最大容量，第二个 10 为初始状态。

Task1_Take 为获得一个信号量的任务，即信号量减 1 表示空出一个车位。

Task2_Give 为释放一个信号量的任务，即信号量加 1 表示可以进入一辆车。

在 STM32CubeMX 中创建工程文件，设置"SYS"的"Timbase Source"为 TIM2；配置 GPIO 引脚 PB0、PB10、PA2、PA3；配置 Middleware，设置 FreeRTOS，使能计数信号量，其他内核参数、存储器管理等采用默认设置即可。在"main.c"文件中添加如下参考程序。

```c
/************************头文件************************/
#include "main.h"
#include "usart.h"
#include "gpio.h"
#include "FreeRTOS.h"
#include "task.h"
#include "stdio.h"
#include "semphr.h"
#include "queue.h"
/************************原型申明************************/
void SystemClock_Config(void);
void MX_FREERTOS_Init(void);
void Task1_Take(void * argument);
void Task2_Give(void * argument);
uint8_t KEY = 1;
SemaphoreHandle_t CountSem_Handle = NULL;
/*************************************************
int main(void)函数功能:创建计数信号量(最大为10,初始为10),创建收发任务
输入参数:无
输出参数:无
*************************************************/
int main(void)
{
   HAL_Init();
   SystemClock_Config();
   MX_GPIO_Init();
   MX_USART2_UART_Init();
   printf("TheCountSem is Running ! \r\n");
   CountSem_Handle = xSemaphoreCreateCounting(10,10);        //创建一个信号量
   printf("CountSem created and Car = % d! \r\n",uxSemaphoreGetCount(CountSem_
          Handle));
   if(CountSem_Handle! = NULL){
      printf("CountSem created and Sem full! \r\n");
      xTaskCreate(Task1_Take,"Task1",64,NULL,3,NULL);        //创建任务
      xTaskCreate(Task2_Give,"Task2",64,NULL,1,NULL);        //创建任务
   }
   vTaskStartScheduler();                                    //多任务调度
   while(1){}
}
/*************************************************
void Task1_Take(void* argument)函数功能:获得一个信号量(-1),空出一个车位
输入参数:void* argument,传递给任务的参数
输出参数:无
*************************************************/
void Task1_Take(void * argument)
{
   uint8_t xxSbuff = 'Y';
   BaseType_t xStatus;
```

```c
    while(1){
      printf("Car Out? (Y,N)\r\n");
      HAL_UART_Receive(&huart2,&xxSbuff,1,20);
      printf("input:% c\r\n",xxSbuff);
      if(xxSbuff = = 'Y'){
          xxSbuff = 0;
          LED_Off(0);                                  //关闭道闸灯
          xStatus = xSemaphoreTake(CountSem_Handle,0);     //获取一个信号量(空出一个车位)
          if(xStatus = =pdPASS)
            printf("Car =% d!\r\n",uxSemaphoreGetCount(CountSem_Handle));//进一辆车
          else
              printf("Parking space full!\r\n");       //车位满
          }
        vTaskDelay(20);
        }
}
/* * * * * * * * * * * * * * * * * * * * * * * * * * * * * * * * * * * *
static void Task2_Give(void* pvParameters)函数功能:释放一个信号量(+1),进一辆车
输入参数:void * argument,传递给任务的参数
输出参数:无
* * * * * * * * * * * * * * * * * * * * * * * * * * * * * * * * * * * * /
static void Task2_Give(void* pvParameters)
{
    BaseType_t xStatus;
    while(1){
      if(KEY = = 0){                                  //停车场空一个车位,并停一辆车
          LED_On(0);                                  //开启道闸灯
          printf("Car enter!\r\n");                   //进一辆车
          xStatus = xSemaphoreGive(CountSem_Handle); //释放一个信号量(+1)
          if(xStatus = =pdPASS)
              printf("Car =% d!\r\n",uxSemaphoreGetCount(CountSem_Handle));
                                                      //进一辆车
           else
              printf("(All parking spaces have been released!\r\n");
                                                      //已释放全部车位
           KEY =1;
           }
        vTaskDelay(1000);
        }
}
/* * * * * * * * * * * * * * * * * * * * * * * * * * * * * * * * * * *
HAL_GPIO_EXTI_Callback()函数功能:中断回调函数,使能道闸开启
输入参数:无
输出参数:无
* * * * * * * * * * * * * * * * * * * * * * * * * * * * * * * * * * * /
void HAL_GPIO_EXTI_Callback(uint16_t GPIO_Pin)
{
  if(GPIO_Pin = = GPIO_PIN_0)     KEY =0;
}
```

4. 仿真与调试

程序设计好后进行编译，可通过 Keil – MDK 模拟仿真，也可下载到开发板观察程序运行情况，仿真与调试效果如图 14.14 所示。创建任务，信号量值满，表示有 10 辆车（第二行）；高优先级任务 Task1_Take 先执行，获取一个信号量，即空出一个车位，当前车位为 9（第四行），执行完成后，由于延时阻塞，任务 Task2_Give 执行；当前信号量计数值为 9，未满，因此释放一个信号量，即增加一辆车，当前车位为 10（第六行）。如此循环，实现任务的同步。

图 14.14　仿真与调试效果

14.2.5　互斥信号量应用：共享资源串口互斥访问设计

1. 任务要求

串口是嵌入式应用系统常用的接口，在应用中，经常需要输出不同任务的不同消息。现有高、中、低优先级的 3 个任务，同时需要应用串口向计算机发送消息。请用 STM32F1 和 FreeRTOS 结合二值信号量和互斥信号量设计程序，实现对共享资源串口的访问，保障数据的正常输出。

2. 硬件设计

共享资源串口互斥访问硬件电路如图 14.15 所示，任务中要求对串口进行互斥访问，硬件设计将串口 2 作为共享资源，串口 2 的 PA2 和 PA3 通过 CH340 与上位机相连，上位机通过超级终端或串口助手软件等观察任务运行。

3. 软件设计

设计 3 个任务，分别向串口打印执行次数，3 个任务优先级分别为高、中、低。先创建二值信号量，使用二值信号量对共享资源进行访问，

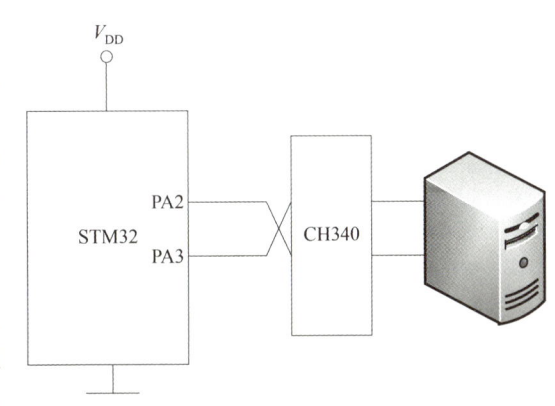

图 14.15　共享资源串口互斥访问硬件电路

再用互斥信号量对共享资源进行访问。

TaskH 为高优先级任务，用于获取二值信号量，成功后向串口打印执行次数，处理完将二值信号量释放。

TaskM 为中优先级任务，用于执行一个加计数器，并通过串口打印执行次数。

TaskL 为低优先级任务，用于获取二值信号量，成功后向串口打印执行次数，然后不执行释放二值信号量操作，而执行多次任务调度。

在 STM32CubeMX 中创建任务，设置参数，并创建工程文件。在"main.c"程序中添加如下参考程序。

```c
/************************头文件**************************/
#include "main.h"
#include "usart.h"
#include "gpio.h"
#include "FreeRTOS.h"
#include "task.h"
#include "stdio.h"
#include "semphr.h"
#include "queue.h"
/************************原型声明**************************/
void SystemClock_Config(void);
void MX_FREERTOS_Init(void);
void TaskH(void* argument);
void TaskM(void* argument);
void TaskL(void* argument);
SemaphoreHandle_t Sem_Handle = NULL;
/***********************************************
int main(void)函数功能:创建二值信号量,创建高、中、低优先级任务
***********************************************/
int main(void)
{
  HAL_Init();
  SystemClock_Config();
  MX_GPIO_Init();
  MX_USART2_UART_Init();
  printf("The CountSem is Running ! \r\n");
  Sem_Handle = xSemaphoreCreateBinary();          //创建一个二值信号量
  if(BinSem_Handle!=NULL){
    printf("Sem created successfully! \r\n");
    xSemaphoreGive(Sem_Handle);                   //释放一个信号量
    xTaskCreate(TaskH,"TaskH",64,NULL,3,NULL);    //创建任务 TaskH
    xTaskCreate(TaskM,"TaskM",64,NULL,2,NULL);    //创建任务 TaskM
    xTaskCreate(TaskL,"TaskL",64,NULL,1,NULL);    //创建任务 TaskL
  }
  vTaskStartScheduler();                          //调度器启动
  while (1){}
}
/***********************************************
void TaskH()函数功能:高优先级任务,使用二值信号量访问共享资源串口
输入参数:void * argument,传递给任务的参数
```

```
输出参数:无
* * * * * * * * * * * * * * * * * * * * * * * * * * * * * * * * * * * * * */
void TaskH(void * argument)
{
  uint16_t num = 0;
  BaseType_t xStatus;
  while(1){
    num + +;
    xStatus = xSemaphoreTake(Sem_Handle,portMAX_DELAY);    //获取一个信号量
    if(xStatus = = pdPASS)   printf("TaskH Running:% d! \r\n",num);
    xSemaphoreGive(Sem_Handle);                            //释放一个信号量
    vTaskDelay(500);
    }
}
/* * * * * * * * * * * * * * * * * * * * * * * * * * * * * * * * * * * * * *
void TaskM()函数功能:中优先级任务,利用串口打印执行次数
输入参数:void* argument,传递给任务的参数
输出参数:无
* * * * * * * * * * * * * * * * * * * * * * * * * * * * * * * * * * * * * */
void TaskM(void * argument)
{
    uint16_t num = 0;
    while(1){
        num + +;
        printf("TaskM Running:% d! \r\n",num);
        vTaskDelay(1000);
    }
}
/* * * * * * * * * * * * * * * * * * * * * * * * * * * * * * * * * * * * * *
void TaskL()函数功能:低优先级任务,使用二值信号量访问共享资源串口
输入参数:void* argument,传递给任务的参数
输出参数:无
* * * * * * * * * * * * * * * * * * * * * * * * * * * * * * * * * * * * * */
static void TaskL(void * pvParameters )
{
    uint32_t i;
    uint16_t num = 0;
    BaseType_t xStatus;
    while(1){
        num + +;
        xStatus = xSemaphoreTake(Sem_Handle,0);//获取一个信号量
        if(xStatus = = pdPASS)
            printf("TaskL Running:% d\r\n",num);
        for(i = 0;i < 1000000;i + +) {          //模拟低优先级任务占用二值信号量
         taskYIELD();                           //发起任务调度
         }
        xSemaphoreGive(Sem_Handle);             //释放一个信号量
        vTaskDelay(500);
    }
}
```

4. 仿真与调试

（1）二值信号量访问调试。

二值信号量执行过程如图 14.16 所示。在信号量创建成功后，TaskH、TaskM、TaskL 依次执行。当执行到 TaskL 时，由于获取二值信号量后未进行释放，所以高优先级任务 TaskH 长时间得不到执行，而中优先级任务 TaskM 执行了 17 次，这时就出现了二值信号量带来的问题。

（2）互斥信号量访问调试。

将代码中的二值信号量创建语句 Sem_ Handle = xSemaphoreCreateBinary() 改成互斥信号量创建语句 Sem_ Handle = xSemaphoreCreateMutex()，其他不变，则互斥信号量执行过程如图 14.17 所示。当低优先级任务获得信号量后，优先级翻转，成为高优先级任务，直到执行信号量释放操作后才被抢占，这样保证了高、中、低优先级任务的执行。

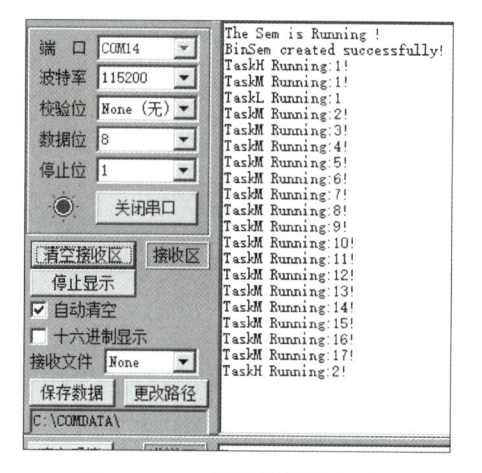

图 14.16　二值信号量执行过程　　　　图 14.17　互斥信号量执行过程

14.2.6　递归互斥信号量应用：递归锁设计

1. 任务要求

有两个求解 1~5 累加和的任务，分别保护各自的计算过程不被另外的任务打断，将计算结果通过串口输送到计算机。请用 STM32F1 系列 MCU 和 FreeRTOS 递归互斥信号量设计程序并进行仿真和调试。

2. 硬件设计

本任务的硬件电路参照 4.2.5 节的硬件电路图。该任务只需要用到串口 2 将运行过程中的数据输出到上位机，上位机接收到数据后打印出来，以验证递归锁的功能。

3. 软件设计

设计两个任务，分别执行算术累加和计算，设计一个递归互斥信号量来实现计算过程的保护。
Mutex1 用于创建一个递归互斥信号量。
TaskA 用于设计两层递归操作，保护计算过程。
TaskB 用于设计一层递归操作，演示递归锁的应用。

在 STM32CubeMX 中创建工程，开启递归互斥信号量，生成 MDK 工程文件，在 "main. c" 文件中添加如下参考程序。

```c
/************************头文件************************/
#include "main.h"
#include "usart.h"
#include "gpio.h"
#include "FreeRTOS.h"
#include "task.h"
#include "stdio.h"
#include "semphr.h"
#include "queue.h"
/************************函数声明************************/
void SystemClock_Config(void);
void MX_FREERTOS_Init(void);
void TaskA(void * argument);
void TaskB(void * argument);
SemaphoreHandle_t Mutex1 = NULL;
/****************************************************
int main(void)函数功能:创建一个递归互斥信号量,创建两个任务
*****************************************************/
int main(void)
{
    HAL_Init();
    SystemClock_Config();
    MX_GPIO_Init();
    MX_USART2_UART_Init();
    printf("The Sem is Running ! \r\n");
    Mutex1 = xSemaphoreCreateRecursiveMutex();
    if(Mutex1 ! = NULL)
    {
    printf("Mutex1 Created successfully! \r\n");
    }
    Mutex2 = xSemaphoreCreateRecursiveMutex();
    if(Mutex2 ! = NULL)
    {
    printf("Mutex2 created successfully! \r\n");
    }
    xTaskCreate(TaskA,"TaskA",64,NULL,3,NULL);xTaskCreate(TaskB,"TaskB",
             64,NULL,3,NULL);
    vTaskStartScheduler();
}
/****************************************************/
void TaskA()函数功能:两层递归互斥信号量保护计算过程
输入参数:void * argument,传递给任务的参数
输出参数:无
/****************************************************/
void TaskA(void * argument)
{
    uint16_t num = 0;
```

```c
        uint8_t sum=0;
        BaseType_t xStatus;
        while(1){
            xStatus = xSemaphoreTakeRecursive(Mutex1,portMAX_DELAY);//第一次获取
                                                                    信号量
            if(xStatus = =pdPASS)printf("TaskA Running:% d! \r\n",num);
            num + +;
            vTaskDelay(10);
            xStatus = xSemaphoreTakeRecursive(Mutex1,portMAX_DELAY);//第二次获取
                                                                    信号量
            for(int i =1;i < =5;i + +) {                //计算求和
              sum = sum +1;
              printf("TaskA Out + sum =% d! \r\n",sum);  //串口输出
              vTaskDelay(10);                           //延时并调度
            }
            xSemaphoreGiveRecursive(Mutex1);            //释放第二次信号量
            for(int j =1;j < =5;j + +){                 //执行算术运算
              sum = sum -1;
              printf("TaskA Out - sum =% d! \r\n",sum);
              vTaskDelay(10);
            }
            xSemaphoreGiveRecursive(Mutex1);            //释放第一次信号量
            vTaskDelay(500);
        }
}
/* * * * * * * * * * * * * * * * * * * * * * * * * * * * * * * * * * * * * *
void TaskB()函数功能:递归互斥信号量保护计算
输入参数:void * argument,传递给任务的参数
输出参数:无
* * * * * * * * * * * * * * * * * * * * * * * * * * * * * * * * * * * * * */
void TaskB(void * argument)
{
    uint16_t num =0;
    uint8_t sum =0;
    BaseType_t xStatus;
    while(1){
      xStatus =xSemaphoreTakeRecursive(Mutex1,portMAX_DELAY);//获取一次信号量
      if(xStatus = =pdPASS){
          printf("TaskB Running:% d\r\n",num);
          num + +;
          }
      vTaskDelay(10);
      for(int i =1;i < =5;i + +){                   //执行算术运算
          sum = sum +1;
          printf("TaskB Out sum =% d! \r\n",sum);
          vTaskDelay(10);
          }
      xSemaphoreGiveRecursive(Mutex1);;              //释放信号量
      vTaskDelay(500);
    }
}
```

4. 仿真与调试

通过 Keil-MDK 和串口调试助手软件调试程序，仿真与调试效果如图 14.18 所示。程序运行后，通过串口监测输出信息。

任务 TaskA 由于优先级最高，先执行，获得递归锁。

TaskA 遇到 vTaskDelay(10)，任务 TaskB 执行。TaskB 由于不能获得递归锁，所以不能运行，由 vTaskDelay(10) 又回到 TaskA 执行。

TaskA 获得第二次递归锁，执行求差运算，然后释放第二次递归锁。继续执行求差运算，然后释放第一次递归锁。

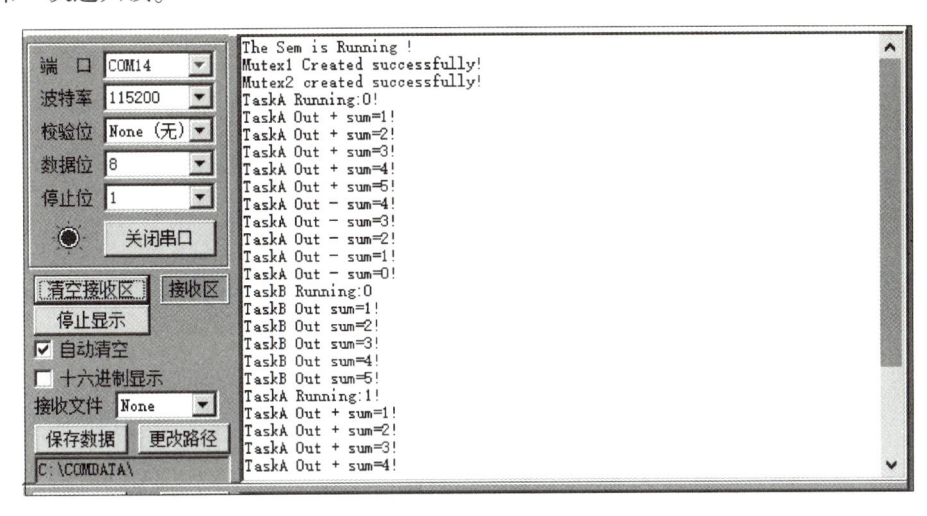

图 14.18 仿真与调试效果

TaskA 执行到最后 vTaskDelay(500)，调度任务 TaskB 执行，TaskB 获得递归锁，执行求和运算，运算结束后释放递归锁。

本章习题

1. 简述 FreeRTOS 中队列的作用。
2. 简述 FreeRTOS 中信号量的种类及各自的应用场景。
3. 简述事件标志组的作用和应用场景。
4. 利用 FreeRTOS 队列、软件定时器、STM32 的外设和 LCD1602 设计一个数据采集卡，要求能在 LCD1602 第一排显示 ADC 采集电压值，在第二排显示数字时钟。

FreeRTOS软件定时器解析与应用

第 15 章　智能家居系统设计与实现

教学目标

【知识】
（1）深刻理解嵌入式系统项目开发的方法和步骤。
（2）掌握 STM32F1 系列 MCU 片上资源的应用方法。
（3）掌握 FreeRTOS 在嵌入式项目中的应用方法。
（4）掌握常用的温湿度、光照度等传感器的使用和 Wi-Fi 模块的通信原理。
（5）掌握物联网云平台的工作原理和窄带通信 MQTT 协议的原理。

【能力】
（1）具有分析与设计嵌入式应用项目的方案的能力。
（2）具有阅读与分析常用电子元器件、芯片、传感器等数据手册的能力。
（3）具有灵活应用 STM32F1 系列 MCU 和 FreeRTOS 开发嵌入式应用项目的能力。

15.1　智能家居系统方案设计

15.1.1　智能家居系统任务要求

利用 STM32F1、FreeRTOS、Wi-Fi 模块、湿度传感器、温度传感器、光照度传感器、继电器和物联网云平台设计一个智能家居系统，要求能通过物联网云平台实时监控家居环境的状态，并自动调节家居中的电器。

（1）湿度传感器数据采集精度为 1%，温度传感器采集精度为 1 ℃，光照度传感器采集精度为 1 lx。
（2）智能家居系统终端设备能自动通过指定的 Wi-Fi 连接上网。
（3）智能家居系统终端设备能手动控制灯光、加湿器和空调的开启和关闭。
（4）智能家居系统终端设备能通过 MQTT 协议与阿里云物联网平台连接。
（5）通过阿里云物联网平台设计 Web 网页，能实时采集各传感器的数据和开关状态。
（6）通过阿里云物联网平台可根据家居环境自动调节智能家居系统终端设备的开关。
（7）智能家居系统终端设备的软件用 FreeRTOS 进行管理。

根据以上任务要求，完成对智能家居系统终端设备的电路设计、程序设计和阿里云物联网平台的产品、设备、规则和网页的设计，并完成设备的调试。

15.1.2　智能家居系统方案分析

1. 整体方案分析

智能家居系统主要包括阿里云物联网平台的网络终端管理和本地家居的终端设备，智能家居系统结构如图 15.1 所示。系统的工作原理是本地终端设备通过 STM32F1 系列 MCU 实现对温度、湿度、光照度传感器的数据采集，数据经过处理后，通过 ESP8266 用 Wi-Fi 传输上网，然后上传到阿里云物联网平台，并通过 Web 展示出来，同时根据传感器的数据返回对灯控开关、加湿器开关、空调开关的控制。

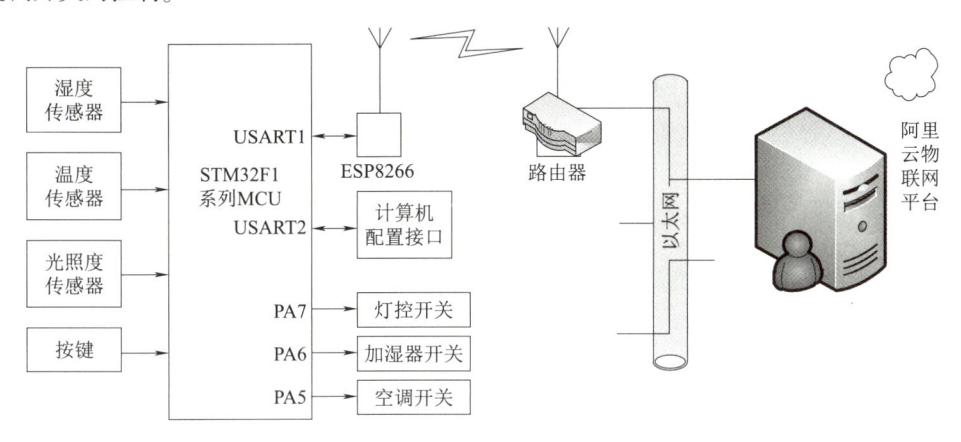

图 15.1　智能家居系统结构

2. 终端设备实现方案分析

终端设备以 STM32F1 为中心，分别通过 I/O 接口与传感器、开关、按键、串口、Wi-Fi 模块相连，构成一个传感器数据采集、开关控制、数据传输为一体的智能家居管理设备。

（1）硬件设备及资源分配。

3 个传感器主要用于对环境的温度、湿度、光照度进行测量。湿度和温度的测量选用传感器 DHT22 模块，该模块以单总线的形式与 STM32F1 系列 MCU 相连。光照度传感器选用数字 I2C 总线接口的 BH1750，与 I2C 总线（PB6、PB7）相连。

灯、加湿器、空调的继电开关分别与 PA7、PA6、PA5 相连，通过逻辑电平实现对继电开关的控制。按键采用独立按键形成，与 PA 接口相连。

Wi-Fi 模块选用信安可 ESP8266 模块来实现设备与网络相连，STM32F1 通用 USART1（PA9、PA10）与之相连。另外，设置 USART2（PA2、PA3）作为调试接口，实现对设备的监控和管理。

（2）终端设备软件实现方案分析。

终端设备软件主要由以 STM32F1 为中心的数据采集软件、Wi-Fi 操作系统软件、MQTT 协议、本地数据上传云平台和云平台下发指令的处理软件等构成。终端设备软件用 STM32F1 系列 MCU 的 HAL 库进行开发，用 FreeRTOS 进行管理。

需要用到的开发软件有 STM32CubeMX、Keil－MDK、串口调试助手、网络调试助手、ST－Link 仿真器。

3. 物联网云平台实现方案分析

智能家居云管理选用阿里云物联网平台，该平台提供安全可靠的设备连接通信能力，支持设备数据采集上云、规则引擎流转数据和云端数据下发设备端。此外，该平台还提供方便快捷的设备管理功能，支持物模型定义，数据结构化存储和远程调试、监控、运维。阿里云物联网平台结构如图 15.2 所示。

阿里云物联网平台实现对智能家居的功能定义，包括 3 种传感器和 3 组继电开关，同时可将采集的数据和继电开关进行规则定义，当数据符合要求时就开启或关闭继电开关。

终端设备将采集的传感器数据通过 MQTT 协议与阿里云物联网平台建立长连接，上传数据到物联网平台。阿里云物联网平台通过 MQTT 协议，使用 Publish 发送数据到终端设备，实现对继电开关的控制。

图 15.2 阿里云物联网平台结构

最后通过 IoT Studio 可视化设计工具设计 Web 网页，实现从终端设备到 Web 网页的远程数据采集和设备控制系统。

15.2 智能家居系统终端设备电路设计与实现

智能家居系统终端设备以 STM32F103RB MCU 为中心，设计传感器采集电路、Wi-Fi 电路、继电器开关电路和按键电路。其中，温湿度传感器采集电路、光照度传感器采集电路、Wi-Fi 电路均选用成品模块。

15.2.1 各模块设计

1. 传感器选用与设计

温湿度传感器选用单总线的 DHT22。湿度测量范围为 0~99.9%RH，测量精度为 ±2%RH；温度测量范围为 -40~80 ℃，测量精度为 ±0.5 ℃。DHT22 传感器外形如图 15.3 所示。光照度传感器选用 I2C 总线的 BH1750 数字光照度传感器，外形如图 15.4 所示。该传感器分辨率可以探测较大范围的光照度变化，可实现输入光 1~65 535 lx 范围测量。

图 15.3 DHT22 传感器外形　　图 15.4 BH1750 数字光照度传感器外形

2. Wi-Fi 模块

Wi-Fi 模块选用核心处理器 ESP8266 的 ESP-01S。该模块支持标准的 IEEE802.11b/g/n 协议和完整的 TCP/IP 协议栈，用户可以使用该模块为现有的设备添加网络功能，也可以构建独立的网络控制器。ESP-01S 外形如图 15.5 所示，它与 STM32F1 通过串口相连，用 AT 指令进行网络配置与数据收发。在电路设计中，将 STM32 的 USART1 的 TXD、RXD 与 ESP-01S 的 RXD、TXD 交叉相连。

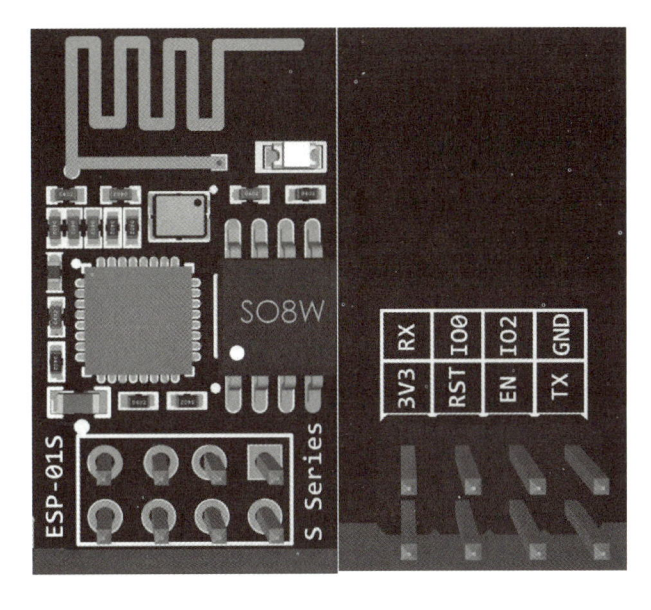

图 15.5　ESP－01S 外形

ESP－01S 模块共引出 8 个接口，包括电源、地、串口、使能、复位和下载固件接口等，ESP－01S 引脚功能如表 15.1 所示。

表 15.1　ESP－01S 引脚功能

引脚	名称	功能说明
1	GND	接地
2	IO2	GPIO2/UART1_TXD
3	IO0	GPIO0；下载模式：外部拉低；运行模式：悬空或外部拉高
4	RX	UART0_RXD/GPIO3
5	TX	UART0_TXD/GPIO1
6	EN	芯片使能端，高电平有效
7	RST	复位
8	V_{CC}	3.3 V 供电（V_{DD}）；外部供电电源输出电流建议在 500 mA 以上

15.2.2　终端设备电路设计

终端设备主要电路图如图 15.6 所示，以 STM32F103RB 为中心，USART2 与 ESP－01S 模块相连，USART1 作为系统程序下载和监控端；温湿度传感器 DHT22 与 STM32F103RB 的 PB8 接口相连；光照度传感器以 I2C 总线接口与 STM32F103RB 的接口 PB5（DVI）、PB6（SCL）、PB7（SDA）相连；灯控、加湿器、空调开关与 STM32F103RB 的 PA7、PA6、PA5 相连。

系统采用 5 V 开关稳压电源，用 L1117－3.3 V 三端稳压器产生 3.3 V 电源供给 STM32F103RB 和其他芯片。程序下载采用串口下载，用 CH340 芯片实现 USB 转串口。

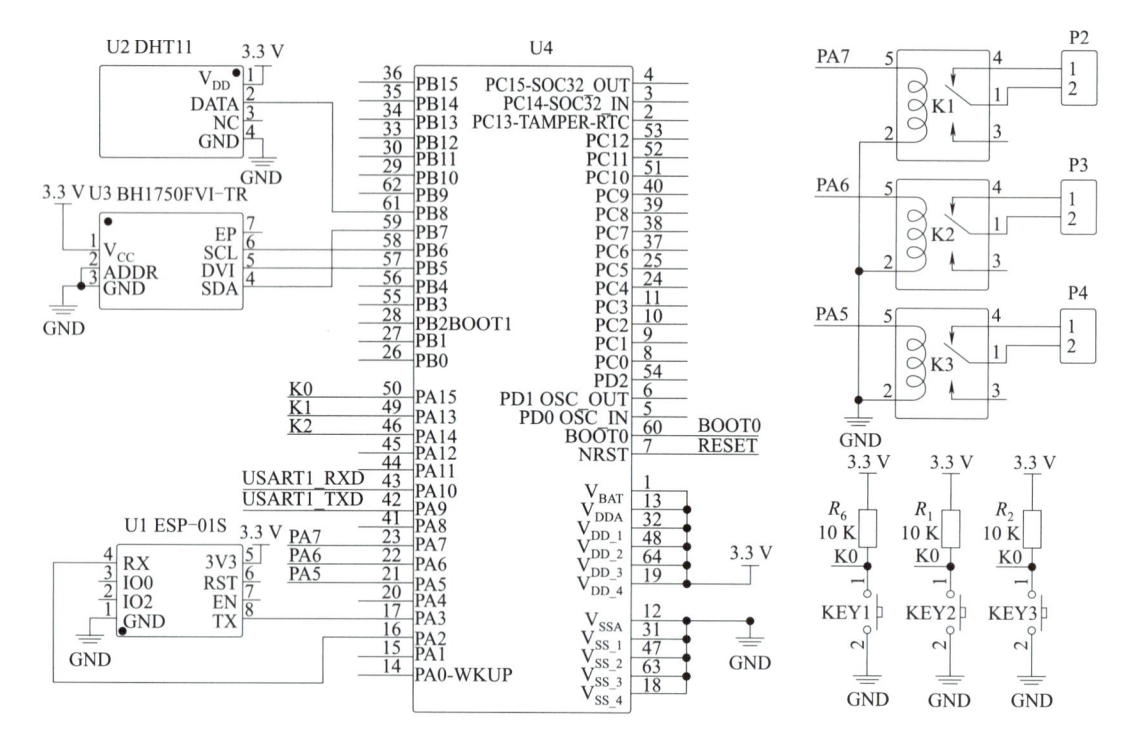

图 15.6　终端设备主要电路图

15.3　智能家居系统云平台设计与实现

智能家居系统云管理选用阿里云物联网平台。本例中主要涉及智能家居设备接入与管理开发和 IoT Studio 可视化开发（Web 可视化和移动可视化）。

15.3.1　智能家居系统终端设备接入与管理开发

使用物联网平台接入设备前，用户需在物联网平台的控制台创建智能家居产品和设备，获取设备证书（ProductKey、DeviceName 和 DeviceSecret），进行智能产品物模型定义。

1. 创建智能家居产品和设备

产品相当于一类设备的集合，同一产品下的设备具有相同的功能。用户可以根据产品批量管理设备，如定义物模型、自定义 Topic 等。用户设计每个实际设备需对应一个物联网平台设备。将物联网平台颁发的设备证书烧录到设备上，作为设备连接物联网平台的身份验证。

（1）登录物联网平台控制台。

（2）在控制台左上方选择物联网平台所在地区，然后在左侧导航栏选择"实例概览"选项，单击"公共实例"按钮，如图 15.7 所示。目前，华东 2（上海）、华北 2（北京）、华南 1（深圳）地区开通了企业版实例服务。

（3）在左侧导航栏选择"设备管理"→"产品"选项，单击"创建产品"按钮，如图 15.8 所示。

（4）新建产品并配置参数。本项目的"产品名称"为"智能家居"，"所属品类"为"自定义品类"，"节点类型"为"直连设备"，"连网方式"选择"蜂窝（2G/3G/4G/5G）"（其原因是 ESP8266 为阿里非认证 Wi-Fi 模块），其他参数选择默认即可。产品参数配置如图 15.9 所示，完成后单击"确认"按钮。

图 15.7　单击"公共实例"按钮

图 15.8　单击"创建产品"按钮

图 15.9　产品参数配置

(5) 在"创建产品"页面单击"前往添加"按钮，如图 5.10 所示。

图 15.10　单击"前往添加"按钮

（6）在"设备列表"页面单击"添加设备"按钮。在弹出的对话框中，"产品"选择"智能家居"选项，在"DeviceName"下方输入"SmartHome"，"备注名称"可不设置，单击"确认"按钮。添加设备设置如图 15.11 所示。

图 15.11　添加设备设置

（7）添加设备成功后，在弹出的"添加完成"对话框中单击"一键复制设备证书"按钮，获取设备证书。单击"前往查看"按钮，在弹出的"设备详情"对话框中单击"DeviceSecret"右侧的"查看"按钮，获取设备证书。"添加完成"对话框如图 15.12 所示。

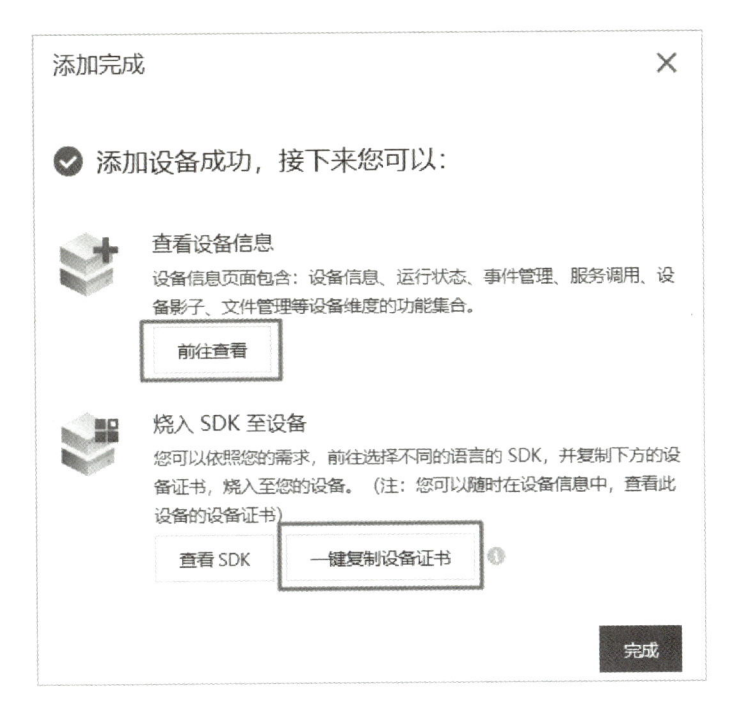

图 15.12 "添加完成"对话框

设备证书包含 ProductKey、DeviceName 和 DeviceSecret，是设备与物联网平台进行通信的重要身份认证，其含义如表 15.2 所示。后续设备接入需设置此信息，用户在复制后应妥善保管。

表 15.2 设备证书含义

参数	说明
ProductKey	设备所属产品的 ProductKey，即物联网平台为产品颁发的全局唯一标识符
DeviceName	设备在产品内的唯一标识符。DeviceName 与设备所属产品的 ProductKey 组合，作为设备标识，用来与物联网平台进行连接认证和通信
DeviceSecret	物联网平台为设备颁发的设备密钥，用于认证加密，需与 DeviceName 成对使用

2. 智能产品物模型定义

阿里云物联网平台支持为产品定义物模型，将实际产品抽象成由属性、服务、事件所组成的数据模型，便于云端管理和数据交互。产品创建完成后，可以为它定义物模型，产品下的设备将自动继承物模型内容。

（1）在左侧导航栏选择"设备管理"→"产品"选项，在产品列表中找到已创建的"智能家居"，单击操作栏的"查看"按钮。

（2）在产品详情页单击"功能定义"选项卡，然后单击"编辑草稿"按钮，如图 15.13 所示。

（3）在"功能定义"页面的"默认模块"中单击"添加自定义功能"按钮，进行物模型配置，然后单击"确认"按钮。

图 15.13　单击"编辑草稿"按钮

按照图 15.14 所示设置智能家居产品的主灯开关属性、加湿开关属性和空调开关属性，这些开关的属性均可从阿里云物联网平台提供的模型中直接选择。

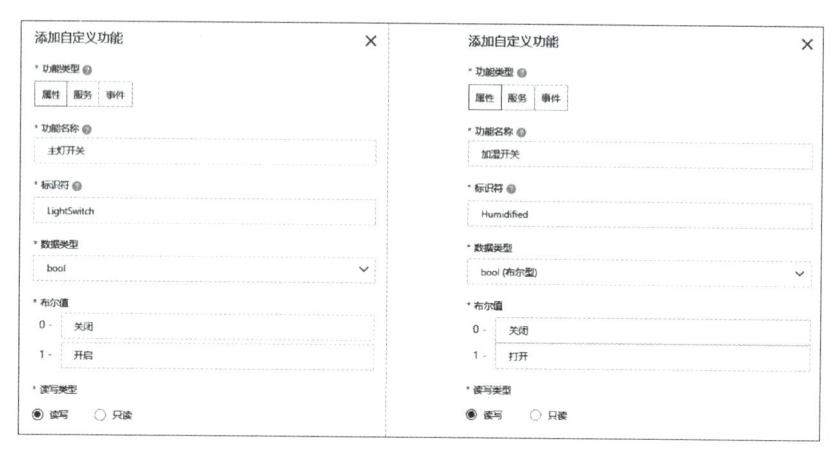

图 15.14　设置开关属性

按照图 15.15 所示设置智能家居产品的湿度传感器属性、温度传感器属性和光照度传感器属性，这些传感器的属性均可从阿里云物联网平台提供的模型中直接选择。

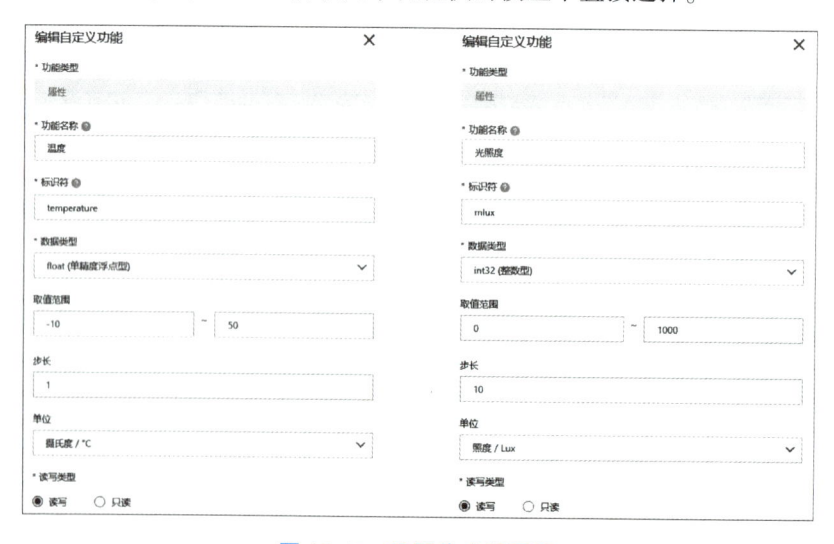

图 15.15　设置传感器属性

（4）功能定义好之后，可单击"物模型 TSL"按钮，在"完整物模型"选项卡下可看到该产品的完整物模型 JSON 文件，如图 15.16 所示。用户可以根据 TSL 组装上传设备的数据；可以导出完整物模型，用于云端应用开发；也可以只导出精简物模型，配合设备端 SDK 实现设备开发。

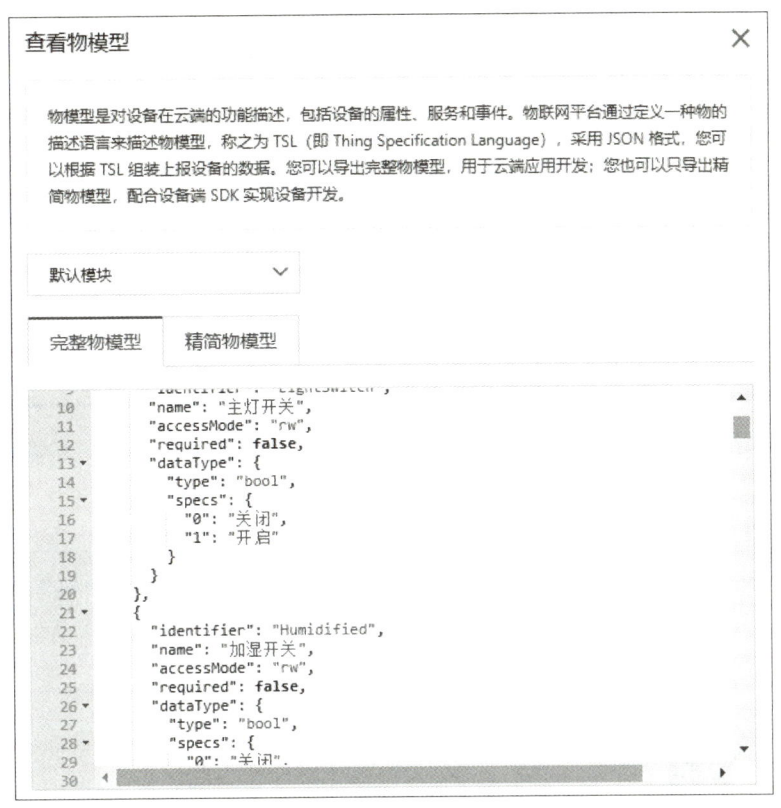

图 15.16 该产品的完整物模型 JSON 文件

（5）定义好产品功能，如图 15.17 所示。单击"发布上线"按钮，即可完成产品的发布。

图 15.17 定义好产品功能

用户如果后续还需要添加或修改已经定义完成的产品功能，可再次进入"功能定义"页面，单击"编辑草稿"按钮进行修改，然后重新发布上线。

3. 智能家居场景联动配置

场景联动是规则引擎中一种开发自动化业务逻辑的可视化编程方式，可以通过可视化的方式定义设备之间的联动规则，并部署规则至物联网平台云端或边缘端。

在物联网平台控制台左侧导航栏选择"规则引擎"→"场景联动"选项，在页面中创建场景联动规则。每个场景联动规则由触发器（Trigger）、执行条件（Condition）、执行动作（Action）3 个部分组成。这种规则模型被称为 TCA 模型。

在云端设置主灯开关、加湿开关、空调开关随着光照度传感器、湿度传感器和温度传感器采集的数据实时监测，控制对应的继电开关设备工作。智能家居场景联动设置如表 15.3 所示。

表 15.3 智能家居场景联动设置

开关类型	开启	关闭
主灯开关	光照度 < 100 lx	光照度 > 400 lx
加湿开关	湿度 < 20% RH	湿度 > 60% RH
空调开关	温度 < 5 ℃ 或温度 > 28 ℃	温度 ≥ 5 ℃ 或温度 ≤ 28 ℃

（1）在左侧导航栏选择"规则引擎"→"场景联动"选项，在页面下方单击"创建规则"按钮，在"规则名称"下输入对应名称，如"主灯开"，如图 15.18 所示。

图 15.18 输入"规则名称"

（2）单击"确认"按钮，创建场景联动规则，规则中分别有触发器、执行条件、执行动作设置。例如，在"主灯开"规则中，触发器设置如图 15.19 所示，选择"设备触发""智能家居""SmartHome""属性触发"等。

图 15.19 触发器设置

执行条件设置如图 15.20 所示，主灯开关为关闭状态才执行。

图 15.20　执行条件设置

执行动作设置如图 15.21 所示，选择"设备输出""智能家居""SmartHome""主灯开关""开启 – 1"。

图 15.21　执行动作设置

（3）重复上述步骤，对其他的加湿开关、空调开关依次通过场景联动进行设置，这样就可以通过云端联动的方式进行控制。如果条件发生改变或设备升级，只需要在云端更改配置即可。

15.3.2　智能家居系统可视化开发

阿里云物联网平台提供了一套物联网应用开发（IoT Studio）工具，可开展 Web 可视化开发、移动可视化开发和业务逻辑开发与物联网数据分析等业务。使用这些工具，可通过图形化的方式实现快速开发和应用。下面以 Web 可视化开发为例创建智能家居可视化网页，步骤如下。

1. 创建项目

登录物联网应用开发控制台，在页面左上角选择对应实例后，在左侧导航栏选择"项目管理"选项，在"普通项目"下单击"新建项目"按钮。在"新建项目"页面的空白区域单击，创建空白项目，输入名称"智能家居"。创建项目后，会直接进入项目详情页。"智能家居"页面如图 15.22 所示。

图 15.22　"智能家居"页面

2. 编辑 Web 页面

在"Web 应用"选项卡中单击"新建"按钮，在"应用名称"中输入"智能家居"，单击

"确定"按钮，进入 Web 编辑器。在左侧的导航栏中依次进行设置，左侧导航栏中按钮的功能如表 15.4 所示。

表 15.4　左侧导航栏中按钮的功能

按钮	功能说明
◆	页面。当前应用所包含的导航布局和页面列表 导航布局：空白 顶部栏：页面左上角显示 Logo 和 Web 应用名称 左导航：页面左侧显示 Logo 和导航栏 顶部栏和左导航：页面左上角显示 Logo 和 Web 应用名称，左侧显示导航栏 选择页面布局后，单击"配置"按钮，开启并配置应用的页面导航栏。在页面列表选择页面后，可自定义页面名称、新增或删除页面
◇	组件。展示 Web 可视化开发可使用的组件列表。拖曳组件到中间画布上，便可在应用编辑中使用该组件
≡	设备绑定管理。在应用绑定设备页，为当前应用中数据源是设备数据的组件批量绑定设备
⚙	应用设置。可在此页更新应用名称和描述，开启账号和 Token 鉴权；查看应用发布历史；管理应用绑定的域名

（1）页面设置。

在"顶部栏"中单击下面的"配置"按钮，可在页面右侧对 Logo 和颜色进行配置。

在"智能家居"页面中，在"导航布局"中选择空白页，可在右侧配置窗口选择分辨率，还可以选择阿里云物联网平台提供的模版来建立页面。

（2）组件设置。

"图表"选项卡下的仪表盘分别指示温度、湿度、光照度数据。"控制"下的"开关"用于控制主灯开关、加湿开关和空调开关，分别将其拖曳到空白页面中。另外，还可以将"基础"选项卡下的"时间""图片"等拖曳到空白页中，调整位置和大小，智能家居 Web 页面如图 15.23 所示。

图 15.23　智能家居 Web 页面

页面设置好后，选中第一个温度指示仪表盘，在页面右侧出现"样式"窗口，依次可对数值范围、全局样式、展示数据、单位、标题、刻度数字等进行设置。

将前面创建的智能家居产品和设备的数据关联起来。选择右边"样式"窗口中的"展示数据"的"配置数据源"选项，在弹出的"数据源配置"对话框中的"选择数据源"下拉列表中选择"设备"选项，"产品"项选择"智能家居"选项，"设备"项选择"SmartHome"选项，在"数据项"的"属性"项中选择"温度"选项，数据源配置如图 15.24 所示。

依次将湿度、光照度关联，再将主灯开关、加湿开关和空调开关一一进行关联，在图片控件中选择一张家居图片。这样智能家居的 Web 页面就建立完成，最后单击右上角的"发布"按钮即可完成发布。

图 15.24 数据源配置

15.4 智能家居系统设备侧软件开发

15.4.1 设备侧软件框架

智能家居设备采用的是 STM32 加 ESP8266 通信模块的方案连接阿里云物联网平台。STM32 通过 UART 发送 AT 指令，ESP8266 模块的 UART 接收报文，转发给 AT 解析器，生成 TCP/IP 报文发送到阿里云物联网平台。设备侧软件框架如图 15.25 所示。设备侧软件涉及 ESP8266 的 AT 指令驱动、MQTT 协议、FreeRTOS 管理、硬件驱动开发和应用软件开发。STM32F1 系列 MCU 通过 UART 的 TX、RX 与 ESP8266 通信，ESP8266 涉及 AT 解析器和 TCP/IP。

程序流程图如图 15.26 所示。STM32F1 系列 MCU 初始化，主要包括 TIM、UART1、UART2、GPIO 的初始化；先通过 UART1 发送 AT 指令到 ESP8266 将其初始化，然后发送指令连接 Wi-Fi，再发送指令连接到阿里云物联网平台，连接成功后，通过心跳包任务、上传传感器数据任务和接收云数据任务与阿里云物联网平台保持联系，进而达到智慧家居的目的。

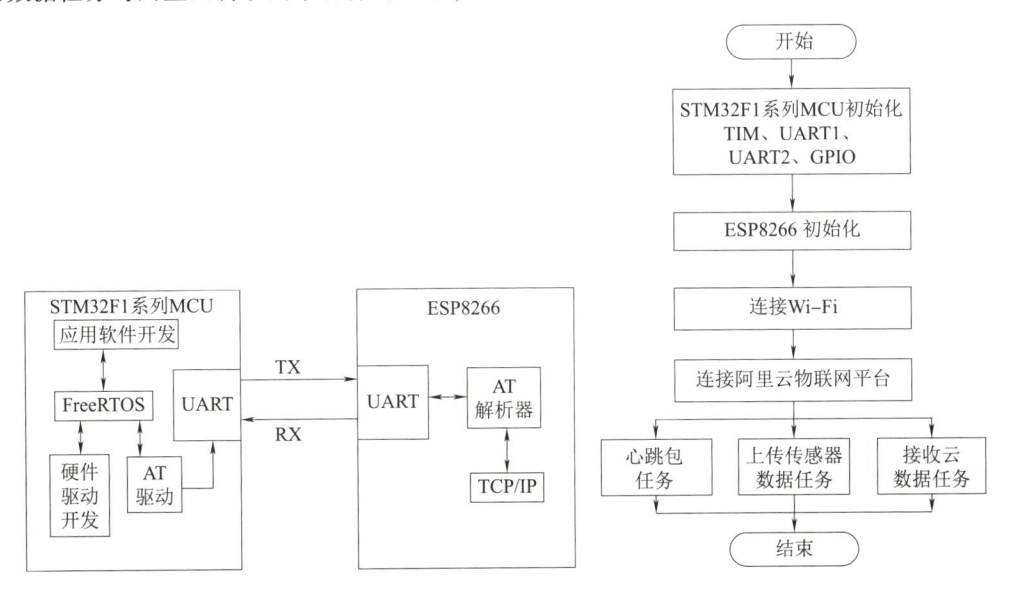

图 15.25 设备侧软件框架   图 15.26 程序流程图

15.4.2 MQTT 协议简介

1. 概述

MQTT 协议是一种基于发布/订阅（Publish/Subscribe）模式的轻量级通信协议，该协议构建于 TCP/IP 上，由 IBM 公司于 1999 年发布。MQTT 协议最大的优点在于它可以以极少的代码和有限的带宽，为连接远程设备提供实时可靠的消息服务。作为一种低开销、低带宽占用的即时通信协议，MQTT 协议在物联网、小型设备、移动应用等方面有较广泛的应用。

MQTT 协议通信原理如图 15.27 所示。在通信过程中，系统中有 3 种身份：发布者（Publisher）、代理者（Broker，即服务器）、订阅者（Subscriber）。其中，消息的发布者和订阅者都是客户端，代理者是服务器，发布者可以同时是订阅者。

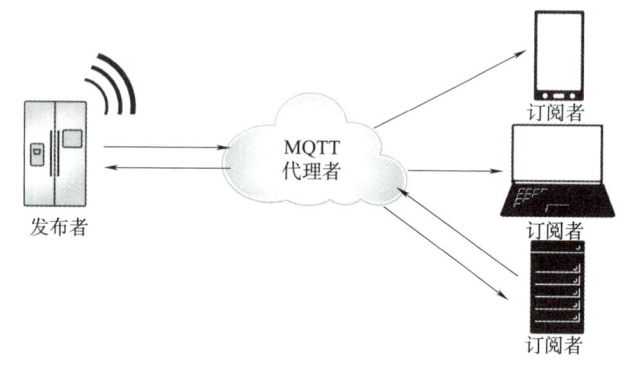

图 15.27 MQTT 协议通信原理

2. 报文及格式

下面以 MQTT-3.1.1 协议为内容分析其应用。MQTT 控制报文由 3 部分组成，分别是固定报头、可变报头、有效载荷（根据需要可选），所以一个报文数据 = 固定报头 + 可变报头 + 有效载荷。MQTT 报文结构如表 15.5 所示。

表 15.5 MQTT 报文结构

组成部分	含义
固定报头	固定报头，所有控制报文都包含
可变报头	可变报头，部分控制报文包含
有效载荷（根据需要可选）	有效载荷，部分控制报文包含

（1）固定报头。

固定报头由两个字节组成，第一个字节的 7~4 位为控制报文类型，3~0 位为标志位；第二个字节表示剩余长度（包含可变报头和有效载荷）。固定报头结构如表 15.6 所示。

表 15.6 固定报头结构

位	7	6	5	4	3	2	1	0
第一个字节	MQTT 控制报文的类型				用于指定控制报文类型的标志位			
第二个字节	剩余长度							

①控制报文类型。

MQTT 协议中提供 14 种控制报文类型，如表 15.7 所示。这些报文实现客户端和服务器之间的通信。客户端首先通过 CONNECT 报文与服务器之间建立连接，然后订阅请求或发布消息。当没有通信时，客户端要定时发送 PINGREQ 报文给服务器的心跳包，以建立长连接。

表 15.7 MQTT 控制报文类型

报文	描述	流向	固定报头	可变报头	负载
CONNECT	客户端请求与服务器建立连接	C→S	0x10	10 字节	有
CONNACK	服务器确认连接建立	C←S	0x20	2 字节	有
PUBLISH	发布消息	C↔S	0x30 + 标志位	7 字节	有
PUBACK	收到发布消息确认（QoS1）等级	C↔S	0x40	2 字节	无
PUBREC	发布消息收到（QoS2）等级	C↔S	0x50	2 字节	无
PUBREL	发布消息释放（QoS2）等级	C↔S	0x60	2 字节	无
PUBCOMP	发布消息完成（QoS2）等级	C↔S	0x70	2 字节	无
SUBSCRIBE	订阅请求	C→S	0x80	2 字节	有
SUBACK	订阅确认	C←S	0x90	2 字节	有
UNSUBSCRIBE	取消订阅	C→S	0xA0	2 字节	有
UNSUBACK	取消订阅确认	C←S	0xB0	2 字节	无
PINGREQ	客户端发送 PING 指令	C→S	0xC0	无	无
PINGRSP	PING 指令回复	C←S	0xD0	无	无
DISCONNECT	断开连接	C→S	0xE0	无	无

②标志位。

第一个字节的 3~0 位作为保留位时，要求按照协议规定传输固定值，其他按标志位定义的含义传输值，标志位功能如表 15.8 所示。

表 15.8 标志位功能

报文	报头	bit3	bit2	bit1	bit0
CONNECT	0x10	0	0	0	0
CONNACK	0x20	0	0	0	0
PUBLISH	0x30	DUP1	QoS2	QoS2	RETAIN3
PUBACK	0x40	0	0	0	0
PUBREC	0x50	0	0	0	0
PUBREL	0x60	0	0	1	0
PUBCOMP	0x70	0	0	0	0
SUBSCRIBE	0x80	0	0	1	0
SUBACK	0x90	0	0	0	0
UNSUBSCRIBE	0xA0	0	0	1	0
UNSUBACK	0xB0	0	0	0	0
PINGREQ	0xC0	0	0	0	0
PINGRSP	0xD0	0	0	0	0
DISCONNECT	0xE0	0	0	0	0

- DUP1 表示控制报文的重复分发标志。
- QoS2 表示 PUBLISH 报文的服务质量等级。
- RETAIN3 表示 PUBLISH 报文的保留标志。

③剩余长度。

剩余长度表示当前报文剩余部分的字节数，包括可变报头和负载的数据。剩余长度不包括用于编码剩余长度字段本身的字节数。

剩余长度字段使用变长编码方案，最小 1 个字节，最大 4 个字节。每个字节的低 7 位用于编码数据，最高位用 0 或 1 指示是否有更多字节。

例如，CONNECT 报文剩余长度如果是 200 字节，那么固定报文为 10 C8 01；如果是 1 000 字节，那么固定报文为 10 E8 07。

（2）可变报头。

某些控制报文包含可变报头，每个协议的可变报头都不一样，大多数控制报文都会有的字段是报文标识符。可变报头在各个控制报文中的详细内容读者可参见协议 MQTT – 3.1.1。

（3）有效载荷。

有效载荷是除控制报文格式以外的有效信息，CONNECT、PUBLISH、SUBSCRIBE 等需要传递有效信息的协议帧都需要有效载荷，即要传输的数据。

综上所述，要实现 MQTT 协议通信过程，一定要严格按照其报文格式对数据进行打包和拆包，才能确保联网和数据的有效通信。

15.4.3　ESP8266 常用的 AT 指令

ESP8266 本身是一个 MCU，内部集成了 Wi-Fi 功能。它可以直接联网应用，也支持 AT 指令，能够通过另外的 MCU 进行控制。下面介绍通过 STM32F1 系列 MCU 控制 ESP8266 的方法。ESP8266 支持的 AT 指令有基础 AT 指令、Wi-Fi 指令、TCP/IP 指令等。

1. 常用的基础 AT 指令

常用的基础 AT 指令有调试、重启、查看版本信息、开关回显功能、恢复出厂设置和设置串口设备等指令，如表 15.9 所示。

表 15.9　常用的基础 AT 指令

序号	指令	执行指令	响应
1	调试	AT	OK
2	重启	AT + RST	OK
3	查看版本信息	AT + GMR	< AT version > AT 版本 < SDK version > SDK 版本 < company > 发布公司 < date > 发布时间 OK
4	开关回显功能	ATE ATE0 关闭回显 ATE1 开启回显	OK
5	恢复出厂设置	AT + RESTORE	OK
6	设置串口设备	AT + UART = < baudrate >，< databits >，< stopbits >，< parity >，< flow control >	OK

2. 常用的 Wi-Fi 指令

常用的 Wi-Fi 指令有查询 Wi-Fi 模式、设置 Wi-Fi 模式、查询当前选择的 AP、连接 Wi-Fi 等指令，如表 15.10 所示。

表 15.10　常用的 Wi-Fi 指令

序号	指令	执行指令	响应
1	查询 Wi-Fi 模式	AT + CWMODE?	+ CWMODE：< mode > OK
2	设置 Wi-Fi 模式	AT + CWMODE = < mode > 0：Null mode 1：Station mode（客户端） 2：SoftAP mode（服务器） 3：SoftAP + Station mode 如：AT + CWMODE = 1	OK
3	查询当前选择的 AP	AT + CWJAP?	+CWJAP：< ssid >，< bssid >，< channel >，< rssi > OK
4	连接 Wi-Fi	AT + CWJAP = "ssid"，"pwd" ssid：Wi-Fi 名称，pwd：密码	OK 或 + CWJAP：ERROR
5	列出当前可用 AP	AT + CWLAP	+CWLAP：< ecn >，< ssid >，< rssi >，< mac >，< channel > OK
6	退出与 AP 的连接	AT + CWQAP	OK
7	查询当前 AP 模式下的参数	AT + CWSAP?	+CWSAP：< ssid >，< pwd >，< channel >，< ecn >，< max conn >，< ssid hidden > OK
8	设置 AP 参数	AT +CWSAP = <ssid >，< pwd >，<chl >，< ecn > ［，< max conn >］［，< ssid hidden >］	OK
9	查看已接入设备的 IP	AT + CWLIF	OK

3. 常用的 TCP/IP 指令

常用的 TCP/IP 指令有建立 TCP 连接或 UDP 连接、数据发送和接收等指令，如表 15.11 所示。

表 15.11　常用的 TCP/IP 指令

序号	指令	执行指令	响应
1	建立 TCP 连接或 UDP 连接	AT +CIPSTART = <type >，< remote IP >，< remote port > type：TCP/UDP remote IP：远程服务器 IP 地址 remote port：远程服务器接口号	OK ALREADY CONNECTTED ERROR

续表

序号	指令	执行指令	响应
2	启动单连接或多连接	AT + CIPMUX = < mode > 0：单连接 1：多连接	OK
3	透传模式发送数据	AT + CIPSEND 每包数据以 20 ms 间隔区分，每包最大 2048 字节，当输入单独一包"+ + +"返回指令模式，该指令必须在开启透传模式以及单连接模式后使用	OK >：连接成功 ERROR：连接失败 SEND OK：数据发送成功
4	单连接、多连接传输	单连接：(+ CIPMUX = 0) AT + CIPSEND = < length > 多连接：(+ CIPMUX = 1) AT + CIPSEND = <linkID >，< length >	OK >：连接成功 ERROR：连接失败 SEND OK：数据发送成功
5	接收网络数据	单连接： + IPD，< len > [，< remote IP >，< remote port >]：< data > 多连接： + IPD，< link ID >，< len > [，< remote IP >，< remote port >]：< data >	网络数据向模块串口发送的 + IPD 和数据，收到连接的 ID 号，数据长度，收到的数据

15.4.4　软件设计与实现

终端设备的软件代码主要在传感器数据采集文件"DHT22. c""BH1750. c"、ESP8266 的 AT 指令文件"esp8266. c"、MQTT 协议报文文件"mqtt. c"和主程序文件"main. c"中。各外设初始化函数、HAL 库函数和 FreeRTOS 代码由 STM32CubeMX 自动生成 MDK 的工程文件。程序结构如图 15.28 所示。应特别注意的是，USART1 串口初始化函数中配置接收方式为 DMA 模式，并开启接收空闲中断，以实现不定长数据接收，其他外设采用常规设置即可。

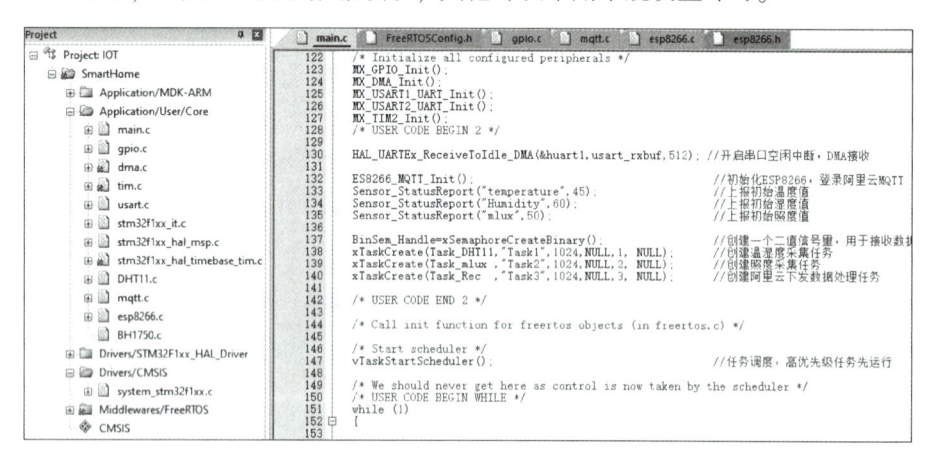

图 15.28　程序结构

1. "main. c"文件代码

"main. c"文件中包括 STM32 外设初始化、ESP8266 初始化、创建 3 个任务（两个传感器数据采集任务和一个接收数据处理任务)、MQTT 的 60 s 心跳包定时器 2 中断、串口 USART1 空闲中断和 DMA 数据接收程序。

(1) int main() 函数。

通过宏定义 Wi-Fi 名称和密码，定义连接阿里云的 MQTT 参数的三元组(在阿里云定义的设备里"设备信息"选项卡下的"MQTT 连接参数"中可查到)，定义 MQTT 发布和订阅格式(在阿里云定义的产品下的"Topic 类列表"选项卡下的"物模型通信 Topic"的属性中，将以"post"和"set"结尾的格式替换"deviceName")。代码如下。

```
#define Wi-Fi_NAME              "xxxxxx"    //修改成 Wi-Fi 名称
#define Wi-Fi_PASSWD            "xxxxxx"    //修改成 Wi-Fi 密码
#define MQTT_MqttHostUrl        "xxxxxx"    //阿里云服务器地址,MQTT 三元组
#define MQTT_ClientId           "xxxxxx"    //阿里云产品客户 ID,MQTT 三元组
#define MQTT_Username           "xxxxxx"    //阿里云产品名,MQTT 三元组
#define MQTT_Passwd             "xxxxxx"    //阿里云产品密码,MQTT 三元组
#define MQTT_Port               1883        //阿里云接口号
#define MQTT_PUBLISH_TOPIC      "/sys/xxx/xxx/thing/event/property/post"   //发布
#define MQTT_SUBSCRIBE_TOPIC    "/sys/xxx/xxx/thing/service/property/set"  //订阅
```

在主函数中完成对 STM32F1 系列 MCU 的外设模块初始化、ESP8266 和 MQTT 初始化、开启串口空闲中断 DMA 接收、创建 3 个任务和一个信号量。代码如下。

```
HAL_UARTEx_ReceiveToIdle_DMA(&huart1,usart_rxbuf,512);//开启串口空闲中断 DMA 接收
ES8266_MQTT_Init();                                   //ESP8266 初始化,上阿里云
BinSem_Handle = xSemaphoreCreateBinary();             //信号量,接收和处理数据同步
xTaskCreate(Task_DHT22,"Task1",1024,NULL,1, NULL);    //创建温湿度采集任务
xTaskCreate(Task_mlux,"Task2",1024,NULL,2, NULL);     //创建光照度采集任务
xTaskCreate(Task_Rec,"Task3",1024,NULL,3, NULL);      //创建阿里云数据处理任务
vTaskStartScheduler();                                //任务调度
```

(2) 串口空闲中断回调函数接收不定长数据。

STM32F1 系列 MCU 采用 USART 的空闲中断 DMA 接收的方式接收 ESP8266 的不定长数据。这样既可提高 STM32F1 系列 MCU 的利用率，又可准确接收不定长数据。USART 的空闲中断是自接收到上个字节完成起(RXNE=1)，超过一个字节周期时长没接收到新数据，产生空闲中断(USART 的 SR 第 4 位 IDLE 被置 1)，在串口空闲中断回调函数中处理 DMA 收到的数据，函数代码如下。

```
/* * * * * * * * * * * * * * * * * * * * * * * * * * * * * * * * * * * *
函数名称:void HAL_UARTEx_RxEventCallback()
函数功能:串口空闲中断回调函数,采用 DMA 接收
输入参数:* huart 为串口号,Size 为接收到的数据大小
* * * * * * * * * * * * * * * * * * * * * * * * * * * * * * * * * * * */
void HAL_UARTEx_RxEventCallback(UART_HandleTypeDef * huart, uint16_t Size)
{
    BaseType_t xStatus;
    static BaseType_t xHPTaskWoken = pdTRUE;
    if(huart -> Instance = = USART1){
        HAL_UART_DMAStop(&huart1);                          //关闭串口 DMA 传输
        printf("esp8266:% d:% s\r\n",Size,usart_rxbuf);//监测设备接收数据状态
```

```c
            if(usart_rxbuf[0]==0x30)//接收云平台发送灯的开关指令
              {usart_rxcounter=Size;
               memcpy(rxbuf,usart_rxbuf,usart_rxcounter);//复制接收的数据
               xStatus = xSemaphoreGiveFromISR(BinSem_Handle,&xHPTaskWoken);//
进行一次二值信号量释放,以实现对数据处理同步
              }
            DMA1_Channel5->CNDTR=0;                                //复位DMA指针
            HAL_UARTEx_ReceiveToIdle_DMA(&huart1,usart_rxbuf, 512);//开启空闲中断
    }
}
```

(3) ESP8266 初始化程序。

该初始化程序的功能是依次完成 ESP8266 调试、连接热点、连接阿里云 IoT 服务器、登录阿里云物联网平台、订阅主题。在初始化过程中,会出现一次连接热点或登录阿里云不成功的现象,可通过软件复位的方式再一次初始化(__NVIC_SystemReset();)。函数代码如下。

```c
void ESP8266_MQTT_Init(void)
{   uint8_t status=0;
    if(status==0){                          //初始化 ESP8266
        if(ESP8266_Init()) {
            printf("ESP8266初始化成功!\r\n");
            status++;
        }
        else ErrorMode_Reset(0);
    }
    if(status==1) {                         //连接热点
        if(ESP8266_ConnectWi-Fi(Wi-Fi_NAME,Wi-Fi_PASSWD)){
            printf("ESP8266连接热点成功!\r\n");
            status++;
        }
        else ErrorMode_Reset(1);
    }
    if(status==2) {                         //连接阿里云 IoT 服务器
        if(ESP8266_ConnectServer("TCP",MQTT_MqttHostUrl,MQTT_Port)!=0){
            printf("ESP8266连接阿里云服务器成功!\r\n");
            status++;
        }
        else ErrorMode_Reset(2);
    }
    if(status==3){                          //登录阿里云物联网平台
        if(MQTT_Connect(MQTT_ClientId, MQTT_Username, MQTT_Passwd)!=0){
            printf("ESP8266登录阿里云物联网平台成功!\r\n");
            status++;
        }
        else ErrorMode_Reset(3);
    }
```

```
            if(status = =4){                                //订阅主题
                if(MQTT_SubscribeTopic(MQTT_SUBSCRIBE_TOPIC,0,1) ! = 0){
                    printf("ESP8266 订阅阿里云 MQTT 主题成功! \r\n");
                    HAL_TIM_Base_Start_IT(&htim2);    //开启心跳包
                }
                else ErrorMode_Reset(4);
            }
    }
```

(4) 数据发送与接收任务。

①温湿度采集任务 Task_ DHT22 通过传感器 DHT22 实现对环境的温度和湿度的采集，然后上传到阿里云物联网平台。任务程序如下。

```
void Task_DHT22(void* argument)
{   uint8_t humidityH;        //湿度整数部分
    uint8_t humidityL;        //湿度小数部分
    uint8_t temperatureH;     //温度整数部分
    uint8_t temperatureL;     //温度小数部分
    while(1) {
        DHT22_Read_Data(&humidityH,&humidityL,&temperatureH,&temperatureL);
        Sensor_StatusReport("temperature",temperatureH);    //上传温度
        Sensor_StatusReport("Humidity",humidityH);          //上传湿度
        printf("DHT22,H = % d;T = % d! \r\n",humidityH,temperatureH);
                                                            //串口打印输出
        vTaskDelay(2000);                                   //延时,任务切换
    }
}
```

②光照度采集任务 Task_ mlux 通过光照度传感器 BH1750 实现对环境光照度的采集，然后上传到阿里云平台。任务程序如下。

```
void Task_mlux(void* argument)
{   uint16_t mlux;
    while(1){
        mlux = Get_BH1750_Value();              //获取光照度
        Sensor_StatusReport("mlux",mlux);       //上传光照度
        printf("Mlux:M = % d\r\n",mlux);         //串口打印输出
        vTaskDelay(2000);                       //延时,任务切换
    }
}
```

传感器数据上传阿里云物联网平台函数，按照阿里云物联网平台的物模型模式上传数据。输入参数 Yu_ Identifier 为阿里云设备功能标识符，SensorData 为传感器数据。程序代码如下。

```
void Sensor_StatusReport(char * Yu_Identifier,uint8_t SensorData)
{   char mqtt_message[256];                              //MQTT 的上传消息缓存
    sprintf(mqtt_message,
      "{\"method\":\"thing.service.property.post\",\"id\":\"00000001\",\
        "params\":{\
        \"%s\":%d,\},\"version\":\"1.0.0\"}",
      Yu_Identifier,SensorData);                         //设备标识,数据
    MQTT_PublishData(MQTT_PUBLISH_TOPIC,mqtt_message,0); //数据上传
}
```

③数据接收及处理任务接收阿里云下发的指令，分别实现对主灯、加湿器和空调开关的开关操作。数据接收是通过串口1空闲中断DMA接收，为了将数据接收和处理同步，采用二值信号量实现。当串口1空闲中断回调函数接收到阿里云下发的指令时，就释放一个信号量；在接收任务中获取一个信号量，以保障同步。任务代码如下。

```
void Task_Rec(void * argument)
{   BaseType_t xStatus;
    int Rec_flag;
    while(1) {
      xStatus=xSemaphoreTake(BinSem_Handle,portMAX_DELAY); //二值信号量获取
      if(xStatus==pdPASS) {
        printf("xSemaphoreTake!\r\n");
        Rec_flag=Proces_MQTT_message(rxbuf,usart_rxcounter);//接收到数据并处理
        switch(Rec_flag){
            case 1:printf("LightSwitch=Close    \r\n");  break;
            case 2:printf("LightSwitch=Open     \r\n");  break;
            case 3:printf("Humidification=Close\r\n");  break;
            case 4:printf("Humidification=Open \r\n");  break;
            case 5:printf("VehACSwitch=Close \r\n");    break;
            case 6:printf("VehACSwitch=Open  \r\n");    break;
            default:printf("Nothing\r\n");              break;
        }
        usart_rxcounter=0;
        memset(rxbuf,0,sizeof(usart_rxbuf));            //清空接收缓冲
      }
      vTaskDelay(500);
    }
}
```

函数 Proces_MQTT_message() 的功能是判断阿里云下发的数据功能，并根据数据的功能执行处理操作。输入参数 buf 是接收数据内容，len 表示数据长度。函数代码如下。

```
int Proces_MQTT_message(uint8_t* buf,uint16_t len)
{   uint8_t status,data[256];
    for(int i=0;i<len;i++)
    {   data[i] = buf[i+4]; }
/* * * * * * * * * * * * * * * *主灯处理* * * * * * * * * * * * * * * * * * * * * * * * */
```

```c
    if(String_check((char*)data, "\"LightSwitch\":0") >0)
    {   status =1;
        HAL_GPIO_WritePin(GPIOA, LightSwitch_Pin, GPIO_PIN_RESET);//关闭开关
        Switch_StatusReport("LightSwitch",0);                    //上传状态
        return status;
    }
    if(String_check((char*)data, "\"LightSwitch\":1"); >0)
    {   status =2;
        HAL_GPIO_WritePin(GPIOA, LightSwitch_Pin, GPIO_PIN_SET);  //打开开关
        Switch_StatusReport("LightSwitch",1);                    //上传状态
        return status;
    }
/* * * * * * * * * * * * * 加湿器处理* * * * * * * * * * * * * * * * * * * * */
    if(String_check((char*)data, "\"Humidification\":0") >0)
    {   status =3;
        HAL_GPIO_WritePin(GPIOA, Humidification_Pin, GPIO_PIN_RESET);
                                                                 //关闭开关
        Switch_StatusReport("Humidification",01);                //上传状态
        return status;
    }
    if(String_check((char*)data, "\"Humidification\":1") >0)
    {   status =4;
        HAL_GPIO_WritePin(GPIOA, Humidification_Pin, GPIO_PIN_SET);//打开开关
        Switch_StatusReport("Humidification",1);                 //上传状态
        return status;
    }
/* * * * * * * * * * * * * * 空调处理* * * * * * * * * * * * * * * * * * * * */
    if(String_check((char*)data, "\"VehACSwitch\":0") >0)
    {   status =5;
        HAL_GPIO_WritePin(GPIOA, VehACSwitch_Pin, GPIO_PIN_RESET);//打开开关
        Switch_StatusReport("VehACSwitch",01);                   //上传状态
        return status;
    }
    if(String_check((char*)data, "\"VehACSwitch\":1") >0)
    {   status =6;
        HAL_GPIO_WritePin(GPIOA, VehACSwitch_Pin, GPIO_PIN_SET); //关闭开关
        Switch_StatusReport("VehACSwitch",1);                    //上传状态
        return status;
    }
}
```

开关状态上传阿里云物联网平台的函数 Switch_StatusReport() 的程序代码与传感器数据上传函数的代码相同。

2. "esp8266.c" 文件代码

"esp8266.c" 文件里的函数主要通过 STM32 的串口发送 AT 指令,来完成 ESP8266 模块的调试

等操作，测试使用的函数为 ESP8266_Init( )，连接到热点使用的函数为 ESP8266_ConnectWi-Fi( )，连接到阿里云服务器使用的函数为 ESP8266_ConnectServer( )。

（1）ESP8266 模块的调试函数 ESP8266_Init( )。

ESP8266 模块的调试函数 ESP8266_Init( ) 实现的功能有对 ESP8266 模块执行复位、调试和关闭回显。输出参数返回 0 表示调试不成功，返回 1 表示调试成功。

程序代码如下。

```
uint8_t ESP8266_Init(void)
{    memset(usart_txbuf,0,sizeof(usart_txbuf));         //清空发送数组
     memset(usart_rxbuf,0,sizeof(usart_rxbuf));         //清空接收数组
     ESP8266_ATSendString("AT+RST\r\n");               //通过串口发送 AT+RST 指令
     HAL_Delay(800);                                    //延时等待返回数据
     memset(usart_rxbuf,0,sizeof(usart_rxbuf));         //清空接收缓冲
     ESP8266_ATSendString("AT\r\n");                   //通过串口发送 AT 调试指令
     HAL_Delay(100);                                    //延时等待返回数据
     if(String_check((char* )usart_rxbuf,"OK")==0)     //设置不成功返回 0
     { return 0;}
     memset(usart_rxbuf,0,sizeof(usart_rxbuf));         //清空接收缓冲
     ESP8266_ATSendString("ATE0\r\n");                 //通过串口发送关闭回显指令 ATO
     HAL_Delay(800);                                    //延时等待返回数据
     if(String_check((char* )usart_rxbuf,"OK")==0)     //设置不成功返回 0
     { return 0;}
     return 1;                                          //设置成功返回 1
}
```

（2）连接热点函数。

ESP8266_ConnectWi-Fi( ) 函数的功能首先是通过"AT+CWMODE=1"完成对 ESP8266 作为客户端的配置，然后通过指令"AT+CWJAP"完成对指定热点的连接。

①输入参数：ssid 表示热点名，pwd 表示热点密码。

②输出参数：返回 0 表示连接失败，返回 1 表示连接成功。

程序代码如下。

```
uint8_t ESP8266_ConnectWi-Fi(char* ssid,char* pswd)
{    memset(usart_rxbuf,0,sizeof(usart_rxbuf));
     ESP8266_ATSendString("AT+CWMODE=1\r\n");                              //设置为客户模式
     HAL_Delay(500);                                                        //延时等待响应
     if(String_check((char* )usart_rxbuf,"OK")==0)return 0;//检测不成功返回 0
     memset(usart_txbuf,0,sizeof(usart_txbuf));                             //清空发送缓冲
     memset(usart_rxbuf,0,sizeof(usart_rxbuf));                             //清空接收缓冲
     sprintf((char* )usart_txbuf,"AT+CWJAP=\"% s\",\"% s\"\r\n",ssid,pswd);
     ESP8266_ATSendString((char* )usart_txbuf);                             //发送连接热点指令
     HAL_Delay(800);                                                        //延时等待响应
     if(String_check((char* )usart_rxbuf,"OK")!=0)return 1;   //连接热点成功返回 1
     else return 0;                                                         //连接不成功返回 0
}
```

（3）连接阿里云服务器函数。

ESP8266_ConnectServer() 函数的功能包括发送 "AT+CIPSTART" 指令登录阿里云服务器，并发送 "AT+CIPMODE" 指令设置透传模式，发送 "AT+CIPSEND" 指令进入透传发送状态。

①输入参数：mode 表示模式（TCP/UDP），ip 表示服务器 IP 地址，port 表示接口号。

②输出参数：返回 0 表示连接失败，返回 1 表示连接成功。

程序代码如下。

```c
uint8_t ESP8266_ConnectServer(char* mode,char* ip,uint16_t port)
{   memset(usart_txbuf,0,sizeof(usart_txbuf));              //清空发送缓冲
    memset(usart_rxbuf,0,sizeof(usart_rxbuf));              //清空接收缓冲
    sprintf((char*)usart_txbuf,"AT+CIPSTART=\"%s\",\"%s\",%d\r\n",mode,ip,port);
    ESP8266_ATSendString((char*)usart_txbuf);               //发送连接
    HAL_Delay(1000);                                         //延时等待响应
    if(String_check((char*)usart_rxbuf,"CONN")==0)return 0; //检查是否连接成功
    ESP8266_ATSendString("AT+CIPMODE=1\r\n");               //设置透传模式
    memset(usart_rxbuf,0,sizeof(usart_rxbuf));              //清空接收缓冲
    ESP8266_ATSendString("AT+CIPSEND\r\n");                 //开启透传发送
    HAL_Delay(500);                                          //延时等待响应
    if(String_check((char*)usart_rxbuf,">")!=0)return 1;    //检查返回是否成功
    else return 0;
}
```

上述代码中的 ESP8266_ATSendString() 函数用于通过串口 1 发送字符串，代码如下。

```c
void ESP8266_ATSendString(char* str)
{   memset(usart_rxbuf,0,256);
    usart_rxcounter=0;
    HAL_UART_Transmit(&huart1,(uint8_t*)str,strlen(str),0xFFFF);
}
```

当发送完 AT 指令后，ESP8266 返回的数据通过字符串比较函数 String_check() 完成检测，检测是否有对应指令的响应。程序代码如下。

```c
uint8_t String_check(char* line,char* word)
{   int i,n,m;
    n=strlen(line);
    m=strlen(word);
    for(i=0;i<=n-m;i++)
      if (strncmp(line+i,word,m)==0)return 1;
        return 0;
}
```

3. "MQTT.c" 文件代码

该文件中主要是 MQTT 报文相关的函数，MQTT 有 14 种报文，一般应用中主要会用到连接（CONNECT）、订阅（SUBSCRIBE）、取消订阅（UNSUBSCRIBE）、发布（PUBLISH）和心跳（PINGREQ）。

（1）MQTT 主要的响应报文。

MQTT 主要的响应报文有正确连接响应报文、断开连接响应报文、心跳回复报文、订阅回复

报文等，程序代码如下。

```
uint8_t parket_connetAck[] = {0x20,0x02,0x00,0x00};   //连接成功服务器回应
uint8_t parket_disconnet[] = {0xe0,0x00};             //客户端主动断开连接
uint8_t parket_heart[] = {0xc0,0x00};                 //心跳包
uint8_t parket_heart_reply[] = {0xc0,0x00};           //心跳回复
uint8_t parket_subAck[] = {0x90,0x03};                //订阅回复
volatile uint16_t MQTT_TxLen;                         //计数器
```

（2）连接报文函数。

连接报文格式 = 固定报头（0x10+剩余长度）+ 可变报头[协议名（0x00 0x04'M'Q'T'T'）+ 协议级别（0x04）+ 连接标志（0xC2）+ 保持连接（0x00 0x64）] + 有效载荷（用客户端ID + 用户名 + 密码）。

①输入参数：三元组，ClientID 为服务器 ID，Username 为用户名，Password 为密码。
②输出参数：返回 1 表示成功，返回 0 表示失败。
该报文函数实现方法如下。

```
uint8_t MQTT_Connect(char * ClientID,char * Username,char * Password)
{
    int ClientIDLen = strlen(ClientID);
    int UsernameLen = strlen(Username);
    int PasswordLen = strlen(Password);
    int DataLen;
    MQTT_TxLen = 0;
    DataLen = 10 + (ClientIDLen + 2) + (UsernameLen + 2) + (PasswordLen + 2);//剩余长度计算
/* * * * * * * * * * * * * * * 固定报头+剩余长度 * * * * * * * * * * * * * * */
    usart_txbuf[MQTT_TxLen++] = 0x10;           //MQTT连接报文固定报头
    do{                                         //剩余长度的最高位表示是否超过128
        uint8_t encodedByte = DataLen % 128;
        DataLen = DataLen/128;
        if(DataLen > 0)  encodedByte = encodedByte | 128;
        usart_txbuf[MQTT_TxLen++] = encodedByte;
    }while(DataLen > 0);
/* * * * * * * * * * * * * * 8个字节可变报头 * * * * * * * * * * * * * * */
    usart_txbuf[MQTT_TxLen++] = 0;              //Length MSB = 0
    usart_txbuf[MQTT_TxLen++] = 4;              //Length LSB = 4
    usart_txbuf[MQTT_TxLen++] = 'M';            //ASCII Code for M
    usart_txbuf[MQTT_TxLen++] = 'Q';            //ASCII Code for Q
    usart_txbuf[MQTT_TxLen++] = 'T';            //ASCII Code for T
    usart_txbuf[MQTT_TxLen++] = 'T';            //ASCII Code for T
    usart_txbuf[MQTT_TxLen++] = 4;              //MQTT 协议级别 = 4
    usart_txbuf[MQTT_TxLen++] = 0xC2;           //连接标志
    usart_txbuf[MQTT_TxLen++] = 0;              //心跳包 MSB = 0
    usart_txbuf[MQTT_TxLen++] = 60;             //心跳包 LSB = 60S
/* * * * * * * * * * * * * * * * 有效载荷 * * * * * * * * * * * * * * * */
```

```
    usart_txbuf[MQTT_TxLen++]=BYTE1(ClientIDLen);    //客户端 ID length MSB
    usart_txbuf[MQTT_TxLen++]=BYTE0(ClientIDLen);    //客户端 ID length LSB
    memcpy(&usart_txbuf[MQTT_TxLen],ClientID,ClientIDLen);
    MQTT_TxLen+=ClientIDLen;
    if(UsernameLen>0)
    {    usart_txbuf[MQTT_TxLen++]=BYTE1(UsernameLen);    //用户名 length MSB
         usart_txbuf[MQTT_TxLen++]=BYTE0(UsernameLen);    //用户名 length LSB
         memcpy(&usart_txbuf[MQTT_TxLen],Username,UsernameLen);
         MQTT_TxLen+=UsernameLen;
    }
    if(PasswordLen>0)
    {    usart_txbuf[MQTT_TxLen++]=BYTE1(PasswordLen);    //密码 length MSB
         usart_txbuf[MQTT_TxLen++]=BYTE0(PasswordLen);    //密码 length LSB
         memcpy(&usart_txbuf[MQTT_TxLen],Password,PasswordLen);
         MQTT_TxLen+=PasswordLen;
    }
    memset(usart_rxbuf,0,sizeof(usart_rxbuf));       //清除接收报文缓冲区
    MQTT_SendBuf(usart_txbuf,MQTT_TxLen);            //通过串口发送报文
    uint8_t wait=30;                                 //等待 3 s
    while(wait--)
    {
    if(usart_rxbuf[0]==parket_connetAck[0] && usart_rxbuf[1]==parket_connetAck[1])
    {    return 1;}                                  //检测返回 20 02
    HAL_Delay(100);
    }
    return 0;
    }
```

（3）订阅与取消订阅报文函数。

订阅报文格式＝固定报头（0x82＋剩余长度）＋可变报头（0x00 0x01）＋有效载荷（阿里云订阅 Topic＋消息等级）。

取消订阅报文的固定报头的报文类型为 0xA2，其他格式和订阅报文一样。

①输入参数：topic 表示主题，qos 表示消息等级，Sub_UnSub 表示订阅/取消订阅请求包（0 为取消订阅，1 为订阅）。

②输出参数：返回 1 表示成功，返回 0 表示失败。

函数代码如下。

```
    uint8_t MQTT_SubscribeTopic(char* topic,uint8_t qos,uint8_t Sub_UnSub)
    {
        MQTT_TxLen=0;
        int topiclen=strlen(topic);
        int DataLen=2+(topiclen+2)+(Sub_UnSub? 1:0);    //剩余长度
    /* * * * * * * * * * * * * * * * * * * * * 固定报头 * * * * * * * * * * * * * * * * * * */
        if(Sub_UnSub) usart_txbuf[MQTT_TxLen++]=0x82;   //订阅报文类型
        else usart_txbuf[MQTT_TxLen++]=0xA2;            //取消订阅报文类型
```

```c
        do{                                    //剩余长度的最高位表示是否超过128
            uint8_t encodedByte = DataLen % 128;
            DataLen = DataLen/128;
            if(DataLen > 0)    encodedByte = encodedByte |128;
            usart_txbuf[MQTT_TxLen + +] = encodedByte;
        }while(DataLen > 0);
    /* * * * * * * * * * * * * * * * * 2个字节可变报头 * * * * * * * * * * * * * * * */
        usart_txbuf[MQTT_TxLen + +] = 0x00;             //标识符 MSB
        usart_txbuf[MQTT_TxLen + +] = 0x01;             //标识符 LSB
    /* * * * * * * * * * * * * * * * * * 有效载荷 * * * * * * * * * * * * * * * * * */
        usart_txbuf[MQTT_TxLen + +] = BYTE1(topiclen);  //主题长度 MSB
        usart_txbuf[MQTT_TxLen + +] = BYTE0(topiclen);  //主题长度 LSB
        memcpy(&usart_txbuf[MQTT_TxLen], topic, topiclen);
        MQTT_TxLen + = topiclen;
        if(Sub_UnSub) usart_txbuf[MQTT_TxLen + +] = qos;  //QoS 级别
    /* * * * * * * * * * * * * * * * 发送数据并检测 * * * * * * * * * * * * * * * */
        memset(usart_rxbuf, 0, sizeof(usart_rxbuf));
        MQTT_SendBuf(usart_txbuf, MQTT_TxLen);
        uint8_t  wait = 30;                             //等待3 s
        while(wait - -){
            if(usart_rxbuf[0] = = parket_subAck[0] && usart_rxbuf[1] = = parket_subAck[1])
                {return 1;}                             //订阅成功
            HAL_Delay(100);
        }
    }
    return 0;
}
```

（4）发布报文函数。

发布报文的格式 = 固定长度（0x30 + 剩余长度） + 可变报头（主题名和报文标识符） + 有效载荷。

①输入参数：topic 表示主题，message 表示消息，qos 表示消息等级。
②输出参数：返回 1 表示成功，返回 0 表示失败。
函数代码如下。

```c
uint8_t MQTT_PublishData(char * topic, char * message, uint8_t qos)
{
    int topicLength = strlen(topic);
    int messageLength = strlen(message);
    static uint16_t id = 0;
    int DataLen;
    MQTT_TxLen = 0;
    if(qos)   DataLen = (2 + topicLength) + 2 + messageLength;
    else      DataLen = (2 + topicLength) + messageLength;
/* * * * * * * * * * * * * * * * * * 固定报头 * * * * * * * * * * * * * * * * * */
```

```
        usart_txbuf[MQTT_TxLen++]=0x30;         //发布报文类型为0x30
        do{                                      //剩余长度的最高位表示是否超过128
            uint8_t encodedByte=DataLen%128;
            DataLen=DataLen/128;
            if(DataLen>0)encodedByte=encodedByte|128;
            usart_txbuf[MQTT_TxLen++]=encodedByte;
        }while(DataLen>0);
/* * * * * * * * * * * * * * * * * * * *可变报头* * * * * * * * * * * * * * * * * */
        usart_txbuf[MQTT_TxLen++]=BYTE1(topicLength);           //主题长度MSB
        usart_txbuf[MQTT_TxLen++]=BYTE0(topicLength);           //主题长度LSB
        memcpy(&usart_txbuf[MQTT_TxLen],topic,topicLength);     //复制主题
        MQTT_TxLen+=topicLength;
        if(qos)                                                 //报文标识符
        {   usart_txbuf[MQTT_TxLen++]=BYTE1(id);
            usart_txbuf[MQTT_TxLen++]=BYTE0(id);
            id++;
        }
/* * * * * * * * * * * * * * * * * * * *有效载荷* * * * * * * * * * * * * * * * * */
        memcpy(&usart_txbuf[MQTT_TxLen],message,messageLength);
        MQTT_TxLen+=messageLength;
/* * * * * * * * * * * * * * * * * * * *数据发送* * * * * * * * * * * * * * * * * */
        MQTT_SendBuf(usart_txbuf,MQTT_TxLen);                   //发送数据
        return MQTT_TxLen;
}
```

上述代码中的 MQTT_SendBuf( ) 函数是通过串口发送定长数据,函数代码如下。

```
void MQTT_SendBuf(uint8_t * buf,uint16_t len)
{    memset(usart_rxbuf,0, 256);
    usart_rxcounter=0;      //每次发送前将接收串口的接收总数置0,为了接收数据
    HAL_UART_Transmit(&huart1,(uint8_t* )buf,len,0xFFFF);//定长发送
}
```

本章小结

　　智能家居控制系统集住宅设备控制及环境监控于一体,提供全方位的信息交换功能。本章将STM32F1系列MCU、FreeRTOS、物联网云平台、ESP8266无线通信、MQTT协议、传感器、家居设备等模块和技术综合集成,实现了集家居设备数据采集、Wi-Fi无线数据远距离传输、阿里云物联网平台监测和控制功能于一体的完整方案。

本章习题

1. 在本章的基础上,添加防火、防盗等监测与控制功能,完成硬件电路设计和程序设计。
2. 利用STM32、FreeRTOS等设计一个简易示波器,完成硬件设计和程序设计。

参考文献

［1］意法半导体（中国）投资有限公司. STM32F10xxx 参考手册［Z］, 2010.1.
［2］STMicroelectronics. Description of STM32F1 HAL and low‑layer drivers［Z］. 2020.1
［3］刘黎明，王建波，赵纲领. 嵌入式系统基础与实践——基于 ARM Cortex‑M3 内核的 STM32 微控制器［M］. 北京：电子工业出版社，2021.
［4］JEAN J. 嵌入式实时操作系统 μC/OS‑Ⅲ［M］. 宫辉，曾鸣，龚光华，等，译. 北京：北京航空航天大学出版社. 2012.
［5］屈召贵，刘强，孙活，等. 嵌入式系统原理及应用——基于 Cortex‑M3 和 μC/OS‑Ⅱ［M］. 成都：电子科技大学出版社，2011.
［6］张毅刚. 单片机原理及接口技术（C51 编程）［M］. 3 版. 北京：人民邮电出版社，2022.
［7］JOSEPH YIU. ARM Cortex‑M3 Cortex‑M4 权威指南［M］. 3 版. 吴常玉，曹孟娟，王丽红，译. 北京：清华大学出版社，2015。